香味分析原理与技术

XIANGWEI
FENXI YUANLI
YU JISHU

与技术

谢建春 · 编著

化学工业出版社

·北京·

本书从香味基本知识入手，按照香味成分分离、香味样品的制备、香味的测量与评价、香味成分分析一般程序及实例等方面，对香味分析的原理与技术进行了详细论述。

本书可供食品、香料香精、日化及其他相关领域从事分析方面工作研究人员、技术人员、高校师生等参考阅读。

图书在版编目（CIP）数据

香味分析原理与技术/谢建春编著．—北京：化学工业出版社，2020.4（2023.11 重印）

ISBN 978-7-122-36194-3

Ⅰ．①香… Ⅱ．①谢… Ⅲ．①香料-化学分析 Ⅳ.①TQ651

中国版本图书馆 CIP 数据核字（2020）第 025562 号

责任编辑：张　彦　　　　　　　　　　装帧设计：史利平
责任校对：栾尚元

出版发行：化学工业出版社（北京市东城区青年湖南街 13 号　邮政编码 100011）
印　　装：北京科印技术咨询服务有限公司数码印刷分部
710mm×1000mm　1/16　印张 19½　字数 400 千字　2023 年 11 月北京第 1 版第 3 次印刷

购书咨询：010-64518888　　　　　　　售后服务：010-64518899
网　　址：http://www.cip.com.cn
凡购买本书，如有缺损质量问题，本社销售中心负责调换。

定　　价：98.00 元　　　　　　　　　　　　　　版权所有　违者必究

前　言

香味包括香气、滋味两个含义，在食品上香味又称"风味"。现代香味分析始于20世纪60年代气相色谱及随后的气相色谱-质谱联用的出现，距今已有近60年的历史。如今，多种现代仪器的应用使得香味分析的工作得心应手，即使是极复杂的天然香味样品，往往也能迎刃而解。

香味分析是香料香精、食品风味研究的眼睛和先锋，通过分析天然香味的物质构成，如肉香味、鲜花香味，人们可以发现新的香味分子，促进新型香料香精产品以及新型食品、日用品的创制和发展。从实用的角度看，香味分析是食品行业、日化行业、香精香料行业检测产品质量、监控生产工艺常常要做的工作；香味分析还是香精配方剖析、模拟仿制优秀香精产品的基本手段。

随着现代分析仪器的广泛使用，每年都有大量文献报道香味分析的最新进展及研究成果。但国内较系统地介绍香味分析的原理及技术书籍还较少。香味分析包括香味的物质组成分析和香味评价两个方面，本书主要对仪器分析原理与技术在上述两个方面的应用进行论述。而对于常规的酸碱滴定、折光率测定等理化分析及系统的人工感官评价未涉及。本书首先对香味及香味分析的基本知识进行介绍，然后从香味样品的分离分析、香味样品的制备、香味的测量与评价三个方面对香味分析的基本原理及技术进行了较详细的论述。本书还介绍了香味分析基本程序，并选择代表性实例诠释所讲述技术结合一起在香味分析中的应用。

本书内容涵盖了作者近十几年来在本领域的一些研究成果，这些成果得到了国家重点研发计划项目课题（2017YFD0400106）、国家自然科学基金面上项目（31671895、31371838、31171755）、北京市自然科学基金面上项目（6172004、21220213）、北京市教委科技发展计划重点项目（KZ201010011011）的资助。另参考了国内外近年发表的三百余篇文献资料，在此对这些资料的作者们表示衷心感谢。本书出版得到了北京工商大学著作出版基金的资助，在此深表谢意。

本书编著过程中，河南商业科学研究所赵梦瑶、中国农业科学院农业质量标准与检测技术研究所王石以及课题组硕士或博士研究生王天泽、杜文斌、甄大卫、谭佳、李娟、王羽桐、赵银参与了资料的收集及整理工作。

本书可供食品、香料香精、日化及其它领域从事分析方面工作的研究人员、技术人员、高校教师和研究生等参考。由于时间仓促及水平有限，书中难免有不妥之处，恳请各位同行专家和读者批评指正。

谢建春
2020 年 6 月 20 日

目 录

第 **1** 章

绪　论

1.1　香味基本知识

香味，对于食品又称为"风味"（flavor）。某种特定的香味可能由单一分子引起，也可能是多个分子集体作用的结果。香味的感知生理极其复杂。有些只是被嗅觉感知，即属于单纯的"闻"味，此时香味又称为气味或香气，物质基础为具有气味活性的分子。有些香味只是被味觉感知，即属于"尝"味，此时又称为滋味或味道，物质基础为具有味觉活性的分子。还有些可被味觉、嗅觉甚至整个机体同时感知，如丁香酚，既可闻到香气又可在口中有轻微的暖热感，此时的感受属于各种效应的综合作用结果。在香味的感知生理上，目前主要从嗅觉、味觉、化学刺激三个方面进行解释，但在实际感知过程中三者往往同时存在，人们真正感知到的为三者的综合效应。

1.1.1　嗅觉与香气

嗅觉感知的香味（olfaction flavor）又称为香气、气味，是由挥发性化合物刺激鼻腔前庭内的嗅觉受体（感受细胞）引起的，嗅细胞的数目非常多，人类鼻腔每侧约有 2000 万个。挥发性物质可从鼻腔进入鼻腔前庭中部，也可从口腔进入鼻腔的后腭（当吃食物时），然后刺激嗅觉感受细胞产生嗅觉刺激。

嗅觉感受香味不仅在嗅觉器官有效应，它往往还会对人们的身心产生影响，例如美味佳肴的气味会使人产生腹鸣以致饥饿感，鲜花的香气会使人们产生美的感受。人体嗅觉感受气味示意如图 1-1 所示。

1.1.1.1　嗅觉的特性

嗅觉对香味的感知具有如下特性。

（1）敏锐　动物对于气味的感觉非常敏锐，现代的分析仪器一般还赶不上动物的鼻子。但不同动物对气味的敏感性又存在着差别，犬类的嗅觉比人类灵敏 100万倍。

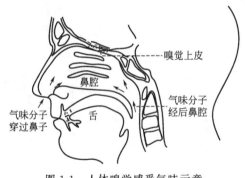

图 1-1　人体嗅觉感受气味示意

（2）易疲劳、产生耐受性　香水虽然气味芳香，但久闻就不觉其香，说明嗅觉是很容易疲劳的。但此时感受其它种类香味时，嗅觉的灵敏度并没有消失。人们在恶臭的环境中生活便可以忍耐恶臭，并长时间后能习惯起来。从生物学上看，久闻一种气味后产生的嗅觉迟钝，可能是由于长时间气味刺激使嗅觉受体细胞产生了耐受性。

（3）多种因素影响　嗅觉刺激存在着个体差异，嗅觉的敏感性与天生的遗传因素有关，存在着嗅觉敏锐、嗅觉迟钝甚至嗅觉缺失（嗅盲）种种情况。嗅觉刺激受生理因素的影响，身体疲倦或营养不良时，会使嗅觉功能下降。老年人的嗅觉敏感性一般不如年轻人，女性在月经期、孕期或更年期都会产生嗅觉减退或过敏现象。此外，香味的感受还要受个人偏好、生活习惯、环境等因素影响，对同一种香味，不同人的感受往往是不同的。

（4）气味的相互作用　从嗅觉感知角度看，两种气味的嗅觉刺激，经过大脑的融合，结果变成无嗅的现象也是存在的，这就如同颜色中的"补色"，但要找到具有"补嗅"关系的两种气味是很困难的，即消除或抵消气味是很难做到的。对于不喜欢的气味，人们一般用一种更强烈的气味进行掩盖，或混入其它气味使气味性质改变（即变调）的方法变成令人喜欢的气味。

1.1.1.2　香气的分类

无论是气味的种类还是产生气味的化学物质都非常多。过去，有机化学家认为五分之一的有机化合物有气味。气味分类属于气味科学的研究内容，许多著名学者从 Aristoteles 到植物分类学家 Linne、Zwarrdemaker、Henning、Crocker、Henderson 等都曾对气味进行分类。不同学者的分类依据不同，Amoore 分类法最有名，他首次将气味分子形状与气味性质之间进行关联。

香气的分类对于香精香料行业具有重要意义。为了便于调香师使用，食用香料的分类有 Lucta 分类和香味轮分类法（Flavor wheel）等，日用香料香气有 Henning、Cerbelaud、Crocker and Henderson、Poucher 等分类法，此外还有包含了食用和日用两类香料的 Clive 分类法。香料的香气分类在多种香料香精书籍中均有论述。Lucta 的食用香料香气分类法如表 1-1 所示。

1.1.1.3　构成香气的物质特性

构成香气的可为单一化合物，更多情况下为多个化合物，一种香气中含有几十乃至上百个化合物是很常见的。表 1-2 列出的为水果汁中检测到的常见挥发性香成分，有 45 种。

表 1-1　Lucta 食用香料香气分类

水果香(Fruity)	木香(Woody)
柑橘香(Citrus)	花香(Floral)
香草香(Vanilla)	芳香(Aromatic)
奶香(Dairy)	药香(Medicinal)
辛香(Spicy)	蜜糖香(Honey-Sugar)
药草香(Wild-herbaceous)	霉香-壤香(Fungal-Earthy)
茴香(Anisic)	醛香(Aldehydic)
薄荷香(Minty)	松果香(Coniferous)
烤香(Roasted)	海鲜香(Marine)
葱蒜香(Alliaceous)	橙花香(Orange Flower)
烟熏香(Smoke)	烟草香(Tobacco)
青香(Green)	香茅-马鞭草香(Citronella-Vervain)
动物香(Animal)	

表 1-2　水果汁中常见挥发性香成分

醇类	酯类	酸类	酮类	醛类
甲醇	甲酸正戊酯	甲酸	丙酮	甲醛
乙醇	乙酸正丁酯	乙酸	甲基乙基酮	乙醛
正丙醇	乙酸正己酯	丙酸	甲基丙基酮	丙醛
异丙醇	丁酸正丁酯	丁酸	甲基苯基酮	正丁醛
正丁醇	正戊酸乙酯	戊酸		异丁醛
2-甲基-1-丙醇	己酸正戊酯	己酸		异戊醛
正戊醇	乙酸甲酯	辛酸		己醛
2-甲基-1-丁醇	乙酸正戊酯			2-己烯醛
正己醇	丙酸乙酯			糠醛
	丁酸乙戊酯			
	己酸乙酯			
	辛酸正戊酯			
	乙酸乙酯			
	乙酸异戊酯			
	丁酸乙酯			
	异戊酸甲酯			

　　香气的物质基础是化学分子，香气活性分子的分子量多数在 $50\sim300$ 范围，沸点小于 $300℃$，含有的极性官能团较少，具有挥发性，在有机化学领域属于分子较小且结构较简单的一类化合物。

　　组成香气化合物的元素主要包括 C、H、O、N、S，多数化合物是 C、H、O组成，以醚、醛、酮、醇、酯、酸等官能团存在。N、S 元素主要存在于食品香气成分中，N 常构成五元或六元杂环化合物（如吡嗪类化合物），S 元素可构成五元或六元杂环化合物（如噻吩类化合物），也可以硫醇、硫酯等形式存在。此外，N、S 元素还常同时存在同一香气分子中（如噻唑类化合物）。

　　由于嗅觉的感知机理没有完全搞清楚，受主观因素影响常造成气味评价的不一致。迄今，香气化合物很难仿照药物化学的分子设计方法进行成功的设计。化学结构与香气的关系（structure-odor activity relationship，SAR）至今还没有得出确定的规律，因此根据分子结构预测香气特征或根据香气特征推断化合物的结构都是比较困难的。

尽管如此，经过多年的不断研究，人们已归纳出焦糖香味、烤香香味、肉香味、葱蒜香味等香气化合物的特征分子骨架，并在分子大小与分子形状的影响，位置异构、几何异构或光学异构的影响，官能团和杂原子的影响方面发现了很多实例。

γ和δ内酯化合物一般具有奶香、果香香气特征，天然存在于桃、杏、芒果、牛奶、酒类、肉类等多种食品中，在水果、奶类、肉类等多种食用香精及一些日用香精中广泛使用。图1-2为常见的几种典型γ和δ内酯化合物的香气特征。

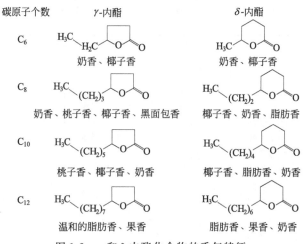

图 1-2 γ 和 δ 内酯化合物的香气特征

在图1-3中，将各个内酯化合物中的氧原子换成硫变成硫内酯后，气味特征发生了很大的变化，奶香味基本消失，并随着碳原子个数 C_6～C_{12} 及分子骨架五元环～六元环的不同，香味特征都有改变。如图1-3所示。

2-甲基-4-丙基-1，3-氧硫杂环己烷是热带水果香味的重要成分，它存在四个光学异构体（图1-4），但只有顺-$(2S,4R)$构型（Ⅱ）具有典型的热带水果香味特征。

1.1.1.4　香气物质的产生途径

天然香气物质主要通过植物二次代谢、酶促反应、生物发酵、热加工等基本途径形成。水果、蔬菜、天然香料（如薰衣草）中所含的香气物质主要源于植物自身的二次代谢反应。二次代谢反应形成的香气物质在天然植物中往往以与糖结合成苷的形式存在，当植物组织被破坏时结合态的香气物质易于释放出来。水果在收获后的贮存过程中二次代谢反应仍有发生，如苹果或香蕉存放过程中发生香味变化。热加工食品（如蒸煮食品、烘烤食品、油炸食品）的香气是发生美拉德反应、Strecker

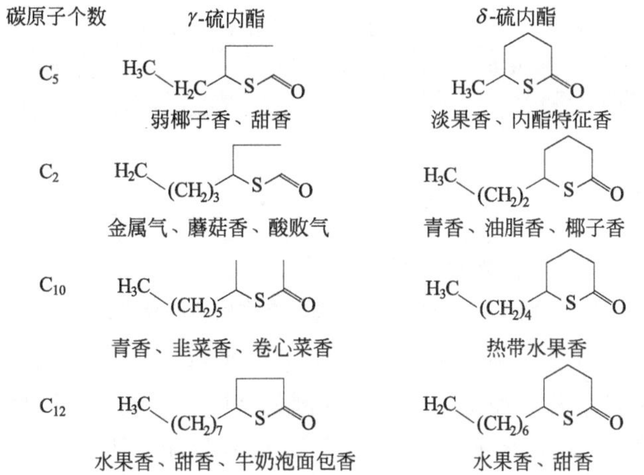

图 1-3 γ- 和 δ-硫内酯化合物的香气特征

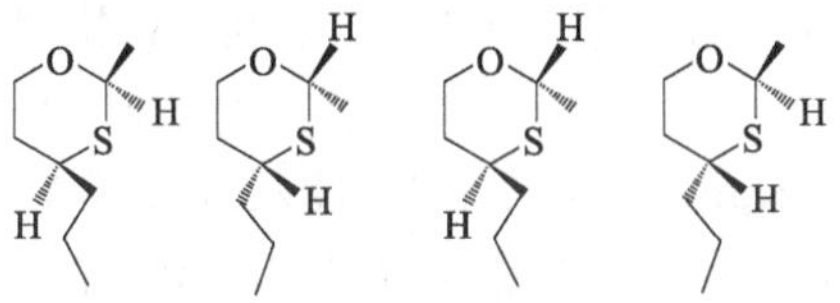

图 1-4 2-甲基-4-丙基-1,3-氧硫杂环己烷化合物的几个光学异构体

降解、脂质氧化等反应形成的。酸奶、酒类的香气主要是微生物发酵产生。许多食品香气物质是经由上述三个途径中的两个或三个一起形成的，如炒芹菜香气，既包含了生芹菜本身的香气又包含了热加工过程产生的香气。

图 1-5 所示，是十字花科蔬菜（如菜花、卷心菜、大头菜、萝卜、山葵、秋葵、花椰菜、豆瓣等）中的芥子香气化合物经植物二次代谢反应的形成过程。

图 1-6 所示，为肉加热过程形成 2-酰基噻吩类化合物的可能反应途径。

香料香精行业，正是在对天然香气形成途径的不断认识基础上，通过化学、生物或物理方法创制香料或香精产品，再应用于食品或日用品中。

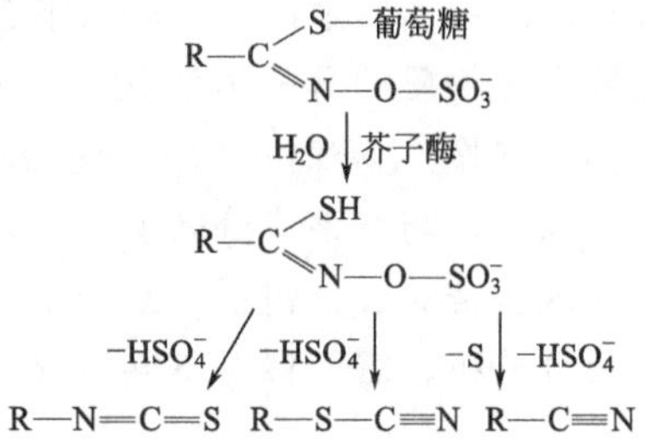

图 1-5 十字花科蔬菜中芥子酶催化芥子油苷反应

1.1.2 味觉

味道或滋味往往是由非挥发性化合物刺激味觉受体细胞引起的生物效应。味觉细胞主要分布在舌上，物质与舌头味蕾上的味觉受体表达细胞（taste receptor-expressing cells，TRCs）发生作用，作用信息传导到大脑，从而感受到味道。每个味蕾包括 50 个味觉受体表达细胞，每个味

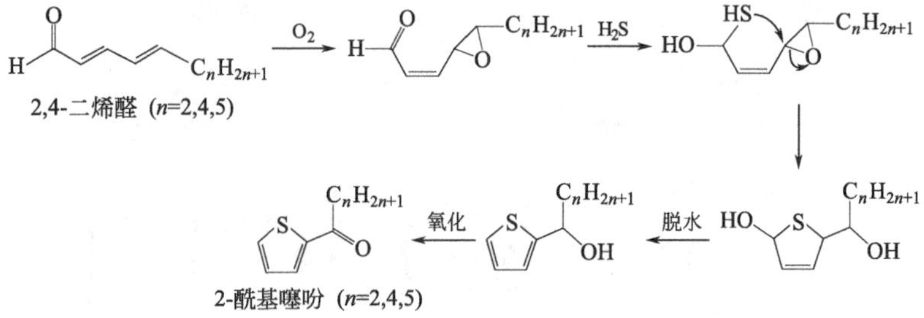

图 1-6　2-酰基噻吩类肉香物质的形成途径

觉受体表达细胞包括几十种味觉受体。味道分为甜、酸、苦、咸、鲜五种基本类型。每种类型还可细分，如酸味，可分为醋的酸味（乙酸）、酸奶酸味（乳酸）、柠檬酸味（柠檬酸）、苹果酸味（苹果酸）、葡萄酒酸味（酒石酸）。研究表明，甜、鲜、苦是 G-蛋白偶联受体（G-protein coupled receptors，GPCRs）感应，而咸味和酸味是瞬时感受器（transient receptor potential，TRP）通道或离子通道感应。但目前味道是如何被受体细胞识别、编码并转译成对味道的感受的，还没有完全搞清。

近年来，醇厚感（kokumi）——一种不能用五种基本味道类型来表示的味感，被当作独立的味道类型而单独出现在感官品评中。具有醇厚感的物质其不仅能够增强食品的基本味道，还能增强基本味道的边缘味道（marginal taste），常被形容为美味或令人愉快的（不同于鲜味）满口感（mouthfulness）、绵延感（continuity）和复杂性口感或味道。

甜味成分主要是葡萄糖、果糖、玉米糖浆或阿斯巴糖等甜味剂，咸味成分主要是食盐，酸味成分包括柠檬酸、酒石酸、乳酸等有机酸及磷酸、盐酸等无机酸，鲜味成分主要是谷氨酸单钠盐、5′-核苷酸、鲜味肽等。文献报道食品中肽发生美拉德反应形成的美拉德肽对食品的醇厚味感有贡献。另外，人们从鱼肉、酱油、鸡肉汤等食品中分离鉴定出了一些具有醇厚感的肽组分。总体上，甜味、酸味、咸味、鲜味等滋味物质的分析方法往往有通用性，所用仪器主要为液相色谱（正相、反相、离子交换），有时也用离子色谱。

苦味往往与有害成分联系在一起，许多有机分子如咖啡因、尼古丁和许多药物都有苦味。苦味成分包括一系列不同结构的化合物，即苦味分子结构具有多样性。苦味成分分析，需要针对不同情况，选择不同的仪器分析方法。

1.1.3　化学刺激

除了甜、酸、咸、苦、鲜五种基本味道外，我们的口中还会有如辣椒的辣、薄荷的凉、花椒的麻等其它感觉，这些都可归于化学刺激（chemesthesis）。化学刺激是近年引入的词汇，过去被称为三叉神经反应（trigeminal response）。但上述感觉不仅涉及了三叉神经，还涉及了舌咽神经和迷走神经，因此用化学刺激表示更为恰当。化学刺激反射与感觉到热、冷、痛的神经系统有关，因此温度对于化学刺激感觉的强弱有很明显影响。

具有麻、辣、凉等化学刺激感的物质在香料香精和食品行业应用较多，一方面它们可以提升产品的刺激、杀口、清爽感觉，另一方面，还有抗菌、抗氧化、防腐作用。食品中的香气、滋味物质与这些化学刺激性物质之间可发生作用，但对它们之间的相互作用以及协调性应用研究目前还不足。

1.2　香味分析

香味分析主要涉及香味的感官品评及具有香味的化学物质结构含量分析。在食品中，能够被嗅觉、味觉和化学刺激感知的物质往往同时存在，而目前学术界和企业对嗅觉感受物质，即香气的研究较多，而对于滋味物质、化学刺激感受物质的研究报道相对少一些。这是因为，香气往往能直观地代表食品的特性，如食物是否发霉变质，水果是否成熟。因此有关香味分析的大量文献资料是面向"挥发性物质"分析的。事实上"挥发性"与"香气"，二者是不能等同的，这是因为不少挥发性物质不仅对嗅觉产生刺激，还同时刺激味觉甚至产生化学刺激，此时，使用"挥发性香味（volatile flavor）"或香味，可能比香气（aroma）更为恰当。

食品天然香气（aroma）在化学组成上往往含有几十甚至上百个化合物，但并不是每个化合物都是有香气活性的，一般只有少数化合物也称关键香成分（key odorants）对于整体香气（overall aroma）有贡献，例如，从柠檬汁和柠檬皮中检测到的主要挥发性成分包括萜烯及其含氧化合物、醚类、醛类、酯类、羧酸类约50种，对柠檬香味有贡献的成分大约17种（见表1-3），其中柠檬醛可赋予柠檬特征性新鲜香味；香叶醇、乙酸香叶酯、乙酸橙花酯、乙醇芳樟醇醚、乙醇月桂醇醚一起构成淡淡的柠檬汁液特征香味，这六个化合物就是构成柠檬香味的关键成分。搞清天然食品中那些具有影响力的关键香味成分，对于人工香料香精研制或天然香味的模拟具有重要意义。但多年来人们在食品挥发性成分分析方面报道较多，而对哪些成分对食品整体香味做贡献或产生影响的研究不足。

表 1-3　柠檬香味的重要成分

柠檬醛	乙醇香芹醇醚
香叶醛	乙醇-8-对伞花醇醚
β-蒎烯	乙醇小茴香醇醚
γ-萜品烯	乙醇芳樟醇醚
香叶醇	乙醇月桂醇醚
乙酸香叶酯	乙醇-α-萜品醇醚
乙酸橙花酯	茉莉酮酸甲酯
香柠檬烯	
石竹烯	
红没药醇	

香味分析，应从化学物质组成和生物效应（对人感官的刺激效果，如香味特征、强度等）两个方面去做。天然香味的复杂性不仅在于它是多组分构成的混合物，还在于这些组分具有结构多样性且含量极低，多数在 10^{-6} 级水平以下。因此，香味的化学组成分析，靠化学分析方法常常是很困难的。分析仪器包括傅里叶变换核磁共振仪（NMR）、傅里叶变换红外光谱仪（FTIR），尤其是 1952 年以来气相色谱（GC）、气-质联机（GC-MS）、多维气相色谱（GC/GC）、气相色谱-嗅觉探测仪（gas chromatography - olfactory，GC-O）的发展，加之一些新颖的香味物质萃取浓缩技术（如动态顶空、热脱附、固相微萃取）的应用，使得浓度低于 10^{-9} 级含量在 1pg 以下的天然香气成分能够较快地鉴定出来。此外，为了克服人工感官评价的种种主观性影响，近年电子鼻、电子舌应运而生，使得香味样品评价的快速、高通量成为可能，并具有客观性、重现性好的优点。

现代仪器技术在天然香味分析上的广泛应用，极大地促进了香料香精工业、食品行业和日化行业的发展。不仅调香师们参考香味的仪器分析结果进行快速产品仿香，而且还促使香料香精行业研发新的合成香料或天然香料品种进入市场，从而调香师们能更加自如地使用现成的香料配制高质量香精，用于食品或日化产品中。

但科学技术发展到今天，所有分析仪器对香味检测灵敏性仍远比不上人的鼻子。在香味分析上，人鼻感受的气味是最重要的标准，即在评价香味特性和质量上，仪器分析还不能完全代替人的嗅觉。Stuiver 推断出嗅觉神经元引起刺激最多需要 8 个分子，鼻子辨别出气味只需 40 个分子，鼻子的最低检测限为 10^{-19} mol 个分子。与其它样品体系相比，在分析香味样品时，分析化学家常面临的挑战或难题体现在以下几个方面。

（1）鼻子感到气味很浓，但香气物质的含量却极低，即使经过分离浓缩，仍达不到仪器的检测限。

（2）构成某一种食品香味的化合物数量是无法确定的，且多数是未知化合物。

（3）组成某种香味的化合物的结构常常是多样的，表现在具有不同的极性、溶解性、挥发性，只用一种分析方法很难达到分析目的。

（4）香味化合物的稳定性较差，在贮存、加工或分离过程中，常会变质。

（5）在寻找气味活性化合物时，色谱图中的小峰往往比大峰更重要。

参考文献

[1] 孙宝国等. 食用调香术. 北京：化学工业出版社，2003.

[2] 藤卷正生，等. 香料科学. 夏云，译. 北京：轻工业出版社，1988.

[3] 何坚，孙宝国. 香料化学与工艺学. 北京：化学工业出版社，1995.

[4] Reineccius G. Flavor Chemistry and Technology，Second Edition. CRC Press Taylor & Francis Group，2006.

[5] Salles C，M. C，Chagnon，Feron G，et al. In-mouth mechanisms leading to flavor release and perception. Critical Reviews in Food Science & Nutrition，2011，51（1）：67-90.

［6］ Voilley A，P.，Etiévant. Flavor in Food. Cambridge：CRC Press Woodhead Publishing Limited，2006.

［7］ Bredie W L P，Petersen M A. Flavor Science：Recent Advances and Trends. Elsevier，2006.

［8］ Kraft P，Swift K A D. Perceptives in Flavor and Fragrance Research. Wiley-VCH，2005.

［9］ Ogasawara M，Katsumata T，Egi M. Taste properties of Maillard-reaction products prepared from 1000 to 5000 Da peptide. Food Chemistry，2006，99（3）：600-604.

［10］ Kuroda M，Kato Y，Yamazaki J，et al. Determination and quantification of the kokumi peptide，γ-glutamyl-valyl-glycine，in commercial soy sauces. Food Chemistry，2013，141（2）：823-828.

［11］ Shah A K M A. Ogasawara M，Egi M，et al. Identification and sensory evaluation of flavour enhancers in Japanese traditional dried herring（*clupeapallasii*）fillet. Food Chemistry，2010，122（1）：249-253.

［12］ 刘源，仇春泱，王锡昌，等. 养殖暗纹东方鲀肌肉中呈味肽的分离鉴定. 现代食品科技，2014，30（8）：38-42.

［13］ Kuroda M，Miyamura N. Mechanism of the perception of "kokumi" substances and the sensory characteristics of the "kokumi" peptide，γ-Glu-Val-Gly. Kuroda and Miyamura Flavour，2015，4（1）：1-3.

［14］ Breslin P A S. Human gustation and flavour. Flavour and Fragrance Journal，2001，16（6）：439-456.

［15］ Zhao J，Wang T，Xie J，et al. Formation mechanism of aroma compounds in a glutathione-glucose reaction with fat or oxidized fat. Food Chemistry，2019，270：436－444.

［16］ Zhao J，Wang T，Xie J. Meat flavor generation from different composition patterns of initial Maillard stage intermediates formed in heated cysteine-xylose-glycine reaction systems. Food Chemistry，2019，274：79-88.

［17］ Wang T，Zhen D，Tan J，et al. Characterization of initial reaction intermediates in heated model systems of glucose，glutathione，and aliphatic aldehydes. Food Chemistry，2020，305：125-482.

第 2 章

香味成分分离分析

天然香味往往是由上百个挥发性成分及一些不挥发性成分构成的混合物。香味分析的复杂性在于如何定性、定量地搞清香味的化学物质组成，从而锁定对整体香味具有重要贡献的化合物。本质上，香味成分的分析鉴定方法与有机化学所述的化学成分分析鉴定方法没什么不同。但香味成分有其自身的特点，香味分析涉及的物质大多数是挥发性香气物质，而不挥发性呈味物质较少。

目前，在气相色谱、液相色谱、薄层色谱、毛细管电泳等多种现代色谱分析技术中，气相色谱和液相色谱既是香味成分分析的基本手段，也是主要手段。挥发性香味成分（或香气物质）分析尤以气相色谱及其联用技术最为多用。迄今，香气物质分析的成就也主要得益于气相色谱的发展，同时香气物质分析的应用也促进了气相色谱技术的进步。早在1963年，大约只有500个香气成分从食品中鉴定出来。随着气相色谱及其联用技术如气相色谱-质谱（GC-MS）、气相色谱-红外光谱（GC-MS）、多维气相色谱（GC-GC）的应用，迄今从食品中鉴定出的香气成分数量已超过7000多个。由于良好的分离能力和高灵敏性，气相色谱非常适于挥发性香味成分的分析，气相色谱及其联用技术被称为挥发性香味分析的"右臂"。而液相色谱及其联用技术——液-质联机，是滋味物质分析的主要手段，也可用于少数高沸点香气物质的分析。本章讲述的气相色谱及其相关技术（如气-质联机）面向挥发性香味物质分析，而液相色谱、液-质联机则面向非（难）挥发性香味物质（主要为滋味物质）的分析。

2.1 气相色谱

2.1.1 气相色谱的特点

气相色谱法是一种以气体为流动相的色谱分离技术，它对样品先分离后检测，因而多组分混合物可同时得到每一个组分的定性、定量分析结果。按照固定相的聚集状态，气相色谱可分为气-固色谱和气-液色谱两类。

由于在气相中样品分子的传质速度快、在固定相中的分配次数多，加之可供选择的固定相种类多，可供选用的检测器灵敏度高、选择性好，气相色谱具有高效能、高选择性、高灵敏度、分析速度快、适用范围广、可与质谱等其它分析技术实现联用的优点。

（1）高效能　一般填充色谱柱都有几千块理论塔板，毛细管柱可达 $10^5 \sim 10^6$ 块理论塔板。可以分析沸点十分相近的组分（包括位置异构体、几何异构体和非对映体）和极为复杂的混合物，若使用手性毛细管柱，也可把对映异构体分开。

（2）高选择性　由于商品化的固定相种类较多，可根据分析物的特点精心选择固定相，实现选择性分离。此外，还可配备特殊的检测器专门对某类特定结构的化合物进行检测，如选用硫磷检测器检测含硫香味化合物。

（3）高灵敏度　目前的检测器可检测出 $10^{-11} \sim 10^{-13}$ g 物质，尤其适于香味成分（常在 10^{-6} 或 10^{-9} 级水平）的检测。

（4）分析速度快　一个样品的分析时间通常在几分钟到几十分钟。某些快速分析，一秒钟可分析 7 个组分。

（5）适用范围广　气相色谱可分析气体或加热下易于气化的液体或固体。挥发性香味化合物绝大多数沸点在 300℃ 以下，可在气相色谱上直接气化并分析，但应注意热敏感性香味成分，应在较低的温度下分析或不能采用气相色谱分析。

（6）联用分析　许多现代分析仪器如质谱、核磁共振、红外光谱等仅是检测手段，在单个化合物的结构鉴定上具有优势，若样品是含有多个组分的混合物，则必须事先分离提纯。气相色谱是个效率非常高的分离手段，可与质谱、红外光谱等进行联用，从而直接分析香味样品，实现各成分的快速分离和结构鉴定的统一。

2.1.2　气相色谱仪的构成

图 2-1 为气相色谱仪流程示意图，由高压瓶提供载气，载气经减压、净化、流量调节后，以稳定的压力、精确的流速连续流过气化室、色谱柱、检测器，最后记录信号，得色谱图。概括起来，气相色谱由五个部分组成：气路系统、进样系统、分离系统、温控系统、检测及记录系统。

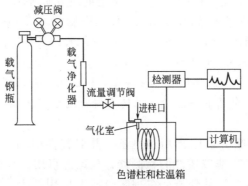

图 2-1　气相色谱仪流程示意图

　　(1) 气路系统　包括气源、流量调节、流量测量元件。气源可由载气钢瓶或气体发生器提供，常用载气为氮气、氢气、氦气。载气应对样品分析不产生干扰。进入气相色谱前，载气需要用活性炭、分子筛等进行净化处理。为了确保流量恒定，载气要流经稳压阀、稳流阀或电子流量控制器。

　　(2) 进样系统　包括进样口和气化室。液体样品可用微量注射器手动进样，也可通过自动进样器进样。气体样品要用有密封阀的专用气体注射器进样，也可用定量阀进样。气化室的作用是使样品瞬间气化，以便被载气吹入色谱柱中进行分离。

　　(3) 分离系统　由色谱柱组成，样品中的各组分在色谱柱中通过多次分配实现分离。色谱柱失效主要表现为色谱分离不好和组分保留时间显著变短。色谱柱失效的主要原因是：对气-固色谱来说是固定相的活性或吸附性能降低了，对气-液色谱来说，是使用过程中固定液逐渐流失所致。

　　(4) 温控系统　包括气化室温度、检测器温度和柱温箱温度的控制。气化室温度的设定应让样品在此温度下瞬间气化而不分解。检测器一般通过加热进行升温，再通过自然降温使其冷却。检测器的温度设定要高于柱温，否则各组分易冷凝而滞留于检测器或管路，造成检测器的污染而降低灵敏度，或堵塞喷嘴。在气相色谱分析中，色谱分离效果主要通过优化柱温程序来实现，柱温箱的温度可以是程序升温的，也可以是恒温设置，柱温箱的温度控制要求精确。

　　(5) 检测及记录系统　组分分离后进入检测器，检测器将各组分的量的变化转化为电压或电流的变化，经放大器放大后，通过记录仪或计算机软件记录下来。

2.1.3　气相色谱检测器

　　据统计，目前有50多种气相色谱检测器，不同的检测器具有不同的性能指标，适用于检测不同类型的化合物。按照信号响应特征，可分为浓度型和质量型两类。

　　浓度型：响应信号与流动相中组分浓度成正比，峰高与流速无关，面积与流速成反比，如热导检测器 (thermal conductivity detector，TCD)。

　　质量型：响应信号与单位时间进入检测器的组分质量成正比，峰高与流速成正比，峰面积与流速无关，如氢火焰离子化检测器 (flame ionization detector，FID)、火焰光度检测器 (flame-photometric detector，FPD)、氮磷检测器 (nitrogen-phosphorus detector，NPD)。

　　此外，检测器还分为破坏型和非破坏型，FID属于破坏型，分析后样品分子结构被破坏，而TCD，分析后样品分子结构不变，属于非破坏型。非破坏型检测器，均是浓度型。

　　表2-1列出了香味分析的常用检测器，并对其性能和应用范围进行了比较。TCD是一种很通用的、非破坏性的检测器，理论上可用于任何组分的检测，但灵敏度较低，一般适用于常量分析，在香味分析上应用较少。TCD的检测原理为：载气通过热灯丝时带走一定热量使之冷却，当载气中携带了样品时，冷却的量发生变化，这个差异被用作检测信号。FID是通用的、破坏性检测器，其检测原理为：

化合物在氢气的火焰中燃烧产生大量碳正离子，碳正离子收集后产生信号。FID 几乎对所有挥发性的有机化合物均有响应，对所有烃类化合物（碳数≥3）的相对响应值几乎相等，对含杂原子的烃类有机物中的同系物（碳数≥3）的相对响应值也几乎相等，且具有灵敏度高、噪声小、线性范围宽、死体积小、响应快，可以和毛细管柱直接联用，对气体流速、压力和温度变化不敏感等优点，广泛应用于有机物的常量和微量检测，是香味分析的主要检测器。

FPD、NPD 属于选择性检测器，前者也称硫磷检测器，这两种检测器可用于选择性分析含硫、含氮香味化合物。FPD 对含硫化合物具有高选择性和高灵敏度，信号强度比对碳氢化合物几乎高一万倍，可用于痕量含硫香味物质的分析。

表 2-1　香味分析常用检测器的性能及应用范围比较

名称	类型	灵敏度	检测限	线性范围	响应时间/s	适用的香味物质
热导检测器（TCD）	浓度型 非破坏型	1×10^4 mV /mg（苯）	2×10^{-9} g/mL	10^5	<1	通用（常量）
氢火焰离子化检测器（FID）	质量型 破坏型	1×10^{-2}（A·s）/g（苯）	2×10^{-12} g/s	$10^7 \sim 10^8$	<0.1	通用
火焰光度检测器（FPD）	质量型 破坏型	300C/g（甲烷）	S：1×10^{-11} g/s P：1×10^{-12} g/s	10^4	<0.1	选择性（含硫化合物）
氮磷检测器（NPD）	质量型 破坏型	5C/g（P） 0.5C/g（N）	N：1×10^{-13} g/s P：5×10^{-14} g/s	10^5	<0.1	选择性（含氮化合物）

FPD 检测器检测原理为：含硫或含磷化合物在火焰离子化检测器火焰中燃烧时产生化学发光物质，含硫化合物的光（波长 393nm）、含磷化合物（波长 525nm）进入光电倍增管通过光学滤波器后产生信号。FPD 检测器发出的光与硫原子的浓度不呈线性关系，大致与硫原子浓度的平方成正比。

此外，近年硫化学发光检测器（sulfur chemiluminescence detector，SCD）也被用于含硫香味化合物的选择性分析，其检测原理为：含硫化合物在火焰离子化检测器的富氢/空气火焰中燃烧形成一氧化硫（SO），一氧化硫基于臭氧诱导，发生高放热的化学发光反应形成电子激发态的二氧化硫（SO_2^*），激发态的二氧化硫在塌缩到基态时，将发射出约 350nm 的最大强度的光，进入光电倍增管通过光学滤波器后产生信号。

$$含硫化合物 + H_2/空气 = SO + 其它化合物 \quad (1)$$
$$SO + O_3 = SO_2^* + O_2 \quad (2)$$
$$SO_2^* = SO_2 + h\gamma \quad (3)$$

2.1.4　气相色谱固定相

在气-固色谱中，固定相为固体，可直接填入色谱管中。在气-液色谱中，固定相为液体，液体固定相需涂渍在惰性多孔的载体（也称担体）上形成液膜薄层，然后再将涂渍了固定液的担体装在色谱管内。固体固定相或液体固定相的填装或涂渍要均匀、紧密，切忌有空隙，否则直接影响柱效率。

2.1.4.1 固体固定相

（1）吸附剂 吸附剂一般是多孔、表面积大，具有吸附活性的固体物质，主要靠表面吸附与样品分子发生作用。常用的吸附剂包括活性炭、硅胶、氧化铝、分子筛等。固体吸附剂对于永久性气体和气态烃具有很好的分离效果，同时具有良好的热稳定性，价格低廉，色谱柱制作简单，但品种少，应用范围有限，活性中心易中毒，色谱峰易于产生拖尾。

（2）聚合物 聚合物固定相以高分子多孔微球为代表，它是一种以苯乙烯为担体、二乙烯基苯为交联剂所形成的共聚物，国外称为 Porpapak，国内命名为 GDX（gaofenzi duokong xiaoqiu）。高分子多孔微球是一种性能良好的吸附剂，既可直接作为固定相，也可作为担体。高分子多孔微球与羟基等极性官能团的结合力较小，各组分的分离基本上是按照分子量顺序出峰，适于有机物中痕量水的测定，也可用于多元醇、脂肪酸、腈类等的分离分析。

此外，还有化学键合固定相，它的优点是分析极性或非极性物质通常都能够得到对称峰，柱效很高，热稳定性较好。

2.1.4.2 液体固定相

液体固定相，又称固定液，它是在惰性固体颗粒（又称担体或支持剂）表面涂渍的一种高沸点的液体有机化合物。

（1）担体 担体是一种用来支撑固定液的多孔性化学惰性固体，应满足如下要求。

① 表面积较大，有很好的浸润性，便于固定液的均匀分布。

② 具有化学惰性和热稳定性。

③ 有适当的孔隙结构，利于两相间快速传质。

④ 有一定的机械强度，涂渍和填充过程不引起粉碎。

⑤ 能制成均匀的球状颗粒，利于气相渗透和填充均匀性好。

常见担体类型及特点见表 2-2。这些担体的表面有时并非惰性而是有活性点，在色谱分离时可产生不同程度的催化作用和吸附性（特别是固定液含量低时和分离极性物质时），导致色谱峰拖尾、柱效下降、保留值改变等，因而需要用化学反应或物理覆盖等方法进行去活化预处理，达到担体表面惰性的目的。

普通的常量分析，对担体的选择可不必过分要求。微量或痕量分析，对担体选择要求很高，要确保担体的表面绝对惰性，最好选择硅烷化的担体，并根据分析物的性质选择担体种类。

表 2-2　常见的担体类型及特点

担体类型	特点
白色硅藻土,如 101 担体、102 担体、chro-mosorb W	表面积小,疏松,质脆,吸附性能小,经适当处理,适于作极性固定液的载体,分析极性化合物
红色硅藻土,如 201 担体、6201 担体、C-22 保温砖、chromosorb P	较大的表面积和较好的机械强度,但对极性化合物吸附性较大,适于作非极性固定液的载体,分析烃类等非极性化合物
氟担体(聚四氟乙烯)	表面惰性好,吸附性小,最适宜分析腐蚀性物质,但表面浸润性差,柱效较低
玻璃微球	表面积小,涂渍困难,柱效低,但传质速度快,可在较低的柱温下分析高沸点化合物,且能在保持分离度的条件下,做快速分析
多孔性高聚物小球	机械强度高,热稳定性好,吸附性低,耐腐蚀,分离效率高,可作色谱固定相使用
炭分子筛	中性,表面积大,强度高,寿命长,在微量分析上有优势

(2) 固定液　气相色谱固定液一般应满足以下条件。

① 在操作温度下,蒸汽压低,热稳定性好,与被分析物或载气无不可逆作用。

② 在操作温度下,呈液态,黏度较低。若固定液黏度高,传质速度慢,柱效低。

③ 能牢固地附着在载体上,并形成均匀和结构稳定的薄层。

④ 样品分子必须有一定的溶解度,否则会很快地被载气带走而不能在两相之间进行很好的分配。

⑤ 具有选择性,即对沸点相近而类型不同的物质的保留能力存在差异,从而获得较好的分离效果。

固定液的选择遵循"相似相溶的原则",即固定液的性质与被分离组分之间的某些相似性,如官能团、化学键、极性等。当性质相似时,两种分子间的作用力强,被分离组分在固定液中的溶解度大,分配系数大,因而保留时间就长;反之就溶解度小,分配系数小,因而能很快流出色谱柱。

固定液选择的"相似相溶性"具体表现在以下几点。

① 分离强极性化合物,采用强极性固定液,如 β,β'-氧二丙腈。这时样品各组分与固定液分子间作用力主要是静电力和诱导力,各组分出峰顺序与分子的极性强弱有关,极性小的组分与固定液的作用力弱先出峰,极性大的组分与固定液的作用力强后出峰。

对于能形成氢键的样品,如醇、酚、胺和水的分离,一般选择氢键型的固定液,这时依组分和固定液分子间形成氢键能力的大小顺序出峰。

② 分离中等极性组分,选用中等极性固定液,如邻苯二甲酸二壬酯、聚乙二醇二乙酸酯等。若组分之间沸点差别较大,各组分按照沸点由低到高顺序出峰;沸点相近时,与固定液分子之间作用力小的先出峰。

③ 分离非极性化合物,应用非极性固定液,样品各组分与固定液分子间作用力是色散力,这时各组分按沸点由低到高的顺序出峰,对于沸点相近的异构体的分

离，效率很低。

④ 分离非极性和极性化合物的混合物时，可用极性固定液，这时非极性组分先出峰，极性组分后出峰。

"相似相溶性"是选择固定液的一般原则，当利用现有固定液不能达到满意的分离结果时，往往采用"混合固定液"，即将两种或两种以上性质各不相同的固定液按适合比例混合使用，使分离既有比较满意的选择性，又不致使分析时间过长。

为了便于根据"相似相溶的原则"选择固定液，常按所含的官能团或麦氏常数（McReynolds）大小对固定液进行区分，见表 2-3 和表 2-4。

表 2-3　固定液的常见化学结构类型

结构类型	极性	固定液举例	适用范围
烃类（烷烃、芳烃）	最弱	角鲨烷、阿皮松、石蜡油	非极性烃类化合物
聚硅氧烷类	极性范围广	甲基硅氧烷、苯基硅氧烷、卤烷基硅氧烷	不同极性化合物
醇类	强极性	聚乙二醇	强极性化合物
酯类	中强极性	邻苯二甲酸二壬酯、己二酸二乙二醇聚酯	应用较广
腈类	强极性	β,β'-氧二丙腈、苯乙腈	极性化合物

表 2-4　部分固定液的麦氏常数和 CP 值（120℃）

固定液	麦氏常数						CP
	X′	Y′	Z′	U′	S′	$P_总$	
角鲨烷	0	0	0	0	0	0	0
100％甲基聚硅氧烷(OV-1)	16	55	44	65	42	222	5
苯基(5％)甲基聚硅氧烷(SE-52)	32	72	65	98	67	334	8
苯基(10％)甲基聚硅氧烷(OV-3)	44	86	81	124	88	423	10
苯基(50％)甲基聚硅氧烷(OV-17)	119	158	162	243	202	884	21
聚乙二醇-20000(PEG-20M)	322	536	368	572	510	2308	55
聚乙二醇-20000硝基对苯二酸反应物(FFAP)	340	580	397	602	627	2546	60
己二酸二乙二醇聚酯(DEGA)	378	603	460	665	658	2754	66
丁二酸二乙二醇聚酯(DEGS)	492	733	581	833	791	3430	81
100％二氰丙烯基硅氧烷(OV-275)	629	872	763	1106	849	4219	100

McReynolds 分类法，是目前应用最广泛的固定液极性分类法，它是 Rohrschneider 分类法的改进。麦氏以苯、正丁醇、2-戊酮、硝基丙烷、吡啶五个化合物来表征固定液的特性，每个化合物代表与固定液之间作用的一种类型（表 2-5）。

表 2-5　麦氏常数对固定液的表征意义

测定常数的物质	结构特征	常数	代表化合物类型
苯	易极化，电子给予体	X′	烯烃、芳烃
正丁醇	含羟基，质子给予体，形成氢键化合物	Y′	醇、羧酸
2-戊酮	定向偶极力，质子接受体	Z′	酮、醚、醛、酯、环氧化合物
硝基丙烷	含强极性基团的电子接受体	U′	硝基化合物、腈类衍生物
吡啶	质子接受体	S′	含氧、氮杂环化合物

测定这五个化合物在一种固定液和角鲨烷（参比固定液）上的保留指数差

（ΔI_P），分别用 X′、Y′、Z′、U′、S′表示：

$$X' = \Delta I_P \text{（苯）}$$

$$Y' = \Delta I_P \text{（正丁醇）}$$

$$Z' = \Delta I_P \text{（2-戊酮）}$$

$$U' = \Delta I_P \text{（硝基丙烷）}$$

$$S' = \Delta I_P \text{（吡啶）}$$

ΔI_P 值越大，表示固定液与该化合物之间的作用力越大，固定液对其所代表类型化合物的分离选择性就越高。五个组分 ΔI_P（相常数）的平均值称为平均极性，五个组分的 ΔI_P 的和称为总极性（$P_\text{总}$）。固定液的总极性越大，其极性就越强。

在实际应用中，常用麦氏常数的总极性值 P_i（总）与固定液 OV-275 的总极性值 $P_\text{ov-275}$（总）的比值（CP 值）表示柱子的极性大小，CP 值越大柱子的极性就越大，CP 值计算如下。

$$\text{CP} = \frac{P_\text{i}（总）}{P_\text{OV-275}（总）} \times 100 = \frac{P_\text{i}（总）}{4219} \times 100 \qquad (2\text{-}1)$$

实际使用中还可参考应用文献选择固定液。表 2-6 列出了香味分析文献中使用频率较高的商品固定液。

表 2-6　香味分析常用固定液及其商品名称

极性	固定液	商品名	适合分析对象
非极性	100％二甲基聚硅氧烷	SE-30、OV-1、OV-101、DB-1、HP-1、CP-Sil5、SPB-1、Rtx-1、BP-1	脂肪烃类、酚类、挥发油、硫化物等
弱极性	5％苯基95％二甲基硅氧烷	SE-54、SE-52、DB-5、HP-5、CP-Sil 8 CB、SPB-5、Rtx-5、BP-5	芳烃类、酚、酯、挥发油
中等极性	聚乙二醇 20M 对苯二甲酸的反应产物	FFAP、DB-FFAP、HP-FFAP、SP-1000	醇、酸、酯、醛等
极性	聚乙二醇 20M	PEG-20M、DB-Wax、Rtx-Wax、HP-Wax、SUPELCO-Wax10、CP-Wax52CB	醇、酯、醛等

（3）固定液与担体的配比　固定液含量对分离效率的影响很大，固定液比例太大，被分析的样品在比较厚的液膜上有扩散现象，有损于分离；液体比例太低时，液膜太薄，担体表面上残余的吸附能力会显示出来，使色谱峰拖尾。固定液与担体的质量比例在低比例时一般为 5％，常用 15％～25％。低比例时，样品载量小，有利于建立分配平衡，样品可在较高的载气流速下分析，使分析时间缩短。

固定液与担体的比例常因担体种类而不同。硅藻土担体，因表面积较大，固定液含量可大些（15％～30％）；聚四氟乙烯担体，表面积较小，所以最多只能 10％；玻璃微球，由于表面积特小，固定液含量只能保持在 0.25％左右。

此外，样品的沸点范围也常需要考虑，对于高沸点样品，固定液宜采用低比例，以利于缩短分析时间；对于低沸点样品和气体样品，或样品的沸点范围宽、进样量大时，固定液宜采用高比例。

2.1.5 毛细管气相色谱

2.1.5.1 毛细管色谱柱

按照柱子的内径，气相色谱可分为填充柱色谱和毛细管柱色谱两种。填充柱是将固定相填充在金属或玻璃管中，柱的内径 2～4mm（一般为 3mm），柱长 1～10m。对于填充柱，由于柱内载体颗粒大小的不同、固定相填充的不均匀，样品分子在柱内分离时易于产生涡流扩散，传质阻力较大，谱峰扩展、柱效较低。

毛细管柱一般是螺旋形，用玻璃、弹性石英或不锈钢管拉制而成，柱内径 0.2～0.5mm，长度 30～60m。按照制备方法，毛细管柱主要分为如下几类。

（1）空心毛细管柱（wall coated open tubular column，WCOT） 固定液直接涂在毛细管的内壁表面。优点是传质阻力小，分离效率高；缺点是柱容量较小，允许进样量小，难以适应复杂混合物中痕量组分的分析。

（2）载体涂层毛细管柱（support coated open tubular column，SCOT） 玻璃管壁先涂上一层载体再涂固定液。优点是分离效能高，分析速度快，柱容量比 WCOT 大。

（3）填充毛细管柱 载体或吸附剂等松散地填装在玻璃管中，再拉成毛细管。可直接作色谱柱分析气体和低分子量的烃类，也可再涂固定液使用，柱容量也大于 WCOT。

与填充柱相比，毛细管柱的主要特点如下。

① 因固定液的量少，柱容量小，允许的进样量小，需要在进样口分流进样。

② 柱压低，传质阻力小，渗透率高，分析速度快。

③ 色谱柱长，总柱效可达到 $10^4 \sim 10^6$ 理论塔板数，复杂样品能得到更好的分离。

目前，在天然香味成分分析上，人们更青睐于使用毛细管气相色谱，且随着手性固定相的商品化，毛细管气相色谱还常用于手性香味化合物的分离分析。

2.1.5.2 毛细管气相色谱仪

现在的商品化气相色谱仪，在构造上一般兼有毛细管气相色谱与填充柱气相色谱两个功能。毛细管气相色谱的仪器配制有下列特点。

（1）分流/不分流进样口 毛细管柱的进样量很小（一般＜1μL），为了避免样品过载造成的峰形和分离度差，常选择分流进样。分流过程使用分流器完成。在分流模式时，注入的样品在气化室出口被分成两路，绝大部分放空，小部分进入柱子，进入柱子与放空部分的比值被称为分流比。

但痕量组分的分析，最好不分流进样，因为只有在较大进样量时，样品中痕量组分的绝对进样量才较大，从而提高其检测的灵敏度和准确性。

（2）高灵敏度检测器　毛细管柱，进样量小，谱峰窄，要求检测器灵敏度高、死体积小、响应快。虽然气相色谱检测器很多，但适于与毛细管柱连接的高灵敏度检测器只有几种，常用的包括氢火焰离子化检测器、火焰光度检测器、质谱、傅里叶红外光谱等。

（3）快速记录系统　由于毛细管气相色谱的色谱峰窄，要求能快速记录，因此记录系统常用计算机色谱工作站完成。

（4）尾吹装置　由于毛细管柱的内径很小，通过的载气的流量很低，当样品被很小流量的载气带入检测器时，就会造成谱峰的扩展和变宽。在毛细管气相色谱中，尾吹气一般需要几十毫升，其作用是将组分很快吹入检测器，从而避免检测器死体积的影响，提高检测效果。

2.1.6　气相色谱分离条件的选择

气相色谱分离需要选择的色谱条件包括：载气及其流速、柱温、色谱柱、进样条件等。

2.1.6.1　载气及其流速的选择

载气的选择主要由检测器及分离要求决定，可作为载气的气体包括氢气、氮气、氦气、氩气等，由于价格便宜、使用方便，氢火焰离子检测器一般用氮气作载气。

载气的流速对分离效果和分析时间有影响。载气流速低，样品分子流出慢，分析时间长，但分离效果好；载气流速高，样品分子流出快，分析时间短，但分离效果会稍差。最佳的载气流速，应是既保证获得较好分离，也不需用较长的分析时间。

2.1.6.2　柱温的选择

柱温是气相色谱分离中需要优化的主要色谱参数，柱温对分离度、分析时间、柱效均会有影响。一般而言，柱温高，分析时间短，分离度较低；柱温低，分析时间长，分离度较高。实际分析时，还要考虑分析物的沸点，沸点较高时，柱温也应较高，否则会在柱中形成冷凝。若是多组分样品，沸点范围宽，需采用程序升温方法，使得不同沸点的组分均在较佳的柱温下得到良好的分离。

此外，还应注意，在较高的柱温下，固定液的流失增大，柱子寿命缩短，柱温的设定不要高于固定相的最高使用温度。

2.1.6.3　色谱柱的选择

对商品化的成型色谱柱，选择时需要考虑的主要是固定相（液）、柱的长度及内径等。固定相的选择参见前面有关固定相的论述。柱的长度及内径的选择也要根据分离要求确定。一般柱长的平方根与分离度成正比，柱子增长，分离度增加，但会使分析时间延长；色谱柱内径增大，会使柱效下降。

2.1.6.4 进样条件的选择

进样条件主要包括进样速度和进样量。进样速度快时，样品在载气中的停留时间短，扩散小，有利于分离。进样量大，检测器灵敏度高，但若进样量太大，会使柱子超载、柱效下降、峰形变宽，以及峰面积或峰高与进样量不呈线性关系。

一般，在确保足够的检测灵敏度的前提下，进样量越小，谱峰越窄，越有利于分离，且重现性好。但香味样品分析时，有时不能进样量少，否则某些重要的痕量香味成分仪器检测不到。

2.1.6.5 样品气化温度

气化温度的设定，应根据样品的沸点范围、热稳定性、进样量、柱温等因素确定。单一化合物样品，气化温度可设定为样品的沸点或高于沸点，混合物样品应以所含的高沸点组分的沸点为依据。恒温柱程序时，气化温度一般高于柱温 $10 \sim 50 °C$。

在保证样品组分不发生变化的前提下，适当提高气化温度，使样品迅速气化，有利于分离，但天然香味成分分析，一般选择较低的气化温度进样分析，因有些成分很易于发生变化。较低的气化温度可通过适当减小进样量来实现，当样品量较小时，样品可在远低于沸点温度下气化。

2.1.7 气相色谱柱的程序升温

恒温程序适于沸程较窄、组分较少的简单样品的分析，特点是操作简单、稳定性好。但对于宽沸程的多组分样品（沸点范围 $80 \sim 100 °C$ 或更宽），最好使用程序升温。

程序升温，是根据样品中各个组分的沸点要求，设定一定的升温程序，使样品中不同沸点的组分均在最佳的柱温下流出色谱柱，实现各组分间的快速、有效分离。程序升温在天然香味分析中广泛应用。

气相色谱柱的程序升温包括起始温度、升温速率、终止温度，均通过程序升温控制器完成。

2.1.7.1 起始温度（T_0）

与恒温色谱相同，起始温度一般选择以低沸点组分的沸点开始。当起始温度太低时，分析时间太长，而起始温度太高时，低沸点组分快速流出，又分离不好。

2.1.7.2　升温速率（r）

升温速率（℃/min）应根据分离度和分析时间来定。当以较低的速率缓慢升温时，有利于提高分离度，若是难分离的沸点很相近的组分甚至采用恒温停留，但此时的缺点是分析时间较长，且峰宽；当升温速率较高时，分析时间缩短，但柱效和分离度降低。

2.1.7.3　终止温度（T_f）

终止温度应根据柱子的最高使用温度和样品中的高沸点组分确定。可在高沸点组分的平均沸点附近设定终温，但不应高于固定液的最高使用温度。

2.1.7.4　程序升温方式

程序升温包括线性升温与非线性升温两种。线性升温时，柱温按固定的速率均匀地增加，非线性升温主要包括线性升温与恒温交替、多种速率阶段性升温两种情况。常见的程序升温方式见表 2-7。

表 2-7　常见的程序升温方式及特点

程序升温方式	特点
1. 线性升温—恒温： $T_0 \xrightarrow{r} T_f$（停留）	有利于高沸点组分的分离
2. 恒温—线性升温： T_0（停留）$\xrightarrow{r} T_f$	有利于低沸点组分的分离
3. 恒温—线性升温—恒温： T_0（停留）$\xrightarrow{r} T_f$（停留）	适于沸点范围很宽的样品；有利于低沸点、高沸点区域组分的分离
4. 多种速率升温： $T_0 \xrightarrow{r_1} T_1 \xrightarrow{r_2} T_2 \cdots\cdots \xrightarrow{r_n} T_f$	适于沸点范围很宽的样品；样品中各段沸点区域均能较好地分离

2.1.8　气相色谱的定性分析

定性分析就是鉴定色谱图中各个谱峰代表何种化合物。色谱方法定性是基于化合物保留行为的间接定性，它一般只限于对已知物进行定性，而对未知化合物的定性要结合质谱等结构鉴定手段进行。

2.1.8.1　保留时间定性

在同样的色谱条件下，分析待测物和标准物，若两张色谱图所对应谱峰的保留时间相同，可初步确定为同一个化合物。

此法操作简单、直接，但需要标准品，且要严格控制操作条件，避免柱温、载气流速的微小变化或可能的人为因素造成的保留时间偏差。

2.1.8.2 相对保留值定性

相对保留值指待测物与加入的参比物的调整保留时间的比值。当柱温和固定相的性质一定时，相对保留值是定值，柱长、固定相填充情况、载气流速和温度的微小变化和进样精度对它的影响很小，因此属于相对定性。但应注意选用的参比物的出峰时间应与被测组分相近。

2.1.8.3 谱峰叠加法定性

将标准物加入样品中，对比加入前后待测物谱峰的变化，如果谱峰增高，则该色谱峰所代表的化合物与加入的标准物可能是同一个化合物。

此法重现性好，载气流速和温度的微小变化，或谱图较为复杂（如谱峰不对称、存在肩峰）无法准确测量保留时间时也不受影响。但应避免因没有达到很好的分离出现的标准物与待测物谱峰叠加现象，否则会得出错误的定性结果。

2.1.8.4 保留指数定性

1958 年 Kovats 提出了保留指数定性法，只要柱温及固定液与文献相同，就可利用文献的保留指数进行定性。保留指数具有重现性好、受温度影响较小的优点。将一系列正构烷烃作为标准物与待测样品混合后进样分析，使待测组分峰内插于两个相邻碳数的正构烷烃中间，按下式计算保留指数：

$$I = 100\left(n + \frac{\lg t'_i - \lg t'_n}{\lg t'_{n+1} - \lg t'_n}\right) \tag{2-2}$$

式中，t'_i 为待测组分的调整保留时间；t'_n 为具有 n 个碳原子的正构烷烃的调整保留时间；t'_{n+1} 为具有 $n+1$ 个碳原子的正构烷烃的调整保留时间。

当是线性程序升温时，可直接用保留时间计算保留指数，公式如下：

$$I = 100\left(n + \frac{t_i - t_n}{t_{n+1} - t_n}\right) \tag{2-3}$$

式中，t_i 为待测组分的保留时间；t_n 为具有 n 个碳原子的正构烷烃的保留时间；t_{n+1} 为具有 $n+1$ 碳原子的正构烷烃的保留时间。

2.1.8.5 双柱定性

双柱定性，指用两根极性差别较大的柱子分析同一个样品，若在两根柱子中的任何一根上，两个化合物的保留值都相同，则可确定这两个化合物相同。

双柱定性利用了在不同极性色谱柱上样品分子的出峰顺序不同的原理，在非极性柱上，是按照沸点由低到高顺序，而在极性柱上，主要由化合物的结构决定。双柱定性的目的是避免仅用一根色谱柱分析存在的分离局限性。因此，所选用的不同色谱柱的极性差别越大，定性结果越准确，使用的柱子越多，可信度就越高。

2.1.8.6　其它定性方法

（1）选择性检测器定性　在同一色谱条件下，样品分别用通用型检测器和选择性检测器进行分析，比较两张色谱图，对化合物结构进行确认。例如，比较样品使用 FID 和 FPD 检测器分析所得谱图，只在 FID 谱图中出峰，可排除是含硫化合物，而在两个谱图上均出峰的，可初步确定是含硫化合物。

（2）收集馏分鉴定　在色谱柱后安装分馏阀，让小部分馏分进入检测器，大部分馏分通过冷凝或溶液吸收法进行收集，然后再通过紫外光谱、红外光谱、质谱或核磁共振等手段进一步鉴定。

（3）联机定性　利用 GC-MS 或 GC-IR 等进行鉴定，目前，联机鉴定已成为香味分析的最有效工具和最主要手段。

2.1.9　定量分析

定量分析就是测量样品中各成分的含量。气相色谱定量具有样品用量小、快速、灵敏、准确度高的优点。

2.1.9.1　峰高法和峰面积法的选择

气相色谱定量的依据是各组分的质量（或浓度）与峰高或峰面积成正比。选择峰高还是峰面积定量，主要看峰高和峰面积哪一个测量得更准确且具有重复性。

目前，程序升温气相色谱广泛使用，当程序升温时色谱基线会有漂移，此时峰面积定量比峰高法准确，因而文献上更多采用的是峰面积法定量。此外，保留时间较长且峰形较宽的谱峰，也适于峰面积法定量。但对于严重拖尾的谱峰，或保留时间短、峰形较锐的谱峰，使用峰高定量会更好。

2.1.9.2　定量校正因子

（1）绝对校正因子（f'_i）　由于检测器对不同物质的响应不同，当两个峰的峰面积（或峰高）相等时，它们对应的两个物质的质量或浓度不一定相等；反之，两个不同物质即使质量或浓度一样，在色谱分析时所得到峰面积（或峰高）也不一定相等。因此，即使是混合物中所有组分均出峰，各组分的峰面积（或峰高）在总峰面积（或峰高）中所占的百分数，也不等于该组分在混合物中的百分含量。这就需要在计算各组分的量时，将峰面积 A（或峰高）按下式进行"校正"，使峰面积（或峰高）数值与其实际量相对应。

$$w_i = f'_i A_i \tag{2-4}$$

式中，w_i 为组分的量，可以是绝对量如质量、摩尔数、体积，也可为浓度；A_i 为组分的峰面积；f'_i 为校正系数，也称为定量校正因子，表示单位峰面积所代表的组分的量，即

$$f'_i = w_i / A_i \tag{2-5}$$

上述 f'_i，是按照峰面积定义的，若用峰高定量时，也可用峰高定义。f'_i，通常称为绝对校正因子，这个参数与检测器型号、仪器操作条件等多个因素有关，不易准确测得，定量中使用较少。

（2）相对校正因子　相对校正因子，就是定量分析中常说的"校正因子"。相对校正因子的意义在于选用一个物质作标准，将所有待测物的峰面积校正成相对于这个标准物质的峰面积，使各组分的峰面积与质量的关系按照统一的标准进行折算。

所选取的标准物质应与待测物质具有相近的色谱行为和响应值，不同的检测器采用的标准物不同，热导检测器常用苯作标准物质，氢火焰检测器常用正庚烷作标准物质。

相对校正因子（f_i）定义：某物质与选定的标准物质的绝对校正因子的比值。

$$f_w = \frac{f'(w_i)}{f'(w_s)} = \frac{w_i / A_i}{w_s / A_s} = \frac{A_s w_i}{A_i w_s} \tag{2-6}$$

式中，f_w 为相对质量校正因子；i 和 s 分别为待测组分和标准物质。

此外，相对校正因子还可用摩尔或体积来表示，当用摩尔表示时，称为相对摩尔校正因子（f_M）。

$$f_M = \frac{f'(M_i)}{f'(M_s)} = \frac{M_i / A_i}{M_s / A_s} = \frac{A_s M_i}{A_i M_s} \tag{2-7}$$

在定量分析中，常用的是相对质量校正因子，而相对摩尔校正因子用得较少，但这个数值能反映出分子结构对信号响应的影响，可了解到分子结构与检测器响应的关系。

（3）校正因子的获得　校正因子可通过实验测定，测定方法：准确称量被测物与标准物，在已确定的分析条件下，混合后直接进样或再配成已知准确浓度的混合溶液进样，要求进样体积准确，然后根据待测物和标准物的峰面积（或峰高）及被测物和标准物的质量或摩尔数，计算校正因子。

有时因没有合适的标准物，也测定绝对校正因子用于定量分析，但要尽量减小检测器的灵敏度或色谱条件的微小变化造成的实验误差。

当是热导检测器或氢火焰检测器时，还可从相应的文献中查找校正因子或参照一些已有的经验规律进行估算。对于其它检测器，由于响应值和校正因子随检测器的结构、操作条件和化合物结构等多个因素变化，常通过实验测定。

2.1.9.3　定量分析方法

气相色谱分析中常用的定量分析方法包括归一化法、外标法、内标法、内标对比法、内标叠加法、叠加对比法等，这些定量方法各有优缺点和适用范围，应视具体情况选择使用。

（1）归一化法　当样品中所用组分在色谱图上都有谱峰，且它们的校正因子（f）都可得到时，若组分数共有 n 个，组分 i 的含量可表示为：

$$w_i = \frac{f_i A_i}{f_1 A_1 + f_2 A_2 + \cdots + f_n A_n} \times 100\% \qquad (2-8)$$

这种方法称为归一化法。式中，f_i 为 i 组分的质量校正因子，也可用摩尔校正因子，体积校正因子等代替。A_i 为 i 组分的峰面积，w_i 为 i 组分在样品中的百分含量。

如果上式中各个组分的定量校正因子相近，则可将校正因子消去，直接用峰面积进行归一化计算：

$$w_i = \frac{A_i}{A_1 + A_2 + \cdots + A_n} \times 100\% \qquad (2-9)$$

归一化法属于相对定量，优点是操作简单，进样量、流速、柱温等操作条件的微小变化对定量结果的影响较小。但因要求样品中的所有组分都流出色谱柱，并被检测出峰，且最好能获得各组分的校正因子，实际应用中受到很大限制。

（2）外标法　外标法又称标准曲线法或直接比较法，属于绝对定量，具有直接、快速的优点。它是先配制成多种不同浓度的标准物溶液，在已确定的分析条件下，等体积准确进样，绘制峰面积（或峰高）与样品浓度关系的工作曲线。工作曲线应是通过原点的直线，若绘制出的工作曲线不通过原点，说明存在系统误差。

工作曲线：

$$C_{i,标准} = a A_{i,标准} + b \qquad (2-10)$$

式中，$A_{i,标准}$ 为 i 组分在不同浓度下的峰面积；a，b 分别为工作曲线的斜率和截距，斜率 a 相当于绝对校正因子。

将 i 组分在待测物中的峰面积 $A_{i,样品}$ 代入式 2-10，得式 2-11，即可求出待测物中 i 组分的浓度 $C_{i,样品}$。

$$C_{i,样品} = a A_{i,样品} + b \qquad (2-11)$$

也可在工作曲线上，根据待测物中 i 组分的峰面积，查出对应的浓度值。

当只用一种浓度的标准液作对比，求出待测组分的浓度时，则为一点外标法，即：

$$C_{i,样品} = \frac{A_{i,样品}}{A_{i,标准}} \times C_{i,标准} \qquad (2-12)$$

一点外标法的工作曲线，应是将原点和标准液的数据点连成的一条直线。

如果工作曲线不通过原点，至少需要两个数据点（两种浓度的标准液）才能绘制出一条直线，此时为外标两点法。但为了实验分析结果的准确性，常常配置三个浓度以上的标准液绘制工作曲线。

外标法定量中，不使用校正因子，只要待测组分出峰（不需所有组分出峰），并且分离得较好，分析时间适宜即可。但要准确进样、严格控制分析条件，否则误差较大。外标法适于日常分析和大批量同类样品分析。

（3）内标法　当不能保证样品中所有组分都流出色谱柱且在检测器上都产生信号时或只需测定样品中某几个组分的含量时，除了上述的外标法，还可用内标法。

内标法是选择合适的物质作内标物，将其定量地加入到样品中作为待测组分的参比物，根据待测组分和内标物的响应值（峰面积或峰高）之比（A_i/A_s）及内标物加入的量（w_s），按式求出待测组分的量（w_i）的方法。

$$\frac{w_i}{w_s}=\frac{f_iA_i}{f_sA_s} \tag{2-13}$$

$$w_i=\frac{f_iA_i}{f_sA_s}\times w_s \tag{2-14}$$

内标物的选择是内标法的关键，加入的内标物应满足如下几点：①在待测样品中不存在；②不与待测样品起化学反应；③尽可能与欲测组分的性质相似，使得与待测组分的出峰时间相近，但要与所有组分的峰完全分开；④内标物应为纯物质，加入的量与待测组分的量相近。

内标法中，待测组分和内标物在相同的条件下分析，并用它们的响应值的比值作定量依据，属于相对定量，因此，不要求准确进样，不存在外标法中的进样不准造成的定量误差。但需寻找合适的内标物，且样品配制比较麻烦。

（4）内标对比法　内标对比法是在不知校正因子时，内标法的一种应用。先称取一定的内标物，加入到标准物溶液中，组成标准溶液，然后将相同量的内标物加入到同样体积的待测样品溶液中，组成样品溶液，将两种溶液分别进样，按式（2-15）可计算出待测组分的浓度。

$$\frac{(A_i/A_s)_{样品}}{(A_i/A_s)_{标准}}=\frac{C_{i,样品}}{C_{i,标准}} \tag{2-15}$$

式中，$(A_i/A_s)_{样品}$ 和 $(A_i/A_s)_{标准}$ 分别为 i 组分在样品溶液中和在标准溶液中的峰面积比，$C_{i,样品}$ 和 $C_{i,标准}$ 为 i 组分在样品和标准溶液中的浓度。

（5）内标叠加法　内标叠加法又称标准加入法，它实际上是一种特殊的内标法。在选择不到合适的内标物时，用纯的待测组分的标准物作内标，加入到待测样品中，然后在同样的色谱条件下，测定加入后，峰面积（或峰高）的增加量，从而计算出待测组分在样品中的含量。由内标法的计算公式得出内标叠加法的计算下式如下：

$$\frac{w_i}{\Delta w_i}=\frac{f_iA_i}{f_i\Delta A_i}=\frac{A_i}{\Delta A_i} \tag{2-16}$$

$$w_i = \frac{A_i}{\Delta A_i} \times \Delta w_i \qquad (2\text{-}17)$$

式中，A_i 为原始样品中待测组分 i 的峰面积；ΔA_i 为加入纯品后待测组分 i 的峰面积增量；w_i 为原始样品中待测组分 i 的量；Δw_i 为加入待测组分 i 的纯品的量。

该法只需待测组分的纯品，而不需要其它标准物，操作简单，若将准确量的待测组分纯品在样品欲处理前加入，还可补偿待测组分在处理过程中的损失，是色谱分析中常用的定量分析方法。

该法的缺点是需在相同的色谱条件下进样两次，分别测定原样品中 i 组分的峰面积和加入 i 组分纯品后 i 组分的峰面积，以便计算面积的增量，当仪器条件波动或进样量不准时易于引入误差。

(6) 叠加对比法　叠加对比法是对内标叠加法的改进。它是在色谱图中选择与待测组分的峰面积和保留时间均相近的稳定色谱峰，作为参比，用待测组分的峰面积与参比峰面积的比值代替绝对峰面积的定量分析方法，叠加对比法的计算公式如下：

$$w_i = \frac{(A_i/A_0)}{\Delta(A_i/A_0)} \times \Delta w_i \qquad (2\text{-}18)$$

式中，A_i/A_0 为原始样品中待测组分 i 的峰面积与参比峰峰面积的比值；$\Delta(A_i/A_0)$ 为加入待测组分 i 的纯品后再进样分析，i 组分与参比峰的峰面积的比值产生的增量。

用峰面积的比值代替了峰面积的绝对值，消除了仪器操作条件和进样波动带来的定量误差。与内标叠加法一样，叠加对比法也只需待测组分的纯品，当样品成分复杂，谱峰多且较密集，难于找到合适的内标物或难于插入内标峰时，叠加对比法比其它定量分析法更占优势。

2.1.9.4　影响定量结果准确性的因素

(1) 样品制备　样品制备，是根据分析的需要将样品进行萃取、浓缩等处理，使其能直接进样分析的过程（详见第三章）。理想的样品制备，应是在不发生任何化学变化的前提下，将待测组分全部转移到色谱分析的样品中。在实际过程中，尽管这很难做到，但可通过选择合适的方法，最大限度地减少样品在制备过程中的损失，做到即使待测组分有损失，也能准确地计量损失的量，以便定量分析。

(2) 气相色谱分析条件　色谱条件的波动会使分离度和峰形有微小变化，从而影响峰高和峰面积，因此，即使是相对定量法（归一化法、内标法、叠加对比法等）对色谱条件的稳定性要求不是很严格，也应尽可能地保持每次分析条件的一致。

① 柱温会影响峰高和保留时间，柱温升高时，保留时间缩短，谱峰增高。但

柱温对不同组分产生的峰高变化是不同的，因此柱温不稳定时，用峰高定量是不准确的，应采用峰面积定量。

② 载气的变化对峰面积的影响大于峰高，在载气流速不稳时，应尽量用峰高定量。

③ 进样条件对定量准确性有明显影响。用外标法定量时，要严格控制进样的准确性和重复性。注射器手动进样时，进样速度、进针的位置和深度、操作的熟练程度都会影响进样的准确性和重复性。对于宽沸程样品，要快速进样，以免易挥发成分进样前丢失，但拔针要慢，以确保难挥发性成分进入柱子。进样量要在检测器的线性范围内，最好在线性范围的中间部分，若在线性范围外时，不适于定量分析。

④ 检测器工作的稳定性对定量分析结果有直接影响。氢火焰离子化检测器要求氢气和空气的流速精度控制在 1.5%，载气流速精度控制在 2%，以保证定量分析结果的重现性在 1% 以内。

(3) 数据处理　数据处理方法直接影响定量分析结果。最终分析结果的误差是取样、样品制备、进样、峰面积（或峰高）的测量等各个操作步骤引入误差的总和，测量的数据要注意采用统计学方法（如数据判别法 Dixon 检验、Grubbs 检验等）进行判别，并正确使用有效数字的取舍。

2.1.9.5　定量分析结果准确度的评价

(1) 标准样品评价　将标准样品的已知含量数值作为真值，用同样的方法（被测样品的定量分析方法）分析标准样品，并将该标准样品的定量结果作为测量值，计算绝对误差和相对误差，用来评价定量分析结果的准确度。

(2) 测定回收率评价　将被测样品准确地分成两份，其中一份加入准确量的待测组分，然后用同样的方法（样品的定量分析方法）分析这两份样品中待测组分的含量，按下式计算回收率：

$$回收率\% = \frac{W_{i,2} - W_{i,1}}{W_{i,0}} \times 100\% \qquad (2\text{-}19)$$

式中，$W_{i,2}$ 为加入待测组分后的样品的测量值；$W_{i,1}$ 为未加入待测组分的样品的测量值；$W_{i,0}$ 为实际加入的待测组分的量（真值）。回收率越接近 100%，定量分析结果的准确度就越高。

该种方法不需要标准样品，适用范围更广。

2.1.10　气相色谱在香味分析中的应用

2.1.10.1　概述

气相色谱适于分析热稳定、能够瞬间气化的物质。在天然香味分析时，气味活性成分的含量往往在 10^{-6} 级水平或更低，为了避免干扰，提高检测灵敏度，色谱分析前常要进行样品的萃取浓缩处理（详见第三章）。样品分析时，常用的是毛细管气相色谱和 FID 检测器，具有进样量小（μL 或更低）、检测限较低的优点。当需要选择性分析含硫、含氮香味成分时，可使用选择性检测器 FPD、NPD。

香味样品通常是由结构多样的化学组分构成的复杂混合物，样品分析时，需要精心优化色谱条件，以获得良好的分离。当优化色谱参数后仍不能达到预期的分离效果时，可用硅胶柱色谱，或按中性、酸性、碱性分组等方法对样品进行预分离，然后再进样分析。但这很可能会使有些痕量香成分损失掉，较理想的解决方法就是使用二维气相色谱（GC/GC）、气-质联机（GC-MS）等联用技术分析。

定性分析中，双柱定性（一根极性色谱柱和一根非极性色谱柱）、保留指数定性常被采用，但未知化合物的定性常需结合 GC-MS 或其它手段进行。定量分析中，常采用内标法，对于多个待测组分的天然香味样品，由于很难获得多个内标物和校正因子，常采用面积归一化法（各组分的校正因子视为相等）或使用一个内标进行粗略定量。

天然香味中的气味活性成分，绝大多数是痕量的，与常量或微量分析不同，分析痕量组分时，对色谱分离条件、进样、检测器及工作条件都有更高的要求。

（1）色谱分离条件 常出现的情况是，当选择的色谱条件分离度较小时，目标组分峰被大峰遮盖或是在大峰的尾部，造成定性和定量的困难；若分离度增大到一定程度后，该组分峰又会因峰展宽而降低峰高，以至于在谱图上无法辨别出该组分的存在。此时，一个较好的方法是在色谱条件优化时，让分离度逐渐增大，但不要增加太多，达到一个较适宜的分离度即可。

（2）进样 由于待测组分的含量低，应适当增大进样量或对样品进一步浓缩，以提高检测的响应值。对于毛细管气相色谱，可选择不分流进样。当样品浓度较低，又不能浓缩时，需采用大体积进样来增大待测组分的量，此时，常采用低温冷柱头进样，即将较多量的样品在低温下注入，使其冷冻聚焦，然后升温让样品溶剂很快气化进入柱子，再升温使待测组分气化进入柱子。

（3）检测器及工作条件 选择具有较高灵敏度的检测器或利用选择性检测器。选择性检测器的优点是，痕量待测组分有较强响应，而其它组分没有响应或响应很低，这样，即使待测组分在色谱柱上与其它大峰没有完全分离，待测组分峰也可明显地被辨别出来，并准确地定性和定量。例如，脂肪族的醛、酮往往是肉香味的高含量成分，而含硫化合物（重要的肉香味成分）的含量很低，但用 NPD 检测器，可增强含硫香味物质的检测并排除其它类化合物的干扰。

此外，只有在稳定的工作条件下，检测器才能获得最佳灵敏度。色谱分析的检出限为三倍的基线噪声信号，噪声越低，检出限就越低。检测器的温度波动、检测器电器元件和电源产生的工作不稳定性、载气流速波动等均可使检测器出现噪声，只有将以上几个因素均控制在较好的工作状态时，才能获得最好的检测效果。

2.1.10.2　应用实例

（1）样品　水蒸气蒸馏法从中国亚洲种薄荷（*Mentha arvensis L. var. glabrata Holmes*）的全草中获得的精油，经冷冻部分脱脑。

（2）气相色谱条件　毛细管柱 Carbowax 30m×0.2mm×0.25μm；柱温程序：起始温度 65℃，以 2℃/min 速率升温至 200℃；进样口温度 230℃；FID 检测器，温度 250℃；载气氮气；进样量 0.2μL，分流比 1/100。

（3）测定结果　气相色谱图见图 2-2。采用与标准品的保留时间对照进行定性、面积归一化法定量，结果见表 2-8。

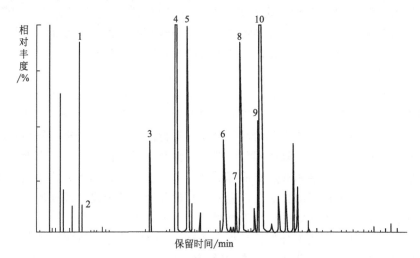

图 2-2　亚洲薄荷精油的气相色谱分析谱图

表 2-8　亚洲薄荷精油的分析结果

谱峰标号	成分	测定含量/%	谱峰标号	成分	测定含量/%
1	3-辛醇	0.5	6	新脑	9
2	1,8-桉叶素	0.4	7	薄荷脑	38
3	苧烯	1.7	8	胡薄荷酮	0.9
4	薄荷酮	19	9	β-石竹烯	0.4
5	异薄荷酮	10	10	乙酸薄荷酯	2.4

2.2　气相色谱-质谱联用(GC-MS)

2.2.1　简介

气相色谱-质谱联用（GC-MS），也称气-质联机，它将气相色谱的快速、高效分离与质谱的专一性、高灵敏性结构鉴定相结合，使气相色谱和质谱的各自优点得到充分利用，是分析复杂混合物样品的一种高效、高灵敏性的仪器，表 2-9 将 GC-MS 的检测限与其它常用分析仪器进行了比较。

表 2-9　各种分析仪器检测限的比较

分析仪器	检测限	分析仪器	检测限
分光光度计	$10^{-7} \sim 10^{-5}$	气相色谱（FID）	10^{-12}
核磁	10^{-5}	气相色谱（FPD）	S：1×10^{-11} P：1×10^{-12}
红外	10^{-5}	质谱或 GC-MS（全扫描）	10^{-10}
紫外	$10^{-10} \sim 10^{-6}$	GC-MS（选择离子检测）	10^{-12}

GC-MS 在 20 世纪 80 年代出现，随着小型台式四极杆质谱、飞行时间质谱、离子阱质谱的发展，已成为化学化工、环境、食品等各个领域的重要分析手段，更是香味分析的必备仪器。

2.2.2　气-质联机的构成

GC-MS 主要由 4 部分组成（图 2-3）：气相色谱单元、质谱单元（离子源、质量分析器、离子检测器）、接口和计算机工作站系统。

图 2-3　气-质联机基本构成框图

2.2.2.1　气相色谱单元

气相色谱单元相当于质谱的进样器，和一般的气相色谱仪基本相同，包括柱温箱、气化室、载气、分流/不分流进样口、程序升温系统、压力和流量的自动控制系统等。只是氢火焰、火焰光度等检测器用质谱仪代替。

为了防止温度高时固定液流失，污染离子源，造成质谱本底增高，谱图复杂，气-质联机应使用低流失色谱柱。此外，新购买的色谱柱应事先在气相色谱上老化，此时气相色谱不要与质谱连接。

除了要求化学惰性外，气-质联机的载气应在质谱的离子源中不发生离子化，不干扰总离子流的检测，气-质联机最常用的载气是氦气（He）。

2.2.2.2　质谱单元

质谱单元的工作原理与一般的质谱仪相同，主要包括离子源、质量分析器、离子检测器、真空系统。

（1）离子源　只有可用于气相分子离子化的电离源如电子轰击源（electron impact，EI）、化学电离源（chemical ionization，CI）、场致电离源（field ionization）才适用于 GC-MS，最广泛使用的是电子轰击离子源和化学电离源。

① 电子轰击源（EI）　图 2-4 是一种典型电子轰击源的示意图。它的基本工作原理为：在高真空条件下，灯丝（铼丝或钨丝）通过电流被加热，炽热的灯丝（高达 2000℃）发射出电子束，穿过电离盒，被阳极接收。由于灯丝与阳极间存在电位差，电子束在穿过电离盒时获得高能量，高能量的电子束与气化的样品分子作用，使得分子中电离电位较低的价电子或非键电子（如 O、N 的孤对电子）电离，丢失一个电子生成带正电荷的游离基分子离子。

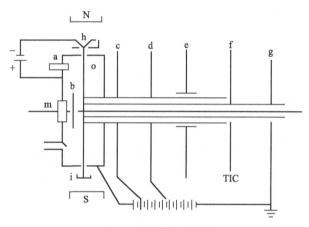

图 2-4　电子轰击源示意

a—热敏电阻；b—推斥极；c—引出极；d—聚焦极；e—Z-向偏转极；f—总离子检测极；

g—主缝；h—灯丝；i—电子收集极；o—电离盒；m—电离盒加热器

EI 源的电子轰击电压常为 70eV，远大于有机化合物的电离电位（一般 7～13eV），又称为硬电离。在 EI 源中，只有能量较低的分子离子可直接被检测到，而能量较高的分子离子往往进一步裂分生成离子碎片，离子碎片还可进一步发生二级或多级碎裂生成质荷比更小的离子。除了碎裂反应外，在电离盒中，单个离子碎片内或多个碎片离子之间还可能形成新的化学键，出现新的碎片离子（重排离子）。众多的碎片离子和重排离子为质谱结构鉴定提供了丰富的信息。

$$M \xrightarrow{-e} M^{+}\cdot$$

$$M^{+}\cdot \longrightarrow M_1^{+} \longrightarrow M_2^{+} \longrightarrow M_3^{+} \longrightarrow \cdots\cdots$$

M 为待测分子，$M^{+}\cdot$ 为分子离子或母体离子，M_1^{+}，M_2^{+}……为较低质量的离子。

EI 源具有结构简单、操作方便、方法成熟、重现性好、灵敏度高（ng）的优点，还有商业化的标准谱库（NIST 谱库、WILEY 谱库，各约有 25 万张有机化合物标准质谱图）提供，通过计算机谱库检索可快速完成结构鉴定。

② 化学电离源（CI）　化学电离是电子轰击电离的补充，被称为软电离。它是通过分子-离子反应的原理使样品分子电离，电离能量较低，大部分化合物能得到较强的与分子量直接相关的准分子离子峰如 $[M-H]^+$ 或 $[M+H]^+$ 峰，碎片离子较少，质谱图比 EI 源简单，图 2-5 比较了氧化丁香烯分别用 EI 和 CI 源电离所得的质谱图。

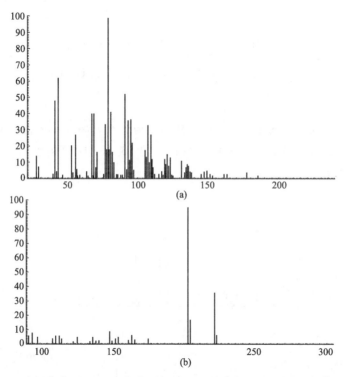

图 2-5　电子轰击源（a）和化学电离源（b）分析氧化丁香烯的质谱图比较

CI 电离源一般在 130～1300Pa 下工作（现已有大气压下化学电离技术），第一步，电子束轰击试剂分子如 CH_4、NH_3、异丁烷等，生成较为活泼的反应离子（试剂离子）；第二步，反应离子与样品分子发生离子-分子反应，样品分子被电离。

使用甲烷气为反应试剂的化学电离基本过程为：

$$CH_4 + e \longrightarrow CH_4^{+\cdot} + 2e$$

$$CH_4^{+\cdot} \longrightarrow CH_3^+ + H\cdot$$

$CH_4^{+\cdot}$ 和 CH_3^+ 很快与大量存在的 CH_4 分子起反应，即：

$$CH_4^{+\cdot} + CH_4 \longrightarrow CH_5^+ + CH_3\dot{}$$

$$CH_3^+ + CH_4 \longrightarrow C_2H_5^+ + H_2$$

CH_5^+ 和 $C_2H_5^+$ 不与中性甲烷进一步反应，一旦小量样品（试样与甲烷之比为 1∶1000）导入离子源，试样分子（M）发生下列反应：

$$CH_5^+ + M \longrightarrow [M+H]^+ + CH_4$$

$$C_2H_5^+ + M \longrightarrow [M+H]^+ + C_2H_4$$

$$\cdots\cdots$$

或

$$CH_5^+ + M \longrightarrow [M-H]^+ + CH_4 + H_2$$

$$C_2H_5^+ + M \longrightarrow [M-H]^+ + C_2H_4 + H_2$$

$$\cdots\cdots$$

若采用异丁烷、氨气或水代替甲烷作为反应试剂，将生成酸性比 CH_5^+ 更弱的试剂离子 $C_4H_9^+$（由异丁烷）、NH_4^+（由氨气）或 H_3O^+（由水），此时质谱图被进一步简化（图 2-6）。

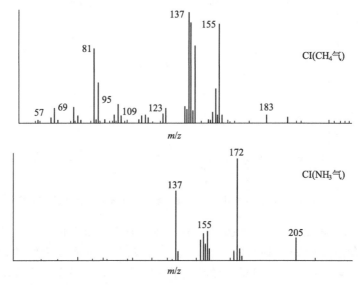

图 2-6　甲烷和氨气作 CI 反应试剂分析同一样品（薄荷油）的质谱图比较

（2）质量分析器　质量分析器位于离子源和检测器之间，它是将来自离子源的离子束按照 m/z（质荷比）大小进行分离的装置。样品分子经过电离源离子化后，经加速、聚焦被送入质量分析器，各种离子按 m/z 大小被分开，然后依次进入检测器。质量分析器是质谱仪的核心部分，它的性能直接影响质谱仪的分辨率、质量范围、扫描速度等指标。

由于气相色谱出峰很快，特别是使用毛细管气相色谱时，色谱峰很窄（2s），要求用于 GC-MS 的质量分析器具有较快的扫描速度。目前，商品化 GC-MS 常用的是四极（杆）质量分析器（quadrupole mass analyzer）、离子阱（ion trap）质量分析器和飞行时间（time of flight，TOF）质量分析器，其中四极质量分析器扫描速度快，灵敏度高，结构简单，稳定性好，使用得最多。

① 四极质量分析器　又称四极滤质器（quadrupole mass filter），如图 2-7 所示，它是由四根相互平行的电极（金属杆）组成，对角的两个电极杆连在一起。理想的四极杆为双曲线，但常用的是四支圆柱形金属杆，被加速的离子束穿过对准四根极杆之间空间的准直小孔。

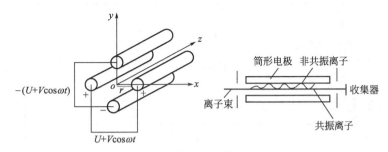

图 2-7　四极滤质器工作原理示意

通过在四极上加上直流电压 U 和射频电压 $V\cos\omega t$，在极间形成一个射频场，正电极电压为 $U+V\cos\omega t$，负电极为 $-(U+V\cos\omega t)$。离子进入此射频场后，会受到电场力作用，只有合适 m/z 的离子才会通过稳定的振荡进入检测器，这些离子又称为共振离子，而其它离子在运动过程中撞击到四极电极上被过滤掉，这些离子称为非共振离子。只要改变 U 和 V 并保持 U/V 比值恒定时，可以实现不同 m/z 的离子的检测。

② 离子阱质量分析器　离子阱是一种通过电场或磁场将气相离子控制并贮存一段时间的装置。在质谱上已有多种形式的离子阱使用，而用在 GC-MS 装置上的常是一种结构较简单的离子阱，该离子阱成本低且易于操作，可用于 $m/z\,200\sim$ 2000 的离子的分析。

如图 2-8 所示，离子阱由一环形电极再加上下各一的端罩电极构成。以端罩电极接地，在环电极上施以变化的射频电压，此时处于阱中具有合适 m/z 的离子将在环中指定的轨道上稳定旋转，若增加该电压，则较重离子转至指定稳定轨道，而轻些的离子将偏出轨道并与环电极发生碰撞。当一组由电离源（化学电离源或电子轰击源）产生的离子由上端小孔中进入阱中后，射频电压开始扫

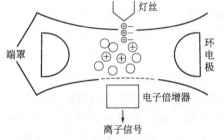

图 2-8　离子阱的一种典型构造示意

描，陷入阱中离子的轨道则会依次发生变化，最后从底端离开环电极腔，从而被检测器检测。

③飞行时间质量分析器（TOF）　如图 2-9 所示，离子在飞出离子源后进入一根固定长度的无场漂移管（飞行管），当到达漂移管终点时，所用的飞行时间 T 与 m/z 的平方根成正比关系：

$$T \propto k \sqrt{\frac{m}{z}} \tag{2-20}$$

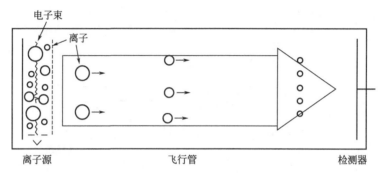

图 2-9　飞行时间质量分析器工作原理示意

式中，k 为收集常数，一般情况下，电子轰击源电离的离子电荷数 $z=1$，此时 T 就只与质量数 m 有关，但对于多电荷离子，$z \neq 1$ 时，式 2-20 仍然有效。

因为连续电离和加速将导致检测器的连续输出而无法获得有用的信息，所以 TOF 是以大约 10kHz 的频率进行电子脉冲轰击法产生正离子，随即用一具有相同频率的脉冲加速电场加速，被加速的离子按不同的 (m/z) 时间经漂移管到达收集极上，经检测器检测，得到质谱图。

TOF 的最大特点是：仪器结构简单，既不需要磁场又不需要电场，只需要直线漂移空间，分析速度快，每秒钟可得到多达 1000 幅的质谱，在同样的色谱分离时间内，能够获得更多的信息或采集同样的信息只用很短的时间，非常适合与快速色谱技术联用（GC 中使用很短的色谱柱，几百秒内完成分离，每个谱峰的峰宽和各色谱峰之间的间隔只有几百毫秒）。由于 TOFMS 的高密度数据采集，使用 GC-TOFMS 时，即使色谱分离时存在共流出峰（co-elutions），通过解卷积数据处理方法仍然可获得准确的分析结果。

（3）离子检测器　离子检测器用于检测各种质荷比（m/z）的离子的强度。质谱仪所用检测器应具有稳定性好、响应速度快、增益高、检测的离子流宽、无质量歧视效应等特点。常用的检测器是二次电子倍增器。电子倍增器的工作原理如图 2-10 所示，来自质量分析器的正离子打击阴极表面时，阴极产生二次电子，然后用多级瓦片状的二次电极（或称打拿极）使二次电子不断倍增。用于质谱仪的电子倍增器一般有 10～20 个二次电极，可获得 $10^6 \sim 10^8$ 增益。最后由阳极检测，得到棒状质谱图。电子倍增器的检测灵敏度非常高，可检测到 $10^{-19} \sim 10^{-18}$ A 的微弱电流，是质谱仪具有高检测灵敏度的原因之一。

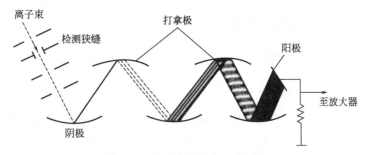

图 2-10　电子倍增器的工作原理

（4）真空系统　质谱仪的离子产生及经过系统必须处于高真空状态（离子源真空度应达 $1.3 \times 10^{-5} \sim 1.3 \times 10^{-4}$ Pa，质量分析器中应达 1.3×10^{-6} Pa）。若真空度过低，则会造成离子源灯丝损坏、本底增高、副反应过多，从而出现图谱复杂化、干扰离子源的调节、加速极放电等问题。

质谱仪一般都采用机械泵预抽真空后，再用高效率分子涡轮泵或扩散泵连续地运行以保持真空。分子涡轮泵的抽速为每秒几百升，可获得更高的真空度，允许来自于气相色谱仪每分钟几毫升的载气流量的进入。

2.2.2.3　接口

气相色谱和质谱对工作的压力要求不同：气相色谱在高压下工作，柱子出口压力为 1.013×10^5 Pa，而质谱仪在高真空下工作（质量分析器中至少应达 1.3×10^{-6} Pa）。如果色谱仪使用填充柱，色谱柱出口的大量载气直接进入质谱仪就会破坏质谱的真空系统，使质谱仪无法正常工作。因此，在气相色谱和质谱之间需要借助一个接口，使进入质谱单元前，色谱柱流出物中的载气被消除，同时将样品分子浓缩。

现代气-质联机广泛使用的是毛细管气相色谱仪，因为毛细管的载气流量很小，对质谱仪真空破坏较弱，可不需要任何接口，而是将气相色谱的毛细管柱出口端直接插入质谱仪的离子源即可。但此时离子源的真空系统须保证具有较高的样品清除速率，否则会造成色谱峰脱尾，影响分离度，尤其是含量高的组分，这种影响更为明显。在色谱柱载气不断进入离子源的过程中，为了使离子源能维持高真空且质量分析器的高真空不受影响，常在离子源和质量分析器处分别使用分子涡轮泵的差动排气系统。

2.2.2.4　计算机工作站系统

计算机工作站系统一般包括仪器控制软件和数据处理软件两部分。仪器控制软件是用来控制仪器的，当通信系统与仪器建立连接后，可在计算机上直接设置质谱、气相色谱的各项工作参数，这些参数将作为指令被仪器执行。数据处理软件用于处理分析结果，包括峰面积、峰高、半峰宽的计算、标准质谱库检索等。

2.2.3 气-质联机分析方法

气-质联机分析方法主要由气相色谱分析方法和质谱分析方法两部分组成。

2.2.3.1 气相色谱分析方法

气相色谱分析方法的建立与普通的气相色谱仪相同，包括色谱柱、柱温程序、载气流速、气化室温度、进样量、分流/不分流进样方式等条件的选择。

2.2.3.2 质谱分析方法

包括离子源温度、质量分析器温度、扫描速度、扫描方式、扫描的质量范围（单位：amu）等参数的设定。为了保护灯丝和电子倍增器，质谱方法中常设置"溶剂延迟"，其作用是在高强度的溶剂通过离子源后再让灯丝和电子倍增器打开。设置"溶剂延迟"后，溶剂峰将不被质谱检测。"溶剂延迟"时间应根据溶剂的出峰时间而定。

质谱仪的扫描方式有两种：全扫描（full scan）和选择离子监测（selected ion-monitoring，SIM）。全扫描是对所设定质荷比范围的离子全部扫描并记录，得到的质谱图包含了指定范围内所有离子碎片的信息，可进行标准质谱库检索。选择离子监测，只是对选定的离子进行扫描检测，而其它离子不被记录。这种检测方式可增加被检测离子的扫描次数，而干扰离子被排除，具有选择性好、灵敏度高、谱图简单的优点，常用于痕量组分的定量分析。但要求 SIM 选定的离子常是分析物的特征离子，能代表该分析物的存在。

2.2.4 分析结果的表示

一个混合物样品进入色谱仪后，在合适的色谱条件下，被分离成单一组分并依次进入质谱仪，经过离子源、质量分析器和检测器后得到各个组分所对应的质谱。在全扫描方式下，气-质联机分析后可得到总离子流色谱图（total ion current chromatogram，TIC）、质谱图（MS）、提取离子色谱图；在选择离子监测模式下可得到质量色谱图。

2.2.4.1 总离子流色谱图（TIC）

TIC 是在全扫描方式时将每个质谱的所有离子加和得到的，如图 2-11 所示，它与气相色谱的谱图相似，横坐标是保留时间（min），但纵坐标表示的是离子的峰度，可用离子个数如 M_{counts} 等表示。如果分离得较好，总离子流色谱图中单个谱峰应代表一个纯组分，每个谱峰的曲线由几个质谱记录点绘制而成，每一个点对应一张质谱图。

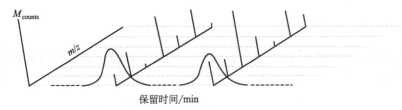

图 2-11　TIC 及扫描点对应的质谱图示意

2.2.4.2　提取离子色谱图

通过数据处理软件，将全扫描方式得到的总离子流色谱图中所包含的某组分的特征离子（某一个质荷比或某一组质荷比的离子）的峰度随着时间变化的信息分离出来，得到的色谱图，称为提取离子色谱图。

使用提取离子色谱图的最大好处是，在色谱分离不理想的情况下，仍可根据GC-MS 结果获得有用的信息。图 2-12 为快速色谱 GC-TOFMS 分析红富士苹果挥发性成分的结果，在125s 内总离子流色谱图［图 2-12（a）］显示出 9 个峰，但通过计算机数据处理，将共流出峰进行分离，得到提取离子色谱图［图 2-12（b）］，包含了 24 个峰，表明 125s 内实际上有 24 个组分流出色谱柱。

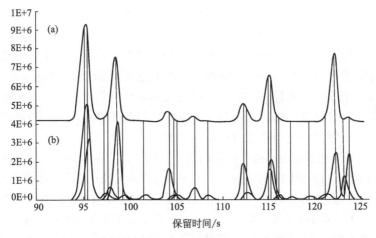

图 2-12　快速色谱 GC-TOFMS 分析红富士苹果挥发性成分的总离子
流色谱图（a）和提取离子色谱图（b）

2.2.4.3　质量色谱图

在 SIM 扫描方式时，得到的以某个特征离子的峰度为纵坐标，时间为横坐标的谱图称为质量色谱图。

2.2.5 定性分析

气-质联机比气相色谱提供了更多可用于定性分析的信息，可将色谱保留值、质谱、提取离子色谱结合起来进行多维定性，增强了复杂样品中化合物定性的准确性。

2.2.5.1 质谱定性

可根据有机质谱的裂分规律人工解析，但常用的是计算机检索标准质谱库，该法快速、方便。检索的质谱库可为商业化提供的，如 NIST 谱库和 Wiley 谱库，也可为利用标准品自己建立的。谱库检索结果给出的是可能的化合物，并按照与标准谱图的相似度由大到小的排序列出，包括化合物名称、相对分子量、结构式、CAS 号等信息。一般认为，相似度＞900 表明与标准谱图匹配得很好，相似度 800～900 表明与标准谱图匹配得较好，相似度 700～800 表明与标准谱图的匹配可接受，但相似度＜600 则意味着与标准谱图匹配得较差。使用标准谱库检索定性应注意以下几点。

（1）只有 70eV 电子轰击离子化且全扫描方式得到的质谱图，才可用谱库检索鉴定结构，其它离子化方式（如化学电离）或选择离子扫描所得的质谱图，不适于以谱库检索的方式定性。

（2）质谱库中的标准谱图是纯化合物得到的，当色谱没有达到很好的分离时，谱峰不纯，检索结果误差较大。

（3）样品分析获得的质谱图往往因本底的干扰发生畸变，为了提高检索结果的准确性，常需要对谱图作本底扣除处理。计算机数据处理系统带有本底扣除功能，本底的扣除可用总离子流色谱图的某一时间段本底的平均值进行，也可用色谱峰一侧的一段本底，或包含色谱峰两侧的一段本底，但如何确定本底，即选择本底的位置和这一段的长短需要凭经验和对样品的了解。

（4）总离子流色谱图中，每个谱峰由几个扫描记录点绘制而成，选择哪次扫描的质谱图进行检索，对检索结果影响也较大，尤其是总离子流色谱图中峰很强的组分，它在进入离子源时的量很大，易于发生离子-分子反应，使质谱图发生畸变，造成检索结果的误差会更大。对于未实现良好分离的谱峰，为了避免来自干扰峰的离子碎片对质谱图的干扰，当干扰峰在被检索峰的前侧时，尽量选择在该峰后沿的记录点进行检索，当干扰峰在被检测峰的后侧时，尽量选择在该峰前沿的记录点进行检索。

（5）由上述可知，谱库检索结果受样品的复杂程度、分离状况等多种因素的影响，因此，直接将检索时给出的匹配度（相似度）最高的化合物作为鉴定结果，往往会得出错误的结论。应结合质谱图（基峰、分子离子峰、同位素峰等）、化合物性质（如官能团、沸点、气味等）和色谱保留值等信息对检索出的具有较高相似度的化合物列表进行逐一筛选，甚至再与标准物对照后再确定所分析的谱峰代表何物。

2.2.5.2 提取离子色谱定性

当需要确认某个组分在总离子流色谱图中或某个色谱峰中的存在时，除了用质谱库检索的方式外，采用提取离子色谱更为方便。假设质荷比分别为 m_1、m_2、m_3 的离子碎片能代表该组分存在（特征离子），让数据处理系统构建包含 m_1、m_2、m_3 质荷比的提取离子色谱图，若提取离子色谱图中没有三个质量数重叠在一起的色谱峰，说明气-质联机分析未检测到该组分。构建提取离子色谱图时，可只用一个 m_1，但用多个如 m_1、m_2、m_3……会更好些，因用多个质荷比的离子时可排除一些干扰，所得结果的准确性更高。

此外，当色谱峰未能达到较好分离时（如肩峰、谱峰遮掩或重叠），色谱峰不纯，质谱库检索的结果误差较大，而此时用提取离子色谱定性有明显的优势，可克服色谱分离差的缺陷。

2.2.5.3 色谱保留值定性

还可用待测组分的色谱保留值定性，这与气相色谱的分析类似。在天然香味分析中，用得较多的是保留指数定性。结构异构体（如顺反异构）的质谱图往往是相同的，但色谱保留值会不同，因此，保留值定性可弥补质谱定性的不足，对异构体的区分有重要作用。

2.2.6 常用定量分析方法

2.2.6.1 用总离子流色谱图定量

该法通过测量总离子流色谱图中谱峰的峰高或峰面积进行定量，相当于利用 GC-MS 中的气相色谱分析进行定量，定量方法与气相色谱的定量分析法相同。同样，对于多个组分的香味样品，由于没有标准物及内标物，常用面积归一化法或只是一个内标进行定量分析，很明显，这样的定量结果只能是一种很粗略的定量。

严格地讲，总离子流色谱图定量时，只是对于那些得到良好的分离，且含量较高的样品组分的准确性较高，而鉴于气相色谱检测器 FID 具有稳定性好、线性范围更宽的特点，此时，常使用 GC-FID 分析的气相色谱图代替 GC-MS 的总离子流色谱图进行定量分析，所得的定量分析结果会更好。

2.2.6.2 用质量色谱图定量

该法通过测量质量色谱图中谱峰的峰高或峰面积进行，相当于利用 GC-MS 中的 SIM 扫描质谱分析定量，定量方法包括内标法、外标法等，也可参考气相色谱的定量分析部分。

SIM 扫描方式具有灵敏度高、消除干扰的优点，质量色谱图适于对复杂样品中痕量组分或不能达到较好分离的组分进行定量，具有样品用量小、更加准确的优点。

利用质量色谱图定量时，应注意从全扫描标准样品与全扫描空白样品所得的质谱图相减后的差谱中，选择峰度较高且能代表分析物的特征离子作为定量离子，建立相应的 SIM 分析方法。当质量色谱图受到与目标分析物无关的离子产生的质量色谱峰干扰时，不能进行定量分析。

2.2.7 稳定同位素稀释法

2.2.7.1 概述

稳定同位素稀释法（stable isotope dilution assay，SIDA）最先出现于 1966年，用于测定植物组织中的葡萄糖。稳定同位素稀释法在食品风味研究领域的首次应用发表于 1987 年，由德国慕尼黑大学 Schieberle 和 Grosch 教授对白面包皮中的乙基吡嗪、2-甲基-3-乙基吡嗪、2-乙基-1-吡咯啉进行了定量。迄今德国该研究小组采用 SIDA 方法已对多种食品如巧克力、煎蘑菇、炸薯条中的强势香气活性化合物进行了定量。在食品异味成分分析上，SIDA 方法也很有优势。目前通过 SIDA 方法的准确定量，已经找到了低脂切达奶酪中的异味成分为呋喃酮、3-甲硫基丙醛、酱油酮，复加热牛肉中异味成分为己醛和 4，5-环氧-（E）-2-己烯醛。

SIDA 方法的优势如下。

（1）因分析物和内标物具有近乎相同的物理化学特性，样品处理过程所导致的分析物损失得到补偿，从而分析误差大大降低。

（2）GC-MS 选择离子监测模式（SIM）下，灵敏度高，能抵抗背景杂峰或共流出峰的干扰，适于痕量组分的定量。

但对于大多数香味物质，其稳定同位素标记物通过商业途径很难买到，且价格昂贵。常通过实验室自行极少量地化学合成进行制备，但涉及的具有同位素标记反应原料同样比较贵，因此造成 SIDA 定量方法的广泛应用受到限制。

2.2.7.2 同位素标记内标物的要求

为了保证稳定性，同位素原子应标记在与其它化合物"不易发生交换反应"的位点。由于氘（D）比较便宜，目前普遍使用氘来做同位素标记。但在某些情况下，如含有羰基的化合物其 α-位易发生烯醇化，并可与其它物质发生质子交换反应，使用 ^{13}C 标记更合适。一般，SIDA 内标物的分子量要至少比分析物多 2 个质量单位，以降低分析物的质量干扰。SIDA 内标物实验室自己合成时，应考虑合成过程中产生的副产物干扰。在 GC-MS 检测时若副产物并不对分析物产生干扰，则副产物是允许存在的。

香味物质定量分析时，在样品中通常加入 0.1～1mL 的标准溶液，此时内标物的量大致为 μg 级。因此，制备 100～500mg 的 SIDA 内标物已足够 10000 次的分析使用。为了保持稳定性，SIDA 内标物常冷冻或用合适的溶剂（通常用二氯甲烷或者甲醇）稀释后保存，如研究表明，双乙酰和 2,3-戊二酮在－30℃条件下贮藏时，2 年后仍可以保持浓度不变。

2.2.7.3　SIDA 定量分析的步骤

SIDA 的定量方法为：将已知量的同位素标记内标物加入到样品中，样品最好为液体或者浆状，以确保内标物在样品中分布均匀；然后采用 GC-MS 的选择离子模式（SIM）测定分析物和内标物的峰面积，按照下式计算分析物的浓度：

$$Q_i = \left(a\,\frac{A_i}{A_s} + b \right) Q_s \tag{2-21}$$

式中，Q_i 为样品中待测组分的含量；Q_s 为同位素标记内标物的加入量；A_i 为待测组分 i 的峰面积；A_s 为同位素标记内标物的峰面积；a 为校正曲线的斜率；b 为校正曲线的截距。

斜率 a 相当于分析物的相对校正因子（f）。通过将不同浓度已知量的内标物和分析物的混合物溶液进样，再将所得内标物和分析物的峰面积比值作为横坐标，内标物和分析物的含量比值作为纵坐标，拟合直线可求出 a、b。当直线过原点时 $b=0$。校正因子（f）反映了内标物和分析物在质谱中的微小响应差异，它与合成内标物中的副产物干扰，尤其是同位素纯度、标记位点和标记数量有关。

理论上，使用 SIDA 内标物意味着一种绝对准确的定量分析。但是，前提是要确保加入的内标物和分析物在样品中分布均匀。

2.2.8　气-质联机在香味分析中的应用

在香味分析中，气-质联机是使用频率最高的仪器，相关的文献很多，下面仅列举三个实例。

2.2.8.1　小茴香精油成分分析

（1）样品　小茴香（*Foeniculum vulgare* Mill）精油，同时蒸馏萃取法制备。

（2）分析条件　Varian Saturn 2100T GC-MS 系统，VF-5MS 30m×0.25mm×0.25μm 毛细管柱。载气氦气，流量 1mL/min；进样口温度 250℃，分流比 1：50，进样 0.1μL；柱温程序：起始温度 40℃，停留 1min，以 20℃/min 速率升至 100℃；以 2℃/min 升至 210℃；以 5℃/min 升至 250℃，停留 1min。

质谱检测条件：70eV 电子轰击源和化学电离源 CI（液体甲醇为反应试剂），离子阱温度 150℃，传输线温度 250℃，质量扫描范围：30～450amu。

（3）定性和定量方法　定性方法：计算机检索 NIST02 谱库，并参考小茴香挥发性成分的文献报道进行初步鉴定，再结合 CI 源的（M+1）准分子离子进一步确认。

定量方法：对总离子流色谱图进行面积归一化。

（4）分析结果　图 2-13 为总离子流色谱图。表 2-10 列出了鉴定的化合物及其相对百分含量，主要成分为反式-茴香脑（74.16％）、茴香醛（3.51％）和艾草脑（2.40％）。

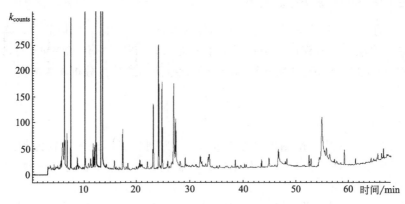

图 2-13　气-质联机分析小茴香精油的总离子流色谱图

表 2-10　小茴香精油的 GC-MS 分析结果

保留时间/min	化合物	相对含量[①]/%	匹配度
4.90	α-蒎烯	0.01	925
5.45	桧烯	0.02	939
5.58	月桂烯	0.03	941
5.88	α-水芹烯	0.70	915
6.26	对-聚伞花烃	0.55	902
6.34	1.8-桉树脑	0.15	920
6.46	反式-罗勒烯	0.02	856
6.75	γ-松油烯	0.22	913
7.02	β-蒎烯氧化物	痕量	891
7.31	异松油烯	0.03	830
7.45	葑酮	1.05	892
8.90	樟脑	0.05	768
10.23	艾草脑	2.40	982
11.78	香芹酮	0.25	931
12.07	顺式-茴香脑	0.22	917
12.27	茴香醛	3.51	933
13.51	反式-茴香脑	74.56	978
16.16	甲氧苯基乙酮	痕量	959
17.08	古巴烯	痕量	902
17.44	甲氧苯基丙酮	0.51	966
18.44	茴香基丙醇	0.10	951
20.07	香豆素	0.03	951
22.10	γ-依兰油烯（或大根香叶烯 D）	0.10	934(950)
22.97	甲基异丁子香酚	0.02	936
23.24	2,6-二叔丁基苯酚	0.96	957

续表

保留时间/min	化合物	相对含量①/%	匹配度
23.49	红墨药烯(或异石竹烯)	痕量	959
23.62	甲基丁子香酚	痕量	802
24.04	δ-杜松烯	痕量	864
24.21	β-雪松烯(或反式-β-金合欢烯)	1.84	900(910)
24.42	2,5-二甲基对茴香醛	0.04	876
25.62	1,2,3-三甲氧基-5-（2-丙烯基）苯	痕量	921
25.89	2-羟基-4-甲氧基苯乙酮	0.11	879
26.80	对甲氧基肉桂醛	0.02	826
27.68	1,3,5-三甲氧基-2-丙烯基苯	1.02	908
29.25	芹菜脑	0.14	987
32.30	2-乙基苯甲醛	0.09	956
35.13	4-甲氧基苯甲酸	0.04	805
36.33	2-丙烯酸-3-（4-甲氧基）苯乙酯	痕量	936
40.65	6,10,14-三甲基-2-十五碳酮	0.04	923
41.45	邻苯二甲酸单乙酯	痕量	944
43.95	法尼基乙酮	痕量	898
46.08	邻苯二甲酸二丁酯	0.02	953
52.88	十八碳-1-烯酸	0.18	900

① 痕量：含量<0.01%。

2.2.8.2　烤羊腿挥发性成分分析

(1) 样品　市售烤羊腿，去骨，搅碎，同时蒸馏萃取，得肉香味浓缩液，待气-质联机分析。

(2) 气-质联机分析条件　Agilent 6890N/5973i 气相色谱-质谱联用仪，色谱柱 HP-5 MS 30m×0.25mm×0.25μm。进样口温度 250℃，进样 2μL，分流比 20∶1；载气氦气，流速 1.0mL/min；柱温程序：起始温度 40℃，以 8℃/min 速率升温至 220℃，再以 20℃/min 速率由 220℃升温至 280℃。

质谱条件：70eV 电子轰击离子源，离子源温度 230℃，质量扫描范围 30～450amu，溶剂延迟时间 2min。

(3) 定性和定量方法　定性方法：计算机检索 NIST02 质谱库、与文献保留指数比对、参考肉香味的文献资料。

定量方法：在肉香味浓缩液中，加入 3mg/mL 的 1,2-二氯苯的戊烷溶液作内标，根据内标的含量（C_i）、总离子流图中 1,2-二氯苯的峰面积（A_i）与所鉴定成分的谱峰面积（A_x）的比值，按下式计算各香成分的含量（C_x）：

$$C_x = (A_x/A_i) \times C_i \tag{2-22}$$

（4）分析结果　总离子流色谱图见图 2-14，鉴定出的成分及含量见表 2-11。

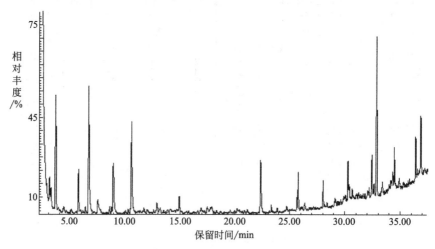

图 2-14　烤羊腿的 GC-MS 分析总离子流色谱图

由表 2-11 可以看出，共鉴定出 33 种化合物，主要包括了杂环化合物（呋喃环、吡嗪环、吡啶环）、醛类化合物、酚类化合物、酮类和醇类化合物。按照由高到低，含量大于 1μg/g 肉的成分为：糠醛、5-甲基糠醛、丁香酚、己醛、糠醇、糠硫醇、2,5,6-三甲基-1,3-氧硫杂环己烷、3-甲基丁醛、2-乙酰基-5-甲基呋喃、壬醛、1-羟基-2-丙酮、2,5-二甲基苯酚、乙基麦芽酚。

表 2-11　GC-MS 鉴定出的香味成分及其含量（用 μg/g 肉表示）

序号	保留指数(RI)	化合物	含量[①]/(μg/g)
1	658	3-甲基丁醛	2.01
2	669	1-羟基-2-丙酮	1.56
3	732	异戊醇	0.99
4	803	己醛	4.02
5	805	2-甲基-3(2H)-二氢呋喃酮	0.36
6	826	甲基吡嗪	0.61
7	836	糠醛	14.11
8	864	糠醇	2.84
9	902	庚醛	0.54
10	916	2-甲基-2-环戊烯-1-酮	0.59
11	919	糠硫醇	2.31
12	954	2-甲氧基甲基呋喃	0.47
13	961	5-甲基糠醛	11.44
14	996	2-戊基呋喃	0.43
15	998	辛醛	0.93
16	1009	乙基 2-呋喃基甲酮	0.88
17	1025	桉叶醇	0.95
18	1034	2-乙酰基-5-甲基呋喃	1.78

序号	保留指数(RI)	化合物	含量[①]/(μg/g)
19	1044	4(1*H*)-吡啶酮	0.88
20	1071	2-甲基苯酚	0.86
21	1089	愈创木酚	0.38
22	1097	壬醛	1.70
23	1108	2,5-二甲基苯酚	1.26
24	1123	2,5,6-三甲基-1,3-氧硫杂环己烷	2.08
25	1178	2-糠基-5-甲基呋喃	痕量
26	1193	4-甲基愈创木酚	0.77
27	1196	乙基麦芽酚	1.11
28	1201	辛酸	痕量
29	1240	2-甲基-3-苯基丙醛	痕量
30	1277	4-乙基愈创木酚	0.74
31	1312	(*E*,*E*)-2,4-癸二烯醛	0.79
32	1361	丁香酚	6.66
33	1382	大茴香酮	0.61

① 痕量：谱峰极小，无法用 TIC 定量。

2.2.8.3　烤羊肉串挥发性成分分析

（1）样品　取 500g 羊后腿肉（剔除脂肪和筋膜），切成约 2cm³ 的小块，竹签穿成 20 串。烧烤架上烤熟后，肉取下立即置于 300mL 二氯甲烷中。肉捞出，切碎，继续用二氯甲烷萃取两次（每次 300mL）。萃取液经溶剂辅助蒸发（SAFE）装置处理，无水 Na_2SO_4 干燥，Vigreux 柱（50cm×1cm id）浓缩、氮吹浓缩，得 0.5mL 肉香味浓缩液，待气-质联机分析。

（2）气-质联机分析条件　美国 Agilent 公司 7890A/5975B 气相色谱-质谱联用仪，色谱柱 DB-Wax 30m×0.25mm×0.25μm。进样口温度 250℃，进样 1μL，载气为氦气，流速为 1mL/min；柱温程序：起始 40℃，保持 2min，以 3℃/min 升温至 180℃，再以 9℃/min 升温至 230℃。

质谱条件：70eV 电子轰击离子源，离子源温度 150℃，质量扫描范围 33～450amu，溶剂延迟时间 5min。

（3）定性和定量方法　定性方法：通过检索 NIST11 谱库、核对保留指数，进行化合物鉴定。

定量方法：肉香味浓缩液中加入邻二氯苯内标，同上，根据内标含量（C_i）及总离子流图中邻二氯苯峰面积（A_i）与所鉴定成分峰面积（A_x）比值计算出化合物含量（C_x），再折算成在羊肉串中的含量（μg/kg）。

（4）分析结果　烤羊肉串挥发性成分总离子流色谱图见图 2-15，鉴定出的化合物和含量见表 2-12。

由表 2-12 可以看出，主要鉴定出 48 种挥发性化合物，包括醛类、酮类、醇类、酸类、酚类、含硫化合物等。含量大于 50μg/kg 的化合物有：1-戊醛、己醛、

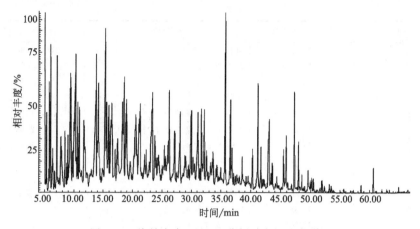

图 2-15 烤羊肉串 GC-MS 分析总离子流色谱图

庚醛、辛醛、壬醛、苯甲醛、1-壬烯-3-醇、1-辛醇、2-壬烯醛、2,3-丁二醇、2-癸烯醛、丁酸、2（5H）-呋喃酮、己酸、苯酚。

表 2-12　烤羊肉串鉴定出的挥发性化合物及含量

序号	保留指数	化合物	含量/(μg/kg)
1	934	1-戊醛	80.78
2	1036	2-甲基-1-丙醇	2.35
3	1097	己醛	99.53
4	1100	2,3-二羟基噻吩	17.46
5	1125	1-丁醇	18.55
6	1190	庚醛	91.87
7	1205	柠檬烯	25.89
8	1260	噻唑	3.84
9	1270	2-庚烯-4-醇	10.27
10	1291	辛醛	92.39
11	1334	2-庚烯醛	41.15
12	1343	2,3-辛二酮	23.74
13	1360	1-己醇	28.11
14	1390	壬醛	96.94
15	1446	乙酸	36.09
16	1447	1-庚醇	27.60
17	1451	1-辛烯-3-醇	35.24
18	1460	糠醛	11.99
19	1494	2-癸酮	40.33
20	1508	丙酸	9.64
21	1515	2,5-己二烯酮	38.34
22	1530	苯甲醛	110.60
23	1531	2,3-丁二酮	13.51
24	1555	1-壬烯-3-醇	59.14
25	1561	1-辛醇	50.54
26	1569	2-壬烯醛	72.58

续表

序号	保留指数	化合物	含量/(μg/kg)
27	1581	2,3-丁二醇	143.05
28	1590	4.5-二氢-5-甲基-2（3*H*）-呋喃酮	42.31
29	1626	3-甲基苯甲醛	22.01
30	1630	2-癸烯醛	87.18
31	1637	丁酸	70.89
32	1680	3-甲基丁酸	30.59
33	1684	糠醇	26.47
34	1767	2（5*H*）-呋喃酮	82.65
35	1800	(*E,E*)-癸二烯醛	11.93
36	1854	己酸	93.38
37	1880	苯乙醇	13.31
38	1901	5-己烯酸	26.25
39	1915	庚酸	38.78
40	1992	苯酚	88.26
41	2068	3-甲基苯酚	11.07
42	2078	4-甲基苯酚	12.23
43	2089	辛酸	13.47
44	2144	壬酸	6.39
45	2281	癸酸	3.09
46	2412	吲哚	2.95
47	2566	香兰素	1.08
48	2674	十四烷酸	1.00

2.3　气相色谱-红外光谱（GC-IR）

2.3.1　概述

红外光谱是一种常用的定性分析工具，提供了极其丰富的分子结构信息，几乎没有两种不同的物质具有完全相同的红外光谱。但原则上红外光谱只适用于分析纯化学物质，而对复杂的混合物很难给出准确的信息。气相色谱-红外光谱联用（GC-IR），将气相色谱的高效分离能力及定量检测能力与红外光谱的结构鉴定能力结合，是一种与GC-MS互补的分离鉴定手段，尤其对结构异构体的鉴定有独特的优势。在GC-IR中，气相色谱仪相当于进样器，红外光谱仪相当于检测器，但与GC-MS的质谱仪不同，红外光谱检测器是非破坏性的。

1969年第一台微机控制的快速扫描傅里叶变换红外光谱仪（FTIR）问世，随之GC-IR联用引起了人们的注意，但因当时该联用技术的灵敏度较低，使用受到限制。20世纪70年代中后期，镀金光管、MCT（隔汞碲）高灵敏度检测器及联用软件研制成功，灵敏度得到较大的提高，GC-FTIR开始步入实用阶段。到20世纪80年代中期，由于光管接口的改进、光谱硬件和软件的完善、石英毛细管柱的使用，检测灵敏度达到了 ng 级，但与 GC-MS 相比，GC-FTIR 的检测限仍差 1～2 个数量级。近年来，人们对接口装置、红外光谱仪、数据处理技术不断地改进和完善，GC-FTIR 在复杂混合物的分析应用又得到了较快的发展。

2.3.2　GC-IR 的构成及工作原理

GC-IR 系统由气相色谱、接口、傅里叶红外光谱仪、计算机系统组成。它的工作基本原理是：一方面，红外线被干涉仪调制后汇聚到光管入口，经过光管的镀金内表面的多次反射到达探测器；另一方面，样品经色谱柱的分离，色谱馏分将按照保留时间的顺序通过光管并在光管中选择性地吸收红外辐射。计算机系统采集并存贮来自探测器的干涉图信息，并作快速傅里叶变换，最后得到样品的气相红外谱图。

气相色谱的作用是将混合样品中各组分进行分离，多采用毛细管气相色谱仪，可带有热导检测器、氢火焰离子化检测器等。傅里叶红外光谱仪主要包括红外光源、迈克尔逊干涉仪、接口系统。

接口是 GC-IR 的关键部分，接口系统直接影响联用系统的灵敏度和分辨率，目前已有光管接口和冷冻捕集接口。与光管接口相比，冷冻捕集接口具有灵敏度提高一个数量级、峰形尖锐、信噪比高等优点，但由于价格昂贵，至今普遍使用的仍是相对廉价的光管接口。图 2-16 是光管接口的光学设计示意图。

光管接口一般包括传输线、光管、加热装置及汞镉碲（MCT）检测器，其核心部分是一只内壁镀金并抛光的玻璃光管，两端装有红外透明的 KBr 窗片（图 2-17），接近窗片的地方分别装有 GC 气体的进、出口。从色谱柱流出的气体，经过一段传输线进入光管，再通过另一段传输线进入 GC 检测器，从而同时得到气相色谱图。

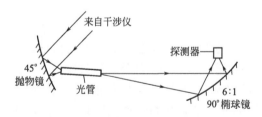

图 2-16　光管接口的光学设计示意图

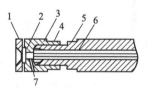

图 2-17　光管的结构示意图

1—窗夹；2—KBr 窗片；3—密封环；

4—管帽；5—光管夹持器；

6—内壁镀金的玻璃光管；7—传输线入孔

为了获得最佳的检测效果，对光管的基本要求是：①具有良好的反射性能和惰性；②具有适当的体积，其容积等于或略小于色谱馏分的半峰宽体积；③具有合适的长度和内径，以兼顾吸收强度和光通量；④选用高性能的接头和尽可能短的传输线，减少柱后的死体积，以保持色谱分离度。

2.3.3　GC-IR 分析条件的选择

2.3.3.1　气相色谱条件

分析条件的选择原则与普通气相色谱分析基本相同，但因红外检测器的灵敏度低，为了使复杂样品中的一些含量低的组分能出峰，应选用高容量的大孔径厚液膜毛细管色谱柱或稍增大进样量；为了获得较佳的检测效果，应注意选择更合理的色谱条件和柱温程序、分流比和柱前压，尤其应根据载气流量和光管的体积调节尾吹气流量，尾吹过大时组分在光管中会过分稀释，色谱峰降低甚至不出峰，尾吹过小时，组分之间分离效果受到影响。

2.3.3.2　接口

接口部分包括光管温度和光管体积。光管的检测信噪比随检测的温度升高而迅速降低，为了提高检测灵敏度，应尽可能地选择低检测温度或采取措施减少热光管的红外辐射。光管体积对于检测的灵敏度有重要影响，光管的体积应与所检测的色谱峰体积相匹配，只有色谱峰的半峰宽体积的有效浓度充满整个光管时，所检测的色谱组分才具有最佳分辨率和灵敏度。对于复杂样品或多组分分析，应以各个色谱峰半峰宽体积的平均值作为依据，选择的光管体积等于或略小于色谱峰半峰宽体积的平均值即可。

2.3.3.3　FTIR 光谱仪

联机检测中，FTIR 光谱仪应能快速同步地跟踪气相色谱的快速出峰，这一任务由迈克尔逊干涉仪和高灵敏度的（MCT）检测器完成。MCT 检测器分为窄带、中带和宽带三种类型。FTIR 多采用窄带 MCT，其灵敏度是宽带的 4 倍。

FTIR 光谱仪的操作参数包括：扫描速度、扫描分辨率、波数扫描范围等。FTIR 的全扫描频率范围为 $700\sim4000cm^{-1}$。扫描速度越快，分辨率越高，扫描速度慢，不利于检测。

2.3.4　GC-IR 提供的信息

2.3.4.1　色谱保留值

色谱保留值可作为红外光谱定性的重要辅助依据，特别对鉴定有不同数目的结构重复单元的同系物那样的化合物，尤为重要。因为这类化合物的红外光谱特征十分相似，而它们的色谱保留值却存在着差异。

2.3.4.2　重建色谱图

重建色谱图不是色谱检测器的直接输出信号记录，而是由红外检测器记录的干涉图经计算机处理后，所得到的色谱图。重建色谱图包括以下三种类型。

（1）化学图　这是一种从光谱信息中选取的与化合物中某种基团相关的信息显示图。如：羰基化合物中羰基的特征吸收，一般在 $1680 \sim 1800 \mathrm{cm}^{-1}$。若把窗口设在这一区间，色谱各馏分中只有含羰基的组分才有响应信号。此时，红外光谱仪成为色谱的选择性检测器。

（2）Gram-Schmidt 重建色谱图（GSR）　图 2-18 所示是 GC-IR 分析一种植物精油的 Gram-Schmidt 重建色谱图。在 GC-IR 分析中，GSR 被普遍应用。它是利用 Gram-Schmidt 矢量正交化方法，直接从干涉图取样重建的色谱图。虽然横坐标是时间，但它却不是实时的。由于不同结构化合物的红外吸收不同，在多组分样品中，峰面积大的谱峰所对应的化合物的含量并不一定就高。但 GSR 可帮助进行光谱图、保留时间或实时色谱图之间的关联，以给出可靠的信息解释。

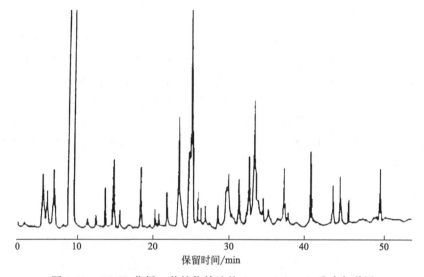

图 2-18　GC-IR 分析一种植物精油的 Gram-Schmidt 重建色谱图

（3）红外总吸收度重建色谱图（TIA）　将数据采集过程的全窗口吸收或某一窗口吸收对数据点进行积分得到的重建色谱图。与 GC-MS 给出的总离子流色谱图（TIC）类似，TIA 能反映色谱全部馏分的流出情况，分辨率也较高。但是，其横坐标是数据点，而不是保留时间，不便与气相色谱图比较。因此，在实际中应用得较少。如图 2-19 所示。

2.3.4.3　红外光谱图

从 Gram-Schmidt 重建色谱图上选择数据点，根据数据点处的干涉图信息进行傅里叶变换，即可获得对应该数据点的红外光谱图。与气-质联机分析中从总离子流谱图中选取数据点获得质谱图相似，GC-FTIR 中数据点的选取位置同样对红外光谱图有很大影响，一般小峰选择峰尖，大峰选择峰旁边，当分离不理想时，应避开峰重叠处，此外，为了消除干扰，差减谱的方法也常采用。

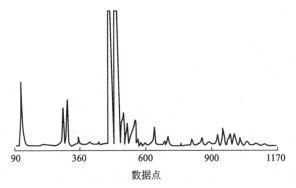

图 2-19　红外总吸收度重建色谱图

　　红外光谱图包含了分子中各基团的吸收频率及吸收强度信息，主要用于鉴定化合物的结构。GC-FTIR 中也可通过检索标准气相红外光谱库进行化合物鉴定，但红外光谱的谱库一般只有近一万张标准谱图，难以满足实际检测的需要，很多情况下，化合物结构鉴定还是依靠人工解析红外光谱图来完成。

2.3.5　GC-IR 在香味分析中的应用

2.3.5.1　概述

　　由于红外检测器的灵敏度较低、红外标准谱库的谱图数量有限，GC-IR 主要作为 GC-MS 的辅助手段用在复杂的天然香味样品的分析上，在异构体（光学异构体除外）成分的结构鉴别方面表现出独特的优势。Wilkins 等采用 GC-FTIR/MS 联用技术进行薄荷油分析，鉴定了 18 个组分，并对 GC-FTIR/MS 联用技术的分析能力进行了评价。邱宁婴等用 GC-FTIR 分析了薄荷油、青椒薄荷油、椒洋薄荷油，通过检索气相红外光谱库，鉴定出 13 种成分。刘密新等用 GC-MS 和 GC-FTIR 分析了砂仁挥发油的成分，分离出 38 个谱峰，鉴定出 34 个化合物，并发现当从质谱库检索给出的化合物列表中很难判断目标分析物时，通过红外光谱辅助能很快地得出肯定性结果。钟山等用大口径（内径 0.53mm）毛细管气相色谱 GC-FTIR 分析了山苍籽油，得到了 80 多个组分的气相红外光谱图，鉴定了 38 种物质，在红外光谱图上柠檬醛的（Z、E）两种异构体可明显地区分开来。尹承增采用 GC-MS、GC-IR 对紫丁香花挥发性成分进行了分析，鉴定出了 11 种化合物。刘布鸣等用 GC-MS 和 GC-FTIR 对马山前胡挥发油的化学成分进行了分析，分离出 87 个峰，通过检索标准质谱库、核对保留值、检索 FTIR 谱库或与标准红外光谱图对照鉴别同分异构体，确认了 37 种成分。于万滢等采用气相色谱-四极杆质谱（GC-qMS）、气相色谱-正交加速飞行时间质谱（GC-oaTOFMS）和 GC-FTIR 技术，对一种陕西产刺五加 *Acan thopanax senticosus*（Rupr. et Maxim.）Harms 茎的挥发油进行了分析。基于 GC-qMS 谱库的检索功能，结合 GC-FTIR 在结构鉴别上的优势和 GC-oaTOFMS 对质谱碎片离子精确的质量测定功能，成功地对 68 个组分进行了定性。

2.3.5.2　小茴香油的 GC-FTIR 分析

（1）样品　小茴香精油，水蒸气蒸馏法制备。

（2）GC-FTIR 分析条件　Perkin-Elemer 2000 GC-FTIR 系统。色谱柱 SE-54，长 50m，内径 0.32mm。进样口温度 280℃，载气氮气；柱温程序：100℃ 保持 2min，以 2℃/min 升温至 200℃ 保持 10min。光管温度 230℃，分辨率 8cm⁻¹，扫描范围 700～4000cm⁻¹。

（3）分析结果　图 2-20 为 Gram-Schmidt 重建色谱图，标号为 1～10 的谱峰所对应的化合物见表 2-13。主要成分莳酮（5 号峰）和反式-茴香脑（10 号峰）的红外光谱图见图 2-21 和图 2-22。

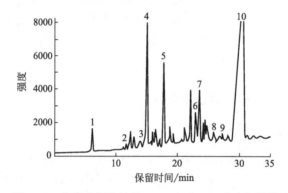

图 2-20　小茴香挥发油的 Gram-Schmidt 重建色谱图

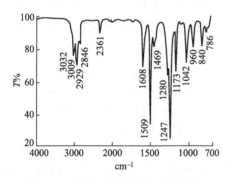

图 2-21　反式-茴香脑的红外光谱图

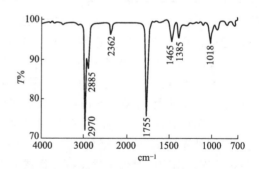

图 2-22　莳酮的红外光谱图

表 2-13　GC-FTIR 鉴定出的小茴香挥发油的化学成分

谱峰标号	保留时间/min	化合物	谱峰标号	保留时间/min	化合物
1	5.99	庚烷	6	22.89	十五烷
2	11.23	α-蒎烯	7	23.54	艾草脑
3	14.66	柠檬烯	8	25.74	莳基乙酸酯
4	15.00	1,8-桉树脑	9	27.26	甲氧苯基丙酮
5	17.80	莳酮	10	30.61	反式-茴香脑

2.4　全二维气相色谱（GC×GC）

2.4.1　概述

对于多组分复杂的样品，色谱分离时常出现的情况是，感兴趣的组分恰是附着在主峰尾部或前端的一个很小的痕量峰，或是与其它组分峰共流出。此种情况下，若只靠一种色谱柱，有时经过较长时间的色谱条件优化，还是达不到所要的分离效果。但使用二维气相色谱可以很好地解决此类问题。

二维气相色谱是一种将前级气相色谱柱分离的组分切换到后一级气相色谱柱上进一步分离的色谱-色谱联用技术。根据前级色谱馏分是部分还是全部转移到后一级气相色谱柱上，二维气相色谱可分为中心切割式二维气相色谱和全二维气相色谱。

图 2-23 是中心切割式二维气相色谱的流程框图，它是将第一根柱子上没有实现分离的目标馏分，利用切换器（可为阀切换、气控切换或在线冷阱）转移到另一根色谱柱上进一步分离，当对第一根柱上流出的多个组分感兴趣时，需要增加中心切割的次数来实现。

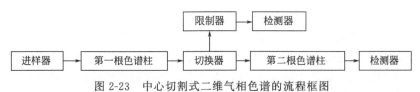

图 2-23　中心切割式二维气相色谱的流程框图

中心切割法主要缺点是：①只能把第一根色谱柱流出的部分馏分转移到第二根色谱柱上，二维色谱的峰容量（在给定色谱条件下，色谱图死体积峰至最后一个峰之间所能包含的谱峰数或在分离路径和空间中可容纳谱峰的最大数量）没有被完全利用，相当于（GC＋GC）；②从第一根色谱柱流出的组分在进入第二根色谱柱时，其谱带已较宽，第二维的分辨率受到损失。

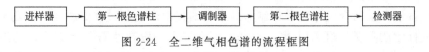

图 2-24　全二维气相色谱的流程框图

图 2-24 是全二维气相色谱的流程框图，它的特点是将两根分离机理不同或不同类型的色谱柱以串联方式连接，两个色谱柱之间装有一个调制器，其作用是将第一根柱上流出的每一个馏分进行聚焦，然后以脉冲的方式依次送到第二根色谱柱上进一步分离，经过第二根色谱柱后再进入检测器，最终可获得以第一根柱上的保留时间为第一横坐标，第二根柱上的保留时间为第二横坐标，信号强度为纵坐标的三维色谱图或经投影转换成的二维轮廓图（图 2-25）。

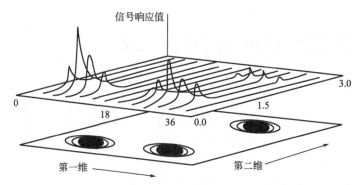

图 2-25 全二维气相的三维色谱图（上）和二维轮廓图（下）

全二维气相色谱是 20 世纪 90 年代才出现的色谱分离方法，属于二维正交色谱（GC×GC），与普通的二维气相色谱相比，具有如下优点。

（1）峰容量大、分辨率高 峰容量是两个柱子各自容量的乘积（中心切割法的峰容量是两根柱子各自峰容量的和），分辨率是两根柱各自分辨率平方加和的平方根。

（2）分析时间短 对复杂样品分离效果好，且总分析时间比一维色谱短。同时也适用于对相对简单的混合物样品进行快速的扫描分析。

（3）检测器的灵敏度高 采用调制器聚焦后，第 2 根色谱柱流出馏分的浓度增加，检测灵敏度可达到一维色谱的 20～50 倍。

（4）定性、定量分析的准确性高 不同分离机理或不同类型的两根色谱柱的使用，提供了极高的分离能力和更多的定性信息，并有利于准确的定量分析。

2.4.2 全二维气相色谱的调制器

调制器是全二维气相色谱的关键部件。为了保证第一根柱上分离的馏分以较窄的区带进入第二根色谱柱，调制器需满足的基本条件为：①能定时将第一根柱上流出的分析物浓缩，并以很窄的区带转移到第二根柱的柱头，起到第二根色谱柱的进样器作用；②聚焦和再进样的操作具有重现性，不存在分子歧视。

热调制是全二维气相色谱调制器最常用的技术。它通过改变温度，使几乎所有的挥发性物质实现吸附和脱附。Phillps 等设计了一段弹性石英毛细管，毛细管外表面涂上一层导电金属涂料，通过调节电流大小即可控制温度。由于毛细管热容量很小，温度可很快地改变。当它处于室温时，可捕集馏分，捕集时间的长短可根据组分情况设置为 2～60s，然后在适当时刻通电加热，将捕集的组分快速导入第二根色谱柱上进行分析（图 2-26）。整个操作过程包括数据采集与处理，均由计算机通过相应的软件控制。

但由于涂层常被破坏，Ledford 和 Phillps 等又对上述工作进行改进，设计了一种基于移动加热技术（热扫帚）的调制器，如图 2-27 所示。它使用一个步进电

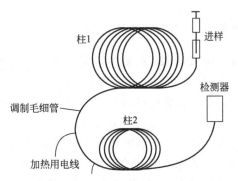

图 2-26　由热解吸调制毛细管组成的全二维气相色谱示意图

机带动开槽式加热器运动，扫过厚液膜调制管来达到局部加热的目的，使吸附在调制管上的组分热脱附、聚焦并以很窄的区带进入第二根柱进行色谱分离。此设计的最大优点是热量足够大，并可稳定地控制温度，但要求调制器的温度必须比炉温高 100℃。

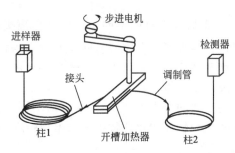

图 2-27　基于移动加热技术的全二维气相色谱示意图

　　冷阱调制器是热调制方式调制器中的另外一种，图 2-28 所示是由冷阱调制器组成的全二维气相色谱示意图。冷阱调制器由移动冷阱组成，它的工作原理是：让第一根色谱柱的馏分以很窄的区带保留在冷阱中，每隔几秒钟，调制器从捕集位置转换到释放的位置。在释放的位置，冷却的毛细管开始由气相色谱炉加热，被捕集的馏分被立即释放，以很窄的区带在第二根柱的柱头开始色谱分析。同时从第一根柱上流出的馏分开始捕集，避免了与前一周期中被释放的组分在第二根柱上重叠。几秒钟后，这个过程将重复，直到第一根柱的分析结束。这个方法的主要好处是调制器中的毛细管加热到正常的炉温即可使捕集的馏分脱附，能处理更高沸点的样品。但调制器中的固定相需处于低于－50℃的环境。

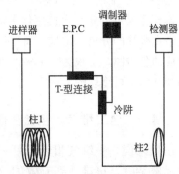

图 2-28　由冷阱调制器组成的
全二维气相色谱示意图

2.4.3 全二维气相色谱的色谱柱和检测器

为了实现正交分离，两根色谱柱的分离机制应是相互独立的。通常，第一根色谱柱是非极性的厚膜固定相柱，如100%甲基硅氧烷或5%苯基甲基硅氧烷，它将产生一个相对较宽的峰；第二根色谱柱是极性、细孔径、短的开管柱，有助于获得最快的分析速度、最大的峰容量和最短的分析时间。第二根色谱柱常用的固定相为35%～50%的甲基硅氧烷、聚乙二醇或氰丙基甲基硅氧烷。

在GC×GC中，从第二根柱流出的化合物的峰宽一般100～200ms，如要完整地检测出单个峰，最少必须有10个数据点被采集，而要检测出第二柱流出的每一个峰，就须检测器的数据采集频率至少为50～200Hz。目前只有FID、ECD和质谱检测器（如TOF-MS）能满足要求。由于检测器的数据采集频率增加，加之GC×GC的区带压缩效应，全二维气相色谱的分析灵敏度是很高的。

2.4.4 定性、定量方法

在GC×GC分析中，根据分析目的不同，有两种分离类型常被用于组分的定性和定量分析，即族分离和目标化合物分离。族分离要求具有相同特性（如分子结构、形状及与固定相的相互作用等）的一组化合物与其它化合物分离。目标化合物分离则是将感兴趣的组分与其它组分及基体进行分离。

GC×GC定性方法与一维色谱相比并没有本质的不同，但定性的可靠性比一维色谱强得多。可根据各化合物或各化合物组在二维坐标中的保留值来定性，也可通过与质谱联用来定性。

在GC×GC中，因色谱峰重叠引起的干扰更小，峰形更尖锐，定量的准确性更高。与一维色谱定量不同，GC×GC第一柱流出的每一个峰被切割成几个碎片峰。对某组分定量时，应将其所有的碎片峰加在一起，计算其总峰高、总峰面积或峰体积，然后通过归一化法、外标法或内标法进行定量。如果要进行族分析，则要精确地界定三维谱图中目标化合物所处的区域，将目标区域选定在一个多面体中。

对于重叠峰的定量可使用化学计量学技术辅助进行。化学计量学通常用于多道检测器色谱重叠峰的分离和定量方面。GC×GC中，化合物从第一柱流出时在第二柱都能产生对应的色谱图，可视为一个多道检测器。借助化学计量学技术，只要在第二柱的保留时间和峰形是可重现的，在第一柱分离中发生重叠的化合物就可以成功地定量。

2.4.5 全二维气相色谱在香味分析中的应用

一般来说，一维气相色谱用一根柱子，适于分析含几十至上百个组分的样品，但样品复杂时，很难达到有效的分离。而GC×GC具有高峰容量、高灵敏度、高分辨率、族分离和分析速度快等特点，在对组分复杂样品的分析方面具有独特的作用，可用于含100个组分以上的极端复杂样品的分析，样品越复杂，它的优势越明显，一些长期分不开的样品，将会因全二维气相色谱技术的使用而得以分开。天然香味样品通常是多组分的复杂混合物，因此，全二维气相色谱在香味分析上具有很好的应用前景。但由于 GC×GC 发展得较晚，尤其仪器费用高，因此国内外的应用报道仍较少。

季克良等用全二维气相色谱/飞行时间质谱（GC×GC/TOF MS）分析了我国主要传统香型白酒中微量成分，第一柱为较长的极性柱 DB-WAX（60m×0.25mm×0.25μm，固定相为聚乙二醇），第二柱为较短的中等极性柱 DB-1701（1.2m×0.1mm×0.4μm，14%氰丙基苯基＋86%甲基硅氧烷），从酱香型白酒分出 963 个峰，浓香型白酒分出 674 个峰，清香型白酒分出 484 个峰，通过谱库检索从酱香型白酒中鉴定出 873 种组分，从浓香型白酒中鉴定出 342 种成分，从清香型白酒中鉴定出 178 种成分。朱书奎等用全二维气相色谱/飞行时间质谱（GC×GC/TOF MS）对一种国产香烟中常用的烟用香精进行了分析，第一柱为较长的极性柱 DB-WAX（60m×0.25mm×0.25μm），第二柱为较短的中等极性柱 DB-1701（3m×0.1mm×0.4μm），共鉴定出 84 种化合物，而相同条件下使用普通的 GC/MS 仅鉴定出 21 种化合物。武建芳等用全二维气相色谱/飞行时间质谱（GC×GC/TOF MS）研究莪术挥发油，对 GC×GC 与 GC 的分离特性和 GC×GC/TOF MS 与 GC-MS 的定性能力进行了比较。如图 2-29 所示，在相同条件下，GC 只分离出 87 个峰，而 GC×GC 则分离出约 500 个峰。用 GC/MS 和 GC×GC/TOF MS 鉴定出匹配度大于 800 的组分分别为 46 种和 227 种。此外，GC×GC/TOF MS 对每一个组分还可给出三维定性信息，定性可靠性大大提高。

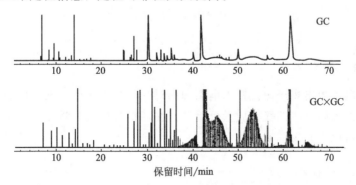

图 2-29　用 GC 与 GC×GC 分离莪术挥发油的色谱图比较

2.5　气相色谱-串联四级杆质谱（GC-MS/MS）

2.5.1　概述

20 世纪 80 年代初，在传统的质谱学基础上，诞生了串联质谱这一新技术。传统的单四极杆质谱仪没有多重反应监测（multiple reaction monitoring，MRM）功能，在分析由多种化合物组成的背景复杂样品时，抗干扰能力比较弱。气相色谱-串联四级杆质谱（GC-MS/MS）具有高灵敏度和高选择性，能够为化合物的结构鉴定提供更加丰富的信息，同时也能够完成定量分析，尤其在组分复杂样品和微量/痕量样品的定量分析方面有极大的优势，已被广泛应用于刑侦、环境、生物等领域。近年来，其在香味物质分析领域的应用也逐渐增加。

相对于普通的气相色谱-质谱联用仪，气相色谱-串联四级杆质谱属于高端产品，价格较贵，相对于飞行时间质谱，不具有高分辨定性方面的优势。

2.5.2 串联四极杆质谱的结构与工作原理

与气相色谱-质谱联用仪类似，气相色谱-串联四极杆质谱仪也主要由气相色谱单元和质谱单元组成。如图 2-30 所示，质谱单元主要包含离子源、第一级四级杆、六极杆碰撞反应池、第二级四级杆、检测器和真空系统。第一级四极杆用来选择前级离子，并将其发送到六极杆碰撞反应池中进行碎裂，然后通过第二级四极杆来扫描碎片离子（产物离子）。

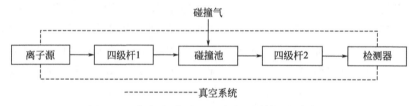

图 2-30 气相色谱-串联四级杆质谱仪质谱单元

2.5.2.1 离子源

一般为电子轰击离子源。进入电离源的样品一旦离子化，推斥极引导离子通过一系列透镜进入第一级四级杆质量分析器。在四级杆质量分析器中，生成的离子根据它们的质荷比（m/z）被分离。

2.5.2.2 碰撞池

碰撞池是串联四极杆质谱仪的关键部件，是用作母离子碰撞反应的场所。经第一个四级杆到达碰撞池的母离子，发生碰撞诱导解离（collision-induced dissociation，CID），即：通过与中性分子碰撞，中性分子将能量传递给离子，导致键的开裂和重排。碎裂产生的子离子，通过第二个四级杆进行解析，从而可以得到母离子的定性及定量信息。

目前碰撞反应池多采用多极杆结构，多极杆上施加射频电压及静电压用于传输离子。常见的多极杆有四级杆、六级杆、八级杆等，除了直线型的多极杆，还有弯曲（90°或180°）多极杆设计。由于早期碰撞池是由四级杆构成，质谱检测单元形成了三个四级杆串联的结构，因此串联四极杆质谱仪被称为三重四极杆质谱仪。现在碰撞池中的四级杆已换成由六级杆构成，但"三重四级杆"仍然沿用。六极杆在两个方面占有优势：离子聚焦和离子传输。研究显示在提供离子聚焦方面，杆的数量较少会改善离子聚焦，即四极杆优于六极杆，六极杆优于八级杆。而在涉及宽质量范围离子传输方面，八级杆优于六极杆，而六极杆优于四极杆。为了兼顾离子聚焦和离子传输两方面的需求，选择六级杆作为最佳的折中。

2.5.2.3　扫描模式

串联四级杆质谱中存在两个四级杆（四级杆 1，四级杆 2），每个四级杆都可以选择不同的扫描模式。串联四级杆质谱的扫描模式通常有以下四种。

（1）子离子扫描　四级杆 1 选择了某一特定质量的母离子，母离子在六极杆碰撞池中碰撞产生碎片离子，在四级杆 2 中分析所有母离子产生的碎片离子。

（2）母离子扫描　用四级杆 1 扫描母离子，四级杆 2 仅扫描母离子产生的特定碎片离子。因此可在非常复杂的混合物中监测某类特定分子。

（3）中性丢失扫描　四级杆 1 扫描产生中性丢失的母离子，四级杆 2 扫描已丢失指定中性碎片的离子。因母离子只能是能丢失指定中性碎片的离子，故中性丢失扫描可监测母离子的特定中性丢失。

（4）多重反应监测　四级杆 1 选择某一质量的母离子，在六极杆碰撞池中产生碎片离子，四级杆 2 仅监测产生的特征碎片离子。MRM 对于复杂样品选择性好，在三重四级杆质谱中 MRM 扫描方式最为常用。MRM 扫描去除背景干扰的原理可用图 2-31 进行说明。

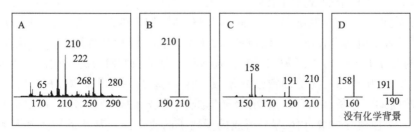

图 2-31　MRM 去除背景干扰的原理示意

A—样品在离子源产生多个离子；
B—在四级杆质量过滤器 Q1 中选择质荷比是 210 的离子，因该离子响应最高；
C—210 离子经过 MS1（Q1）后，在碰撞池中生成碎片离子（158，191 等）；
D—仅选择特定碎片离子（158，191）通过 Q2 四极杆

通常情况下，经过 Q2 四极杆后，仍出现与二级碎片离子质量完全相同的干扰离子的机会相当小。因此通过以上操作可除去背景离子的干扰。

在建立 MRM 方法时，首先需要对样品进行全扫描，根据得到的化合物全扫描谱图，选择合适的离子作为 MRM 扫描的母离子。母离子通常选择丰度较高的特征

离子。然后根据选出的母离子，设定不同的碰撞池电压，观察所得子离子扫描图，从中选择丰度高的特征子离子作为 MRM 的子离子，通常一个母离子可选取两个以上的子离子。最后对每个子离子所需碰撞能进行优化。使用优化好的碰撞能来进行最终的 MRM 分析。

2.5.3　气相色谱-串联四级杆质谱的应用

传统的单四极杆质谱仪没有 MRM 功能，抗干扰能力比较弱，在分析由多种化合物组成的背景复杂样品时，往往需要不断优化气相色谱分离方法甚至采用多个气相色谱分离程序进样来达到对目标化合物的检测目的，这样导致了分析时间的大大延长。气相色谱-串联四级杆质谱不仅具有普通单四极杆气相色谱-质谱联用仪的所有功能，更为重要的是通过设置不同的离子扫描模式，尤其设置 MRM 功能，大大提高检测选择性，可使复杂样品组分在色谱分离不佳时，仍实现准确定性定量分析成为可能。

但是目前还没有商业可用的 MS-MS 风味化合物谱库。原则上风味化合物标准物的 MS-MS 谱图可以收集整理成谱库作为参考使用，但由于仪器参数设置往往不同，会导致所得的同一化合物的 MS-MS 谱图存在差异，所以较难建立统一的标准谱库。目前部分农残化合物的 MS-MS 谱库已有商业可用谱库，但仍然有待进一步的完善。

与普通单四极杆气相色谱-质谱联用相同，理论上定量时以峰高或峰面积都可以，但实际操作中，由于峰面积定量较为准确，多采用峰面积进行定量分析。质谱扫描的重现性及样品处理过程会对定量结果产生影响，为了避免这些影响，多采用内标法，并建立标准曲线进行定量。

（1）实例——4-羟基-2,5-二甲基-3(2H)-呋喃酮鉴定　图 2-32 中，A 为在 70eV 电子轰击电离条件下，单四极杆 GC-MS 分析戊糖和甘氨酸美拉德反应产物，初步认为是 4-羟基-2,5-二甲基-3(2H)-呋喃酮的色谱峰所对应的质谱图。由于此图含有很多干扰质谱峰，无法确定该物质就为 4-羟基-2,5-二甲基-3(2H)-呋喃酮。B 为在未改变 GC 分析条件下，采用串联四级杆质谱（MS/MS 分析）扫描母离子 $m/z128$，碰撞诱导电离（10eV）形成的子离子的质谱图，基于此图的质谱峰进行推断结构已不受其它离子的干扰，从而可准确判定该化合物就为 4-羟基-2,5-二甲基-3(2H)-呋喃酮。

（2）实例——黑猪肉炖煮肉汤中关键香气化合物定量　市售豫南黑猪后腿肉，加水炖煮肉汤，肉汤经溶剂辅助蒸发萃取、浓缩后得到肉香味浓缩液。气相色谱-嗅闻分析鉴定出 27 个化合物，其中 2-甲基-3-呋喃硫醇由于背景干扰，气相色谱-质谱未检测到。气相色谱-串联四级杆质谱，设置为 MRM 扫描模式，以邻二氯苯为内标，进样系列浓度的香味物质标准溶液，建立标准曲线进行定量分析。表 2-14 为黑猪肉汤中包括 2-甲基-3-呋喃硫醇在内的 8 个主要香气物质的标准曲线及含量。

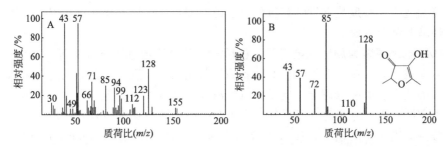

图 2-32　4-羟基-2,5-二甲基-3(2H)-呋喃酮的 GC-MS 和 GC-MS/MS 分析质谱图

表 2-14　黑猪肉汤中 8 个主要香气物质的含量、定量分析 MRM 扫描离子及标准曲线

化合物	气味特征	含量/(μg/kg 肉)	母离子＞子离子(m/z) （碰撞电压/eV）	标准曲线
2-甲基-3-呋喃硫醇	煮肉味	3.393±0.181	85＞45(5)；114＞85(5)	$y=1.8746x$,$R^2=0.9962$
3-甲硫基丙醛	煮土豆味	6.649±0.332	76＞48(5)；104＞48(10)	$y=3.6742x$,$R^2=0.9994$
1-辛烯-3-醇	蘑菇味	11.737±0.352	57＞29(10)；72＞43(5)	$y=4.0858x$,$R^2=0.9965$
2-乙基-3-甲基吡嗪	烤香	0.195±0.004	94＞67(10)；121＞94(10)	$y=2.7390x$,$R^2=0.9989$
2-乙基噻唑	芝麻香,烤香	2.172±0.017	99＞58(20)；127＞99(5)	$y=8.4361x$,$R^2=0.9990$
壬醛	甜瓜香	3.198±0.064	57＞29(10)；70＞55(5)	$y=8.9647x$,$R^2=0.9940$
(E)-2-壬烯醛	黄瓜味	0.317±0.011	83＞55(5)	$y=4.3039x$,$R^2=0.9918$
(E,E)-2,4-癸二烯醛	油脂香	0.345±0.014	67＞41 (10)；81＞53 (15)	$y=2.6367x$, $R^2=0.9917$
邻二氯苯（内标）			111＞75 (10)；146＞111 (15)	

　　表中 x 为化合物峰面积与内标峰面积的比值，y 为香气化合物在肉香味浓缩液中的浓度。根据所得标准曲线，先计算出肉香味浓缩液中香气化合物的浓度，再根据肉香味浓缩液的收率转化为在肉中的含量。由表 2-14 可知，黑猪肉汤 8 种主要香气物质中，含量较高的为蘑菇味的 1-辛烯-3-醇，煮马铃薯味的 3-甲硫基丙醛，在肉中的含量分别为 11.737μg/kg 肉、6.649μg/kg 肉。2-乙基-3-甲基吡嗪、(E)-2-壬烯醛、(E,E)-2,4-癸二烯醛，这三种化合物的含量较低，均小于 1μg/kg 肉。

2.6　气相色谱-离子迁移谱（GC-IMS）

2.6.1　离子迁移谱

　　离子迁移谱（ion mobility spectrometry，IMS）最早在 1970 年以等离子体色谱（plasma chromatography）的形式出现，也被称为气体电泳。与质谱（MS）相似，IMS 也是先将样品分子电离后再进行分离和检测，但 IMS 在常压条件下工作，MS 在高真空条件下工作。IMS 装置结构简单、灵敏度高，检出限达 ng 甚至 pg

级，特别适于一些痕量挥发性有机化合物的检测，已广泛应用在机场安检、战地勘查、环境监测等方面。

IMS 电离源多为放射性电离源，包括^{63}Ni 源、^{3}H 源和^{241}Am 源等，其中^{3}H 源比^{63}Ni 源发射的 β 粒子能量低，对外界的辐射损伤小。近年来，非放射电离源越来越受到关注，电喷雾电离源、电晕放电电离源、光电离源、等离子体电离源、电子脉冲电离源、表面电离源、基质辅助激光解吸电离源等逐渐被开发使用。

按照分离原理的差异，IMS 可分为漂移时间谱（drift-time ion mobility spectrometry，DTIMS）、空间分离谱和场离子谱。图 2-33 为传统漂移时间 IMS 的结构及检测原理示意图，包括进样单元、电离区、漂移区、离子收集区、信号处理单元。样品从入口被载气引入电离区后被电离，样品离子在电场作用下进入漂移区，经不同漂移时间先后到达收集区（法拉第圆盘）产生电信号，电信号经后续的放大电路处理得 IMS 谱图。

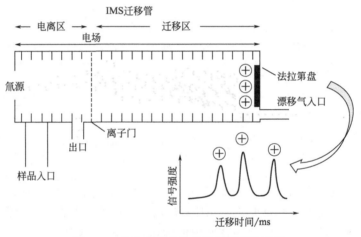

图 2-33　IMS 基本结构及检测原理示意图

样品电离过程因所用 IMS 电离源的不同，而稍有差异。一般以使用较多的标准 370MBq ^{63}Ni 源为例阐述 IMS 中的离子生成过程。IMS 电离形成的离子有正负之分，因此 IMS 有正、负离子两种检测工作模式。

^{63}Ni 源为 β 源，如式（2-23）所示，^{63}Ni 源发射的高能热电子与 N_2 分子碰撞后，激发 N_2 带正电荷（N_2^+）并产生次生电子，N_2^+ 进一步与载气中的 N_2 分子发生碰撞形成 N_4^+。经一系列电荷转移反应，载气中痕量 H_2O 分子上带上质子，形成 H_3O^+、H^+（H_2O）$_n$ 等反应离子峰（RIP）。样品中质子亲和力大于水的分子（用 A 表示），与反应离子峰（RIP）发生质子转移反应夺取 RIP 的质子，最后形成正电荷离子（如 AH^+）。

β 射线激发下漂移 N_2 的离子化：

$$N_2 + e^- (初生电子) \longrightarrow N_2^+ + e^- (初生电子) + e^- (次生电子)$$

N_2 环境下反应物离子的产生：

$$N_2^+ + 2N_2 \longrightarrow N_4^+ + N_2$$

$$N_4^+ + H_2O \longrightarrow 2N_2 + H_2O^+$$

$$H_2O^+ + H_2O \longrightarrow H_3O^+ + OH$$

$$H_3O^+ + H_2O + N_2 \longrightarrow H^+(H_2O)_2 + N_2$$

$$H^+(H_2O)_2 + H_2O + N_2 \longrightarrow H^+(H_2O)_3 + N_2$$

产物离子的生成：

$$H^+(H_2O)_n + A \longrightarrow AH^+(H_2O)_{n-1} + H_2O \tag{2-23}$$

同时，对于卤化物、含硫、含氮等电负性强的物质还可通过捕获电子形成负离子，在负离子模式下被检测。

挥发性有机物（VOCs）质子亲和力可以在 NIST 化学网站上（https://webbook.nist.gov/chemistry/pa-ser/）查到。从表 2-15 可知，绝大多数物质的质子亲和力大于水，因此食品风味分析常用正离子模式检测。但烷烃类物质，质子亲和力小于水，在仪器中无响应。

表 2-15　部分有机化合物的质子亲和力[①]

质子亲和力	类型	化合物	质子亲和力/(kJ/mol)
质子亲和力由强到弱	芳香胺类	吡啶	930.0
	有机胺类	甲胺	899.0
	含磷化合物	三甲基磷酸酯	890.6
	含硫化合物	二甲基砜	884.4
	酮类	2-戊酮	832.7
	酯类	乙酸乙酯	821.6
	烯烃类	1-己烯	805.2
	醛类	丁醛	792.7
	醇类	丁醇	789.2
	芳香族化合物	苯	750.4
	水	水	691.0
	烷烃类	甲烷	543.5

① 由 NIST 化学网站查得，网址 https://webbook.nist.gov/chemistry/pa-ser/。

图 2-33 中，仪器的离子门周期性地开启（如 30ms）一次，带电物质（如 AH^+）在载气的作用下进入飘移区。在载气、电场和逆向的大流量漂移气作用下，带电物质在迁移管中漂移。带电物质因分子量、空间结构不同，在迁移管中的迁移率不同，从而不同物质到达检测器的时间（即迁移时间）不同被检测。

迁移离子到达检测器后被记录并给出图谱。如图 2-34 所示，当检测器中无分析物时，图谱中仅有 RIP 峰存在；有分析物时，RIP 峰高度将下降，并出现分析

物 AH^+ 的信号峰；分析物的浓度较高时，RIP 峰高度继续下降，谱图中出现分析物的单体 AH^+ 和二聚体 A_2H^+ 信号峰。

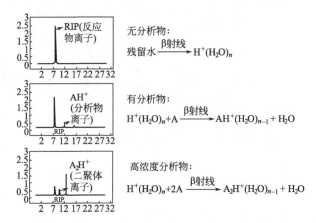

图 2-34　离子迁移谱检测谱图示意

在外电场作用下离子与反向运动的漂移气体发生碰撞而失去部分能量，得到恒定的迁移速率，即离子迁移率。不同的离子具有不同的迁移率，经不同的漂移时间到达检测器。在同一电场强度和特定的迁移管中，一般分子量小、空间结构小的物质，迁移时间短，先到达检测器；分子量大、空间结构大的物质，迁移时间长，后达检测器。样品中未被离子化的物质在逆向的大流量漂移气作用下，由出口排出系统。

离子迁移谱，即是根据物质的迁移时间进行定性，根据峰高或峰面积进行定量。

2.6.2　气相色谱-离子迁移谱（GC-IMS）

IMS 根据不同离子迁移率的差异进行分离检测，具有检测速度快（ms 级），检测限低至 ng～pg 级的优势。但存在电离室内离子-分子因发生相互作用干扰样品检测，对于分子结构相近的物质 IMS 检测分离度欠佳的问题。气相色谱与离子迁移谱（GC-IMS）联用，将气相色谱的高效分离与离子迁移谱的痕量快速检测优势相结合，使复杂基质的样品先经过气相色谱初步分离，再进入离子迁移管进行二次分离及检测，从而克服了上述缺陷，可获得含有保留时间、漂移时间、信号强度的三维谱图。

与 GC-MS 相比，GC-IMS 在食品香味分析方面的优势如下。

（1）检测限更低，灵敏度高，非常适于痕量组分分析。

（2）无须真空系统，在大气压条件下工作。

（3）样品无须复杂的浓缩富集即可进样检测，有利于保持风味物质的稳定性。

（4）体积小，重量轻，功耗低，检测速度快（ms 级别），快于气相色谱-质谱许多倍，可用于现场快速检测。

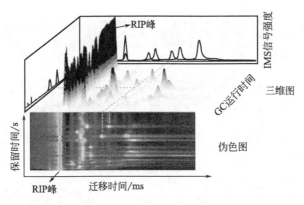

图 2-35　GC-IMS 的三维色谱图及伪色图

图 2-35 为 GC-IMS 分析某样品所得三维色谱图及伪色图（注：伪色图可以想象为站在三维图上方俯视得到）。伪色图中横坐标为迁移时间（单位：ms），纵坐标为保留时间（单位：s）。伪色图中竖线为 RIP 峰，RIP 峰两侧的每一点代表一种物质，点的面积大小或颜色深浅（彩色图时）表示物质含量的多少。

GC-IMS 根据气相色谱的保留指数（RI）、IMS 的迁移时间（Dt）进行二维定性，基于峰体积大小（当为三维图）进行定量。在 NIST 谱库中，除了保留指数数据库，也具有迁移时间数据库供使用。还可根据需要自行建立专有 GC-IMS 数据库。

2.6.3　GC-IMS 在香味分析中的应用

目前 GC-IMS 在肉类、绿茶、酒类、水产品、松茸、大米、食用油、奶酪、水果等的指纹图谱、分级、溯源、质量控制方面报道较多，在食品风味领域应用越来越受到青睐。如林若川等用 GC-IMS 检测三种绿茶挥发性物质，结合统计学方法有效区分了云雾茶、翠尖茶、龙井茶三种绿茶的品种及风味差异。Li 等采用顶空取样结合 GC-IMS 建立了不同产地松茸的挥发性风味指纹图谱。黄星奕等采用 GC-IMS 分析不同酒龄黄酒的挥发性物质，并对不同酒龄黄酒的风味进行了区分。

2.6.3.1　实例——烤羊肉串挥发性物质分析

（1）样品　烤羊肉串从竹签上取下 5g 肉置于 20mL 顶空瓶中。自动顶空进样器进样分析。进样针温度 85℃，进样体积 500μL，孵化时间 10min，孵化温度 65℃。

（2）气相色谱-离子迁移谱分析　离子迁移谱的电离源为氚源（^{3}H），色谱柱 SE-54-CB-1（15m×0.53mm×1μm），柱温 60℃，运行时间 20min。载气和漂移气均为氮气，载气流量 0～2min，2mL/min；2～20min，2～100mL/min。漂移气流量 150mL/min，IMS 温度 45℃。谱图见图 2-36。

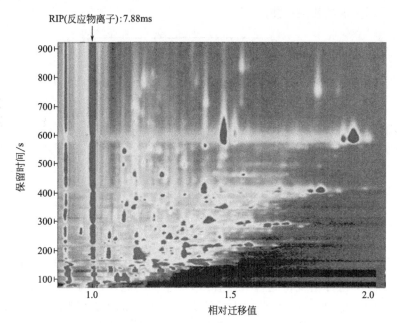

图 2-36　烤羊肉串样品 GC-IMS 谱图

注：相对迁移值为化合物迁移时间与 RIP 迁移时间的比值

（3）分析结果见表 2-16。

表 2-16　顶空取样/GC-IMS 检测烤羊肉串鉴定的部分挥发性化合物

保留时间/s	相对迁移值	保留指数	化合物	相对含量/%（归一化）
96.450	1.0480	411	甲硫醇	2.55
107.145	1.1206	475	丙酮	12.95
134.22	1.2496	589	丁酮	5.61
142.684	1.0976	617	乙酸	0.60
151.964	1.1827	645	1-丁醇	0.39
163.100	1.1656	674	乙酸丙酯	0.49
167.403	1.2281	685	2,3-戊二酮	0.77
171.439	1.4277	6945	戊醛	1.00
192.311	1.3479	740	丙酸	0.60
206.750	1.2519	767	1-戊醇	0.54
214.709	1.1907	781	2-甲基丁酸甲酯	0.08
223.899	1.5646	796	己醛	4.94
249.424	1.3727	834	2,3-丁二醇	0.67
255.362	1.1607	842	丁酸	1.24
263.445	1.2575	853	3-甲基丁酸乙酯	0.43
274.563	1.3261	867	1-己醇	0.60
277.213	1.2294	871	3-(Z)-己烯醇	0.55
288.273	1.6351	884	2-庚酮	2.36
296.992	1.3302	894	庚醛	2.76
313.931	1.1172	912	2,5-二甲基吡嗪	2.69
353.732	1.1499	951	苯甲醛	4.66
372.277	1.4130	967	5-甲基-糠醛	0.48
383.345	1.1597	977	1-辛烯-3-醇	0.91

续表

保留时间/s	相对迁移值	保留指数	化合物	相对含量/%（归一化）
398.35	1.3328	989	2-辛酮	0.89
416.153	1.4023	1003	辛醛	7.69
422.997	1.2868	1008	1,8-桉叶素	0.28
467.074	1.2531	1038	苯乙醛	2.70
547.68	1.1179	1087	2-甲氧基苯酚	2.28
549.015	1.3077	1088	2-羟基-4-甲基戊酸乙酯	0.36
554.469	1.2115	1091	麦芽酚	0.50
569.505	1.4062	1099	2-壬酮	1.62
599.167	1.4712	1114	壬醛	32.23
716.094	1.41	1167	2-庚基呋喃	0.92
785.437	1.1871	1195	4-乙基苯酚	0.92
787.545	1.3731	1196	(E,Z)-2,6-壬二烯醛	0.44
843.831	1.5372	1217	癸醛	1.01
1373.552	1.2662	1363	香兰素	0.32

采用顶空取样/GC-IMS 检测烤羊肉串样品，共检测到 37 个峰，通过检索保留指数数据库及离子迁移谱库，鉴定出的部分化合物见表 2-16，包括醛类化合物 10 种、醇类化合物 6 种、酮类化合物 6 种、酸类化合物 3 种、酯类化合物 4 种、含硫化合物 1 种，酚类化合物 2 种和吡嗪化合物 1 种等。本实验采取了较低柱温（60℃），运行时间 20min，检测到了 GC 或 GC-MS 往往检测不到的一些低沸点挥发性物质如甲硫醇、丙酮、丁酮等。

2.7　高效液相色谱（HPLC）

2.7.1　概述

气相色谱及其联用技术仅适于操作温度下能气化且稳定性好的物质，不能用于热敏性或沸点高、难挥发的物质的分析。据估计，在已知化合物中能够直接进行气相色谱分析的约占 20%。高效液相色谱法（high performance liquid chromatography，HPLC）发展于 20 世纪 60 年代末，它不受样品挥发性的限制，可完成气相色谱法不易完成的分析任务，适于分析沸点高、气化难、分子量大、受热不稳定的有机化合物、生物活性样品，这些化合物约占有机化合物的 80%。目前，高效液相色谱法在食品、化工、医药等诸多行业被广泛地应用。

高效液相色谱与经典液相色谱的工作原理相同，但其使用效能却远大于经典的液相色谱，为了突出与经典液相色谱的区别，高效液相色谱又被称为现代液相色谱。高效液相色谱的技术优势主要表现在以下几点。

（1）高柱效　由于新型高效微粒固定相填料的使用，柱效可达 30000 块/m 理论塔板数。

（2）高灵敏度　在高效液相色谱中常使用的紫外吸收检测器最小检测量可达 10^{-9}g，而荧光检测器的灵敏度可达 10^{-11}g。

（3）分析速度快　由于使用了高压输液泵，输液压力可达 40MPa，流动相流速大大加快，完成一个样品分析，仅需几分钟至几十分钟，与经典的液相色谱相比，分析时间大大缩短。

（4）高选择性　不仅可分析有机化合物的同分异构体，使用手性固定相还可分析性质上极为相似的光学异构体。

但与气相色谱或经典的液相色谱相比，高效液相色谱还存在如下不足。

（1）缺少像气相色谱法中使用的热导检测器、氢火焰离子化检测器那样的通用型检测器。

（2）使用多种溶剂，成本比气相色谱法高，而且易引起环境污染；当进行梯度洗脱操作时，比气相色谱的程序升温操作复杂。

（3）不能像气相色谱那样完成柱效在 10 万块理论塔板数以上的、组成复杂的样品分析，也不能代替中低压柱色谱去分析受压易分解，变性的样品。

2.7.2　高效液相色谱仪

如图 2-37 所示，高效液相色谱仪由输液系统、进样系统、分离系统、检测系统和数据处理系统组成。

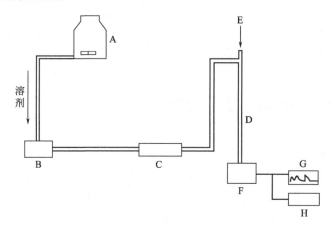

图 2-37　高压液相色谱仪的基本组成

A—溶剂贮槽；B—高压泵；C—防止脉冲装置；D—色谱柱；

E—进样阀；F—检测器；G—记录；H—计算机

2.7.2.1　输液系统

高效液相色谱的输液系统包括流动相（溶剂）贮存器、高压泵和梯度洗脱装置。流动相贮存器为不锈钢或玻璃制成的容器，可以贮存不同的流动相。

高压泵是高效液相色谱仪最重要的部件之一。由于高效液相色谱仪所用色谱柱直径细，固定相粒度小，流动相阻力大，因此，必须借助于高压泵使流动相以较快的速度流过色谱柱。高压泵需要满足以下条件：能提供 14.7～44.1MPa（150～450kg/cm^2）的压强；流速稳定，流量可以调节；耐腐蚀。按照输出液体情况，目前所用的高压泵有恒压泵和恒流泵两种。

梯度洗脱装置可以将两种或两种以上的不同极性溶剂，按一定程序连续改变组成，以改变流动相的极性，达到提高分离效果、缩短分离时间的目的。它的作用与气相色谱中的程序升温装置类似。梯度洗脱装置分为两类：一类叫外梯度装置；一类叫内梯度装置。外梯度装置是先将溶剂在常压下按程序送入混合室混合，然后再靠一台高压泵压至色谱柱；内梯度装置是先用两台高压泵将溶剂增压后按程序分别压入混合室进行混合，然后再注入色谱柱。

2.7.2.2　进样系统

高效液相色谱多采用六通阀进样。先由注射器将样品常压下注入样品环（定量阀），然后切换阀门到进样位置，由高压泵输送的流动相将样品送入色谱柱。样品环的容积是固定的，因此进样的重复性好。

2.7.2.3　分离系统

分离系统包括色谱柱、连接管、恒温器等。色谱柱是高效液相色谱仪的心脏，它是由内部抛光的不锈钢管制成，一般长 10～50cm，内径 2～5mm，柱内装有固定相。色谱柱的温度可用恒温器来保持，适当提高柱温可改善传质，提高柱效，缩短分析时间，但使用的柱温要在固定相允许的范围内。恒温器是带有恒温加热系统的金属夹套。温度可以在室温到 60℃间调节。

2.7.2.4　检测系统

高效液相色谱的检测器很多，常用的有紫外检测器、示差折光检测器、荧光检测器等。紫外检测器应用最广泛，适用于有紫外吸收的物质的检测，有约 80% 的样品可以使用这种检测器。示差折光检测器是根据不同物质具有不同折射率来进行组分的检测的。凡是具有与流动相折射率不同的组分，均可使用这种检测器。荧光检测器适于具有荧光的物质的检测，对于无荧光的物质需要采用柱前或柱后衍生化处理。

2.7.2.5　数据处理系统

数据处理主要指谱图的峰面积积分、相对含量的计算等，目前均是用计算机软件完成。

2.7.3　高效液相色谱法的类型

按照分离机理，高效液相色谱法可分为液-固吸附色谱、液-液分配色谱、离子交换色谱、离子排斥色谱、离子对色谱、离子抑制色谱、凝胶色谱、亲和色谱等。以下主要对液-固吸附色谱、液-液分配色谱、离子交换色谱和凝胶色谱进行介绍。在香味分析上，应用最多的是液-液分配色谱。

2.7.3.1 液-固吸附色谱

流动相为液体，固定相是固体吸附剂的色谱法，简称为液-固吸附色谱法。液-固吸附色谱法是最早使用的液相色谱法，是液相色谱法的基础。但存在着重复性差、耗费溶剂、色谱柱再生时间长等缺点，目前的使用范围小于液-液分配色谱。

吸附色谱中，在一定的条件（温度、压力）下，达到吸附平衡时，吸附在吸附剂表面单位面积上的溶质分子的量与该组分分布在单位体积流动相中的分子的量的比值称为吸附系数（Ka），它相当于液-液分配色谱中的分配系数（K），Ka 的计算方法如下：

$$\frac{X_a/S_a}{X_m/V_m} = Ka \tag{2-24}$$

式中，V_m 为流动相的体积；S_a 为固定相的表面积；X_m、X_a 分别为溶质分子在流动相和固定相中的量（物质的量或质量）。

液-固吸附色谱是基于不同的组分与流动相分子争夺吸附剂表面的活性中心时，因吸附系数的大小不同进行分离的，吸附系数越大，越晚流出色谱柱，保留时间越长。为了实现较好的分离，应选择适当的条件使各组分之间的吸附系数存在较大的差异。

液-固色谱的吸附剂可分为极性和非极性两大类。极性吸附剂包括硅胶、氧化铝、氧化镁、分子筛等。非极性吸附剂包括活性炭、聚酰胺等。一般吸附剂的粒度为 $20\sim75\mu m$。

硅胶属于常用的极性吸附剂，硅胶与如下几类化合物的结合力顺序为：饱和烃<芳烃<有机卤化物<硫醚<醚<酯≈醛≈酮<醇<羧酸。与硅胶结合力越强，吸附系数越大，越晚从色谱柱流出，色谱的保留时间越长。

在硅胶作固定相时，常用的流动相为：以烷烃（如正己烷）为主，加入适当的极性调节剂组成二元或多元溶剂系统。溶剂系统的极性越大，洗脱力越强，组分的保留时间越短，组分越早流出。调整组分的极性，可控制组分的保留时间。

硅胶色谱分离必须使用不含水的流动相（有时允许微量水存在，以改善某些拖尾状况），原因是硅胶遇水容易失去活性，当硅胶含水量超过某限度（约占质量分数的17%）时，硅胶将完全失活，变为以水为固定液的分配色谱。

2.7.3.2 液-液分配色谱

（1）分配系数及分离原理　液-液分配色谱是固定相与流动相均为液体的色谱法。在一定（温度、压力）条件下，化合物在两相（固定相和流动相）间达到分配平衡时，其在固定相与流动相中的浓度的比值称为分配系数（distribution coefficient，K）。

$$\frac{X_s/V_s}{X_m/V_m}=\frac{C_s}{C_m}=K \tag{2-25}$$

式中，V_m 和 V_s 为流动相和固定相的体积；X_s、X_m 为溶质分子在流动相和固定相中的量（物质的量或质量），C_m 和 C_s 为溶质分子在流动相和固定相中的浓度。

液-液分配色谱是基于各组分在固定相和流动相之间的分配系数（K）的大小来分离的。在同一色谱条件下，样品中 K 大的组分在固定相中的滞留时间长，后流出色谱柱；K 小的组分则滞留时间短，先流出色谱柱。混合物中各组分的分配系数不同是色谱分离的前提，各组分间的分配系数相差越大，越容易分离。实际分析中，当固定相确定后，主要靠调整流动相的组成配比及 pH，以获得组分间的分配系数差异及适宜的保留时间，达到分离的目的。

分配系数与分析物的化学结构、所用流动相和固定相的性质有关，也与温度、压力有关。在流动相、固定相、温度和压力等条件一定时，若样品浓度很低（C_s、C_m 很小）时，K 只取决于组分的性质，而与浓度无关。但这只是理想状态下的色谱条件，在这种条件下，得到的色谱峰为正常峰；在许多情况下，随着浓度的增大，K 减小，这时色谱峰为拖尾峰；而有时随着溶质浓度的增大，K 也增大，这时色谱峰为前延峰。因此，只有尽可能减少进样量，使组分在柱内浓度降低，K 恒定时，才能获得正常峰。

（2）正相色谱和反相色谱　按照固定相与流动相的极性差别，液-液色谱法可分为正相色谱和反相色谱两类。

① 正相色谱　流动相的极性小于固定相的极性的液-液分配色谱，也称为正相洗脱。正相洗脱中，样品中极性小的化合物在固定相中溶解度小，分配系数小，先流出色谱柱，而极性大的化合物后流出色谱柱。

早期的正相液-液分配色谱是将含水的硅胶作为固定相，烷烃类作为流动相。但因为固定液易流失、重复性差，目前已被正相化学键合相色谱法代替。

② 反相色谱　流动相的极性大于固定相的极性的液-液分配色谱，也称为反（逆）相洗脱。反相洗脱与正相色谱法相反，样品中极性大的化合物先流出色谱柱，而极性小的化合物在固定相中溶解度大，分配系数大，后流出色谱柱。

因为早期的反相色谱中固定液更易流失、重复性差，目前也已被反相化学键合相色谱法代替。

（3）化学键合固定相　将固定液的官能团键合在载体的表面上，构成化学键合相。以化学键合相为固定相的色谱方法称为化学键合相色谱法（bonded phase chromatography，BPC），简称键合相色谱法。键合相色谱法是最广泛使用的色谱法，除了正相和反相色谱，在离子交换色谱中也有应用。

化学键合相常用硅胶作载体，具有分配作用和一定的吸附作用，吸附作用的大小视键合覆盖率而定。键合相的优点是使用过程中不流失，化学稳定性好，在

pH2～8 的缓冲液中不变质，热稳定性好，一般在 70℃以下稳定，载样量大，比硅胶约高一个数量级；适于作梯度洗脱。

键合相的制备步骤为：硅胶载体的合成→键合官能团→端基封口。键合相的性质与键合官能团的性质、链长、载体性质及表面覆盖率等有关。目前，以硅胶为载体的化学键合相多以 Si—O—Si—C（硅氧烷）型化学键与载体结合，按照键合官能团的极性可分为非极性、中等极性和极性三类。

① 非极性键合相　非极性键合相的表面基团为非极性烃基，如十八烷基、辛烷基、甲基与苯基（可诱导极化）等。十八烷基（C_{18}）键合相是最常用的非极性键合相。非极性键合相常作为反相固定相使用，键合相的链越长，极性越小，载样量越大，分配系数越大，例如在 C_{18} 上的分配系数大于 C_8。

反相键合相（如 C_{18}）色谱法的常用分离条件是：流动相以水为溶剂，加入甲醇、乙腈等作极性调节剂，加入弱酸、弱碱或缓冲盐可作为离子抑制剂。加入 $0.1\%～1\%$ 的醋酸盐、磷酸盐时，还可减少残余硅醇基的作用。

② 中等极性键合相　醚基键合相就是一种常见的中等极性键合相。中等极性键合相，可用于正相色谱，也可用于反相色谱，具体情况要依流动相的极性而定。

③ 极性键合相　将极性基团键合在载体硅胶上，可构成极性键合相。极性键合相的分离机制是分配作用或吸附作用，但多数人倾向于后者。

氰基键合相及氨基键合相是常用极性键合相，另外还有双羟基键合相及乙二醇键合相等。由于具有较强的极性，常作为正相色谱法使用，与硅胶吸附色谱法相似，常选择烷烃（正己烷）加适量极性调节剂作流动相。

氰基固定相：氰基固定相是将氰乙硅烷基键合在硅胶上制备而成。使用氰基键合相时，分离条件与硅胶相似，但氰基键合相的极性比硅胶弱，用相同流动相时，保留值在氰基键合相上较小。氰基键合相对双键异构体分离的选择性好于硅胶固定相。

氨基键合相：氨基键合相是将氨丙硅烷基键合在硅胶载体上，形成单分子层，键合量约为 $3.2\mu mol/m^2$。氨基键合相与硅胶性质差别较大，前者为碱性，后者为酸性。氨基键合相可用于正相色谱，也可用于反相色谱，视固定相与流动相的相对极性而定。用于正相色谱时，常与硅胶柱具有不同的选择性。氨基键合相是糖类分离的最重要色谱柱，又称为碳水化合物柱，此时作为反相色谱使用，用乙腈-水为流动相。

2.7.3.3　离子交换色谱

离子交换色谱是以离子交换树脂为固定相，用水作流动相的一种高效液相色谱分离法，适于分离在水溶液中能够电离的物质。离子交换色谱在 20 世纪 60 年代开始兴起，但其发展比较缓慢，不如其它类型高效液相色谱应用广泛，有些应用已被离子对色谱或离子色谱代替。

（1）分离原理　在离子交换树脂的网状结构骨架上，具有许多带有正电荷或负电荷可与溶液中的离子进行交换的活性基团，样品分子在水溶液中电离成的离子，可与离子交换树脂上与其带相同电荷的离子发生交换反应：

$$阴离子交换 \quad X^- + R^+Y^- \rightleftharpoons Y^- + R^+X^-$$

$$阳离子交换 \quad X^+ + R^-Y^+ \rightleftharpoons Y^+ + R^-X^+$$

当交换反应达到平衡时，其平衡常数可用下式计算：

$$K_{RX} = \frac{[Y^-][RX]}{[X^-][RY]} \quad 或 \quad K_{RX} = \frac{[Y^+][RX]}{[X^+][RY]} \tag{2-26}$$

离子交换色谱是基于各组分在离子交换树脂上的结合能力差别进行分离的。平衡常数大的组分，与离子交换树脂的结合强，后流出色谱柱；反之，平衡常数小的组分，与离子交换树脂的结合弱，先流出色谱柱。

（2）固定相　离子交换高效液相色谱的固定相包括多孔型离子交换树脂、薄壳型离子交换树脂和化学键合型离子交换树脂三种。

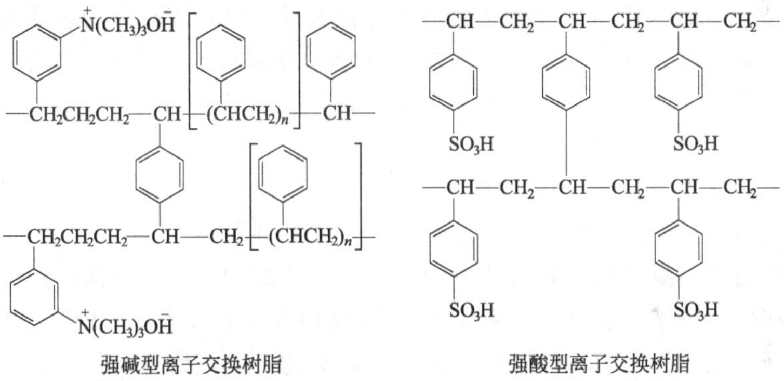

强碱型离子交换树脂　　　　　　强酸型离子交换树脂

图 2-38　离子交换树脂的结构

如图 2-38 所示，多孔型离子交换树脂是在苯乙烯和二乙烯基苯交联共聚形成的网状结构基体上引入各种交换基团制成的球形微粒。这种树脂交换基团多，柱容量大，对温度稳定性好，但由于基体中有孔，扩散速度慢，在有机溶剂中或水中易于溶胀，柱效较低。

薄膜型离子交换树脂是以薄壳玻珠为担体，在其表面上涂上约 1% 的离子交换树脂。这种离子交换树脂具有传质速度快、柱效高、不易溶胀的优点，但可交换层薄，载样量小。

化学键合型离子交换树脂，又称为离子交换剂，是把离子交换基团如季胺基团、磺丙基和羧基等直接键合在硅胶上制备而成。化学键合型离子交换树脂膨胀性很小并可耐受较高的压力。

（3）流动相　离子交换色谱一般用含盐的缓冲液（如磷酸盐、柠檬酸盐等）作为流动相，有时也加入能与水混溶的有机溶剂（如甲醇、乙腈等）。流动相的离子强度、pH、盐的种类及浓度、是否含有机溶剂及有机溶剂种类、均会对样品的保留产生影响。

2.7.3.4 凝胶色谱

凝胶色谱也称为排阻色谱，主要用来分离分子量较大的物质（＞2000），在生物化学领域和高分子化学领域得到广泛应用。当用有机溶剂作为流动相时，又称为凝胶渗透色谱（gel permeation chromatography，GPC），用水为流动相时，又称为凝胶过滤。

（1）分离原理　凝胶色谱是利用分子筛分离物质的一种方法，对于尺寸大小不同的样品分子，渗入到凝胶颗粒内部网孔的程度不尽相同，大的分子由于不能进入网孔而被排斥，随流动相先流出色谱柱，小的分子因渗入凝胶网孔中而最后流出，中等大小的分子只能渗入到较大的网孔中，但受到较小网孔的排斥，因而介于大分子与小分子之间流出。

（2）凝胶　凝胶是一种表面惰性、含有大量液体（水）、柔软而富有弹性、具有立体网状结构的多聚体。根据交联程度和含水量，可将凝胶分为软质凝胶、半硬质凝胶和硬质凝胶三种。软质凝胶的交联度小，膨胀度大，容量大，容易被压缩，常用于含水体系，如"Sephadex"葡萄糖凝胶。半硬质凝胶容量较大，渗透性好，常用于有机体系，如聚苯乙烯树脂。硬质凝胶称为无机胶，优点是在有机溶剂中不变形，孔径尺寸固定，溶剂互换性好，可耐压。但在装柱时易破碎，不易装紧，有较强的吸附性，从而使柱效变差，有时会出现谱峰拖尾。

（3）流动相　凝胶色谱是按照分子大小进行分离的，影响分离的主要因素是凝胶的性质和样品分子的大小，而样品分子与固定相之间的作用力对分离的影响很小，因而凝胶色谱的分离不通过改变流动相组成的方法改善分离效果。凝胶色谱的流动相应能溶解样品、黏度低，若黏度较高会影响传质过程。凝胶色谱常使用示差折光检测器，此时流动相的折光指数与样品的折光指数应有较大的差别。

2.7.4 高效液相色谱分析方法的选择

2.7.4.1 分离类型的选择

高效液相色谱法有多种分离类型，分析前首先应根据样品的性质进行选择，如对于分子量较大且各组分的分子量间存在较大差别的样品，应考虑排阻色谱；对于可电离的化合物可考虑用离子交换色谱。但在 HPLC 的各种类型中，化学键合相液-液分配色谱应用得最为广泛，据统计 3/4 的 HPLC 分离工作是用以 C_{18}（ODS）、C_8 为固定相的反相高效液相色谱完成的，对于分子量＜2000 的样品，反相高效液相色谱是最常用且非常有效的分离方法。

反相高效液相色谱分离，要求样品在极性溶剂中能够溶解。对于可电离的低分子量化合物，常通过加入弱酸、弱碱调节流动相 pH 的方法，使样品分子以非解离

型进行分离。但应注意流动相的 pH 应在固定相允许使用的范围内，强碱性条件下
会破坏固定相的基质。在极性溶剂中有一定溶解的中等极性样品，仍可采用反相高
效液相色谱进行分离。但在极性溶剂中不能溶解的非离子型弱极性的样品，需用有
机溶剂为流动相的硅胶吸附色谱或以极性键合相（如氨基或氰基键合相）为固定相
的正相色谱进行分离。

2.7.4.2　分离条件的选择

高效液相色谱法是在高压条件下溶质在固定相和流动相之间进行的一种连续多
次交换的过程，它是基于溶质在两相间分配系数（液-液分配色谱）、吸附力（液-
固吸附色谱）、结合力（离子交换色谱）、分子大小不同引起的排阻作用（凝胶色
谱）等的差别使不同溶质得以分离。液相色谱柱的分离度用如下公式表示：

$$R = \frac{\sqrt{n}}{4}\left(\frac{a-1}{a+1}\right)\left(\frac{K}{K+1}\right) \tag{2-27}$$

式中，R 为液相色谱柱的分离度；n 为柱效率，用理论塔板数来表示；a 为溶
剂效率，用固定相对某两个混合物的分离能力来表示；K 为容量因子（分配系
数），在平衡状态下组分在固定相的量与在流动相中的量的比值。

从式 2-27 可以看出，提高分离度，可采用如下途径。

（1）增加 n。其它条件相同的情况下，增加 n 可以使色谱峰变窄。这可通过增
加柱长或选用高效能的固定相来实现，但柱长增加分离时间也会增加，因而通过选
用高效能的固定相较好。

（2）增加 a 和 K，即增大各组分在固定相上的保留时间差来提高分离度。a 的
增加可通过选择合适的固定相种类、提高固定相的选择性或改变流动相的组成来达
到。当改变流动相的组成时，K 就随之改变。

对正相液相色谱来讲，流动相极性增大，K 减小，色谱峰向前移，分离度降
低；流动相极性减小，K 增加，色谱峰的流出时间增加，同时峰形变宽，分离度
提高。但若 K 过大，不但分离时间拖得很长，而且峰形变平坦，影响分辨率和检
出灵敏度，K 的有效范围以 $a<K<5$ 为宜。

高效液相色谱中常用"梯度洗脱"法，即在分离过程中按照一定的程序调节流
动相中两种或两种以上不同极性的溶剂的配比以改变流动相的极性，这是最有效的
连续改变流动相极性的方法，尤其适于具有较宽的 K 范围，即 K 超出 0.5～20 范
围的样品的分离。

总之，高效液相色谱条件的选择涉及色谱柱、流动相组成、流动相流速等，在
色谱柱固定后，流动相的选择是最重要的因素。

2.7.5　高效液相色谱的流动相溶剂

高效液相色谱流动相所用的溶剂，应满足如下要求。

（1）廉价、易得。

（2）纯净、惰性、不易与样品或固定相发生化学反应。

（3）无毒、使用安全。

（4）适于检测器的使用，例如紫外检测器，要求所用的溶剂的吸收波长不应干扰样品的检测。

（5）适宜的沸点及黏度。溶剂的沸点过低，会因挥发使组成发生变化，且在高压泵工作时易产生气泡；溶剂沸点过高，黏度大，柱效降低。

（6）对样品有一定的溶解度。

（7）能实现较好的分离。

可作为高效液相色谱流动相的溶剂种类很多，表 2-17 列出了一些常用溶剂及它们的沸点、黏度、紫外吸收波长、溶剂强度等物理常数，其中溶剂强度（ε°），是在氧化铝液-固色谱上的溶剂强度参数，它用来表示溶剂极性的相对大小，该数值越大，溶剂的极性就越大，在正相色谱中的洗脱能力就越强。

表 2-17　高效液相色谱中常用溶剂及物理常数

溶剂	紫外截止波长/nm	沸点/℃	黏度（25℃）/(mPa·s)	溶剂强度（ε°）
正庚烷	195	98	0.40	0.01
正己烷	190	69	0.30	0.01
环戊烷	200	49	0.42	0.05
四氢呋喃	212	66	0.46	0.57
乙酸乙酯	256	77	0.43	0.53
氯仿	245	61	0.53	0.40
丙酮	330	56	0.30	0.56
乙腈	190	82	0.34	0.65
甲醇	205	65	0.54	0.95
水		100	0.89	

2.7.6　高效液相色谱的定性与定量分析

定性和定量分析方法，与气相色谱分析相似。定性分析中，常用的是保留值定性，或与具有结构鉴定能力的光谱仪器联机定性（如液-质联用）。定量分析中，常用的是内标法或外标法。由于高效液相色谱的检测器，一般不具有通用性，不同化学结构化合物的信号响应差别较大，又很难获得校正因子，归一化法很少采用。

2.7.7　高效液相色谱法在香味分析中的应用

2.7.7.1　概述

与气相色谱相比，高效液相色谱法更为通用。半挥发性香味成分可由气相色谱来完成，也可由液相色谱完成。因气相色谱具有分离效率高、可供选择的检测器种类多、操作简单、消耗费用少等诸多优点，实际过程中经常被采用。但热敏性、难挥发或不挥发的香味物质，不适于在气相色谱上分析，必须使用液相色谱。目前，由于定性能力的局限性，高效液相色谱主要用于样品中已知成分的含量分析，未知化合物的分析需要借助于质谱、红外光谱等其它结构鉴定手段。

2.7.7.2　应用实例

（1）香荚兰豆提取物中香兰素等 10 种酚类物质的分析

① 样品　香荚兰豆提取物。

② 分析条件　Waters 6000E 高效液相色谱。色谱柱 RP Purospher-Star RP-18e 25cm×4.6mm，内径 5μm，流动相由 A（甲醇/乙腈 1：1，体积比）和 B（醋酸/水 99.8：0.2，体积比 pH2.88）组成，梯度洗脱程序见表 2-18，紫外检测器波长 280nm，柱温 25℃，进样 20μL。

表 2-18　流动相的梯度洗脱程序

时间/min	流速/(mL/min)	溶剂 A/%	溶剂 B/%
0.01	1.5	10	90
8	1.5	30	70
15	1.0	50	50
20	0.8	70	30
25	0.6	80	20
5（平衡）	1.5	10	90

③ 定性、定量分析

定性：分别与标准物 4-羟基苯甲醇、香草醇、3,4-二羟基苯甲醛、4-羟基苯甲酸、香草酸、4-羟基苯甲醛、香兰素、对-香豆酸、ferolic acid、胡椒醛的保留时间对照定性。

定量：外标法。称量 10mg 标准物，溶于 10mL 甲醇中，配成 1mg/L 的原液，然后系列稀释，绘制浓度与峰面积关系的工作曲线。根据工作曲线计算各化合物的含量。

④ 结果与讨论　香荚兰豆中大约含有 200 种香味物质，含量大于 1mg/kg 水平的约有 26 种。香兰素是香荚兰豆中最重要的一种酚类香味化合物，熔点 81℃，沸点 284～285℃，是常用的食品香料，广泛地用于糕点、烟酒、糖果的加香中。香兰素、4-羟基苯甲醇、香草醇、3,4-二羟基苯甲醛、4-羟基苯甲酸、香草酸、4-羟基苯甲醛、对-香豆酸、ferolic acid、胡椒醛等 10 种酚类香味化合物的含量是评价香荚兰豆提取物质量优劣的重要指标。

图 2-39 是液相色谱分析的谱图，各谱峰对应的物质及含量见表 2-19。

表 2-19　香荚兰豆提取物中 10 种酚类物质的含量

谱峰标号	化合物	含量/(μg/mL)	谱峰标号	化合物	含量/(μg/mL)
1	4-羟基苯甲醇	48.9339	6	4-羟基苯甲醛	28.1745
2	香草醇	526.677	7	香兰素	1035.68
3	3,4-二羟基苯甲醛	18.0550	8	对-香豆酸	3.50114
4	4-羟基苯甲酸	2.12013	9	ferolic acid	13.9472
5	香草酸	100.153	10	胡椒醛	10.2861

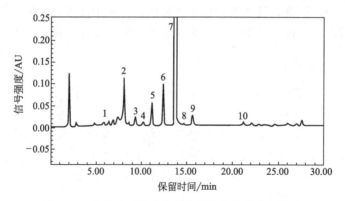

图 2-39 香荚兰豆提取物的高效液相色谱分析谱图

（2）呋喃酮香料的纯度测定

① 样品 呋喃酮，市场购买。

② 分析条件 色谱柱 Techsphere 5 ODS 25cm×4.6mm 5μm；流动相 30%甲醇的磷酸二氢钾-磷酸缓冲液（pH4.5）；流速 0.8mL/min，柱温 20～35℃；紫外检测波长 280nm。

③ 定量分析

标准曲线及校正因子的测量：配制呋喃酮浓度为 0.2mg/mL、0.4mg/mL、0.6mg/mL、0.8mg/mL、1mg/mL，内标邻苯二甲酸氢钾浓度为 1.2mg/mL 的标准溶液，取等量进行色谱分析，求出标准曲线及校正因子。

呋喃酮含量分析：将 0.1500g 呋喃酮样品和 50mL 浓度为 6mg/mL 的邻苯二甲酸氢钾溶液放于 250mL 容量瓶中，定容后进行色谱分析，根据峰面积、标准曲线及校正因子计算呋喃酮的含量。

④ 结果与讨论 呋喃酮，化学名称 2,5-二甲基-4-羟基-3(2H)-呋喃酮，分子量 128.13，属于白色或无色固体，具有甜的类似红糖、麦芽酚、烘烤食品气息，并带有水果味，可用于调配草莓、焦糖、巧克力、波罗蜜、热带水果、柠檬等食品香精。在加热条件下易氧化变质，不适于气相色谱分析。

图 2-40 为液相色谱分析谱图。测定出呋喃酮含量为 99.5%。

（3）炖煮鸡肉汤中核苷酸分析

① 样品 北京油鸡去除内脏、清水洗净后，按料水比 1∶2（质量比）将鸡和水置于炖煮锅中，95℃下炖煮 3h。炖煮后将鸡汤过滤，石油醚（1∶1，体积比）萃取三次脱脂。

② 分析条件 Waters Xbridge Amide 柱（4.6mm×150mm，3.5μm）；柱温 40℃；流动相为甲酸-甲酸铵溶液（0.01mol/L，pH4.5）及乙腈，15∶85（体积比）；流速 1.0mL/min，等度洗脱 15min。二极管阵列检测器，检测波长 260nm；样品浓度 25mg/mL，进样 20μL。

③ 定性、定量方法 定性：进样 5′-腺苷酸(5′-AMP)、5′-鸟苷酸(5′-GMP)、5′-肌苷酸(5′-IMP)标品，对比保留时间定性。

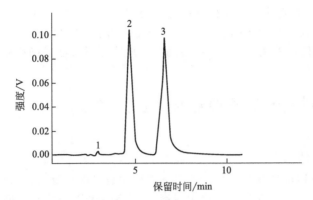

图 2-40　呋喃酮纯度分析的液相色谱图

定量：外标法定量。配制 5′-腺苷酸（5′-AMP）、5′-鸟苷酸（5′-GMP）、5′-肌苷酸（5′-IMP）的标准溶液，浓度为 0.5mg/mL、1mg/mL、2mg/mL、4mg/mL、8mg/mL 和 16mg/mL。以浓度（mg/mL）为横坐标（X），峰面积为纵坐标（Y），绘制标准曲线。

④加标回收实验　准备 4 份鸡汤样品，1 份作为空白，另 3 份分别加入已知量的 5′-AMP、5′-GMP 和 5′-IMP 标品，同上液相色谱条件进样分析，根据峰面积和外标曲线计算含量。

⑤ 结果　核苷酸是肉汤的主要呈鲜味物质之一，其中 5′-腺苷酸、5′-肌苷酸和 5′-鸟苷酸是 3 种呈鲜味的代表性核苷酸。常采用 C_{18} 反相色谱方法测定核苷酸，但实验发现采用 Amide 柱测定鸡汤中 3 种核苷酸的含量，可获得更好分离，见图 2-41，测定结果如表 2-20 所示。

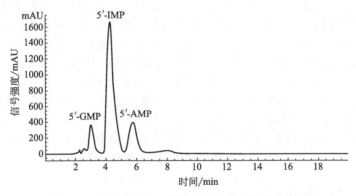

图 2-41　测定鸡汤中 3 种核苷酸的高效液相色谱图

表 2-20　鸡汤中 3 种核苷酸含量

核苷酸	标准曲线	含量/(mg/100mL)	加标回收率/%
5′-AMP	$y=244.29x+4.608, R^2=0.9987$	2.68 ± 0.17	93.5
5′-IMP	$y=119.56x+1.7, R^2=0.9950$	39.00 ± 1.03	97.6
5′-GMP	$y=275.52x+2.33, R^2=0.9955$	1.20 ± 0.09	101.3

注：5′-AMP、5′-IMP 和 5′-GMP 标准品的加入量分别为 2.5mg/mL、37mg/mL 和 1.5mg/mL。

由表 2-20 可以看出，3 种核苷酸在鸡汤中含量最高的为 5′-IMP（39.00mg/100mL）；而 5′-AMP（2.68mg/100mL）和 5′-GMP（1.20mg/100mL）含量较低。3 种核苷酸加标回收率为 93.5%～101.3%，表明分析方法准确可靠。

2.8 液相色谱-质谱联用（LC-MS）

2.8.1 简介

高效液相色谱优越的分离性能使得它的应用越来越广泛，但对于那些没有标准样品的物质来说，其定性分析就比较困难。LC-MS 是以高效液相色谱为分离手段，以质谱为鉴定工具的分析方法，它是继 GC-MS 基础上发展起来的又一个色谱质谱联用技术，可对有机化合物中大约 80% 的不能直接气化的物质进行分析，弥补了 GC-MS 应用的局限性。

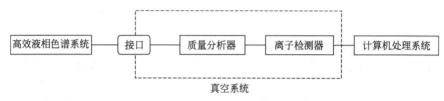

图 2-42 LC-MS 组成框图

如图 2-42 所示，LC-MS 主要由高效液相色谱系统、接口、质量分析器（质谱仪）、离子检测器、真空系统和计算机处理系统组成。与 GC-MS 相同，LC-MS 的技术关键同样是色谱与质谱之间的接口。但 LC-MS 接口解决的是高流量的液相色谱流动相与高真空状态质谱仪之间的连接问题。当液相色谱的流动相直接进入质谱的高真空区（10^{-5} Torr，1Torr＝133.32Pa）时，会严重破坏质谱的高真空系统，因此，LC-MS 接口一般具有使流动相气化并分离除去的作用，并常能完成样品分子的电离工作。

LC-MS 始于 20 世纪 70 年代，在接口研制方面，前后发展了 20 多种，主要有直接导入、传送带、渗透薄膜、热喷雾和粒子束等形式，但这些技术都有不同方面的局限性和缺陷。只是在 20 世纪 90 年代后，由于大气压电离（atmospheric pressure ionization，API）的成功应用以及质谱本身的发展，LC-MS 才得到了迅速的发展，成为食品、化工、医药多个应用领域的有力分析工具。

2.8.2 API 接口

API 是目前 LC-MS 主要采用的接口技术，它是一种在大气压下将溶液中的分子或离子转化成气相中离子的接口，包括电喷雾电离（electrospray ionization，ESI）和大气压化学电离（atmosphere pressure chemical ionization，APCI）两种方式。APCI 和 ESI 都是非常温和的电离技术，只是在大气压下产生气相离子的方式不同，在同一台仪器上，APCI 和 ESI 两种离子化技术非常易于切换，切换过程不破坏质谱仪的真空。

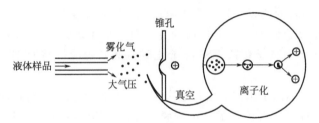

图 2-43　电喷雾电离（ESI）示意图

图 2-43 所示为 ESI 的电离过程。样品流出毛细管喷口后，在雾化气（N_2）和强电场（3～6kV）作用下，溶液迅速雾化并产生高电荷液滴。随着液滴的挥发，电场增强，离子向液滴表面移动并从表面挥发，产生单电荷或多电荷离子。通常小分子产生[M＋H]$^+$或[M－H]$^-$单电荷离子，生物大分子产生多电荷离子，由于质谱仪测量的是质荷比（m/z），因而测定的生物大分子的质量数高达几十万。

ESI 是"很软"的电离，适于分析任何在溶液中能预先生成离子的极性化合物，包括热不稳定的极性化合物、蛋白质和 DNA 等生物大分子。ESI 预先生成的离子也包括加合离子，如[M＋Na]$^+$或[M＋K]$^+$。通过调节离子源的电压，可控制离子的断裂，给出更准确的结构信息。

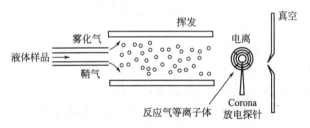

图 2-44　大气压化学电离（APCI）示意图

图 2-44 为一种 APCI 的示意图。样品流出毛细管后仍由 N_2 流雾化到加热管中被气化，由加热管端的 Corona 尖端放电产生的自由电子轰击溶剂分子、空气中的 O_2、N_2、H_2O 得到初级离子，然后样品分子与这些初级离子通过氢质子交换，形成[M＋H]$^+$或[M－H]$^-$，并进入质谱仪。正离子模式下，APCI 电离的典型反应如下：

$$e^- + N_2 \longrightarrow N_2^+ \cdot + 2e^-$$

$$N_2^+ \cdot + H_2O \longrightarrow N_2 + H_2O^+ \cdot$$

$$H_2O^+ \cdot + H_2O \longrightarrow H_3O^+ + HO \cdot$$

$$H_3O^+ + M \longrightarrow [M＋H]^+ + H_2O$$

在负离子模式下，样品分子的准分子离子为[M－H]$^-$，它一般是通过与 OH^- 争夺质子形成的。

APCI 也是很软的电离，只产生单电荷峰，适合测定具有一定挥发性的中等极性和弱极性的小分子化合物，化合物的分子量一般不超过 2000。对于具有一定挥发性但在 ESI 中不易离子化或 ESI 离子化时检测器响应较差的物质，可选用 AP-CI。

与 ESI 相比，APCI 非常耐用且适用性强，对液相色谱流动相所用溶剂、流速的依赖性较小，能适应高流量的梯度洗脱及高低水溶液变换的流动相，不受大部分实验条件微小变化的影响。可通过调节离子源电压，得到不同断裂的质谱图和结构信息。

2.8.3 质量分析器

类似于 GC-MS，LC-MS 中常用的质量分析器也为四极杆、离子阱、飞行时间等。近年来四极杆串联飞行时间质谱（Q-TOF）与 LC 或 UPLC（超高效液相色谱）联用，因良好的全质量范围检测灵敏度、快速数据采集、良好的质量准确性，被研究者成功地应用于如酱油、酵母抽提物等食品的呈味肽分析鉴定。

Q-TOF 是采用四极杆和 TOF 串联的质谱仪，可看作是将三重四极杆质谱仪的第三重四极杆换为 TOF 分析器，但其分辨率和质量精度明显优于三重四极杆质谱。Q-TOF 具有如下优势：①可在宽质量范围内获得很高分辨率，区分质荷比相近的离子，并得到质量误差在 10^{-6} 以内的精确质量数；②能够获得准确的同位素峰形分布，用于辅助计算化合物分子式；③兼具 MS 和 MS/MS 功能，可实现母离子和子离子的精确质量同时测定；④质量范围宽，既可用于小分子化合物的精确定性与定量，也可用于大分子如蛋白质和多肽的研究。

在 MS 模式下，Q-TOF 的四极杆作为一个宽带通滤波器只在射频模式下工作，碰撞单元不加压，离子全部转移到 TOF 进行质量测定。在 MS/MS 模式下，第一重四极杆选择母离子，进入只有射频的四极（或六极）碰撞池与惰性气体发生碰撞诱导解离（CID），生成产物离子，产物离子传输到 TOF 进行质量分析。

2.8.4 LC-MS 对液相色谱的要求

为了适应检测要求，LC-MS 中的液相色谱流动相的流速一般较低，同时为缩短分析时间，应使用较短的色谱柱。选用的流动相组成（缓冲液种类、浓度等）和流速大小要适应接口使用，对流动相的常见要求是不允许有难挥发的盐类（如磷酸盐），以防止形成沉积堵塞毛细管，影响仪器的检测和寿命，但可用甲酸、氨水等调节流动相 pH。流动相的组成还会影响离子化效率，从而对检测灵敏度有很大的影响，具体视待测样品分子而定。

2.8.5 LC-MS 的几个技术特点

随着联用技术的日趋成熟，LC-MS 日益显现出优越的性能。LC-MS 的技术优势主要表现在以下几方面。

（1）正、负离子化　API 的两种离子化形式（APCI 和 ESI），都可通过改变电离电压的极性，使样品分子选择地生成正离子（如[M＋H]⁺）或负离子[M－H]⁻，从而得到两张不同的质谱图，有利于结构鉴定。

（2）谱图简化但结构信息丰富　API 属于软电离技术，主要生成准分子离子和加合离子，谱图解析简单，可方便地获得分子量信息。还可采用碰撞诱导裂解（collision-induced dissociation，CID）技术，将特定的分子离子断裂，给出碎片信息，进行多级质谱（MS-MS）分析。

（3）多种扫描类型、分析速度快　LC-MS 可在全扫描、选择离子监测（SIM）、选择反应监测（selected reaction monitoring，SRM）等扫描方式下工作，无需将样品进行完全的色谱分离，定量测定可在很短的时间内完成，实现了高通量分析。

全扫描可获得样品中每个组分的全部质谱，可根据总离子流色谱图、质谱图、提取离子色谱图，鉴定未知化合物的结构或分析混合物样品中的每一个组分。SIM 是对某个特定的离子进行监测的技术，得到质量色谱图，可分析复杂样品中痕量组分。SRM 是利用多级质谱监测一个或多个特定的离子反应，如离子碎裂、中心碎片丢失等，其特点是可针对两组特定的相关性离子选择性测定，更加快速地分析复杂样品中的痕量组分，获得更专属性的信息。

（4）检测限低　MS 具备高灵敏度，它可以在＜10^{-10}g 水平下检测样品，通过选择离子监测或选择反应监测模式，其检测能力还可以提高一个数量级以上。

2.8.6　应用实例——大蒜中亚磺酸硫酯类香味物质分析

（1）样品　新鲜大蒜加水匀浆，超临界 CO_2 萃取，萃取物 LC-MS 分析。

（2）LC-MS 主要条件　Howlett Packard 1050 液相色谱，Finnigan TSQ 7000 质谱，APCI 电离源。色谱柱 ODS-M80 250mm×2.0mm ，id.4μm；流动相：A 水-乙腈（95：5），B 水-乙腈（5：95）；梯度洗脱：起始 70％ A/30％ B（停留 10min）$\xrightarrow{25min}$40％ A/60％B（停留 15min），流速 0.2mL/min。

APCI 源的气化温度 350℃；毛细管温度 150～200℃；电晕针尖电流 5.0μA；N_2：鞘气压力 70psi（1psi＝6.895kPa）；辅助气：在 50mm 处开（65mm 流管，最大流速 12L/min）；碰撞室：氩气，碰撞压力 0.8mTorr，最佳碰撞能量：－15～－12eV。

（3）结果与讨论　新鲜大蒜在切碎或匀浆过程中，香味前体物酶解释放出亚磺酸硫酯类香味成分。该类化合物具有热不稳定性，即使用冷柱头进样低温分离，GC-MS 的分析结果中仍可检测出亚磺酸硫酯的分解产物，为此，选用 LC-MS 进行分析。

图 2-45 是 LC-MS 分析所得谱图，表 2-21 是从大蒜超临界萃取物中鉴定出的

硫酯类化合物，表 2-22 为各化合物的[M＋H]⁺离子经碰撞裂解后的离子碎片数据。在表 2-21 中，10 号和 11 号化合物的分子量都为 164，其准分子离子[M＋H]⁺的质量数为 165。从总离子流图 2-45（a）中，可以看出，10 号化合物的峰很小，11 号化合物的峰基本不存在。但 10 号化合物可通过 $m/z＝165$ 的提取离子色谱［图 2-45（b）］及 APCI-MS-MS 谱图［图 2-45（c）］进行鉴定；而 11 号化合物在 $m/z＝165$ 的提取离子色谱图中还是看不到峰，最后根据 APCI-MS-MS［图 2-45（d）］可确认其存在。

在表 2-21 的鉴定结果中，有些化合物是结构异构体，[M＋H]⁺的质量数相同。从表 2-22 可以看出，碰撞裂解后，不同异构体产生的离子碎片不同，从而可把它们区分开。

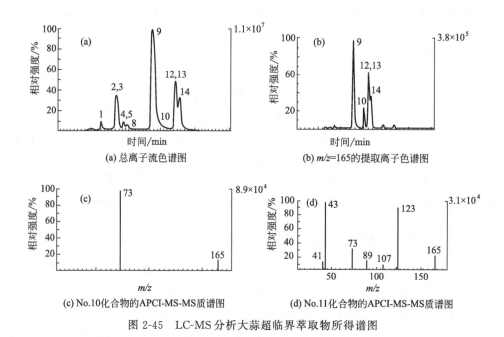

图 2-45 LC-MS 分析大蒜超临界萃取物所得谱图

表 2-21 鉴定出的香味成分及在总离子流中的相对峰面积

谱峰号	化合物	相对峰面积/%
1	MeS(O)SMe	1.8
2,3	MeS (O) S—CH₂CH ＝CH₂, MeSS (O) CH₂CH ＝CH₂	18.0
4,5,8	MeS (O) SCH ＝CH—CH₃	7.2
9	CH₂ ＝CH—CH₂—S (O) S—CH₂CH ＝CH₂	53.4
10	CH₃CH₂CH₂—S (O) S—CH₂CH ＝CH₂ (M＝164)	谱峰极小
11	CH₃CH₂CH₂—SS (O) —CH₂CH ＝CH₂ (M＝164)	未检测到
12, 13	CH₂ ＝CH—CH₂—S (O) S—CH ＝CH—CH₃ (E, Z)	19.7
14	CH₂ ＝CH—CH₂—SS (O) —CH ＝CH—CH₃ (E)	

表 2-22　总离子流图中各谱峰的[M＋H]⁺碰撞裂解（APCI-MS-MS）数据

谱峰号[①]	[M＋H]⁺碰撞裂解产生的离子质量数（括号数据为相对峰度）
1	111 (100)；65 (68)；63 (56)；49 (24)
2	137 (60)；135 (25)；73 (100)；64 (10)；47 (8)；45 (45)；41 (58)；39 (20)
3	137 (45)；135 (10)；95 (24)；79 (22)；64 (5)；47 (5)；45 (6)；41 (100)；39 (8)
4,5	137 (100)；136 (22)；120 (6)；73 (74)；64 (47)；47 (14)；45 (66)；41 (40)；39 (20)；29 (12)
8	137 (100)；136 (35)；120 (4)；90 (44)；64 (6)；47 (8)；45 (36)；41 (30)；39 (18)；29 (8)
9	163 (7)；121 (12)；105 (4)；93 (3)；87 (10)；73 (100)；41 (29)
10	165 (14)；73 (100)
11	165 (14)；123 (90)；107 (10)；89 (14)；73 (30)；43 (100)；41 (16)
12, 13	163 (10)；121 (65)；105 (30)；103 (18)；93 (19) 87 (100)；81 (28)；73 (10)；59 (20)；55 (8)；41 (18)
14	163 (10)；121 (56)；105 (18) 103 (15)；93 (16) 87 (71) 81 (15)；73 (100)；59 (10)；55 (8)；41 (14)

① 各谱峰对应的化合物同表 2-21。

2.9　其它技术

2.9.1　填充柱超临界流体色谱 (pSFC)

2.9.1.1　概述

超临界流体色谱（supercritical fluid chromatography，SFC）是指以超临界流体为流动相，以固体吸附剂（如硅胶）或键合到载体上的高聚物为固定相的色谱。SFC 的分离原理和气相色谱（GC）以及液相色谱（LC）类似，即基于各化合物在两相间的分配系数不同而达到分离。目前最广泛应用的是超临界 CO_2 流体色谱，这是因为 CO_2 的临界温度（31.08℃）接近室温，临界压力（7.38MPa）不高，可在接近室温和不高的压力条件下进行操作。另外，CO_2 无毒、不易燃、无化学腐蚀性，因此，以它作为流动相是首选。

20 世纪 80 年代开发成功了空心毛细管柱式 SFC，应用于分析领域。随着高效液相色谱（HPLC）的发展，出现了填充柱式的 SFC（packed column supercritical fluid chromatography，pSFC）。pSFC 采用 HPLC 普遍使用的柱子和填料进行分离，但与普通 HPLC 相比，pSFC 具有如下优点。

（1）流动相的扩散速率、传质速率均比 HPLC 高；平衡速度快，平衡时间一般 2～3min。

（2）流动相黏度小，柱压降低，允许更高的流速；还可实现多柱的序列分离，大大缩短分离时间。

（3）超临界 CO_2 作为流动相，绿色环保、分离成本低；流分收集后无需浓缩步骤，后处理简单。

（4）可和许多检测器联用，如氢火焰离子化检测器（FID）、紫外检测器、质谱（MS），傅里叶变换红外光谱（FTIR）等。

2.9.1.2　填充柱超临界流体色谱仪

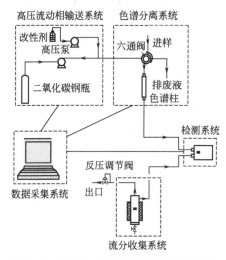

图 2-46　填充柱超临界流体色谱仪示意图

图 2-46 是典型的填充柱超临界流体色谱仪示意图，主要由五大部分组成。

（1）高压流动相输送系统　主要由二氧化碳钢瓶、高压泵、改性剂泵组成。二氧化碳经压缩和热交换转变为超临界流体，并与改性剂混合后进入色谱分离系统。

（2）色谱分离系统　主要包括进样器、色谱柱、柱温箱。流动相携带样品经六通阀进色谱柱实现分离。

（3）检测系统　同液相色谱检测器，包括紫外检测器、荧光检测器等。

（4）流分收集系统　用于收集分离的样品流分。

（5）数据采集系统　具有控制及调节仪器操作参数、数据处理等功能。

2.9.1.3　影响超临界流体色谱分离的因素

一般通过优化温度、柱压、改性剂的种类和浓度、流动相流速等参数，使 pSFC 实现较佳分离。这些参数对分离的影响如下。

（1）柱温　柱温影响主要有两方面：①柱温升高，超临界 CO_2 密度减小，溶剂化效应减弱，溶质在 CO_2 中的溶解度降低；②柱温升高，溶质在固定相和流动相中的扩散系数增大，传质阻力减小，有助于溶质从固定相表面脱附进入流动相中。一般情况下，柱温降低，分离选择性及分离度将得以提高，但分离时间则变长。

（2）柱压　柱压升高，超临界 CO_2 密度增大，对组分的溶解能力提高；但柱压升高将使流动相中组分的扩散系数下降，并增大组分由固定相表面向流动相传质的阻力。Hason 等研究 SFC 柱压对手性拆分的影响表明，SFC 中柱压对分离的影响远大于 GC 和 HPLC 中，SFC 柱压对不同化合物分离有着不同的影响趋势。

（3）改性剂　超临界 CO_2 流体极性较弱，不能洗脱极性较大的化合物，但可加入少量的极性改性剂以提高其极性。改性剂的加入一方面可影响溶质与流动相和固定相的作用力，另一方面还会影响流动相的密度。常用的改性剂有甲醇、乙醇、异丙醇、乙腈等。改性剂种类确定后，可进一步通过调节改性剂的体积分数来改变流动相的极性及洗脱能力。T. A Berger 研究得出：改性剂比例在 1‰～30‰ 范围内时，对改变流动相的溶解性能最明显，改性剂比例加倍一般能使容量因子减半。一般情况下，改性剂在流动相中的体积分数在 50‰ 以下。

（4）流速影响　流速决定了色谱柱内填料与流动相之间的接触时间，从而对溶质在固定相和流动相之间的分配平衡产生影响。流速太大，溶质分子来不及扩散到填料表面，故流速不宜过大。同样，流速也不宜太小，否则溶质的洗脱时间过长，使分离时间太长。在保证较高分离度的前提下选择较大流速，可实现较短时间的分离。Toribo 等在 Chiralpak AD-H 柱上考察了流速对六种三唑类化合物分离的影响，发现流速从 2mL/min 增大至 4mL/min，分离度从 1.8 下降至 1.6，但容量因子减小，分析时间从 20min 缩短至 12min。

2.9.1.4　填充柱超临界流体色谱在香味分析中的应用

由于 pSFC 同时兼有 GC 和 HPLC 的优点，分离快，分离条件温和，绿色环保，目前在药物化学领域尤其手性药物拆分方面得到广泛应用。在香味分析上，因 CO_2 无毒无害且在样品中易于脱除，无气味干扰，使分离收集的产品香气纯正，现已在手性拆分内酯类香料包括 γ-己～γ-十二内酯、δ-庚～δ-十二内酯、葫芦巴内酯、呋喃酮、茉莉内酯、威士忌内酯上得到成功应用。

γ- 与 δ-内酯类香料化合物存在手性中心，对映体之间的香气特征不同，如 (R)-γ-己内酯具有甜的椰子香、甘草香，而 (S)-γ-己内酯则有明显的奶油香和木香。γ-壬内酯的 (R)-构型具有强烈的脂肪香、奶香，但其 (S)-构型则具有霉味气息。同样，(R)-δ-癸内酯具有高品质的果香，香气柔和，令人愉悦，而 (S)-δ-癸内酯则会产生油脂气、较重的甜香、奶香。

在自然界，γ- 和 δ-内酯广泛存在于水果（如杏、桃、芒果、草莓）以及果汁、葡萄酒、白酒中。天然的 γ- 与 δ-内酯类香味物质往往以一种对映体过量形式存在，外消旋体还没有发现。如 G. Elisabeth 等发现六个品种杏叶中均 (R)-γ-内酯对映体占绝对优势；Schmarr 等发现草莓提取物中 γ-内酯均以 (R)-构型为主。

γ-内酯和 δ-内酯是需求量较大的香料产品，广泛地用于糖果、软饮料、冰淇淋、烘烤食品、人造奶油、糕点等香精中，同时也应用于某些日化香精和烟用香精中。但市场上的 γ- 与 δ-内酯产品几乎均为外消旋体，因此研究其手性拆分方法具有一定意义。

（1）实例——pSFC 拆分葫芦巴内酯　葫芦巴内酯（亦称糖内酯），是烘烤葫芦巴籽的关键香气组分，也是甘蔗制糖残余物中重要的香气成分，具有非常强烈持久的甘蔗糖蜜样香气，略带焦香和果香，广泛存在于发酵产品、葡萄酒、日本米酒、红茶中。葫芦巴内酯香料常用于食品中（如焦糖、红糖、威士忌酒），也用于卷烟中，是一种优良的增香剂，在香精中的建议用量为 (1～10) $\times 10^{-6}$ g/g。葫芦巴内酯有一个手性中心，两个光学异构体，见图 2-47。R-型具有胡桃味、酸败味，S-型具有咖喱粉味、胡桃味。

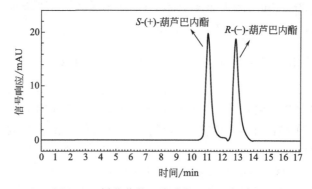

图 2-47　葫芦巴内酯两个光学异构体的结构

样品：市售葫芦巴内酯香料。

SFC 分离条件：Chiralpak AD-H 色谱柱，柱压 8MPa，柱温 28℃，改性剂甲醇的含量 2.5%，流速 1.5mL/min，得色谱图 2-48，手性拆分的分离度为 2.98。

图 2-48　拆分葫芦巴内酯的 pSFC 色谱图

测定收集流分的比旋光值，确定先流出的为[S]-(＋)-葫芦巴内酯，后流出的为[R]-(－)-葫芦巴内酯。

（2）实例——pSFC 拆分茉莉内酯　茉莉内酯[(3E)-戊烯基-δ-内酯]，具有奶油、牛奶、脂肪和蜡样香气，天然存在于栀子花、金银花、晚香玉、姜、百合花、茶叶和桃子以及茉莉中，可用于杏、桃、椰子、热带水果和乳制品的香精配方。(3E)-戊烯基-δ-内酯含有一个手性中心，具有两个对映体，见图 2-49。S-型具有花香、椰子香，香气飘逸；R-型具有木香、椰子香、辛香，香气沉闷。

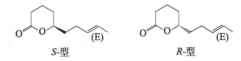

图 2-49　茉莉内酯两个光学异构体的结构图

样品：市售茉莉内酯香料。

分离条件：Chiralcel OD-H 色谱柱，柱压 12MPa，柱温 31℃，改性剂为乙腈-甲醇（7∶3，体积分数），含量 2.0%；流速 1.0mL/min。得如图 2-50 所示色谱图，手性拆分的分离度为 2.00。

将收集到的流分比旋光值测定，确定先流出的是 R-(－)-δ-茉莉内酯，后流出

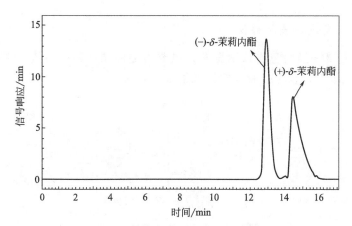

图 2-50　拆分茉莉内酯的 pSFC 色谱图

的是 S-（＋）-δ-茉莉内酯。

2.9.2　高速逆流色谱（HSCCC）

2.9.2.1　概述

高速逆流色谱（high speed counter current chromatography，HSCCC），不需任何固体载体支撑，是一种基于液-液分配的色谱技术。HSCCC 于 20 世纪 70 年代由美国国立卫生院（National Institute of Health，NIH）Yoichiro Ito 博士首创，目前已形成一套比较完整的理论体系，广泛应用于天然产物、生物、化工、环境、食品、材料等领域的化合物分离。

HSCCC 依靠聚四氟乙烯蛇形管的方向性及特定的高速行星式旋转产生的离心场作用，使无载体支持的液体固定相稳定地保留在蛇形管中，并使流动相单向、低速通过此液体固定相。样品分子基于在互不混溶的两相溶剂系统中分配系数不同，实现分离。与液相色谱相比，HSCCC 分离主要具有如下优点。

（1）不使用固体支撑介质，不需要昂贵的色谱柱，费用低。

（2）因未使用固体固定相，样品可不经前处理直接进样，而无色谱固定相的不可逆吸附及样品变性问题。

（3）通过改变溶剂系统组成，可分离不同极性的化合物。理论上，任何极性范围的样品均可分离。

（4）进样量大。可用于几毫克或十几克的样品分离。

（5）分离效率高。即使是复杂的天然产物样品，常经过一次分离即获得高纯度单体化合物，且一次分离一般仅需几个小时。

高速逆流色谱存在的主要不足为：溶剂体系的选择还缺乏较为系统、成熟的理论指导，往往依靠几种经验性的溶剂系统或经验性的规律进行；色谱分离过程中使用有机试剂时，对环境有污染。

2.9.2.2　高速逆流色谱仪

图 2-51 是高速逆流色谱仪示意图，主要由输液泵、进样系统、主机、检测系统、流分收集装置、仪器控制及数据采集系统组成。

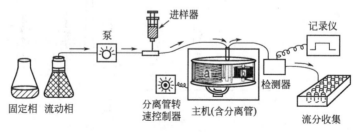

图 2-51　高速逆流色谱仪示意图

（1）输液泵。用于将两相溶剂泵入螺旋管式离心分离管（分离柱）内，因操作压力不高，使用普通的中低压泵即可。

（2）进样系统。一般为带有样品环（定量环）的六通进样阀。先常压下用注射器将样品注入定量环，然后将阀门切换到进样位，输液泵泵入的流动相将样品带入分离柱。

（3）主机。主机由螺旋管式离心分离管组成，为 HSCCC 最为核心的部件，需要满足转速稳定、可控，管壁耐腐蚀并承受一定压力的要求。

（4）检测系统。类似于液相色谱，所用检测器可为紫外-可见光检测器、荧光检测器、示差折光检测器、蒸发光散射检测器等。

（5）流分收集装置。主要为自动收集组件、收集试管。

（6）仪器控制及数据采集系统。具有调节输液泵、检测器、流分收集装置各项参数，以及数据采集和处理的功能。

HSCCC 基于样品中不同组分在两相中的分配系数不同实现分离。基本程序为：将两相溶剂系统中的一相作为固定相，先将固定相泵入并充满螺旋管柱，在螺旋管柱高速旋转产生的离心力作用下，固定相保留在柱管内；然后将另一相溶剂以一定的流速泵入并通过固定相。当体系达到流体动力学平衡（无固定相流失）时，将待分离的样品注入，进行分离。根据检测的谱峰收集流分、浓缩，得到产品。

2.9.2.3　选择 HSCCC 两相溶剂系统的原则

HSCCC 成功分离的关键是选择合适的两相溶剂系统。选择的合适两相溶剂系统应满足如下基本原则。

（1）溶剂对样品有足够高的溶解度，且不造成样品发生化学变化。

（2）无毒无害、沸点低，沸点低将有利于后续的浓缩处理。

（3）溶剂系统分层后，上下两相体积大致相等，以避免溶剂的浪费。

（4）溶剂系统上下两相的分层时间小于 20s，确保固定相具有足够高的保留率。

固定相的保留率（S_f）是影响分离效果的重要因素，一般来说，高保留率有利于高的分离度。一般溶剂系统的物理特性如界面张力、黏度、两相之间的密度差等因素对固定相的保留率有影响。其中，黏度是影响固定相保留率的主要因素，低黏度的溶剂系统有望得到高的固定相保留率，而高黏度溶剂系统的固定相保留率往往较低。

（5）分配系数（K）应在 0.5～2 之间，并使分离度 $\alpha \geqslant 1.5$。K 太小，保留时间太短，不利于分离；K 太大，则保留时间太长，谱峰展宽严重，峰形变差。

分配系数（K）为目标化合物在固定相和流动相中的浓度比值。K 可采用高效液相色谱（HPLC）、薄层色谱（TLC）或气相色谱（GC）等方法测定。以高效液相色谱法为例，具体测定步骤如下。

取适量样品溶于一定体积的某一相（如上相）溶剂系统，然后加入相同体积的另一相（如下相）溶剂系统，振荡，达到分配平衡后，分别于上层和下层中取样，进行 HPLC 分析。上层中组分的峰面积，记为 A_U；下层中组分的峰面积记为 A_L。采用上相做固定相时，$K = A_U/A_L$；采用下相做固定相时，$K = A_L/A_U$。

2.9.2.4　HSCCC 分离常见溶剂系统

实验起初一般结合被分离物质的极性，依据文献或经验尝试性选择溶剂系统。常见溶剂系统见表 2-23，根据极性不同分为弱极性、中等极性、强极性三种。

表 2-23　HSCCC 分离常见溶剂系统

分离物质极性	两相溶剂组成	辅助调节溶剂
非极性、弱极性物质	正庚（己）烷-甲醇	氯烷烃
	正庚（己）烷-乙腈	氯烷烃
	正庚（己）烷-甲醇（或乙腈）-水	
中等极性物质	三氯甲烷-水	甲醇，正丙醇，异丙醇
	乙酸乙酯-水	正己烷，甲醇，正丁醇
强极性物质	正丁醇-水	甲醇，乙酸

多数挥发性香味物质具有亲脂性，属于非极性或弱极性物质，因此分离挥发性香味物质常采用弱极性溶剂系统，以正庚烷或正己烷为主，并混有甲醇、乙腈或水，还可根据需要再加入不同比例的二氯甲烷、三氯甲烷等氯烷烃来辅助调节溶剂系统的极性，达到较佳的分离目的。

具有一定极性的物质，如奎宁、茶多酚，需采用中等极性溶剂系统或强极性溶剂系统。中等极性溶剂系统的基本组成为三氯甲烷-水（或乙酸乙酯-水），根据需要可加入不同比例的甲醇、正丙醇或异丙醇来调节溶剂系统极性，此时为三元溶剂体系（如三氯甲烷-甲醇-水）。由于乙酸乙酯的气味对分离产物的香气有干扰，一般情况下使用三氯甲烷-水较好。强极性溶剂系统的基本组成为正丁醇-水，也可根据需要加入甲醇、乙酸等调节剂。上述有水的溶剂系统中，还可通过加入适量的酸、碱（如三乙胺和盐酸）调节 pH 值的方法改变溶剂系统的极性，以实现较好的分离。

2.9.2.5 影响 HSCCC 分离的因素

除两相溶剂系统外，高速逆流色谱仪的转速、流动相流速、进样量等也是影响分离的因素。当选定了两相溶剂系统后，可进一步对以上三个运行参数（转速、流动相流速、进样量）进行优化，以确定最佳分离条件。通常情况下，转速高有利于 HSCCC 分离，但易产生乳化现象。流动相流速大，固定相流失会加重。进样量大，会使分离度减小。但对于制备性分离，在不影响产品纯度的前提下，以进样量大好，从而提高制备效率。

2.9.2.6 HSCCC 在香味分析中的应用

HSCCC 具有不使用固体支撑介质、不需要昂贵的色谱柱、分离量大、易于分离获得纯品的优点，目前已成功地用于从复杂天然产物中纯化高附加值的香味化合物单体。

（1）实例——荆条精油中纯化 β-丁香烯　　荆条［*Vetix negundo* L. var. *heterophylla*（Franch.）Rehd.］为马鞭草科牡荆属落叶灌木或小乔木，其叶、花、枝等部位均具有宜人的清香、凉香香气。荆条精油主要由单萜、倍半萜和二萜类化合物构成，其 β-丁香烯（β-caryophyllene）的含量较高。β-丁香烯既是常见的食用香料，也是重要的支气管炎临床药物，治疗咳嗽、哮喘和慢性支气管炎有很强的持久效果和低毒性。

样品：荆条叶粉碎，水蒸气蒸馏，得到荆条精油，具有宜人的清香、凉香香气。

高速逆流色谱分离：正己烷-二氯甲烷-乙腈（10∶3∶7，体积比）为两相溶剂系统，取下层溶剂为流动相，流速 1.5mL/min 泵入分离管，分离管转速 850r/min；分离温度 22℃。

色谱流出组分通过分流阀（分流比 20∶1），部分进入蒸发光散射检测器检测，部分用于收集。600mg 样品荆条精油溶解到 20mL 下相溶剂中进样，一次进样分离可得到 85mg 高纯的 β-丁香烯。荆条精油 HSCCC 分离色谱图见图 2-52。

图 2-53 为气-质联机分析荆条精油色谱图，图 2-54 为 GC-FID 分析 HSCCC 纯化产物的色谱图。β-丁香烯（β-caryophyllene）与 β-farnesene、α-丁香烯、香树烯、γ-muurolene、α-muurolene 等倍半萜类异构体共存于荆条精油中，这些异构体气-质联机分析的保留指数和质谱图均类似，很难区分，但 HSCCC 一次性地仅将 β-丁香烯纯化出。GC-FID 检测，产品 β-丁香烯相对峰面积占 97.3%，表明具有高纯度，对分离出的 β-丁香烯结构采用核磁共振进行了确认。

（2）实例——益智果实中诺卡酮香味物质分离　　诺卡酮（nootkatone），又称圆柚酮，属雅槛蓝烷（eremophillane）系的双环倍半萜酮，20 世纪 60 年代从阿拉斯加黄柏油和柚子皮油中发现。随后，在益智、葡萄、柠檬油、柑橘油中也发现了

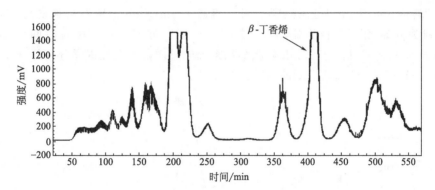

图 2-52　荆条精油 HSCCC 分离色谱图

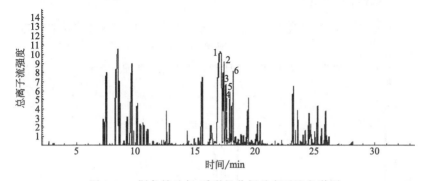

图 2-53　荆条精油气-质联机分析总离子流色谱图

1—β-丁香烯；2—β-farnesene；3—α-丁香烯；4—香树烯；5—γ-muurolene；6—α-muurolene

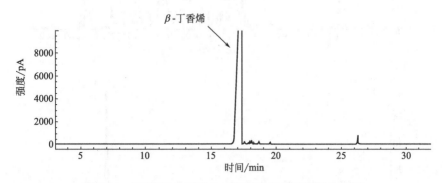

图 2-54　HSCCC 分离产物 β-丁香烯的气相色谱分析图

该化合物的存在。诺卡酮价格昂贵，有天然的果香、柚子及柏木样香气，可用于调配圆柚、橙子、热带水果等食用香精，在最终产品中加香浓度约为 10mg/kg。也可用于烟用香精，在烟丝中的最适添加量为 1～10mg/kg。

　　样品制备：益智［*Alpinia oxyphylla* Miquel(Zingiberaceae)］果实粉碎，同时蒸馏萃取获得精油。

　　高速逆流色谱分离：正己烷-甲醇-水（5∶4∶1，体积比）为两相溶剂系统，分离管转速 850r/min，分离温度 22℃，流速 1.5mL/min，紫外检测波长 254nm；以上相为固定相，下相为流动相，按"头—尾"方式洗脱，洗脱时间为 200～230min。80mg 精油溶于 15mL 两相溶剂系统中进样，一次性进样分离得到 5.1mg 诺卡酮。HSCCC 分离诺卡酮的谱图见图 2-55。

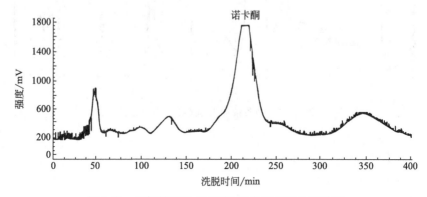

图 2-55　益智精油中 HSCCC 分离诺卡酮的色谱图

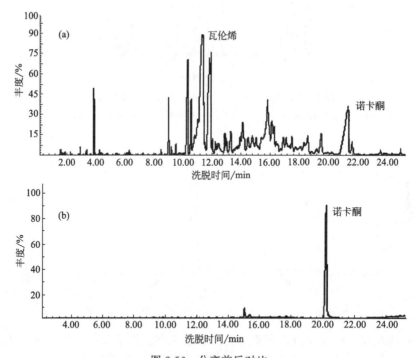

图 2-56　分离前后对比

（a）益智精油的 GC-MS 分析总离子流色谱图；

（b）HSCCC 分离产物 GC-FID 分析色谱图

　　如图 2-56 所示，按照相对峰面积，益智精油中诺卡酮（nootkatone）占 7.64％，与其结构相似的组分瓦伦烯（valencene）占 33.68％。而经 HSCCC 分离纯化的产物中，诺卡酮相对峰面积达到 92.30%，表明具有很高纯度。

（3）实例——从花椒中分离纯化花椒麻味素　花椒麻味素为花椒中有麻味的组分，主要包括 α-山椒醇、γ-山椒醇、羟基-α-山椒醇、羟基-β-山椒醇、羟基-γ-山椒醇、α-山椒酰胺等。花椒麻味素不仅呈现"麻"味，同时还具有麻醉、兴奋、抑菌、祛风除湿、杀虫、镇痛等多种生物活性，在食品、医药、化妆品等领域广泛应用。

样品：市场购买的花椒油树脂。

高速逆流色谱分离：正己烷-乙酸乙酯-甲醇-水（7：3：5：5，体积比）为两相溶剂系统，以下相溶剂为流动相，流速 1.5mL/min，分离管转速 850r/min，分离温度 20℃。1.0g 花椒油树脂溶于 18mL 上相溶剂后进样，收集 80～125min 的谱峰流分，得到 190mg 花椒麻味素（为羟基-α-，β-，γ-山椒醇混合物）。HSCCC 分离色谱图见图 2-57。

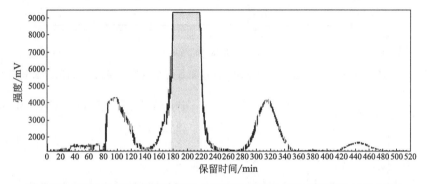

图 2-57　HSCCC 分离花椒油树脂中花椒麻味素色谱图（阴影为目标组分）

图 2-58(a)、(b)为花椒油树脂和 HSCCC 分离纯化产物的液相色谱分析色谱图，A，B，C 分别代表羟基-α-，β-，γ-山椒醇，以羟基-β-山椒醇含量最高。花椒油树脂的液相色谱谱图中含有很多小的杂质峰，但分离后的谱图中这些小峰已不存在。由图 2-58（b），按照 A，B，C 三者的相对峰面积加和，分离后花椒麻味素占98.0%。分离所得花椒麻味素采用核磁共振确认了结构。

2.9.3　基质辅助激光解吸电离质谱（MALDI MS）

2.9.3.1　简介

基质辅助激光解吸电离（MALDI）是一种使用基质的"软"电离技术，诞生于 20 世纪 80 年代中期，于 20 世纪 90 年代初期开始商业化。与电喷雾电离（ESI）相比，MALDI 在分析较高分子量的物质时仅检测到待分析物的单电荷离子，从而降低谱图的复杂程度，更容易解谱。MALDI 常与飞行时间质谱（TOF）联用，即为基质辅助激光解吸电离-飞行时间质谱（MALDI-TOF MS）。目前，MALDI-TOF MS 已广泛应用在食品、生物及临床医学领域，用于分析蛋白质、多肽、核

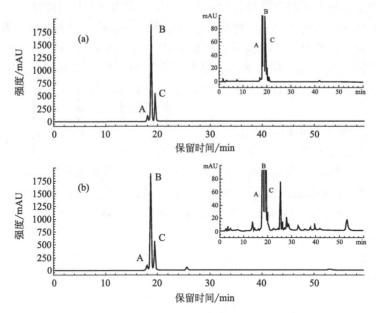

图 2-58　HSCCC 分离后产品花椒麻味素（a）和原始花椒油树脂（b）HPLC 分析谱图

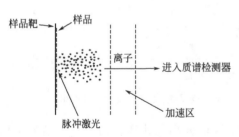

图 2-59　MALDI 离子化原理示意图

苷酸等物质。此外，MALDI 还可与线性离子阱（LIT）、傅里叶变换离子回旋共振（FT-ICR）等其它质谱联用。

　　MALDI 具有操作简单、分析时间短、灵敏度高、质量检测范围宽、成本消耗低、耐受污染能力强和使用样品量少等优点。如图 2-59 所示，在样品靶上，待测样品与适当的基质溶液混合形成共结晶薄膜，用脉冲激光照射时，基质从激光中吸收能量并蓄积能量产生大量的热量，使得基质与样品的共结晶体升华。在气相中，基质产生离子$(M+H)^+$（正离子模式）或$(M-H)^-$（负离子模式）。基质离子与样品分子碰撞，发生质子转移反应，样品分子被离子化，如式 2-28 所示。

$$正离子模式：A+(M+H)^+ \longrightarrow (A+H)^+ + M$$
$$负离子模式：A+(M-H)^- \longrightarrow (A-H)^- + M \tag{2-28}$$

　　目前，MALDI 源的离子化机理尚未完全清楚。使用 MALDI 分析时基质选择至关重要，除考虑待测物的性质外，还要考虑电离模式的影响。碱性基质适用于负电离模式，酸性基质（即质子供体）适用于正电离模式。常用的基质包括：芥子酸（3,5-二甲氧基-4-羟基肉桂酸，SA）和 α-氰基-4-羟基肉桂酸（CHCA），用于正离子模式下分析高或中等分子量分子，如蛋白质和肽；2,5-二羟基苯甲酸（DHB），用于正离子模式下分析低分子量分子，如氨基酸、糖、脂质、核苷酸和代谢物；9-氨基吖啶（9-AA），用于在负离子模式下分析低分子量分子。同时，基质与分析物比例也非常重要，太高的基质/分析物比例易导致出现基质离子峰，从而造成强烈的信号干扰；而基质/分析物的比例太低时，又易导致待分析物不能充分地离子化。

MALDI 和 ESI 都是非常灵敏的软电离技术，二者的主要差别为样品进入离子源的状态不同，液态的样品用于 ESI 源，而固态样品用于 MALDI 源。MALDI 中样品结晶的不均匀性对检测结果有影响。MALDI 的测量结果还受激光束照射位置影响，操作者应在样品晶体中找到照射后能产生最多质谱信息的"最佳点"。

使用 MALDI-TOF MS 进行蛋白质序列鉴定，一般先将蛋白质水解，样品分析获得精度较高的肽混合物的质谱图，通过搜索蛋白序列数据库找到与谱图中多肽质量一致的肽段进行蛋白质结构鉴定。目前 MALDI-TOF MS 已广泛应用在花生蛋白酶解物、肉酶解物、肉汤等食品中呈味多肽结构的鉴定方面。此时，由于样品为多种蛋白质及肽的混合物，很难通过搜索蛋白序列数据库鉴定结构，因而常通过获得 MALDI-TOF 一级谱图及二级谱图（MS/MS），根据肽的质谱裂分规律推断呈味多肽的结构。

2.9.3.2　实例——花生酶解液中呈味肽的鉴定

① 样品　花生酶解液经超滤分离得到分子质量 1～3kDa 和＜1kDa 的组分，再经葡聚糖凝胶柱色谱及反相高效液相色谱分离，收集鲜味强组分。

② 分析条件　Autoflex Ⅲ 型 MALDI-TOF/TOF 质谱仪（德国 Bruker Daltonics 公司），配备氮气激光器（波长 337nm）和双微通道板检测器。使用 0.1%三氟乙酸和乙腈（1∶1，体积比）配制的饱和芥子酸溶液作为基质，将 1μL 待测物溶液与 1μL 基质溶液混合，取 1μL 混合液置于样品靶，室温干燥。采用正离子反射模式采集数据，加速电压 25kV，分子量扫描范围 600～3000Da。采用外标法，使用多肽标准品（德国 Bruker Daltonics 公司）对每次测定进行校准。为保证重现性，实验重复三次。

③ 分析结果　所分离收集的某个鲜味组分的 MALDI-TOF 一级质谱图如图 2-60

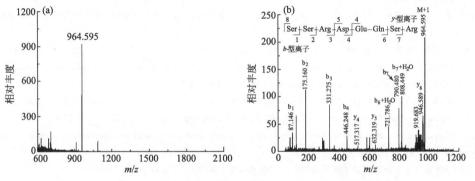

图 2-60　呈味组分的一级质谱图（a）及所含 m/z 964.595 的二级质谱图（b）

（a）所示，可知强度最高的为 $m/z964.595$ 离子，即 $m/z964.595$ 为该鲜味组分中的主要物质。选取 $m/z964.595$ 为母离子，经碰撞诱导解离获得二级质谱图如图 2-60 （b）所示，检测到的主要为肽键断裂产生的 b-型和 y-型离子。根据母离子及这些碎片离子，推测 $m/z964.595$ 为多肽丝氨酸-丝氨酸-精氨酸-天冬氨酸-谷氨酸-谷氨酰胺-丝氨酸-精氨酸。

参考文献

[1] 汪正范. 色谱联用技术. 北京：化学工业出版社，2007.

[2] 汪正范. 色谱定性与定量. 北京：化学工业出版社，2001.

[3] 孙毓庆，王延琼. 现代色谱法及其在药物分析中的应用. 北京：科学出版社，2005.

[4] 傅若农. 色谱分析概论. 北京：化学工业出版社，2005.

[5] 陈立功，张卫红，冯亚青，等. 精细化学品的现代分离分析. 北京：化学工业出版社，2005.

[6] 何美玉. 现代有机与生物质谱. 北京：北京大学出版社，2002.

[7] Song J，Gardner B D，Holland J F，et al. Rapid analysis of volatile flavor compounds in apple fruit using SPME and GC/time-of-flight mass spectrometry. Journal of Agricultural and Food Chemistry，1997，45 （5）：1801-1807.

[8] Deursen M V，Beens J，Reijanga J，et al. Group-type identification of oil samples using comprehensive two-dimensional gas chromatography coupled to a time-of-flight mass spectrometer（GC×GC-TOF）. Journal of High Resolution Chromatography，2000，23 （7-8）：507-510.

[9] Zhu S，Lu X，Guo K，et al. Characterization of flavor compounds in Chinese liquor moutai by comprehensive two-dimensional gas chromatography/time-of-flight mass spectrometry. Analytica Chimica Acta，2007，597 （2）：340-348.

[10] Čajka T，Hajšlová J，Cochran J，et al. Solid phase microextraction – comprehensive two-dimensional gas chromatography – time-of-flight mass spectrometry for the analysis of honey volatiles. Journal of Separation Science，2007，30 （4）：534-546.

[11] 于万滢，张华，黄威东，等. 多种气相色谱联用技术分析陕西刺五加茎挥发油的化学成分. 色谱，2005，23 （2）：196-201.

[12] 徐新元. 气相色谱（GC）、红外光谱（FTIR）联用技术及其在药物分析中的应用. 中成药，2001，23 （6）：439-441.

[13] 邱宁婴，陈书玉，吴桥，等. 气相色谱/傅里叶变换红外联用快速分析薄荷油. 中国药科大学学报，1990，21 （4）：205-207.

[14] 刘布鸣，赖茂祥，蔡全玲，等. 马山前胡挥发油化学成分研究. 分析化学，1995，23 （8）：885-888.

[15] Brown R S，Lennon J J. Factors affecting sensitivity in light pipe gas chromatography fourier transform infrared interfaces. Applied Spectroscopy，1991，45 （4）：666-672.

[16] Wilkins C L，Giss G N，White R L，et al. Mixture analysis by gas chromatography/fourier transform infrared spectrometry/mass spectrometry. Analytical Chemistry，1982，54 （13）：2260-2264.

[17] 钟山，冯子刚. 山苍籽核仁油的大口径毛细管柱气相色谱-傅里叶变换红外光谱分析. 分析化学，1995，23 （2）：132-136.

[18] 尹承增. 紫丁香花挥发性物质定性分析. 东北林业大学学报，2005，33 （2）：112-113.

[19] 魏秀萍. 色谱联用技术的进展. 分析测试技术与仪器，2007，13 （4）：291-294.

[20] 刘密新，汪伟. GC-FTIR 法分析天然小茴香挥发油. 光谱学与光谱分析，1996，16 （5）：35-37.

[21] 刘密新，汪伟. GC-MS 和 GC-FTIR 联用分析砂仁挥发油的成分. 中草药，1997，28（4）：202-204.

[22] 朱书奎，邢钧，吴采樱. 全二维气相色谱的原理、方法及应用概述. 分析科学学报，2005，21（3）：332-336.

[23] 许国旺，叶芬，孔宏伟，等. 全二维气相色谱技术及其进展. 色谱，2001，19（2）：132-136.

[24] 苏凤仙. 气相色谱技术的新进展及应用. 合成技术及应用，2006，21（3）：30-34.

[25] 季克良，郭坤亮，朱书奎，等. 全二维气相色谱/飞行时间质谱用于白酒微量成分的分析. 酿酒科技，2007，（3）：100-102.

[26] 朱书奎，路鑫，邢钧，等. 全二维气相色谱/飞行时间质谱用于烟用香精化学组分的分析. 分析化学，2006，34（2）：191-195.

[27] 武建芳，路鑫，唐婉莹，等. 全二维气相色谱/飞行时间质谱用于莪术挥发油分离分析特性的研究. 分析化学，2004，32（5）：582-586.

[28] Sinha A K，Verma S C，Sharma U K. Development and validation of an RP-HPLC method for quantitative determination of vanillin and related phenolic compounds in vanilla planifolia. Journal of Separation Science，2007，30（1）：15-20.

[29] 黄国宏. 高效液相色谱技术在食品分析中的应用. 食品工程，2006，4：47-51.

[30] 昝书金，郑庆生，孙芝. 呋喃酮纯度的研究分析. 香料香精化妆品，2001，4：12-13.

[31] 桑志红，杨松成. 液相色谱-质谱联用技术及其在药物分析中的应用. 解放军药学学报，1999，15（2）：28-31.

[32] 方晓明，张社. 液相色谱-质谱/质谱联用技术新进展及应用. 现代仪器，2002，（3）：1-5.

[33] 黄龙，宋旭艳，刘国珍等. 液相色谱-质谱联用技术进展及其在烟草行业中的应用. 烟草科技，2002，7，26-28.

[34] Calvey E M，Matusik J E，White K D，et al. Allium chemistry：supercritical fluid extraction and LC-APCI-MS of thiosulfinates and related compounds from homogenates of garlic，onion，and ramp. Identification in garlic and ramp and synthesis of 1-propanesulfinothioic acids S-allyl ester. Journal of Agricultural and Food Chemistry，1997，45（11）：4406-4413.

[35] 谢建春，孙宝国，郑福平，等. 采用同时蒸馏萃取-气相色谱/质谱分析小茴香的挥发性成分. 食品与发酵工业，2004，30（12）：113-116.

[36] 谢建春，孙宝国，郑福平，等. 烤羊腿挥发性香成分分析. 食品科学，2006，27（10）：511-514.

[37] Setkova L，Risticevic S，Pawliszyn J. Rapid headspace solid-phase microextraction － gas chromatographic － time-of-flight mass spectrometric method for qualitative profiling of ice wine volatile fraction：I. Method development and optimization. Journal of Chromatography A，2007，1147（2）：213-223.

[38] Li M，Yang R，Zhang H，et al. Development of a flavor fingerprint by HS-GC － IMS with PCA for volatile compounds of Tricholoma matsutake Singer. Food Chemistry，2019，290：32-39.

[39] 林若川，邓榕，许丽蓉. 基于 GC-IMS 技术的绿茶风味鉴别方法可行性的研究. 广东化工，2017，44（23）：19-21.

[40] 黄星奕，吴梦紫，马梅，等. 采用气相色谱-离子迁移谱技术检测黄酒风味物质. 现代食品科技，2019，35（9）：1-7.

[41] 苏国万，赵炫，张佳男，等. 酱油中鲜味二肽的分离鉴定及其呈味特性研究. 现代食品科技，2019，35（5）：7-15.

[42] 阿衣古丽·阿力木，宋焕禄，刘野，等. 酵母抽提物在热反应中鲜味的变化及肽的鉴定. 食品科学，2019，40（3）：9-15.

[43] Ho C T，Mussinan C J，Shahidi F，et al. Historical look at the use of isotopic analyses for flavor authentication. Recent Advances in Food and Flavor Chemistry：Food Flavors and Encapsulation，Health Benefits，Analytical Methods，and Molecular Biology of Functional Foods. Royal Society of Chemistry

Publishing，2010，198-199.

［44］ Milo C，Blank I. Quantification of Impact Odorants in Food by Isotope Dilution Assay：Strength and Limitations. ACS Symposium Series，1998，705，250-259.

［45］ 曹学丽 . 高速逆流色谱分离技术及应用 . 北京：化学工业出版社，2005，16-79.

［46］ Ito Y. Golden rules and pitfalls in selecting optimum conditions for high-speed counter-current chromatography. Journal of Chromatography A，2005，1065（2）：145-168.

［47］ Xie J，Wang S，Sun B，et al. Preparative separation and purification of β-caryophyllene from leaf oil of vitex negundo L. var. heterophylla（Franch.）rehd. by high-speed counter-current chromatography. Journal of Liquid Chromatography and Related Technologies，2008，31（17）：2621-2631.

［48］ Xie J，Sun B，Wang S，et al. Isolation and purification of nootkatone from the essential oil of fruits of alpinia oxyphylla miquel by high-speed counter-current chromatography. Food Chemistry，2009，117（2）：375-380.

［49］ Wang S，Xie J，Yang W，et al. Preparative separation and purification of alkylamides from *zanthoxylum* bungeanum maxim by high-speed counter-current chromatography. Journal of Liquid Chromatography and Related Technologies，2011，34（20）：2640-2652.

［50］ Berger T A，Deye J F. Composition and density effects using methanol-carbon dioxide in packed column supercritical fluid chromatography. Analytical Chemistry，1990，62（11）：1181-1185.

［51］ Berger T A. Packed Column SFC. The Royal Society of Chemistry，1995，176 -190.

［52］ Pirkle W H，Brice L J，Terfloth G J. Liquid and subcritical CO_2 separations of enantiomers on a broadly applicable polysiloxane chiral stationary phase. Journal of Chromatography A，1996，753（1）：109-119.

［53］ 谢建春，韩蕙阑，程劼，等 . 超临界 CO_2 流体色谱法分离丁香酚与异丁香酚 . 食品科学，2009，30（24）：213-216.

［54］ Xie J，Cheng J，Han H，et al. Resolution of racemic γ-lactone flavors on Chiralpak AD by packed column supercritical fluid chromatography. Food Chemistry，2011，124（3）：1107-1112.

［55］ Xie J，Han H，Sun L，et al. Resolutionof racemic 3-hydroxy-4，5-dimethyl-2（5H）-furanone（sotolon）by packed column supercritical fluid chromatography. Flavour and Fragrance Journal，2012，27（3）：244-249.

［56］ 孙蕾，韩蕙阑，都荣强，等 . 填充柱超临界流体色谱手性拆分 5-羟基-8-十一碳烯酸-δ-内酯（茉莉内酯）. 精细化工，2013，30（9）：1041-1045.

［57］ 都荣强，肖群飞，范梦蝶，等 . 猪肉蛋白酶解液中鲜味肽组分的分离 . 中国食品学报，2017，17（9）：134-141.

［58］ Yoshimura Y，Goto-Inoue N，Moriyama T，et al. Significant advancement of mass spectrometry imaging for food chemistry. Food Chemistry，2016，210：200-211.

［59］ Greco V，Piras C，Pieroni L，et al. Applications of MALDI-TOF mass spectrometry in clinical proteomics. Expert Review of Proteomics，2018，15（8）：683-696.

［60］ Lin J，Wang Y. Confirmation of Trace Level Aroma-Impact Compounds in Cantaloupe（*Cucumis meloL. var. cantalupensis Naudin*）by GC-MS/MS Analysis. ACS National Meeting Book of Abstracts，2012，1098（12），41-56.

［61］ Dercksen A W，Meijering I，Axcell B. Rapid quantification of flavor-active sulfur compounds in beer. Journal of the American Society of Brewing Chemists，1992，50（3）：93-101.

［62］ Allegrone G，Belliardo F，Cabella P. Comparison of volatile concentrations in hand-squeezed juices of four different lemon varieties. Journal of Agricultural and Food Chemistry，2006，54（5）：1844-1848.

［63］ Ledauphin J，Basset B，Cohen S，et al. Identification of trace volatile compounds in freshly distilled Calvados and Cognac：Carbonyl and sulphur compounds. Journal of Food Composition and Analysis，2006，19 (1)：28-40.

[64] Yan X. Unique selective detectors for gas chromatography：Nitrogen and sulfur chemiluminescence detectors. Journal of Separation Science，2006，29 (12)：1931-1945.

[65] Herszage J，Ebeler S E. Analysis of volatile organic sulfur compounds in wine using headspace solid-phase microextraction gas chromatography with sulfur chemiluminescence detection. American Journal of Enology and Viticulture，2011，62 (1)：1-8.

[66] Ochiai N，Sasamoto K，Macnamara K. Characterization of sulfur compounds in whisky by full evaporation dynamic headspace and selectable one-dimensional/two-dimensional retention time locked gas chromatography-mass spectrometry with simultaneous element-specific detection. Journal of Chromatography A，2012，1270 (24)：296-304.

[67] Fay L B，Blank I，Cerny C. Tandem mass spectrometry in flavor research. Flavour Science，1996，271-276.

[68] 匡敏，张莹，杨芃原，等. 新型离子液体基质用于 MALDI-MS 高效离子化寡糖/糖肽. 化学学报，2013，71：1007-1010.

[69] 张国辉，孙传强，孙运，等. 基质辅助激光解吸/电离质谱质量分析器技术综述. 真空科学与技术学报，2018，38 (8)：667-676.

[70] Su G，Cui C，Zheng L，et al. Isolation and identification of two novel umami and umami-enhancing peptides from peanut hydrolysate by consecutive chromatography and MALDI-TOF/TOF MS，Food Chemistry，2012，135：479-485.

第 3 章

香味样品的制备

　　天然香味中，往往是基质成分含量很高，如食品中的蛋白质、脂类、糖类，植物中的叶绿素、黏液质等，而香味活性成分在痕量水平（10^{-6} 或 10^{-9}），为了去除基质的干扰、提高检测限，满足色谱分析的需要，需对样品进行萃取、浓缩等预分离，该过程也称为样品的制备。

　　香味成分在不同的物料中的分布状态有很大的不同，例如在水果、蔬菜、热反应香精或牛奶中，萃取前，常需进行匀浆、研磨、脱气或杀死酶的活性等处理，这些环节同样会影响分析结果。有研究表明，花生在液氮冷冻下研磨制备的样品要比在室温下研磨制备的样品含有更多的羰基化合物，但含有较少的烷烃类物质。常用的去酶活方法是在物料中加入甲醇匀浆，但这样会使样品被稀释、水性样品体系的极性减小，影响后面的分离。新鲜的水果可用饱和氯化钙溶液去酶活。若是汁液，有时也用瞬时高温加热法去酶活。不管用哪种方法，都应避免样品香味发生变化或引入外来干扰物。

　　不同分析仪器对样品制备的要求不同。气相色谱要求样品中不应含有难气化物质，且要事先干燥除水，以防水蒸气造成非极性固定相的流失、污染质谱检测器或熄灭 FID 的火焰。而反相液相色谱，样品不需除水处理，但需去除叶绿素等亲脂性杂质，以防造成固定相的不可逆吸附。

　　此外，香味样品的制备还应注意以下几点。

　　(1) 全面分析香味构成时，制备的样品应与原样品香味一致，不要人为引入杂质或使任一香味成分发生化学变化。

　　(2) 所用溶剂预先纯化，以防杂质干扰。

　　(3) 硅油或真空脂、消泡剂的使用，会使样品中含有邻苯二甲酸酯或有机硅化合物。

　　(4) 各种样品制备方法均存在优缺点，应采用多个分离方法以弥补单一分离方法的不足。

　　(5) 气味活性化合物具有浓度低、易挥发、易变质的特点，制备的样品应尽早分析，贮存时应低温冷冻、密封，最好再填充惰性气体。

　　香味样品的制备方法很多，有些还处于研究发展中。本书只对常用且较为成熟的进行介绍。

3.1 溶剂萃取

3.1.1 溶剂萃取香味物质的基本原理

溶剂萃取是一种很经典的样品制备技术。溶剂萃取是利用待测组分与样品中的杂质在萃取溶剂与样品中的分配系数的不同进行分离的。常规的液-液萃取法使用分液漏斗进行，萃取率的计算公式如式（3-1）。

$$萃取率 = 1 - \left[\frac{1}{1 + k_D \beta} \right]^n \qquad (3-1)$$

式中，β 为相比 V_o / V_w，V_w 为水相的体积，V_o 为有机溶剂的体积；k_D 为分配系数，在预测萃取率时可用 k_{ow} 油水分配系数（辛醇和水两相溶剂体系测得）代替，n 为萃取次数。可以看出，分配系数越大，相比越高时，萃取率就越高，采用"少量溶剂多次萃取"的萃取率要高于"大量溶剂一次萃取"。

表 3-1 列出了一些典型香味化合物的 k_{ow} 值及其对数 $\lg P$ 值。香味化合物一般是弱极性、强亲脂性分子，多数化合物的 k_{ow} 值较大，采用溶剂萃取能获得较高的回收率。但是，由于甘三酯、磷脂、腊、脂溶性维生素等基质成分也是亲脂性的，在溶剂萃取过程中，这些化合物常与香味成分一同被萃取出来。因此，油溶性的物料最好不用溶剂萃取法制备香味样品。

表 3-1 典型香味化合物的油水分配系数

化合物	k_{ow}[①]	$\lg P$	化合物	k_{ow}[①]	$\lg P$
2,3-丁二酮	0.046	−1.34	1-甲基吡咯	26.9	1.43
乙醇	0.72	−0.14	苯酚	32.4	1.51
糠醇	2.81	0.45	己醛	63.1	1.80
2-乙酰基吡啶	3.09	0.49	二甲基三硫醚	74.1	1.87
丙酸	3.80	0.58	苯并噻唑	148	2.17
2-戊酮	5.62	0.75	1-辛烯-3-酮	234	2.37
2-乙酰基呋喃	6.30	0.80	4-乙基愈创木酚	240	2.38
糠醛	6.76	0.83	1-戊硫醇	468	2.67
乙酸乙酯	7.24	0.86	丁香酚	537	2.73
二甲基硫醚	8.31	0.92	2,4-葵二烯醛	2138	3.33
2,6-二甲基吡嗪	10.7	1.03	茴香脑	2455	3.39
丁酸	11.7	1.07	葵酸乙酯	6465	4.79
乙硫醇	18.6	1.27	柠檬烯	6761	4.83

① k_{ow}，油水分配系数是指溶质在辛醇中的浓度与溶质在水中的浓度的比值；$\lg P = \lg k_{ow}$。

3.1.2 萃取香味物质的溶剂

对于 k_{ow} 值范围很宽的多组分样品体系，溶剂萃取时，各组分的萃取率会有很大差别，得到的萃取物很难与原物料的香味组成一致。例如，含等量丁香酚和双乙酰的 1L 水溶液，用 100mL 有机溶剂萃取一次，通过式（3-1）计算，萃取后的水相中含有 95.5％的双乙酰，但丁香酚只占 4.1％。另外，同一个化合物用不同的溶剂萃取，萃取率也会存在较大的差别。表 3-2 比较了丁酸乙酯等九个香味化合物溶于 12％乙醇水溶液中，用二氯甲烷等三种溶剂萃取，所得的萃取率。

表 3-2　比较不同溶剂对几个典型香味化合物的萃取率[①]

香味化合物	萃取率/%		
	二氯甲烷	乙醚	异戊烷
丁酸乙酯	43	—	16
2-甲基-1-丙醇	55	22	32
3-甲基-1-丁醇	66	50	48
1-己醇	67	23	38
苯甲醛	54	18	20
乙酰丙酮	41	34	20
甲酸苄酯	56	21	25
丁酸 2-苯乙酯	48	25	17
邻氨基苯甲酸甲酯	59	57	27

① 原始样品溶液 757mL，分液漏斗间歇式萃取，萃取 6 次，每次用溶剂 50mL。

为了使萃取物的化学组成与原样品的香味组成相似，选用的溶剂要尽量有利于多种香味化合物的萃取，且没有气味干扰、沸点较低便于萃取后除去。表 3-3 列出了适于萃取香味物质的溶剂，最常用的是二氯甲烷、戊烷/乙醚。超临界二氧化碳或超临界氮气的极性也很适合，该部分内容将在本章 3.8.1 部分进行介绍。

表 3-3　适于萃取香味物质的溶剂

溶剂	沸点/℃	特点	溶剂	沸点/℃	特点
二氯甲烷	45	不溶于水/比水重	己烷	69	不溶于水/比水轻
戊烷/乙醚	35	溶于水/比水轻	乙醇	78	与水互溶
Freons(氟代烃混合物)	<45	不溶于水/比水重	丙酮	56	与水互溶

3.1.3　萃取方式及装置

当样品为液态时，称为液-液萃取，而样品为固态时，称为液-固萃取。水性液体样品的萃取，如牛奶、水果或蔬菜中香味物质的萃取，可用分液漏斗或烧杯等其它玻璃仪器完成，但是在油层与水层分离时常会出现乳化现象，这时可用离心或加入饱和食盐水稀释的方法破乳并加快分层。另外，萃取前，常加入无机盐（如氯化钠），利用盐析作用提高萃取效率。

固体样品可直接萃取，也可以将样品溶于水后再萃取。直接萃取，可采用溶剂静态浸渍方式，也可采取搅拌方式。对于黏稠的或处于包埋状态的材料（如胶囊），为了有利于扩散，可先制备成水的浆液，然后再用溶剂萃取。

溶剂萃取可采用分液漏斗等简单的玻璃仪器手动间歇式进行，也可用萃取装置或萃取仪器进行。

3.1.3.1　索氏提取（Soxhlet extraction）

图 3-1 为索氏提取的经典装置（a）及改进装置（b）、（c）。索氏提取属于连续溶剂萃取，适于固体、半固体或黏稠的样品。常用的萃取溶剂为二氯甲烷或乙醚。萃取物料放在一个有孔的套筒（常用滤纸筒）中，在加热时低沸点溶剂回流并连续穿过套筒内的物料进行萃取，萃取一定时间后，将烧瓶内溶液浓缩除去溶剂，即得萃取物。萃取物中常包含脂类、植物色素成分，如果这些成分的含量较低，可直接在气相色谱上进样分析，但若这些成分含量较高，应采用水蒸气蒸馏或高真空蒸馏方法除去，然后再用气相色谱分析。对于半固体或黏稠的样品，需先与惰性载体如硅藻土或硫酸钠、硫酸镁混合，使水被吸收，让样品变成固体后，再放入滤纸筒中进行萃取。

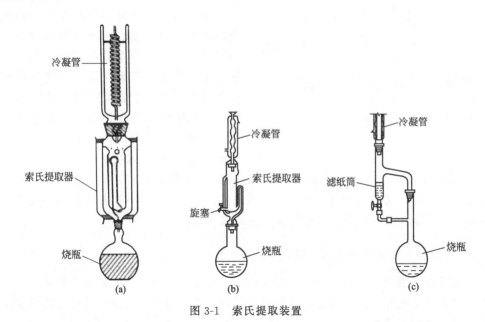

图 3-1　索氏提取装置

索式提取的装置简单、萃取效率高、溶剂用量小，但是一些热敏感性成分会被破坏，萃取物中常含有非挥发性物质尤其是脂溶性成分。

3.1.3.2　连续液-液萃取

图 3-2 为一种连续的液-液萃取装置。当使用比水重的有机溶剂（如二氯甲烷）时，溶剂在烧瓶中加热至沸后，蒸汽将上升到冷凝管被冷凝，冷凝液掉入并穿过萃取管的样品进行萃取，带有萃取物的溶剂从底边返回到烧瓶中，如此完成连续的萃取过程。当使用比水轻的有机溶剂萃取时，需将溶剂返回管去掉，用旋塞将接口堵住，再将一端带有玻璃筛板的漏斗管放进萃取器中。此时，放入样品和溶剂后，烧瓶内溶剂的蒸汽冷凝后将掉入漏斗并靠静压差通过玻璃筛板，因溶剂的比重小，它

将穿过液体样品并上升到萃取管内液面的上沿，溢出返回烧瓶中。如果将玻璃微珠填入萃取管内，还可以减小萃取体积，给萃取溶剂提供曲折的路径，增大液-液接触面积，提高萃取效率。

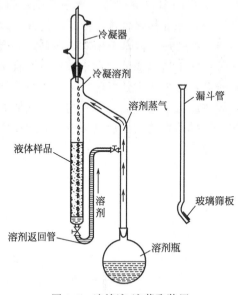

图 3-2　连续液-液萃取装置

3.1.3.3　加速溶剂萃取（ASE）

加速溶剂萃取（accelerated solvent extraction，ASE）适于固体、半固体样品的萃取。ASE 通过提高温度和增加压力来进行萃取，减少了物料基质的影响，增加了溶剂的溶解能力，提高了萃取效率。

图 3-3 为加速溶剂萃取装置。在这个装置中，样品密封在耐压力的管子中（萃取池），管子顶端放上溶剂，在加温和加压下萃取。萃取完毕，用氮气吹扫将萃取物赶到一个收集瓶中。使用 ASE 时，半固体样品也要用载体混合制备成固体后才能进行萃取。常用的溶剂可为甲醇、异丙醇、己烷、水。

ASE 萃取的优点是溶剂用量小、萃取时间短，有时 15min 即萃取完毕。但是萃取温度高时，沸点低的挥发性成分会被损失掉；另外，萃取物从样品瓶去收集瓶过程中，萃取液某些成分可能会沉淀出来堵塞管路。

3.1.3.4　微波辅助提取（MAE）

微波辅助提取（microwave assisted extraction，MAE），又称微波萃取，是指使用适合的溶剂在微波反应器中进行溶剂萃取，萃取过程可自动化进行，并可实现多个样品的同时萃取。

传统的热萃取是以热传导、热辐射等方式由外向里进行，而微波萃取是通过偶极子旋转和离子传导两种方式里外同时加热进行萃取，具有萃取效率高、萃取时间短（十几～几十分钟）、重现性好、适于热敏性物质的萃取、溶剂用量小、有选择性、能耗低等诸多的优点。但萃取效率受微波功率和频率、溶剂、物料的基体等多因素的影响，需要精心优化工艺

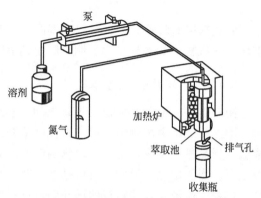

图 3-3　加速溶剂萃取装置

参数。

3.1.3.5　超声辅助萃取

超声辅助萃取，又称超声波萃取或超声萃取，是指用适合的溶剂在超声波提取器中进行溶剂萃取，一般不需加热，萃取过程可自动化进行，并可实现连续萃取。

超声波是一种弹性机械振动波，它的萃取原理是利用超声波辐射产生的空化效应、机械效应、热效应三大效应，及扰动、乳化、扩散、击碎、搅拌、凝聚等次级效应，使物料分子的运动频率和速度增加、溶剂的穿透力增强，从而加速萃取物的快速溶解扩散。超声萃取具有萃取效率高、萃取时间短（十几～几十分钟）、重现性好，溶剂用量小，适于热敏性物质萃取，操作简单，运行成本低，萃取物杂质少易于分离、纯化等诸多优点。但有些设备在萃取时会有较大的超声波噪声，萃取效率受温度、溶剂、时间、物料的基体、超声波频率和强度等工艺参数的影响较大，选择的参数不当，不能获得预期的萃取效果。

3.1.4　萃取液的干燥、浓缩

为了避免对色谱分析的干扰，溶剂萃取后所得的萃取液中含有水分时，需要使用干燥剂处理，常用的干燥剂是无水硫酸钠或硫酸镁，干燥完毕后，再把干燥剂过滤掉。

萃取液中的分析物浓度一般很低，浓缩除去溶剂后才能进样分析。浓缩时，可先用 Vigreux 柱、旋转蒸发或 Kuderna-Danish 浓缩器浓缩到 10～15mL，然后再用小股氮气吹到 1～2mL 或更低。浓缩过程中，一定要非常小心，若温度过高、真空度过低、氮气流量过大都会使挥发性成分损失掉。

3.1.5　色谱分析前的处理

有时为去除高沸点、非挥发性的组分，如食品中的脂肪及抗氧化剂苯甲酸和山梨酸，还要将浓缩液再进行冷冻，然后取上层清液进样分析，以完全消除对色谱分析的干扰。也可在进样口和色谱柱之间装上硅胶去活化保护柱或一小段常规色谱柱，一旦保护柱脏了，可以更换掉。

从天然香味材料中得到的萃取物往往非常复杂，气相色谱分析时经常存在很多的共流出峰，在 GC-O（气相色谱-嗅觉探测仪，参见第 4 章）分析中表现在鼻子闻出多种气味，但色谱图上只出现一个峰，造成香味成分鉴定上的困难。此时，如果条件允许，可借助于多维气相色谱（GC/GC）进行分析。此外，也常采用将萃取物粗分的方法进行解决，例如，将萃取物用稀酸、稀碱、亚硫酸氢钠或者 2,4-二硝基苯肼洗涤，分成酸性、碱性或羰基化合物组分。但要慎用柱色谱分离，因为这种方法是很烦琐费时的，往往操作步骤多，挥发性成分的损失大。

3.1.6 溶剂萃取的优缺点

（1）优点 操作简单；回收率较高，在所有分离方法中最具有定量分析价值。
（2）缺点 样品用量大；萃取液浓缩过程中一些沸点低的挥发性成分会损失掉；有些高沸点、非挥发性的亲脂性色素类成分也可被萃取出来，对后来的色谱分析有干扰；萃取过程可能出现乳化现象；低沸点挥发性成分的色谱峰可能被溶剂峰遮盖。

3.2 同时蒸馏萃取（SDE）

3.2.1 概述

同时蒸馏萃取（simultaneous distillation and extraction，SDE），是香味分析中应用较广范的样品制备技术，它具有将水蒸气蒸馏与溶剂萃取合二为一的优点，直接得到有机溶剂的萃取液，萃取液浓缩后得挥发性成分混合物。同时蒸馏萃取也称为 Likens-Nickerson 蒸馏，早期 Likens 和 Nickerson 曾用此装置研究啤酒花精油成分及马铃薯片、蔬菜及禽肉产品的挥发性成分。

图 3-4(a)所示是 SDE 的常见装置，在盛有蒸馏水的较大的圆底烧瓶中放物料，为了防止暴沸，瓶子上可装有电动搅拌器，如果物料疏松分散得较好，也可不用搅拌器。较小的烧瓶中盛有溶剂（常为二氯甲烷）。两个瓶子同时加热，样品瓶100℃、溶剂瓶45℃（二氯甲烷）时到达沸点，携带挥发性成分的水蒸气和溶剂蒸气在装置的两翼上升，在位于中间的夹套冷凝部位汇聚并形成冷凝液，在中间的弯管处冷凝液的水相和含挥发性成分的有机溶剂相分层，水相回到样品瓶，有机相进入溶剂瓶，萃取完毕，取下溶剂瓶即得萃取液。经无水硫酸钠干燥、浓缩后，可直接气相色谱上分析。

在 SDE 的使用中还有许多改进了的装置。Groenen 等为了能用密度大于水的溶剂二氯甲烷萃取，将装置改进为图 3-4(b)所示，右侧使用 Vigreux 柱可增加溶剂分子的转换效率。Maarse 和 Kepner 将装置改进为图 3-4(c)所示，水蒸气上升一侧加上夹套，是为了避免含挥发性成分的水蒸气在未到达冷凝管前回流进入样品瓶，在中间冷凝管上方加干冰冷冻装置，是为了使低沸点的挥发性成分更充分地冷凝。Romer 和 Renner 将装置改进为图 3-4(d)所示，外加了水蒸气发生器，用蒸汽间接加热样品瓶，以防止直接加热造成的更多的副反应。

同时蒸馏萃取也可在近于室温的条件下以减压的方式进行。但减压同时蒸馏萃取，很难控制压力平衡使溶剂瓶和样品瓶同时沸腾，并让低沸点的溶剂不损失掉。

SDE 中较为适合的萃取溶剂为己烷、乙醚和二氯甲烷。因烷烃类溶剂对水溶性香味成分的萃取率较低，而乙醚却对这些成分的萃取率较高，在 SDE 制备香味

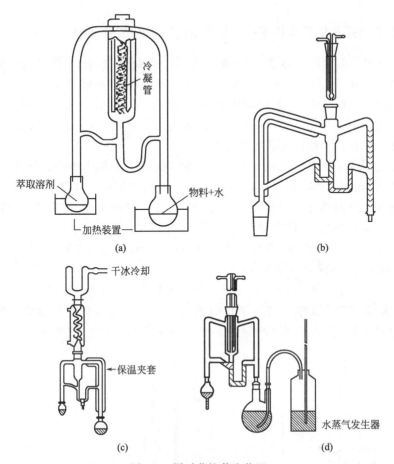

图 3-4 同时蒸馏萃取装置

样品时，乙醚/己烷或乙醚/戊烷混合溶剂应用得较多。萃取时间依具体的物料而定，一般 2~4h。时间较短时，萃取得不充分，回收率低；时间较长时，热敏性成分发生化学变化的可能性大。

3.2.2 同时蒸馏萃取的优缺点

（1）优点　对于中等至高沸点的成分萃取回收率较高，萃取液中无非挥发性成分，气相色谱分析时不会污染色谱柱及色谱管路；在连续萃取过程中，香味成分被浓缩，可把物料中的痕量挥发性成分分离出来。

（2）缺点　样品用量大；强极性或亲水性成分如酸性、醇溶性成分萃取效率很低，在萃取液中极少出现；萃取液具有煮熟味，不适于未经热加工的或新鲜植物性材料如鲜花、水果、蔬菜的香味分离。易于出现氧化、水解等热降解反应，引入新的干扰物；与溶剂萃取法比，萃取回收率变化较大，不适于定量分析；有些物料在蒸馏过程中有泡沫，使用消泡剂时会引入有机硅杂质。

3.2.3 SDE 的应用实例——荔枝皮的挥发性成分分析

（1）同时蒸馏萃取　称量 200g 粉碎的荔枝皮置于 1000mL 圆底烧瓶中，加入二次蒸馏水 600mL。将 100mL 二氯甲烷倒入 250mL 圆底烧瓶中。物料侧用油浴加热，浴温控制在 130℃，溶剂侧用水浴加热，浴温控制在 50℃。待两侧回流时开始计时，共用 4h。萃取完毕，萃取液用无水硫酸钠干燥，Vigreux 柱浓缩，得油状液体，具有甜香、木香、水果香香气特征。

（2）气-质联机分析　Saturn 2000 GC-MS 联用仪（美国 Varian 公司）。色谱柱 DM-35MS 30m×0.25mm×0.25μm 进样口温度 280℃；载气为氦气，流速为 1.0mL/min；柱温程序：起始 40℃，以 10℃/min 速率升温至 140℃，再以 5℃/min 速率升温至 280℃；进样量 0.1μL，不分流进样。

70eV 电子轰击离子源，离子阱温度 150℃，传输线温度 250℃，质量扫描范围 40～450amu，溶剂延迟时间 3min。

（3）分析结果　图 3-5 是 GC-MS 总离子流色谱图。采用 NIST02 质谱库检索、人工谱图解析并结合文献，共鉴定出 61 种成分，主要是萜烯类化合物，含量较高的为 β-愈创木烯、β-月桂烯、柠檬烯、依兰油烯、α-柏木烯、丁香烯。

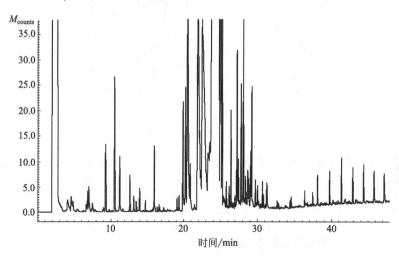

图 3-5　同时蒸馏萃取/气-质联机分析鲜荔枝皮的挥发性成分总离子流色谱图

3.3　溶剂辅助蒸发（SAFE）

3.3.1　概述

溶剂辅助蒸发（solvent assisted flavour evaporation，SAFE），1999 年由 W. Engel 等发明设计，由一套小巧的蒸馏单元和一个高真空泵组成（图 3-6）。蒸

馏单元包括物料漏斗、物料烧瓶、馏出液收集瓶、一级冷阱、二级冷阱。二级冷阱
与高真空泵相连，可防止真空泵被污染。

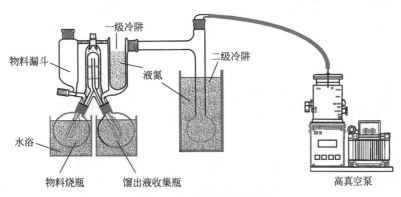

图 3-6　溶剂辅助蒸发装置

SAFE 装置常用于除去溶剂萃取所得萃取物中的含高沸点或难挥发性成分，便
于气相色谱检测。SAFE 也可作为一种高真空蒸馏技术单独使用，用于纯油脂（脂
肪或油）、含脂肪的食物（如奶酪）或含水的食物（如水果）的香味分离。由于
SAFE 是在低温、高真空下进行蒸馏，馏出液通过液氮冷冻收集，因此，得到的产
物既没有"煮熟"味，也不含高沸点的色素成分。

纯的油脂中不含水，SAFE 蒸馏后不需要后续处理。但对于含水物料，因水会
与挥发性成分在真空下形成共沸，冷阱冷凝后，收集到的蒸馏液中水占大部分，需
经溶剂萃取、干燥、浓缩等处理才能得到挥发性油状液体，这些后来的操作都会造
成某些成分的丢失。

3.3.2　溶剂辅助蒸发的优缺点

（1）优点　回收率高于传统的高真空装置；可萃取出较大比例的极性挥发性物
质；可从油溶性物料中萃取出更多的气味活性物质；蒸馏的温度接近常温，适于分
离新鲜物料如水果、蔬菜的香味，萃取物的香气自然逼真。极性和易于变质的香味
物质的定量准确性较好。

（2）缺点　装置比较复杂，清洗麻烦；对高脂肪含量物料，萃取物的挥发性组
成与原物料可能存在差别；含水样品的分离步骤多，效率低。

3.3.3　SAFE 的应用及与 SDE 的比较

图 3-7 是一种软饮料用 SAFE 处理后的气-质联机分析总离子流色谱图。处理
过程：先用 SAFE 装置蒸馏，馏出液用乙醚/戊烷（1∶1）萃取，萃取液浓缩，再

气-质联机分析。色谱柱 DB-WAX 30m×0.25mm×0.25μm；柱温程序：起始温度 60℃，以 3℃/min 升温至 230℃。实验过程中发现，SAFE 装置收集的馏出液具有典型的柠檬精油香气特征。

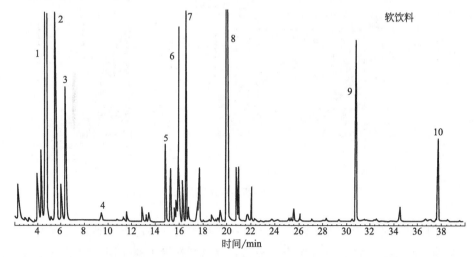

图 3-7　一种软饮料的 SAFE/GC-MS 总离子流色谱图

1—柠檬烯；2—γ-萜品烯；3—α-松油烯；4—壬醛；5—芳樟醇；
6—莰醇；7—1-萜品烯-4-醇；8—α-松油醇；9—肉桂醛；10—肉豆蔻醚

　　将奶酪分别用 SAFE 和 SDE 处理，得到的产物先用盐酸溶液洗涤除去含氮的碱性成分，再用无水碳酸钠溶液洗涤除去酸性成分，最后得到的中性部分气-质联机分析，总离子流色谱图见图 3-8。SAFE 处理过程：奶酪在液氮中冷冻后，搅碎，加入乙醚搅拌 18h，乙醚液用无水硫酸钠干燥，Vigreux 柱浓缩，浓缩液再进行 SAFE 高真空蒸馏。

　　由图 3-8 可以看出，在挥发性物质的种类及含量上，SAFE 与 SDE 的分析结果有较大的差别。因 SDE 操作条件较为剧烈，在色谱区（47～65min）中鉴定出较多的加热过程中变质的成分。另外，光谱分析发现，在 SAFE 馏出液的酸性组分中，含有更多的 2,5-二甲基-3(2H)-呋喃酮、4-羟基-5-甲基-3(2H)-呋喃酮和 5-乙基-4-羟基-2-甲基-3(2H)-呋喃酮等化合物，表明在萃取极性香味物质上 SAFE 比 SDE 更具有优势。

　　图 3-9 为分别用 SAFE 和 SDE 处理洗衣粉样品，再气-质联机分析的总离子流色谱图。SAFE 处理过程：先用乙醚/戊烷（1：1）萃取，萃取液浓缩后再用 SAFE 装置高真空蒸馏。可以看出，尽管 SDE 对许多挥发性物质都具有较高的萃取率，但因存在着加热水解反应，酯类物质的萃取率远低于 SAFE 方法，并在气-质联机分析中发现许多来源于酯类水解的脂肪醇类化合物。

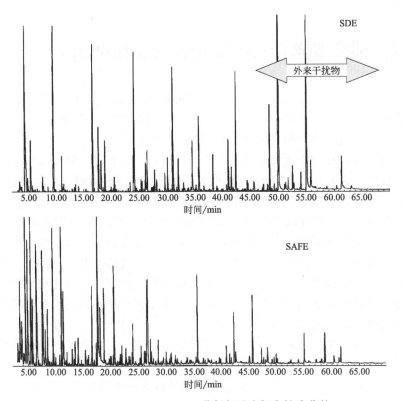

图 3-8　用 SDE 和 SAFE 分析奶酪中挥发性成分的
GC-MS 总离子流色谱图比较

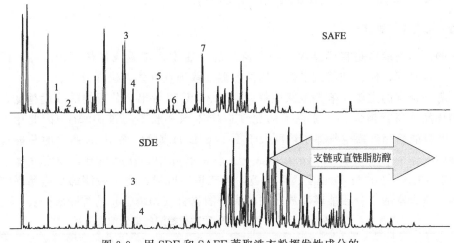

图 3-9　用 SDE 和 SAFE 萃取洗衣粉挥发性成分的
GC-MS 分析总离子流色谱图比较

1—乙酸异戊二烯（间）酯；2—顺-乙酸 3-己烯酯；3—顺-乙酸 2-叔丁基环己酯；4—反式-乙酸 2-叔丁基环己酯；
5—乙酸-1-苯乙酯；6—乙酸香叶醇酯；7—乙酸三环己烯酯

3.4　顶空取样（headspace sampling）

在密封的容器中，挥发性成分处于样品的顶部空间，可直接进行取样和检测。顶空取样的优点是简单、快捷、无溶剂、人为干扰物少、样品用量小、可自动化。在广泛意义上，适于所有物料的挥发性成分取样分析。

由于顶空取样有利于低沸点的强挥发性成分，不存在其它制样方法中的低沸点成分"跑掉"的现象，也不会出现溶剂的色谱峰遮掩低沸点成分峰的现象，因此，顶空取样常与溶剂萃取等其它香味制样技术形成互补。

顶空取样一般不适于定量分析。顶空取样的分析数据只是代表顶空气体的组成，不能代表实际样品的挥发性组成，因挥发成分在顶空气体中的浓度与样品体系的性质、温度、样品体积等多种因素有关，若搞清这些关联性，需要大量的实验研究。另外，顶空取样中，为了促进挥发性成分扩散到顶空，常往水溶性样品中加入无机盐，但盐析对不同结构的挥发性成分的作用大小是不同的，盐析后会导致顶空气体的组成与样品的原始状态不一致。

顶空取样常用于产品的质量控制，此时只检测到与产品质量密切相关的几个含量高的成分，但这些化合物并不能代表产品的挥发性构成。例如，通过检测 2-甲基丙醛和 2-（或 3-）甲基丁醛的含量，监测马铃薯粉的非酶褐变；通过检测食用油中己醛的含量，监测食用油的氧化变质。

3.4.1　静态顶空（static headspace）

3.4.1.1　概述

静态顶空取样是将样品放在一个密封的小瓶中，常温或加热下，搅拌（或振荡）一定时间，使达到气液平衡，用注射器抽取顶空气体，进样分析。

静态顶空的主要缺陷是敏感性差。由表 3-4 可以看出，分析物的浓度越低，需要的样品体积就越大。气相色谱的允许进样体积一般不超过 10mL，因此用 GC-FID 时只能检测到顶空气体中浓度大于 10^{-7} g/L 的成分，而用 GC-MS 时只能检测到顶空气体中浓度大于 10^{-5} g/L 的成分。食品香味中，样品组分在顶空气体的浓度一般 $10^{-10} \sim 10^{-4}$ g/L 或更低，因此，静态顶空取样，适于检测的是样品顶空中那些含量丰富的成分或能够释放较浓的头香的物料（如鲜花）的香味成分。

表 3-4　样品体积与气相色谱或气-质联机检测的最低浓度关系

样品体积	GC-FID 检测最低浓度/(g/L)	GC-MS 检测最低浓度/(g/L)
1mL	$10^{-6} \sim 10^{-5}$	$10^{-4} \sim 10^{-3}$
10mL	$10^{-7} \sim 10^{-6}$	$10^{-5} \sim 10^{-4}$
100mL	$10^{-8} \sim 10^{-7}$	$10^{-6} \sim 10^{-5}$
1L	$10^{-9} \sim 10^{-8}$	$10^{-7} \sim 10^{-6}$

续表

样品体积	GC-FID 检测最低浓度/(g/L)	GC-MS 检测最低浓度/(g/L)
10L	$10^{-10} \sim 10^{-9}$	$10^{-8} \sim 10^{-7}$
100L	$10^{-11} \sim 10^{-10}$	$10^{-9} \sim 10^{-8}$
1m³	$10^{-12} \sim 10^{-11}$	$10^{-10} \sim 10^{-9}$

静态顶空时，因顶空气体中的水气含量一般较低，样品中的水对气相色谱分析的影响常被忽略，但若是水溶液样品，顶空气体中水蒸气的含量有时会较高，从而干扰气相色谱的正常检测，特别是采用"冷冻聚焦"技术时。此时，可在色谱柱前连接除水装置，如一段装有氯化钙或硫酸钠等吸附剂的短柱，但要避免被测组分也被吸附。

在自动化静态顶空时，进样阀和传输线温度一般稍高于样品温度以免挥发性物质冷凝，但过高的温度会因为气体的膨胀，导致进入定量管的样品的相对浓度变小，使分析灵敏度降低。

3.4.1.2　静态顶空取样的优缺点

（1）优点　不使用溶剂、无环境污染、节约费用、低沸点成分的谱峰不受溶剂峰的干扰。使用自动化装置，简单、快速，可一次性处理多个样品。

（2）缺点　适于分析挥发性强的成分，对挥发性弱的成分敏感性差。顶空气体的组成受平衡温度、平衡时间、样品瓶体积、基质效应等多个因素的影响。灵敏性差、浓度较低的挥发性成分，仪器无法检测到。

3.4.1.3　静态顶空取样的影响因素

（1）样品性质　在一定条件下，达到平衡时，液体和固体样品中存在着气-液或气-固两相，甚至气-液-固三相。顶空气体中各组分的含量与它们各自的挥发度有关，又与样品的基质有关。待测组分在气相和样品中的浓度的比值，称为分配系数（K）。一般，挥发度较小或在样品基质中溶解度较大的组分，分配系数较小，"基质效应"大，达到相平衡时，在顶空气体中的浓度较低。

实际应用中，常用如下方法减弱基质效应并增大分配系数。

① 盐析作用。在样品体系中加入无机盐（如氯化钠），可使挥发性组分在样品中的溶解度减小，从而增大其分配系数。加入盐量的多少，应根据待测组分的性质确定。一般而言，盐析作用对极性组分的影响远大于对非极性组分的影响。

② 样品中加入水。多数挥发性组分是亲脂性的，在样品中加入水，挥发性组分在样品中的溶解度降低，从而有利于向顶空中扩散。比如，测定聚合物中的 2-乙基己基丙烯酸酯残留量时，样品溶于二甲基乙酰胺（有机溶剂）中，然后加入水，分析灵敏度可提高数百倍。

③ 调节溶液的 pH。对于弱碱性组分和弱酸性挥发性组分，通过调节样品体系的 pH，使这些组分以非电离形式存在，从而可增大它们在气相中的浓度，提高分

析的灵敏度。

（2）样品体积　样品的体积对分析结果有影响，因为它与相比 β（样品体积与顶空体积的比值）直接相关。一般，样品体积增大，检测的灵敏度增加，但样品体积的影响还要依待测组分的性质来定。分配系数较大的组分，受样品体积的影响较为敏感，而分配系数较小的组分，样品体积的影响较小。例如，水溶液中的二氧六环和环己烷，用 20mL 的样品瓶在 60℃ 平衡，当样品量由 1mL 变为 5mL 时，二氧六环的分析灵敏度只提高了 1.3%，而环己烷却提高了 452%。因此，在平行实验时，应尽量保持各份样品的体积一致，分析结果才能具有较好的重现性。

此外，样品体积的大小还受样品量和样品瓶容积的限制。样品体积的上限是充满样品瓶容积的 80%，实际分析时常采用样品瓶容积的 50% 为样品体积。

（3）平衡温度　一般来说，温度越高，蒸气压越高，顶空气体的浓度越高，分配系数越大，分析灵敏度就越高。但温度的提高只是对分配系数较小的组分影响较大。由表 3-5 可知，温度的增加明显提高 1,4-二氧六环的灵敏度，但对三氯乙烯和苯这两种物质的影响很小。

表 3-5　不同温度下水溶液中苯、二氯乙烯、
二氧六环的静态顶空/气相色谱分析结果

温度/℃	各组分的峰面积		
	苯	二氯乙烯	二氧六环
50	1468070	127741	2454
60	1594045	136013	3909
70	1516439	119456	6806
80	1331058	106941	7875

此外，温度高可使平衡时间缩短。但香味分析中，在满足灵敏度的条件下，常选择较低的平衡温度，以防止某些组分的分解和氧化（样品瓶中有空气）。此外，若温度较高，会造成顶空瓶内的压力过大，引起顶空瓶或仪器系统的漏气。

（4）平衡时间　静态顶空时，样品瓶内达到相平衡时，才能取样分析。样品的平衡时间往往比 GC 分析时间长，缩短平衡时间是提高样品分析速度的关键。

本质上，平衡时间取决于被测组分从样品基质扩散到气相中的速度。分子的扩散系数越大，所需的平衡时间越短。扩散系数与分子结构、介质黏度及温度有关。温度较高时，样品黏度较低，扩散系数越大，平衡时间较短。采用搅拌技术，机械搅拌或者是电磁搅拌也可缩短平衡时间。实验证明，对于分配系数小，在样品基质中溶解度大的样品，通过搅拌方法可使平衡时间缩短一半以上。但对于分配系数大的样品，影响相对小得多。

平衡时间还与样品的体积有关。体积越大，所需的平衡时间越长。而样品体积又与分析灵敏度有关，对于分配系数小的组分，若通过增大样品体积提高分析灵敏度，所需平衡时间就相应增加。对于分配系数大的组分，用小的样品体积时就可获得较高的灵敏度，因而平衡时间较短。

固体样品比液体样品所需的平衡时间长。除了提高温度外，常用减小固体颗粒

的粒径、增大比表面的方法缩短平衡时间。此时，用冷冻粉碎技术较好，因一般的粉碎方法会使样品发热，挥发性组分丢失。此外，将固体样品溶解在适当的溶剂中或用溶剂浸润固体样品，也可以减小固体表面对待测物的吸附作用，缩短平衡时间。但样品稀释后，会降低检测的灵敏度。

不同样品的平衡时间差别较大，样品的平衡时间可通过实验进行测定。实验方法如下：固定其它条件（温度、样品瓶体积、样品量、搅拌等）制备几份相同的样品，按不同时间间隔顶空取样进行气相色谱分析。开始时，气相色谱的总峰面积随着取样时间的延长而增大，当到达一定时间时，取样时间的变化对气相色谱的总峰面积影响较小，表明顶空瓶中达到了相平衡，此时的取样时间即为平衡时间。由表3-6所示，取样时间达到 25min 以后，苯、二氯乙烯、二氧六环的峰面积基本不变，因而它们的顶空分析平衡时间为 25min。

表 3-6　不同取样时间水溶液中苯、二氯乙烯、
二氧六环的静态顶空/气相色谱分析结果

取样时间/min	各组分的峰面积		
	苯	二氯乙烯	二氧六环
5	931615	90132	2228
15	1002743	95580	2382
25	1063889	96719	2437
35	1041154	93831	2515

（5）样品瓶　对样品瓶的要求是体积准确、能承受一定的压力、密封性良好、对样品无吸附作用。过去，人们曾用可密封的普通玻璃瓶，但现在大都用标准化的硼硅玻璃制成的顶空样品瓶，容积 5～22mL，其惰性满足绝大部分样品的分析。自动化顶空分析的样品瓶是专用的，一般不能用其它样品瓶代替。

市售样品瓶的体积有 5～22mL 多种，具体选用哪种，一要根据分析要求（如仪器的灵敏度、进样量、柱容量），二要看样品情况（如待测组分的浓度范围）。因为分析灵敏度取决于待测组分在顶空气体中的浓度，或者说取决于相比 β，而不是样品量，所以，采用大体积样品瓶，如果 β 不变，分析灵敏度也不会改善。液体样品多用 10mL 左右的瓶子就能满足要求，固体样品，为了更能保证样品的代表性和精度，样品量可大一些，所以样品瓶也稍大。

待测组分浓度较低时，若通过增大进样体积提高灵敏度，也应使用较大的样品瓶。填充柱、大口径柱或毛细管柱分流进样时，进样体积一般为 0.5～2mL，这时样品瓶体积应稍大些。而用毛细管柱不分流进样时，进样体积往往不会超过 0.5mL，小体积的样品瓶就足以满足要求。

标准顶空瓶的密封盖由塑料或金属盖加密封垫组成。密封盖有可多次使用的螺旋盖和一次使用的压盖两种。现代自动化仪器多采用一次性使用的铝质压盖，使用压盖器压紧后可以保证密封性能。

表 3-7 列出了适于顶空瓶使用的各种密封垫的特性。密封垫的材料主要有三种，即硅橡胶、丁基橡胶和氟橡胶。硅橡胶垫耐高温性能好，丁基橡胶垫价格低，氟橡胶垫惰性好。密封垫的选用要看分析条件（温度）和样品情况而定。常规分析可用价格低的丁基橡胶垫，痕量分析则最好用内衬聚四氟乙烯或铝的密封垫，以防止对样品组分的吸附。密封垫应热稳定性好，在样品分析时不会释放出低沸点的污染物，必要时，可通过空白分析来检验密封垫的挥发物干扰情况。

表 3-7　顶空瓶各种密封垫的特性

类型	使用最高温度/℃	化学惰性	价格
丁基橡胶垫	100	差	低
加氟丁基橡胶垫	100	良	中
加铝硅橡胶垫	120	良	中
内衬聚四氟乙烯的加铝硅橡胶垫	200	良	高
加氟硅橡胶垫	210	差	低

3.4.1.4　静态顶空在香味分析中的应用

（1）概述　静态顶空取样，是将适量样品密封在留有一定空间的容器中，在一定温度下放置一段时间，使气液（或气固）两相达到平衡，然后取容器上方的气相进行分析。该法具有适用性广和易清洗的优点，但因灵敏度低，多用于样品中沸点在 200℃以下且含量不是较低的待测组分的分析。此时，简便、快速、较少的进样量就可满足分析的需要。

Bolanda 等用静态顶空分析法测定了果胶和动物胶中草莓香味化合物的气/胶分配系数。Chalier 等用静态顶空研究了全部甘露糖蛋白和分离后的甘露糖蛋白中 4 种芳香化合物之间的相互作用。Jorge L 等通过静态顶空/气相色谱分析了 20 种市售婴儿奶粉在开罐后，丙醛、戊醛和庚醛的含量随 C18：2n－6 和 C18：3n－3 不饱和脂肪酸的含量变化情况。Helmut Guth 等为了比较乳蛋糕和奶粉在油-水模型体系中的气味特征，通过静态顶空/气相色谱分析了所含的 γ-和 δ-辛内酯、γ-和 δ-壬内酯、γ-和 δ-癸内酯、己酸乙酯、3-甲基-1-丁醇、2-苯基乙醇等香味成分。Ana I. Carrapiso 采取静态顶空技术，研究了脂肪含量对腊肠香味的影响，得出脂肪对生腊肠香味的贡献大于煮熟后腊肠的结论。Castillo 等采用静态顶空技术结合 GC-MS 有效地研究干酪中脂质降解产物的变化情况。胡建等采用自动静态顶空/气相色谱研究了黄酒中醇类、酯类、醛类和酸类香味成分在发酵过程中的各自特殊的变化过程和变化趋势。周如隽等采用静态顶空结合 GC-MS 分析了一种清新东方香水香精的香气构成，并进行了香精配方模拟研究。

（2）实例1——风干肠辛香料的香味成分分析

① 样品　风干肠香辛料，市售。

② 实验条件　Agilent 7694E 顶空进样装置，样品量 3g。操作参数：平衡温度

150℃，平衡压力 114×10⁵Pa，平衡时间 30min，传输线温度 155℃，定量环温度 155℃。

Agilent 6890/5973 气-质联机系统。色谱柱 HP-5 MS 30m × 0.25mm × 0.25μm，载气氦气，流量 1mL/min，进样口温度 250℃，不分流进样。柱温程序：起始温度 100℃，以 4℃/min 速率升温至 200℃。70eV 离子源，离子源温度 220℃，传输线温度 220℃，质量扫描范围：10~600amu。

③ 分析结果　气-质联机分析的总离子流色谱见图 3-10。通过检索 NIST98 谱库与八峰索引及 EPA/NIH 标准谱图对照，再结合人工谱图解析及气相色谱保留指数，从风干肠香辛料中检测出 20 种挥发性成分，相对峰面积＞0.5% 的成分包括乙酸、糠醛、α-蒎烯、桉叶醇、3,7-二甲基-3-羟基-1,6-辛二烯、胡薄荷酮、1,4-萘醌、甲氧基丙烯酚、α-绿叶烯、6-特丁基-2,4-丙基苯酚、依兰烯、1,5-二甲基-4-己烯-2-甲基-2,3-环己二烯、5,6-二甲氧基茚酮、辛酸乙酯、1,2,3-甲氧基-5（2-丙基）苯。

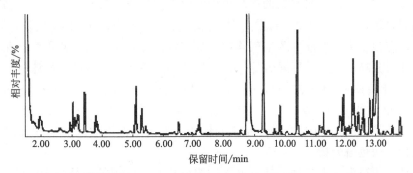

图 3-10　静态顶空/气相色谱-质谱分析风干肠香辛料的总离子流图

(3) 实例 2——甜瓜挥发性成分分析

① 样品　"银帝"甜瓜，近 8 成熟无任何损伤。

② 实验方法　在果实阳面中部用打孔器打一通至果腔的圆孔（φ1cm），立即用橡胶盖凡士林密封，室温下静置 10min，用注射器自瓜中抽取顶空气体 5μL，气-质联机分析。

PE-AutoSygemXL/TurboMass 气-质联机系统。FFAP 色谱柱，柱前压 103kPa；进样器 PSS，1min 后打开分流阀，分流比 20：1；进样温度 250℃；载气氦气；柱温程序：起始温度 50℃停留 2min，5℃/min 升至 250℃停留 8min。电子轰击离子源 70eV，接口温度 200℃，质量扫描范围 20~350amu。

③ 分析结果　气-质联机总离子流色谱见图 3-11。根据 NIST 标准质谱库检索，鉴定出 55 种挥发性成分，包括 2-甲基丁醛（1.33%）、戊醛（0.18%）、2,3-戊二酮（0.49%）、乙酸（4.08%）、糠醇（0.45%）、环戊酮（0.19%）、2,5-二甲基-4-羟基-3-呋喃酮（0.29%）、2,3-二羟基丙醛（7.54%）、3,5-二羟基-4-羰基-6-甲基-2,3-二氢呋喃（5.76%）、5-羟甲基糠醛（5.76%）、金合欢醇（0.32%）等。

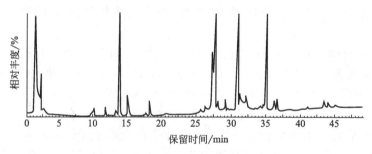

图 3-11 甜瓜的静态顶空/气相色谱-质谱分析总离子流色谱图

3.4.2 动态顶空 (dynamic headspace)

3.4.2.1 概述

动态顶空,是通过对很大的样品顶部空间气体先浓缩再分析的方法。动态顶空可检测到含量在 10^{-12} 水平的成分,是香味分析中广泛使用的一种顶空取样技术。

在动态顶空中,样品的顶空气体被载气(氦气或氮气)吹入捕集阱,在捕集阱中挥发性成分被浓缩,从而显著地增加了检测的灵敏性。当样品是液体时,载气管可直接插进液面吹扫挥发性成分,此时动态顶空又称为吹扫捕集(purge and trap)。捕集阱可为一个玻璃管或用玻璃作衬里的不锈钢管,管中装有吸附剂(如 Tennax™)或为一个低温冷阱。捕集的样品可通过溶剂洗脱或加热的方法解吸出来,进行气相色谱分析。

在动态顶空中,为了增大样品分子的浓缩倍数,处理的样品量 100mL～1L 是很常见的,采用加热或搅拌的方法可加快挥发性成分向顶部空间的扩散。当样品量很大时,为了保持系统的气密性和压力稳定,常用真空泵将样品顶部的气体抽吸到捕集阱而不再使用气体吹扫的方式,此时,进入取样瓶的空气应事先净化。

动态顶空也可自动化,只是比静态顶空的装置稍复杂,仪器的费用也较高,处理时间稍长,一般完成一次样品分析需要 15min,包括吹扫、捕集、吸附剂干燥、样品解吸等多个步骤,但仍具有取样迅速、容易操作的优点。更重要的是,捕集阱的使用,大大提高了样品的检测限,可分析含量为 10^{-9} 水平的样品分子;通过选择吸附材料的种类,还可实现某些样品分子的选择性萃取,简化分析程序。

图 3-12 为一种自动化动态顶空/气相色谱系统的工作示意图,主要分为三步:第一步,将样品注入到一个可密封的玻璃瓶中,通常注入量为 5mL 即可达到检测的灵敏度,若获得更低的检测限,可以注入 25mL 样品。用载气吹扫样品,使样品中的挥发性成分到达捕集阱被浓缩;第二步,通过直接吹扫或快速加热的方式,将被捕集的组分送入气相色谱进行分析;第三步,清洗捕集阱,以消除样品残存可能引起的下一次测定误差。

动态顶空的萃取率,可根据同一色谱条件下,吹扫捕集和直接进样两种方法分

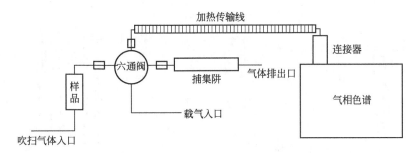

图 3-12　动态顶空/气相色谱系统工作示意图

析，得到的色谱图上的待测组分的峰面积计算：

$$萃取率 = \frac{A_{吹扫捕集}}{A_{直接进样}} \times 100\% \qquad (3-2)$$

　　影响动态顶空萃取效果的因素包括样品量、样品温度、萃取体积和挥发性成分的捕集方式等。当其它条件固定时，主要与样品温度和萃取体积有关。

　　萃取体积，指吹扫气体通过样品的总量，可通过吹扫时间和吹扫气体的流量计算出来。如常用的吹扫捕集方法中，吹扫气体流量为 40mL/min，规定吹扫时间为 11min，则萃取体积为 440mL。一般认为，40mL/min 是萃取挥发性物质（尤其是极性小的物质）的最佳流量，也是捕集阱浓缩欲测定物质的最佳流量。但实际分析中，最好先通过吹扫捕集法测定一系列标准样品的回收率，然后根据实验结果确定最佳流量。

　　对于难以吹扫的挥发性物质，可通过增加吹扫气体的总体积来提高萃取率。但对于难于捕集的挥发性物质，萃取率不会因吹扫气体体积的增加而提高，因为吹扫气体的体积增加时，挥发性物质只是穿过捕集阱，而没有被捕集，此时应通过改善捕集条件来提高吹扫捕集效率。

3.4.2.2　样品吹扫装置

　　图 3-13(a)、(b)为处理液体样品的吹扫捕集容器。在图 3-13(b)中，气体进入样品前经过一个筛板，使得气体以很小的气泡吹扫样品中的挥发性物质，提高了吹扫效率。该装置适于比较干净的样品，如水溶液，不适于含有固体颗粒的样品，因此时筛板会被堵塞。图 3-13(a)所示装置，因没有气体筛板，吹扫效率较低，但适于复杂液体样品（如食品）的香味分离，当样品中含有油脂、起泡沫性物质或固体颗粒时都不受影响。样品容器的大小、进气管的内径和高度，可根据分析的需要进行调整。该装置对挥发性成分的萃取效率介于静态顶空和图 3-13(b)所示的吹扫捕集装置之间。

　　图 3-13(c)是固体样品如土壤、聚合物、食品、蔬菜等的吹扫装置，包括气体进、出口和一个可加热的样品瓶或管（小量样品）。气体加压后从一端进入吹过样

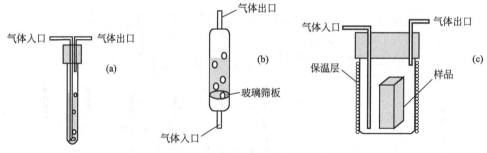

图 3-13　吹扫捕集常用容器示意

品，在从另一端流出时就将挥发性成分携带出。对于大体积样品，如整个水果、罐头、易拉罐等，可用一个体积高达 1L 的容器盛放，但考虑到容器的密封性，此时气体的出口管和进口管的内径要稍小些。如果用小的样品管就可妥当地盛放样品时，就不要使用大的容器，因为使用大的容器时，样品不容易均匀加热。此外，使用大的容器处理样品时，最好采用减压抽吸气体的方法来代替上述的加压方法，因大容器与吸附管连接后造成系统的气体阻力较大，若采用加压方法时，要求进口气体的压力会更高，这样对容器的密封性的要求就更高。

3.4.2.3　吸附阱捕集

吸附阱捕集，指吹扫气体将挥发性物质携带到捕集阱后，挥发性物质被保留在吸附剂上，而吹扫的气体被放空。

（1）吸附剂的选择　吸附剂的选择应考虑如下因素：①待分析物的化学结构；②待分析物的热稳定性；③吸附剂的吸附和脱附性质；④待分析物在吸附剂上的最大吸附量；⑤是否需要低温冷冻；⑥是否存在吸附性干扰如水气的干扰。

表 3-8　Tenax 系列吸附剂的物理特性

名称	比表面积/(m²/g)	最高使用温度/℃	备注
Tenax^{GC}	19～30	450	聚 2,6-二苯基-对-甲苯醚
Tenax^{TA}	35	300	聚 2,6-二苯基-对-甲苯醚
Tenax^{GB}		350	聚 2,6-二苯基-对-甲苯醚＋23%石墨化炭黑

较常用的吸附剂是多孔聚合物，有些聚合物同时也可作为气相色谱固定相使用。其中表 3-8 所示的 Tenax 系列聚合物（聚 2,6-二苯基-对-甲苯醚）在动态顶空中常用，该吸附材料属于通用型，适于吸附多种有机化合物，尤其对于芳香族化合物吸附性更强，具有使用温度高、使用寿命长的优点。但 Tenax 不适于吸附低沸点的脂肪烃类化合物（如戊烷或比戊烷分子量更小的烃）和低沸点的脂肪醇。

Tenax 系列的优点是具有疏水性，一个填装 100～150mg Tenax 聚合物的吸附管，平均每 40mL 的吹扫气体可保留 1μL 的水，因而若以 40mL/min 的速率进行 10min 的样品循环吹扫，最终吸附管将保留 10μL 的水，但 Tenax 对水的吸附性很弱，用干燥的载气吹扫吸附管 1～2min，就可把吸附管内的水赶走，而被吸附的有机化合物不受任何干扰。

除了 Tenax 外，还有石墨化炭黑（Carbotrap、Carbopack），疏水性更强，可吸附分子量大于丙烷的小分子化合物，并通过加热解吸。碳分子筛可吸附更小的分子如氯甲烷，这种分子筛与无机材料分子筛不同，它是在高温下将聚合物炭化制备而成，包括 Carbosieves™，Carboxen™ and Arbersorb™，其中 Carbosieves™-569 对水的亲和性最低，具有吸附小的有机分子但不会将水引入气相色谱的优点。

将上述各种吸附剂混合（包括 Tenax 或不包括 Tenax 均可）填装到吸附管中，具有捕集能力强、脱附温度高、窄带进样、气相色谱的分辨率高、不干扰色谱上的早期流出峰的检测的优点。

（2）脱附　吸附的物质可通过溶剂洗脱或热脱附（热解吸）的方式进行解吸分析，自动化动态顶空装置上常采用的是后者——热脱附。

一般而言，化合物在吸附剂上的吸附力越强，所需要的脱附温度就越高。每种吸附剂均有最高脱附温度限制，超过最高温度时，吸附材料可能分解并释放出干扰性物质。

吸附剂对挥发性有机化合物的吸附是可逆的，可通过吸附再热解吸重复使用。为了避免物质残存在吸附剂上，每次吸附前，应先"烘烤清洗"吸附管，为了缩短分析时间，可在气相色谱运行时，完成吸附管的"烘烤清洗"过程，烘烤时间一般在 5min 以上，此时若载气的流动方向与样品热解吸时的方向相反，烘烤清洗的效率更高。烘烤温度、烘烤时间的长短，要根据吸附材料种类、吸附剂填充量、吸附剂被沾污程度而定，烘烤的结果可通过在线色谱检测出来。

（3）穿透体积　当样品流经吸附管的量超过吸附剂的吸附能力时，样品中的组分将穿过吸附剂而不能被吸附。实际吹扫捕集时的采样体积（安全采样体积）应小于样品的穿透体积。穿透体积与吸附管中的吸附剂种类、吸附剂用量、吸附温度、被吸附组分的理化性质有关。穿透体积常用 L/g 表示，在一定的吸附温度下，样品中某个组分在一种吸附剂上的穿透体积是一个定量。穿透体积越大，表明吸附剂对这种物质的吸附能力越强。表 3-9 是 Tenax[TA] 对挥发性有机化合物的穿透体积和安全采样体积。

表 3-9　Tenax[TA] 对挥发性有机化合物的穿透体积及其安全采样体积

化合物	穿透体积/(L/g)		安全采样体积/L[①]	
	20℃	35℃	20℃	35℃
乙醛	0.6	0	<1	<1
丙烯醛	5	2	2	<1
苯	36	15	14	6
氯苯	184	75	5	2
氯仿	13	5	5	2
甲酚	570	240	230	95
二氯乙烯	77	35	12	5
二氯甲烷	5	2	2	<1

化合物	穿透体积/(L/g)		安全采样体积/L①	
	20℃	35℃	20℃	35℃
苯酚	300	140	120	55
氯乙烯	0.06	0.03	<1	<1
二甲苯	177	79	70	32

① 安全采样体积＝（穿透体积/1.5）×0.65，穿透体积单位为 L/g，0.65 指吸附剂的质量（g）。

3.4.2.4 冷阱捕集

即使是热稳定性很好的吸附材料如 Tenax^{TA}，在较高温度热解吸（超过 180℃）时，也会有芳香族杂质释放出来，常量分析时这种干扰可以忽略，但对于微量分析，产生的背景就会构成干扰；若使用较低的解吸温度，杂质干扰会较小，但被吸附的有些感兴趣组分有可能不被脱附。

冷阱捕集，也称低温冷冻浓缩，可以避免使用吸附剂时存在的上述缺陷。在冷冻浓缩时，一般不使用吸附剂，但在冷阱捕集管内填充一些玻璃微珠、玻璃棉或其它的惰性材料以增加接触表面。冷阱的温度可根据采集的目标物质确定，而气化温度一般为 40～70℃ 即可，从而避免了热敏感性物质发生化学变化。为了保证以一个"窄带"进入毛细管柱，冷冻浓缩液气化后，可再经一次冷聚焦，从而提高气相色谱分析的灵敏度和分辨率。

样品的冷冻浓缩可用液氮（－196℃）或干冰（－79℃）作冷却剂。理论上，调节冷阱的温度，可让某些组分选择性地冷冻凝集，从而简化分析过程，但通常是沸点高于某个温度的很多物质均可被冷凝。用液氮还是用干冰，可根据浓缩的物质及消耗的费用而定。通常，液氮的冷冻浓缩效果好于干冰，因在低于－180℃的条件下，很多强挥发性易于穿透吸附剂的物质（除甲烷外）均可被冷凝。

也可在冷阱中放 Tenax^{TA}吸附剂，让冷阱浓缩和吸附剂浓缩结合使用。当冷阱为常温时，样品被吸附剂吸附。当一些小分子烃或醇等强挥发性物质需要浓缩时，可将阱温降低，使这些小分子被冷凝在吸附剂表面，此时吸附剂就类似于玻璃珠。

由于许多样品中含有水，使用冷阱浓缩的最大缺点是冷凝液中含水，从而干扰后面的气相色谱分析。因此，采用冷冻浓缩时，最好在低于室温下让冷凝液气化，这样水在阱中以"冰"的形式不气化，或在分析系统中串联干燥管，直接消除水分的干扰。

3.4.2.5 热解吸

热解吸的目的，是让捕集的样品分子以很窄的"塞子"的形式瞬间引入气相色谱柱，进行分析。当色谱柱为填充柱时，吹扫气体流量通常大于 30mL/min，样品分子解吸后可直接送入色谱柱。当色谱柱为毛细管柱时，使用 30mL/min 以上的吹扫气体流量，与毛细管气相色谱分析的载气流量不匹配。因此，毛细管气相色谱，是通过增加捕集阱的加热速率来实现热解吸样品分子的"窄带"进样的。用管式炉直接加热吸附管，捕集阱的升温速率可达到 800℃/min，捕集阱的加热速率越快，从吸附管中解吸被测定物质的速率就越快，这样就越有利于热解吸的样品分子在少量的载气中以极窄的注射带进入色谱柱。

快速加热解吸过程，解吸时间短、样品分子输送入气相色谱时间短，载气、水和二氧化碳等进入气相色谱的量较小，从而提高了气相色谱分析的分离度及检测的灵敏度。

3.4.2.6 除水技术

多数样品中含有水，如酒类、饮料、奶类等，在动态顶空中，样品中的水会与挥发性分析物一起被吹扫捕集，从而影响后面的气相色谱或气-质联机分析。如前面所述，当选择憎水性吸附剂如 Tenax 时，用干燥的载气吹扫吸附阱即可将水除去。此外，渗透和冷凝装置可用于动态顶空中除水。渗透法在去除样品中的水分时，也会除去其它极性物质，因而分析如醛、酮、羧酸等极性挥发物时，不宜用渗透法除水。冷凝法是动态顶空中普遍采用的技术，不会影响极性挥发性物质的回收。1988 年前，曾采用简单的电风扇和半导体冷却方法除水。但不管用什么方式除水，存在的共同问题是待分析物的理化性质与水越接近（如小分子醇类），其回收率就越低。

3.4.2.7 色谱柱和捕集阱之间的接口

捕集的样品被输送到色谱柱后才能被气相色谱或气-质联机分析。填充柱气相色谱中，可用一段 5cm 长的不锈钢管作为接口，外衬加热套，直接与色谱进样口垂直连接即可。此时，接口的直径、吹扫气体流量都与吸附管一致。由于毛细管气相色谱载气流量较低（1～10mL/min），使用上述接口时，热解吸的物质将缓慢地通过传输管进入毛细管柱，形成较长的峰带，致使毛细管气相色谱的分辨率变差。因此，常用一个死体积较小的专用接口，此接口类似于气相色谱进样口，内部是一段能与毛细管色谱柱相匹配的去活化的玻璃管或弹性石英管，具有样品浓缩功能和独立加热器，在较低的载气流量下，即可直接将热解吸样品送入气相色谱进样口。

当气相色谱的载气流量低于 5mL/min 时，或为了吹扫捕集更大体积的样品，降低色谱的检出限，可使用冷聚焦注入口接口，使热解吸的样品被"二次冷聚焦"。聚焦毛细管是一段去活化的弹性石英毛细管空心柱，可与气相色谱或气质联机的注入口连接。通常使用压缩泵将液氮直接输送至聚焦毛细管的外壁区域，使毛细管降温到-160°。当热解吸的样品流经冷聚焦接口时，欲测定的物质就被二次浓缩，而载气则直接通过接口放空。完成二次冷聚焦后，停止输送液氮，快速升高接口的温度（1000℃/min），浓缩的物质解吸出来，以"窄带"形式被集中地注入到毛细管色谱柱中进行分析。这种接口能有效地分析样品中的低浓度挥发性物质。但对于样品中浓度较高的组分，有时会出现因毛细管柱超载或检测器饱和导致峰形变差的现象。

3.4.2.8　吹扫捕集的定量分析

在环境分析中，EPA规定了内标法用于吹扫捕集的定量分析。在样品分析前，将选择的内标物加入样品中，使内标和样品经过同样的萃取处理过程。香味物质的吹扫捕集定量分析也可用同样的方法进行。液体样品，将加入的内标物质与样品均匀混合即可。固体样品，将内标物加入样品基质中且保证内标没有挥发损失有时是很困难的，最好在样品吹扫前加入。如果是粉末状样品，可用注射器将内标溶液放置在样品的内部中间位置。如果是类似柠檬皮的片状样品，可将样品放在大量的玻璃棉上，然后在热脱附处理前，用注射器将内标物放在玻璃棉上。当萃取过程的各个参数经过优化，内标物选择合适时，用吹扫捕集定量分析的相对标准偏差小于5%。

有些吹扫捕集装置配有吸附阱进样口，可用注射器将内标物直接送入吸附阱中。但用该法定量时，不能补偿吹扫效率、容器漏气等因素造成的分析误差。

3.4.2.9　动态顶空在香味分析中的应用

（1）液体样品　吹扫捕集装置的设计主要面向于水溶液中的挥发性物质分析，早期曾用于挥发性尿代谢产物的分析测定、血浆中痕量挥发性有机物的分析测定。目前，吹扫捕集技术已在软饮料、啤酒、咖啡、葡萄酒、牛奶、果汁等多种水性液体食品的香味物质分析中得到了广泛应用。与环境样品和生物样品不同，一方面食品挥发性成分的含量具有较宽的分布范围，如啤酒和葡萄酒中，乙醇的含量占百分数水平，而其它香成分则只是在10^{-9}水平；另一方面，有些食品的挥发性成分含量会较高，例如果汁。因此，在食品香味分析中，为防止色谱柱或检测器过载，应根据样品性质，选择适当的样品量。较为妥当的处理方法是先将稀释样品进行吹扫捕集并采取分流模式进样，然后再根据气相色谱或气-质联机的分析结果调整样品量。

此外，许多软饮料中含有高浓度的糖、不溶性固体和油脂，易于产生泡沫，污染吹扫捕集系统，此时让气体以针形喷射方式吹出较大的气泡，或者只吹扫液面上方而不进入样品，或将样品铺成一层膜，可避免泡沫的生成。

图3-14为一种葡萄酒的吹扫捕集/气-质联机分析总离子流图。操作条件：Velocity XPT吹扫捕集系统（Teledyne Tekmark, Mentor, OH, USA）和Vocarb3000吸附管（Agilent Technologies）。将葡萄酒用水稀释20倍，取5mL稀释样品，室温下40mL/min高纯氮气吹扫20min，250℃解吸10min。用水作空白样检查吹扫捕集系统的清洁状况。

图3-15是将0.5mL一种碳酸饮料稀释到5mL，室温下吹扫，Tenax吸附剂捕集，然后用气相色谱分析（FID检测）所得的色谱图。谱图中的多数挥发性成分来源于柠檬油，在保留时间大约10min的最大峰是柠檬烯。

（2）半固体样品　膏状或凝胶状的半固体样品，直接放在样品管中动态顶空分

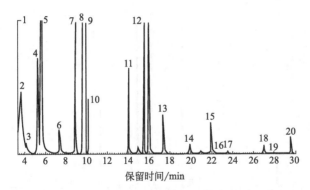

图 3-14   一种葡萄酒的吹扫捕集/气-质联机分析总离子流图（SIM 模式）

1—丁酸乙酯；2—1-丙醇；3—异戊酸乙酯；4—2-甲基丙醇；5—乙酸异戊酯；6—1-丁醇；

7—己酸乙酯；8—2-甲基丁醇；9—3-甲基丁醇；10—乙酸乙酯；11—乳酸乙酯；

12—1-己醇；13—辛酸乙酯；14—乙酸；15—糠醛；16—2-乙基己醇；17—苯甲醛；

18—芳樟醇；19—γ-丁内酯；20—癸酸乙酯

析时，会受热变软或流动性增大，从而污染仪器的气路系统。可用水稀释或者让其以膜的形式铺放在大量惰性固体材料上，再进行动态顶空萃取。例如牙膏的香味物质分析，因用水稀释后吹扫时会产生泡沫，采用先在样品管内放上大量玻璃棉，再将少量的牙膏放在玻璃棉上的方法进行动态顶空萃取。这样，牙膏样品即使受热熔化仍会被玻璃棉包裹，萃取完毕，挥发性物质在捕集阱，难挥发性物质残存在玻璃棉上。图 3-16 为牙膏样品的吹扫捕集/气质联机分析总离子

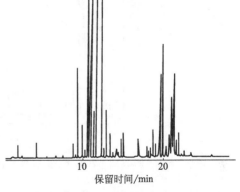

图 3-15   一种碳酸饮料的吹
扫捕集/气相色谱分析谱图

流色谱图。同样的方法，还用于奶酪香味物质的动态顶空分析（图 3-17）。

（3）固体样品   固体样品比液体样品、半固体样品更容易实现动态顶空取样。如果固体样品在加热到某温度下不会熔化，可取小量的样品放在样品管中，在加热条件下，进行吹扫捕集。这种方法已成功地用于辛香料、芳香植物、鱼罐头等的香味物质分析。在 50～100℃下吹扫捕集，多数食品香味物质可获得较高的萃取率，但对热不稳定的成分，应在较低的温度下进行。图 3-18 为一小片生大蒜预热到 70℃，然后吹扫 10min 到 Tenax 吸附阱上，气相色谱分析所得谱图。图 3-19 为 75℃下少量的葡萄柚皮吹扫 10min 到 Tenax 吸附阱上，气相色谱分析所得谱图。

新鲜的水果可先低温匀浆后再进行动态顶空分析。Maria Hakala 等使用动态顶空/气-质联机分析了三种草莓的香味物质，总离子流色谱图见图 3-20。分析方法：草莓低温匀浆，恒温水浴 22℃保温 25min。Tekmar3000 吹扫捕集系统，吸附

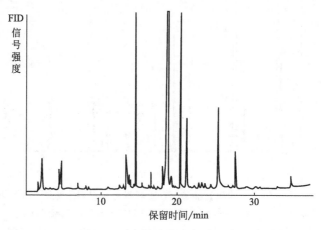

图 3-16　70℃下 2mg 牙膏样品的动态顶空/气相色谱分析图

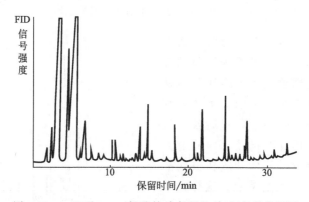

图 3-17　70℃下 30mg 奶酪的动态顶空/气相色谱分析图

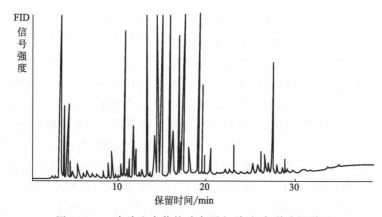

图 3-18　一小片生大蒜的动态顶空/气相色谱分析谱图

阱内装填 0.2g 的 OV-1 和 OV-25（按 1∶1 混合），吸附阱温度－20℃（干冰冷却）。先将 30mL 样品管在 25℃下用高纯 N₂ 吹扫 3min，然后放入 2g 匀浆后的样

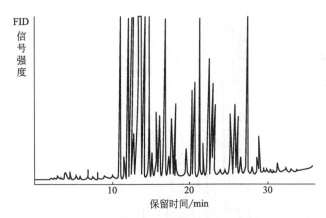

图 3-19　少量葡萄柚果皮的动态顶空/气相色谱分析谱图

品，用体积为 440mL 的 He 气吹扫，样品热解吸后经"二次冷聚焦"再用气-质联机分析。

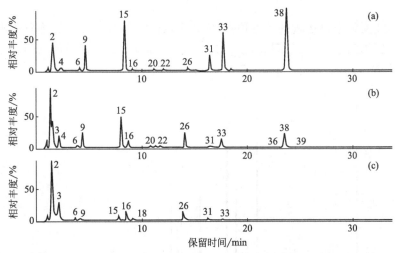

图 3-20　三种草莓匀浆后的动态顶空/气-质联机分析总离子流色谱图

2—乙醇+丙酮；3—3-丁二酮；4—乙酸乙酯；6—2-戊酮；9—丁酸甲酯；15—丁酸乙酯；
16—己醛；18—乙酸丁酯；20—甲酸 1-甲基乙酯；22—3-甲基丁酸乙酯；
26—反-2-己烯醛；31—2-庚酮；33—乙酸甲酯；36—苯甲醛；38—己酸乙酯；39—辛醛

　　有时也将完整的水果直接分析，但需用较大的吹扫容器。此时，为防止气体压入时系统出现漏气，用减压抽吸的方法使样品顶部空间气体流过吸附管，但进口端的空气要经过滤处理。

　　图 3-21 为整个香蕉的动态顶空/气相色谱图。各谱峰对应物质依次为丁醛（1）、乙酸乙酯（2）、丁酸乙酯（3）、乙酸丁酯（4）、庚酮（5）、乙酸戊酯（6）、己酸甲酯（7）、α-蒎烯（8）、β-蒎烯（9）、柠檬烯（10）、辛醇（11）、壬醛（12）、癸醛（13）。

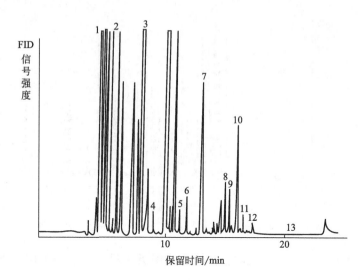

图 3-21 整个香蕉的动态顶空/气相色谱分析谱图

图 3-22 为整个猕猴桃的动态顶空/气相色谱图。各谱峰对应的物质依次为：丁醛（1）、乙酸乙酯（2）、丁酸乙酯（3）、乙酸丁酯（4）、乙酸戊酯（6）、己酸甲酯（7）、柠檬烯（10）、辛醇（11）、壬醛（12）、癸醛（13）。

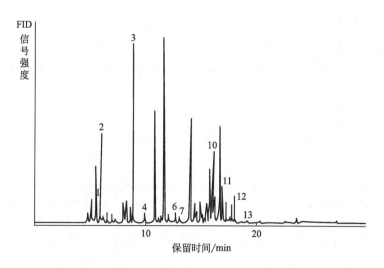

图 3-22 整个猕猴桃的动态顶空/气相色谱图

包装材料的物质释放会影响食品风味和食品的安全，来源于包装材料的挥发性物质可能是聚合过程中残留的溶剂、未聚合单体、小分子低聚物，也可能是包装材料从环境中吸附的物质。图 3-23 为泡沫杯盛放的汤微波加热后的动态顶空/气相色谱分析谱图，结果表明泡沫杯中的苯乙烯单体、溶剂苯和甲苯污染了食品。

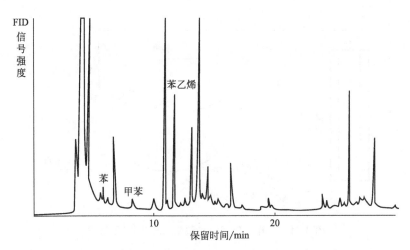

图 3-23　用泡沫杯盛放的汤微波加热后的吹扫捕集/气相色谱分析谱图

3.5　直接热脱附（DTD）

3.5.1　发展过程

直接热脱附（direct thermal desorption，DTD），也称为热解吸。早期，为了减少样品的处理过程，人们曾采取将样品放在气相色谱进样衬管内的玻璃棉上，然后设定较高的温度，让样品中的挥发性物质解吸出来，并被载气吹入处于室温的色谱柱的方法进行分析。成功的例子包括花生、植物油的挥发性香味物质分析。该法的缺陷是样品取放时容易烫手，且色谱的分离效果差，常得到较宽的色谱峰。但如果用干冰让色谱柱降温，使解吸的挥发性成分在柱头被冷冻聚焦，色谱分离会得到改善。

20 世纪 80 年代，美国 Scientific Instrumentation Services（SIS）公司设计了气相色谱进样口外环路热脱附装置（external closed-loop inlet device，ECID），如图 3-24 所示，该装置包括样品管、六通阀、不锈钢管线、电子控温单元（图中表示的是正处于进样状态的载气流向，该流向可按照标注的虚线进行转换）。它的基本工作过程是：先将大约 2g 的样品装入一根填塞了玻璃棉的惰性玻璃管内，油状样品可直接滴在玻璃棉上，然后将此玻璃管插入样品管中使样品被加热（可高达300℃），在载气携带下，解吸出来的挥发物进入气相色谱柱进行分析。该装置曾用于糖、肉等多种食品的香味成分分析。

ECID 可很好地用于填充柱气相色谱，但用于毛细管气相色谱时，由于载气流速较小，样品在传输管中易残留，尤其是当样品的水分含量较高时，若对解吸的物质进行"冷聚焦"，会出现"结冰"堵塞毛细管的问题。

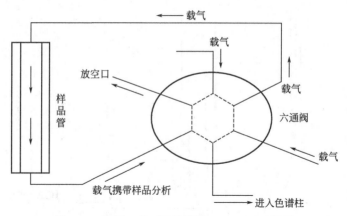

图 3-24 进样口外环路热脱附（ECID）示意图

为了适应毛细管气相色谱，人们又设计了另外一种进样装置：在带有玻璃衬管的不锈钢管的一端安装针头，进样时如同注射器那样穿过进样垫，通过三通阀转换让载气将解吸的挥发物送入进样口，然后挥发物在柱头进行"冷聚焦"，冷聚焦后样品体积减小，再重新快速升温，样品就进入毛细管色谱柱分析（参见 3.4.2.7）。该装置既可用于动态顶空中吸附阱的热脱附，也适于直接热脱附。

图 3-25 是一种可用于毛细管气相色谱的自动化热脱附装置，也称为短颈热脱附（short-path thermal desorber，SPTD）。它是由美国 Rutgers University 和 Scientific Instrument Services of Ringoes 于 20 世纪 90 年代合作设计。该热脱附装置安装在气相色谱仪进样口的上方。样品装在具有玻璃衬里的热脱附管内，衬管内有玻璃棉，样品管的一端连接进样针，用于样品的直接进样（省去了传输管），另一端与热脱附装置其它部位连接。通过电子控制单元可设定热脱附温度、热脱附时间等参数。这种自动化热脱附装置，分析结果重现性好，定量分析的精密度小

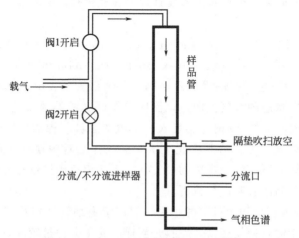

图 3-25 短颈热脱附装置示意图

于 5%。

20 世纪 90 年代后，随着计算机技术的发展，美国珀金·埃尔默（Perkin Elmer）、安捷伦（Agilent Technologies）、德国 Gerstel、意大利 DANI 等公司都对热脱附仪进行了研发，热脱附装置可达到更低的冷聚焦温度（−170℃）、更快的升温速率，样品可无扩散地进入色谱系统，检测限可达 10^{-9}，并实现了计算机与色谱系统的联动控制。

3.5.2　影响直接热脱附分析的几个因素

3.5.2.1　仪器参数的设定

热脱附温度、热脱附时间、气体的流速、冷聚焦、冷聚焦液的加热速率均会对分析结果产生影响，在实际分析时，这些参数均应优化。一般而言，冷聚焦温度较低、进样口温度较高（在样品分子不发生变化的前提下）、加热速率较快、气体流速较大，对分析有利。

3.5.2.2　样品

在热脱附分析时，样品中含有的水可能会造成"冷聚焦结冰"堵塞毛细管或使氢火焰检测器熄灭。若是填充色谱柱，可耐受较高的含水量，但对于毛细管柱，样品中水分的含量不能超过 5%。

样品颗粒要均匀，样品的填装要均匀，否则分析结果的再现性差。热脱附管中样品的填装量一般 1~1000mg，样品量较小时，分析结果偏差较大，甚至浓度较低的组分不能检测出来。样品基质与吸附剂如 Tenax、Chromosorb 和活性炭的性质越相似，直接热脱附分析的效果就越好。总之，在直接热脱附分析时，比较理想的样品应是热稳定性好、水分含量低的均匀粉末，且待分析组分的浓度在 10^{-6}~10^{-3} 范围内。

3.5.2.3　色谱柱

直接热脱附分析时，使用填充柱，载量大，样品含水量可稍高，载气流量可较高（40mL/min），但分离效果差；毛细管柱分离效率高，但载量小，要求样品量小且含水量较低。使用宽口径（0.75mm）或中口径毛细管柱（0.53mm），可兼顾样品量、样品含水量、柱载量（mg 级）和色谱分离效果几个因素。但为避免玻璃毛细管堵塞、色谱固定相流失或熄灭检测器火焰，并有利于色谱分离，应控制样品的含水量尽量低。

3.5.2.4　分流/不分流进样

当采用注射器进样时，在不分流模式下，注入的样品将经玻璃衬管全部被载气带入色谱柱。如图 3-26 所示，在使用热脱附装置时，却只有一小部分样品进入色谱柱,大部分样品随着隔垫吹扫损失掉。因此,使用热脱附装置进样时,用较小的分流比或不分流较好。但此时进样口的载气流量较小,存在着进样口处易于样品残留和分析结果再现性差的缺陷。

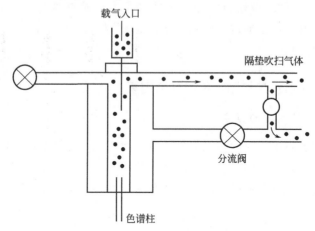

图 3-26 热脱附条件下分流/不分流进样口工作原理示意图

3.5.3 定量分析

用自动化热脱附装置分析时,温度、载气流速、吹扫时间等参数能够保持很好的精密度,但样品的切碎、粉碎程度和样品的填装紧密度等方面却很难做到完全一致,这些会造成载气与样品间的接触面积有变化,从而使样品的热脱附效率有偏差,分析结果的重现性差。

上述的偏差可通过加入标准物的方法进行校正。标准物有两种,一种是替代物,另一种是内标物。两种标准物都应热稳定性好,并易于均匀地加入到样品基质中。替代物在样品最初的处理时就加入,用于校正吹扫效率。内标物在样品处理好后,直接加入热脱附管中,可校正仪器工作的稳定性。内标物不仅要求热稳定性好且不应在样品中存在。气-质联机分析时,用待测物的稳定同位素作内标物最好。

样品管的密封性和样品管上的进样针也会带来实验误差。直接热脱附中,进样针在进样口停留时间较长(包括进样和脱附两个阶段),进样垫易于泄漏,从而影响进样量。

此外,对于短颈热脱附(SPTD),如果样品管的加热速度太快,一些解吸的成分会来不及冷凝而穿透冷阱,但这种穿透现象没有像吹扫捕集那样严重。表 3-10 是直接热脱附/气-质联机分析 100mg/L 的"戊醛、己醛、庚醛、辛醛、壬醛"组成的标准物时,三次平行实验的平均值、标准偏差和相对标准偏差。可以看出,辛醛因沸点较高,它的相对标准偏差明显小于戊醛。使用更有效的冷阱可能会解决低沸点化合物存在的这种问题。

表 3-10　直接热脱附/气-质联机分析 100mg/L 脂肪醛混合物实验结果

化合物	平均值	标准偏差	相对标准偏差/%
戊醛	32923	1831	5.6
己醛	41436	2145	5.2
庚醛	33072	1395	4.2
辛醛	62003	1507	2.4
壬醛	59425	1513	2.5

注：热脱附温度 150℃，热脱附时间 4min，冷冻聚焦温度－150℃。

3.5.4　直接热脱附的应用及与动态顶空的比较

直接热脱附是一种新颖的分析技术，它在载气的存在下将样品加热使挥发性物质直接从物料中分离出，大大拓展了气相色谱的分析范围。直接热脱附分析时，有些固体样品（如辛香料）可不经任何处理直接放在热脱附管的两个玻璃棉塞之间，但多数样品需事先研磨或粉碎，与多孔聚合物如 Chromosorb™ 混合后再装入热脱附管中，以防堵塞管路。直接热脱附的最大优点是吹扫和热脱附一步完成，分析时间短、不使用溶剂。目前，已在牛肉、水果、辛香料、洋葱、奶酪、咖啡、米饭等多种食品的香味分析中得到应用。

动态顶空法是先将挥发性成分吹扫至盛有吸附剂的吸附管上，然后再对吸附管进行热脱附分析，属于间接热脱附法。往往一种样品在用直接热脱附法分析时，也可用动态顶空法分析。一般而言，直接热脱附法对低沸点挥发性成分的回收率会稍高于动态顶空法。但究竟哪种方法的分析结果更好，要视具体样品而定。

以下两个例子比较了在分析炒花生和烤牛肉时，两种方法所得分析结果的差异。

3.5.4.1　炒花生香味物质分析

（1）气相色谱分析条件　HP 5890 气相色谱，进样口下端配备"冷聚焦单元"，冷聚焦区的温度控制在－150℃。毛细管柱 DB-5 30mm×0.53mm×5μm。柱温程序：起始温度 100℃停留 10min，以 3℃/min 升至 200℃，再以 25℃/min 升至250℃，停留 5min。载气流速 3mL/min。热脱附进样时，进样口不分流。热脱附一开始，气相色谱立即进行检测，从而可观察到"冷聚焦"的情况。

（2）直接热脱附实验　将 500mg 磨碎的样品放在有玻璃衬里的不锈钢管内，用玻璃棉将管的两端堵住。热脱附前，载气吹扫样品管 1min，以除去空气。热脱附温度 150℃，脱附时间 4min，液氮冷冻（－150℃）聚焦。脱附完成后，移走液氮，冷冻区升温至炉温的温度（100℃），进行气相色谱分析。

（3）动态顶空实验　将 500mg 磨碎的样品放在 50mL 吸附管中，管中装有200mg Tenax 吸附剂，管两端用玻璃棉堵住。以 17mL/min 的氮气吹扫样品，吹扫时间 4min，样品温度 120℃。然后将 Tenax 管放在热脱附装置上进行脱附，脱附条件与直接热脱附相同。

（4）分析结果　图 3-27 是直接热脱附和动态顶空法分析炒花生样品的气相色

谱图。与动态顶空法相比，用直接热脱附分析时，检测出的多数香成分的峰强度较高，说明直接热脱附的分析效果较好。这可能是由于炒花生的颗粒间堆积得较为松散，在直接热脱附时，传热和挥发性物质的扩散效果更好造成。

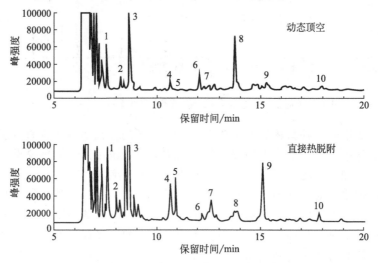

图 3-27 直接热脱附和动态顶空法分析炒花生的气相色谱图比较

1—戊醛；2—N-甲基吡咯；3—己醛；4—庚醛；5—2,5 或 2,6-二甲基吡嗪；

6—1-辛烯-3-醇；7—甲基乙基吡嗪；8—2-戊基呋喃；9—苯乙醛；10—乙烯基苯酚

3.5.4.2 烤牛肉香味物质分析

（1）实验条件　动态顶空取样，样品温度 50℃。其它条件均与炒花生香味物质的分析条件相同。

（2）分析结果　图 3-28 是分别用动态顶空和直接热脱附分析烤牛肉的气-质联机总离子流色谱图。可以看出，与上述炒花生样品的分析结果恰恰相反，可能由于

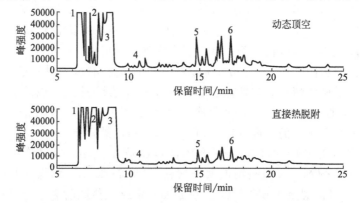

图 3-28 直接热脱附和动态顶空分析烤牛肉的 GC-MS 总离子流色谱图比较

1—乙醛；2—戊醛；3—己醛；4—庚醛；5—2-辛烯醛；6—壬醛

烤牛肉样品的颗粒间堆积得密实，此时用动态顶空法，多数香成分的峰强度比直接热脱附法高，说明动态顶空法的分析效果较好。

3.6　固相微萃取（SPME）

3.6.1　概述

固相微萃取（SPME，solid phase micro extraction）是 20 世纪 80 年代末出现的绿色环保型样品分析前处理技术。SPME 最初主要用于复杂样品中挥发性有机污染物的分离富集，但很快在环境分析、药物分析、食品分析等其它领域的应用得到了迅速发展。商业化的 SPME 系统在 1993 年由 Supelco 公司上市，随后 Varian 公司开发出自动化 SPME 系统。在 1995 年出现了 SPME-HPLC 联用技术，随后 SPME 又与 CE（毛细管电泳）、GC-ICP-MS（气相色谱-电耦合等离子体质谱）及许多其它检测手段联用。

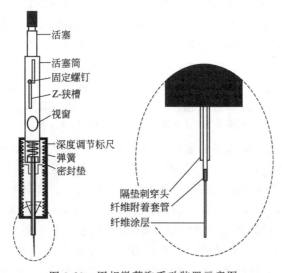

图 3-29　固相微萃取手动装置示意图

图 3-29 是 SPME 手动装置示意图，其外形与普通的注射器类似。上面是一个由活塞构成的手柄，下面是萃取头。萃取头由弹簧、纤维涂层、纤维附着套管和隔垫刺穿头组成。

图 3-30 是固相微萃取的工作示意图。萃取时，先刺穿样品瓶的瓶垫，然后下推手柄活塞至固定螺钉，萃取头的弹簧被压紧，纤维涂层暴露出，吸附样品分子。一定时间后，再将手柄活塞从螺钉处松开，纤维涂层收缩进套管，完成萃取过程。萃取纤维在色谱进样口的脱附分析过程与此类似。

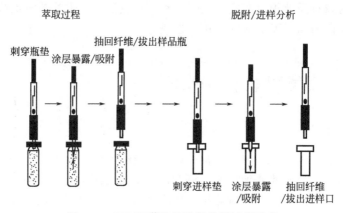

图 3-30 SPME 萃取及进样分析过程示意

有专供固相微萃取使用的样品瓶，也可用其它容器盛放样品，应注意密封样品用的隔垫要无挥发性物质释放。在萃取操作前，萃取纤维应事先脱附净化，以去除纤维涂层从空气中吸附的杂质，有利于吸附样品分子。

为了加快吸附速度，样品瓶中常加入搅拌子或采用其它的方式搅拌样品以增加扩散。在 SPME 采样时，由于纤维涂层是中性的，对于弱酸、弱碱等可解离性分析物，调节样品 pH 值使它们处于非解离状态，有利于 SPME 纤维的吸附。另外，增加盐的浓度使样品离子强度增大，可提高 SPME 对非极性组分的萃取率。

SPME 既适于液体样品又适于气体样品。样品的萃取可在非平衡或平衡状态下进行，萃取过程不会破坏样品。由于 SPME 的吸附量一般不超过 $1\mu L$，取样后样品体系的组成不会显著变化，可用于化学反应实时过程分析。SPME 的吸附量可根据需要适当变化，若纤维涂层的量增大则 SPME 的吸附量可增大。当样品分子在吸附涂层上的分配系数较大时，SPME 可实现小体积样品的分析物完全富集。

SPME 是目前香味样品制备最有效的技术手段之一。具有敏感、快速、操作简便、样品用量少、不用溶剂，可实现选择性萃取、富集到的目标物能在气相色谱、气-质联用上直接分析的优点。可实现复杂样品检测的高通量、自动化。但影响萃取结果的因素较多，包括样品性质、采样方式、纤维涂层（种类、厚度）、取样温度、取样时间、搅拌情况等，只有在较佳的萃取条件下，才能获得较好的分析结果。

3.6.2 SPME 取样方式

SPME 有两种取样方式：直接取样和顶空取样（headspace solid phase micro-extraction sampling，HS-SPME）。直接取样又可称为浸入取样，纤维上的吸附涂层浸入样品中，分析物直接从样品相转入纤维涂层。为了加快吸附速度，可搅拌样品以增加扩散。对于气体样品，自然对流及扩散将有利于平衡。对于水体系样品，为了防止样品扩散不均匀，可使用更有效的搅拌技术，如快速样品流动、快速纤维搅动或样品容器振动、超声等。

HS-SPME 于 1993 年才出现，相对于直接取样而言，HS-SPME 是一种更为有效的分离技术。由于挥发性组分在样品顶部空间的浓度高且分子在气相中扩散系数比在液相中快四个数量级，HS-SPME 达到吸附平衡所用时间短。另外，对于 HS-SPME，纤维置于样品顶部上空，属于非直接地从样品中吸附分析物，纤维涂层可免受样品中一些非挥发性组分如腐殖物或蛋白质的污染。可任意调节样品的温度、搅拌速度、样品溶液的 pH 或增加离子强度，以增强样品中的挥发性物质扩散，但不影响纤维涂层的正常使用。

选择 SPME 取样方式首先应考虑样品的组成。对于简单的液体样品，选用 HS-SPME 取样或直接取样均可以，但对于不均相样品或样品可能对涂层有不良影响时，常用 HS-SPME 方法。

此外，直接 SPME 和 HS-SPME，对于不同沸点范围化合物的选择性存在差异。由表 3-11 可以看出，直接取样更有利于萃取挥发度较低的物质，而顶空取样更适于萃取挥发度较高的物质。

表 3-11　直接注射进样、直接 SPME 和
HS-SPME 气相色谱分析标准物混合液的结果比较

化合物	GC 相对峰面积/%		
	直接注射进样	直接 SPME 处理	HS-SPME 处理
乙酸乙酯	4.4	0.2	1.2
丁酸乙酯	5.0	2.6	11.5
柠檬烯	6.4	1.2	2.6
己酸乙酯	4.3	6.9	8.4
乙酸 3-己烯酯	4.3	7.8	12.0
顺-3-己烯醇	4.9	0.3	2.1
苯甲醛	5.5	1.1	6.0
芳樟醇	4.5	1.1	6.0
琥珀酸二乙酯	3.4	<0.1	<0.1
橙花醛	2.9	7.0	5.9
2-甲基丁酸	2.6	0.1	<0.1
γ-己内酯	3.4	0.1	0.3
1-香芹酮	4.7	9.6	7.9
香叶醛	5.0	13.6	9.7
茴香醚	4.8	14.1	5.0
己酸	3.2	0.1	<0.1
苯乙醇	4.9	0.2	0.4
β-紫罗兰酮	4.3	14.9	8.9
肉桂醛	4.6	2.5	0.2
三乙酸甘油酯	2.1	0.2	0.2
γ-癸内酯	3.7	8.0	1.5
胡椒醛	2.4	0.5	0.2
柠檬酸三乙酯	2.2	0.1	<0.1
乙基香兰素	3.3	<0.1	<0.1
香兰素	3.0	<0.1	<0.1

3.6.3　SPME 的纤维涂层

3.6.3.1　常见涂层种类

表 3-12 列出了常见的 SPME 涂层种类。商业化纤维涂层的极性范围从非极性的 PDMS 到极性的 Carbowax。每种纤维涂层都有不同的厚度，$100\mu m$ PDMS 属于通用型，适于多数挥发性香味物质的萃取，若用 $30\mu m$ PDMS，萃取时间可稍短些，而 $7\mu m$ PDMS 适于萃取极性较大、沸点较高的半挥发性物质。PA 涂层适于吸附极性化合物，且对于醇类、酚类物质具有较好的选择性。

表 3-12　常见的 SPME 纤维涂层及适用分析对象

纤维涂层种类	适用分析对象
Polydimethylsiloxane(PDMS)(聚二甲基硅氧烷)	
$100\mu m$/non-bonded 非键合	挥发性化合物
$30\mu m$/non-bonded 非键合	非极性半挥发性化合物
$7\mu m$/bonded 键合	从中等极性到非极性半挥发性范围的化合物
Polydimethylsiloxane/divinylbenzene(PDMS/DVB)聚二甲基硅氧烷/二乙烯基苯	
$65\mu m$/partially crosslinked 部分交联	极性挥发性化合物
$60\mu m$/partially crosslinked 部分交联	一般性化合物(只适于在液相色谱上使用)
Carboxen/polydimethylsiloxane(Carboxen/PDMS)炭分子筛/聚二甲基硅氧烷	
$75\mu m$/partially crosslinked 部分交联	痕量挥发性组分的富集
Carbowax/templated resin(CW/TPR)聚乙二醇/模板化树脂	
$50\mu m$/partially crosslinked 部分交联	交联的表面活性剂(适于液相色谱)
Polyacrylate(PA)聚丙烯酸酯	
$85\mu m$/partially crosslinked 部分交联	极性半挥发性化合物
DVB/Carboxen/PDMS $30/50\mu m$ 二乙烯基苯/炭分子筛/聚二甲基硅氧烷	挥发性及半挥发性化合物

3.6.3.2　涂层的选择

SPME 萃取率决定于分析物在纤维涂层与样品之间的分配系数和相比 β（样品相与固定相的体积比），分配系数越大或 β 值越小，萃取率越高。涂层的种类可根据分析物的极性、挥发性并参照使用的经验进行选择。纤维涂层的厚度与相比 β 有关，它决定了 SPME 对于分析物的敏感性和涂层的最大吸附量。纤维涂层的厚度应比较适当，涂层厚，吸附量大但扩散慢，萃取时间长；若涂层薄，萃取时间较短，易于达到吸附平衡，但是可萃取的量较小，分析灵敏度低。混合相涂层更适于分析多组分挥发性样品。也可以研制出具有特定选择性的纤维涂层，例如分子印迹聚合物涂层或亲和色谱涂层，从而实现对特定分析物的选择性萃取。

表 3-13　各类香味物质适用的纤维涂层

化合物簇	纤维类型	浓度范围
羧酸(C2~C8)	Carboxen/PDMS	10μg/L~1mg/L
羧酸(C2~C15)	CW/DVB	50μg/L~50mg/L
醇(C1~C8)	Carboxen/PDMS	10μg/L~1mg/L
醇(C1~C18)	CW/DVB	50μg/L~75mg/L
醛(C2~C8)	Carboxen/PDMS	1~500μg/L
醛(C3~C14)	100μm PDMS	50μg/L~50mg/L
酯类(C3~C15)	PDMS/DVB	5μg/L~10mg/L
酯类(C6~C18)	100μm PDMS	5μg/L~1mg/L
酯类(C12~C30)	30μm PDMS	5μg/L~1mg/L
醚类(C4~C12)	7μm PDMS	5μg/L~1mg/L
脂肪烃化合物(C2~C10)	Carboxen/PDMS	10μg/L~10mg/L
脂肪烃化合物(C5~C20)	100μm PDMS	500ng/L~1mg/L
脂肪烃化合物(C10~C30)	30μm PDMS	100ng/L~500μg/L
脂肪烃化合物(C20~C40+)	7μm PDMS	5~500μg/L
酮类(C3~C9)	Carboxen/PDMS	5μg/L~1mg/L
酮类(C5~C12)	100μm PDMS	5μg/L~10mg/L
酚类(C5~C12)	Polyacrylate	5~500μg/L
萜烯类	100μm PDMS	1μg/L~10mg/L
含硫气体	Carboxen/PDMS	10μg/L~10mg/L

也可根据 R. E. Shirey 的研究结果，参照表 3-13 选择适宜的萃取纤维类型。R. E. Shirey 配制一系列挥发性标准物的水溶液，系统地比较了不同萃取纤维的吸附选择性。研究表明，对于分子量小于 100 的化合物，纤维涂层的多孔性对于吸附能力的影响远大于涂层材料的极性和涂层的厚度。Carboxen/PDMS 属于多孔性材料，很适合于吸附小分子化合物。对于极性化合物，极性涂层的吸附效率并不比非极性涂层高，但是对于非极性化合物，极性涂层的吸附效率却远小于非极性涂层，因此，极性涂层可用于选择性萃取极性化合物。

对于分子量较大的物质（92~499），若是半挥发性的，分子的极性对于涂层的选择很重要。极性物质适于用极性纤维如 PA、CW/DVB 萃取，在某些情况下，使用 PA 纤维会更好些。而弱极性物质，可用极性或非极性纤维萃取。此外，极性化合物中的官能团种类对于涂层的选择也有影响，PDMS-DVB 纤维对于含氨基的化合物选择性好，而 CW/DVB 和 PA 对不含氨基的极性化合物选择性好。分子形状也有影响，平面结构分子或分子量大于 200 时，使用非多孔性涂层材料时萃取率高。

3.6.4　SPME 的脱附

脱附条件对于 SPME 的分析结果有重要影响。尽管柱头"冷聚焦"，会使早流出色谱柱的组分峰形更好，但多数情况下，SPME 不需柱头冷却装置，即可获得满意的分析结果。为了能够窄带进样，建议气相色谱进样口改用狭窄的衬管（$\phi1mm$ 或更小）或在标准的分流/不分流衬管内放入石英棉。放入石英棉时，要注意调整进样深度，以防萃取纤维触到石英棉被折断。此外，为了使色谱峰形较锐，SPME 的脱附体积应尽可能的小，一般脱附时间 $1\sim2min$ 即可。由于 SPME 脱附较慢，所用纤维吸附涂层不应太厚。

当用 SPME 富集含量较低的样品分子时，气相色谱的分流/不分流进样口常设定较小的分流比（1：10）或不分流。但当待测物浓度较高不属于痕量组分时，根据情况可将分流比设定为 1：20～1：50。

3.6.5　SPME 的竞争吸附

SPME 属于平衡吸附萃取，样品分子在纤维涂层上存在着吸附竞争，例如在 PDMS/DVB 涂层上，吸附的丙酮可被乙醇顶替；在 CW/DVB 上吸附的烷基取代吡啶可被吡啶顶替。在浓度较低时，一般是与纤维涂层结合力强的分子优先吸附。但当与纤维涂层结合力较弱的分子浓度较高，超出涂层的吸附线性范围时，结合力较弱的分子会把结合力强的分子挤下来。采用较短的萃取时间，可在一定程度上减弱后一种吸附竞争的存在。

3.6.6　SPME 的精度及定量分析

SPME 对实验操作条件非常敏感，许多因素影响 SPME 的分析精度。SPME 的定量分析一般用内标法，且同位素作内标最好。使用内标时，应避免把用有机溶剂稀释的内标溶液加入样品中，因为即使在样品中有 $1\mu L$ 的有机溶剂，也会对 SPME 萃取有显著的影响。定量分析时，应控制好每个实验变量，这些变量包括：样品搅动状态、取样时间（对于非平衡取样）、样品温度、样品体积、顶空体积、样品小瓶的形状、纤维涂层的状态（有裂缝或被大分子物质污染）、纤维涂层的厚度及长度、样品组成（盐、有机物、水等）、取样与仪器分析的时间间隔、整个操作过程分析物的损失、进样口的状态（进样口的几何形状、进样时纤维涂层的位置、隔垫完好程度）、检测器的稳定性、SPME 针的深度等。

对于直接 SPME 取样，浸入的深度也是关键的问题。对于顶空 SPME，样品的顶部空间应控制尽量小以增加吸附。

3.6.7　SPME 与其它萃取方法的比较

3.6.7.1　与直接注射进样比较

调配香精时常用乙醇、丙三醇、丙二醇、甘油三酯、苯甲醇、柠檬酸三乙酯、糖浆、水等作为溶剂。当香精样品用的是挥发性溶剂时，在气相色谱或气-质联机上能够直接分析，但存在的缺陷是色谱图上的溶剂峰很强，感兴趣的峰很小或被遮盖。此时，若将样品用 HS-SPME 处理，即可去除或减小溶剂峰，获得满意的分析结果。图 3-31 和

图 3-32 是分别用上述两种方法分析同一种香精样品的气相色谱图。

图 3-31 中，强度很大的峰是丙三醇、乙醇、脂肪酸甘油三酯三种溶剂。能辨别出的其它峰多数是两分子丙三醇脱水形成的醚类物质或糖降解物质。除了辛酸乙酯外，几乎所有感兴趣的香味物质的谱峰均与溶剂峰共流出。由于图 3-32 是经 HS-SPME 处理后进样得到的色谱图，溶剂脂肪酸甘油三酯的谱峰不存在，丙三醇和乙醇的峰也很小，且香精中的 13 种香料都被检测出来。

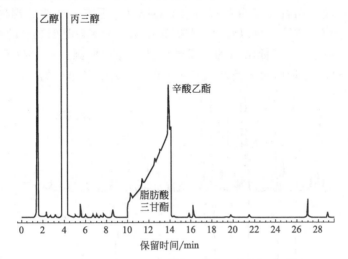

图 3-31　一种香精样品直接进样分析的气相色谱图

DB-1 30m×0.25mm×1μm；起始温度 60℃保持 1min，以 4℃/min 速率升温至 230℃；进样 0.5μL，分流 100mL/min；进样口温度 235℃；FID 检测器温度 250℃

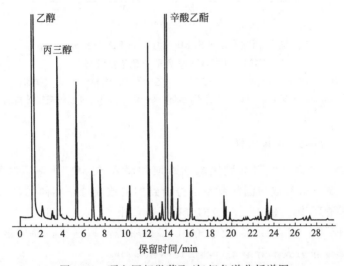

图 3-32　顶空固相微萃取/气相色谱分析谱图

100μm PDMS 纤维萃取 10min，样品温度 45℃；分流 8mL/min；脱附温度 235℃，脱附时间 1min；其它色谱条件与直接进样相同

3.6.7.2　与静态顶空取样比较

当萃取时间较短（例如 1min）时，HS-SPME 常获得与静态顶空相似性的分析结果，但 HS-SPME 还会将有些高沸点的物质萃取出来。在萃取时间较短时，HS-SPME 的分析灵敏度较低，但只要能满足仪器的检测要求，选用较短的萃取时间较好，因为此时纤维的吸附量与样品的浓度常存在线性关系。

图 3-33 比较了两种方法分析一种 espresso（高压煮）咖啡（温度 120℃）的 GC-MS 总离子流色谱图。可以看出，静态顶空萃取的多数是低沸点的挥发性物质，而 HS-SPME 不仅萃取到低沸点的挥发性物质，还萃取到一些半挥发性物质。此外，用 HS-SPME 萃取时可避免水汽进入色谱柱，延长色谱柱的寿命。

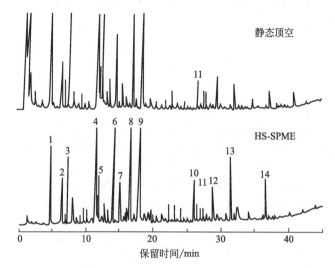

图 3-33　静态顶空和 HS-SPME（100μm PDMS）分析 espresso
咖啡的 GC-MS 总离子流色谱图比较

1—吡啶；2—2-甲基吡啶；3—乙偶因；4—乙酸；5—乙酸羟基丙酮酯；6—乙酸糠酯；7—5-甲基糠醛；8—γ-丁内酯；9—糠醇；10—麦芽酚；11—2-乙酰基吡咯；12—未知物；13—4-乙烯基愈创木酚；14—3-羟基吡啶

3.6.7.3　与溶剂萃取比较

图 3-34 是一种果汁饮料分别用溶剂萃取和浸入 SPME 处理后的气相色谱图。可以看出，二氯甲烷萃取与固相微萃取分析到的多数成分是相同的，只是二氯甲烷萃取的回收率稍高些。图 3-34 对应的分析条件如下。

（1）溶剂萃取　250mL 样品用 50mL 二氯甲烷萃取三次，萃取液经 Kuderna-Danish 装置蒸发除去大部分溶剂，然后氮吹至 250μL。

（2）固相微萃取　4mL 样品瓶中放置 3mL 样品，加入 0.6g 氯化钠，室温下浸入取样 10min。气相色谱进样口不分流脱附分析。

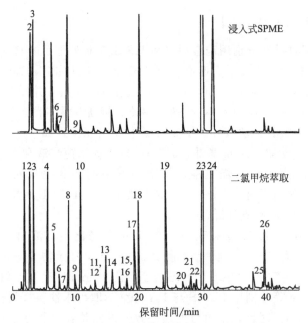

图 3-34　浸入式 SPME（100μm PDMS）

与二氯甲烷萃取分析水果饮料的气相色谱图比较

1—二氯甲烷；2—丁酸乙酯；3—异戊酸乙酯；4—柠檬烯；5—己酸乙酯；6—丁酸异戊酯；7—乙酸己酯；

8—乙酸顺-3-己烯醇酯；9—己醇；10—顺-3-己烯醇；11—丁酸顺 3-己烯醇酯；12—糠醛；13—苯甲醛；

14—芳樟醇；15—β-萜品醇；16—丁酸；17—2-甲基丁酸；18—α-萜品醇；19—己酸；

20—顺-肉桂酸甲酯；21—1-（2-糠基）-2-羟基乙酮；22—呋喃酮；23—反-肉桂酸甲酯；

24—γ-癸内酯；25—十二酸；26—羟甲基糠醛

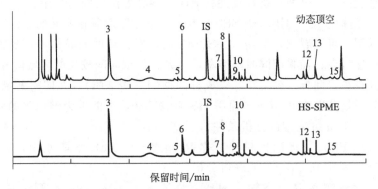

图 3-35　动态顶空和 HS-SPME（100μm PDMS）

分析新鲜番茄的 GC-MS 色谱图比较（IS：内标 2-辛酮）

3—己醛；4—（Z）-3-己烯醛；5—2-甲基丁醇；6—（E）-2-己烯醛；

7—（E）-2-庚烯醛；8—6-甲基-5-庚基-2-酮；9—（Z）-3-己烯醇；

10—2-异丁基噻唑；12—水杨酸甲酯；13—橙花基乙酮；15—β-紫罗兰酮

3.6.7.4 与动态顶空比较

图 3-35 是新鲜番茄分别用动态顶空和 HS-SPME 处理后的 GC-MS 分析总离子流色谱图，标注的峰是对番茄香味有贡献的成分。与 HS-SPME 相比，动态顶空法分析出的成分稍多（共 54 种），但对番茄香味有贡献的组分并没有增多。另外，动态顶空法花费的时间较长，所以，欲通过快速分析新鲜番茄香成分方法筛选番茄品种时，选择 HS-SPME 方法较好。图 3-35 对应的分析条件如下。

（1）动态顶空萃取　500g 番茄、500mL 饱和氯化钙溶液和内标物 2-辛酮，匀浆混合。混合物放在 3L 的烧瓶中，在搅拌下用纯净的空气吹扫，吸附管填装 200mg Tennax，吹扫吸附 150min 后，取下吸附管，用 3mL 丙酮洗脱，然后氮吹法浓缩至 50μL。气-质联机分析。

（2）HS-SPME　将 500g 番茄与 500mL 饱和氯化钙溶液匀浆混合后，4℃ 下 5000r/min 离心分离 30min。取上清液 12mL，加入内标物 2-辛酮，然后转移到 20mL 顶空瓶中，30℃ 下 100μm PDMS 顶空吸附 10min。气-质联机分析。

此外，Elmore 等分别用 PDMS 与 PA 纤维萃取可乐饮料挥发性成分，并与动态顶空（Tenax TA）对比，得出与上述一致性的结论：尽管 Tenax TA 可富集到更多种类的挥发性成分，但从鉴定出的香味活性成分看，Tenax TA 与 PDMS 分析是基本相同的。

3.6.7.5 与同时蒸馏萃取比较

HS-SPME 与同时蒸馏萃取具有互补性。HS-SPME 对分子量较小、沸点较低的挥发性成分的萃取率较高，而同时蒸馏萃取对分子量较大、沸点较高的挥发性成分的萃取率较高，在全面分析挥发性构成时，两种方法常同时采用。

图 3-36 是柚子皮分别用 HS-SPME 与同时蒸馏萃取制备样品的 GC-MS 分析总离子流色谱图。可以看出，采用 HS-SPME 时，在保留时间较短的区域谱峰密集，检测的灵敏度较高；而采用同时蒸馏萃取，是在保留时间较长的区域谱峰密集，检测的灵敏度较高。此外，柚子特征香成分圆柚酮（诺卡酮），在同时蒸馏萃取法的分析中，其质量分数为 2.67%，而用 HS-SPME 法，可能因为圆柚酮的沸点较高，未能鉴定出。图 3-36 对应的分析条件如下。

（1）HS-SPME　将柚皮粉碎，称取 5g 置于 10mL 萃取瓶中，在 50℃ 下，100μm PDMS 萃取 0.5h，气-质联机分析。

（2）同时蒸馏萃取　将柚皮粉碎，称取 85g 装入 250mL 圆底烧瓶内，加 100mL 水，加入少许沸石，置于同时蒸馏萃取仪的一端，用油浴加热；另一端为盛有 50mL 二氯甲烷的 100mL 的圆底烧瓶，用恒温水浴加热。同时蒸馏萃取 4.5h，萃取液用无水硫酸钠干燥，Vigreux 柱浓缩。气-质联机分析。

（3）气-质联机条件　Saturn 2000GC-MS 系统（Varian）。色谱柱 DM-35MS 30m×0.25mm×0.25mm；载气氦气，流量 1mL/min；柱温程序：起始温度

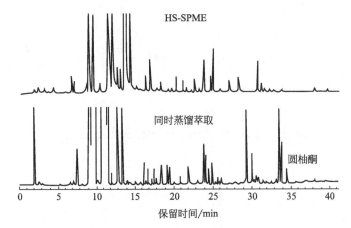

图 3-36　HS-SPME 和同时蒸馏萃取分析柚皮挥发性成分的 GC-MS 总离子流色谱图比较

40℃，以 5℃/min 速率升温至 280℃；进样口温度 250℃；分流比 20 : 1。SPME 脱附 2min。同时蒸馏萃取浓缩液，进样 1μL。

70eV 电子轰击源，离子阱温度 150℃，传输线温度 250℃，溶剂延迟 1min，质量扫描范围 30～450aum。

3.6.8　固相微萃取在香味分析上的应用

固相微萃取在香味分析上的应用非常广泛，涉及的样品种类很多，包括食品、天然产物、日用品（如洗衣液、化妆品、香水）等，下面仅对部分典型应用进行介绍。

3.6.8.1　饮料香味成分分析

1992 年 SB Hawthorne 首次用熔融硅胶纤维萃取分析了咖啡中的咖啡因含量，随后又用同样的方法测定了茶、碳酸饮料、水果汁及酒精饮料中的萜类、酯类、有机酸等香味物质的含量。

由于操作简单、分析快速，SPME 常用于不同品牌饮料的分析鉴别。图 3-37 是市面上流行的两种可乐饮料的固相微萃取/气-质联机分析谱图，二者极其相似，表明这两种饮料在生产时很可能是添加了同样的香精。但在同样的条件下，分析啤酒产品所得的谱图却与两种可乐饮料有很大的差别，说明 SPME 在不同品牌饮料鉴别上的应用是有效的。

在对一些含大量水的饮料中的痕量或超痕量香味成分分析上，直接 SPME 取样的萃取效果更好，且不会影响纤维涂层的寿命。Ng 等采用十六碳酸乙酯作内标，直接 SPME 取样富集了含 40% 乙醇的各种伏特加酒中的含量在 10^{-12} 水平的 C8～C18 脂肪酸乙酯化合物并 GC-MS 分析，以鉴别不同来源及品牌的伏特加酒。当脂肪酸乙酯含量为 $(0.1\sim32)\times10^{-12}$ 水平时，标准偏差为 1%～20%。

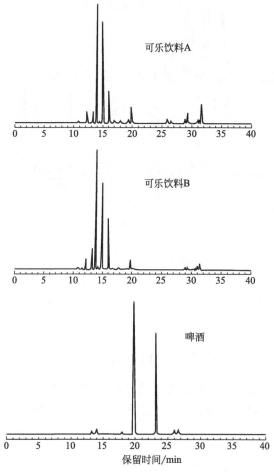

图 3-37 两种可乐饮料和一种啤酒的 HS-SPME/GC-MS 总离子流色谱图

100μm PDMS，55℃，顶空吸附 5min，样品量 1mL

  SPME 在咖啡饮料香成分分析的应用报道较多。Roberts 等比较了不同 SPME 纤维涂层在富集咖啡饮料重要香味成分时对分析结果的影响（图 3-38）。实验表明，Carboxen/PDMS 只对 2-甲基丙醛、乙醛等小分子化合物表现很高的敏感性，而 PDMS/DVB 对于所有咖啡香成分都表现出极高的敏感性，尤其是愈创木酚、4-乙基愈创木酚和 4-乙烯基愈创木酚等极性物质。由于 SPME 处理样品快速、重现性好、能自动化，SPME/GC 可用于咖啡饮料风味质量的日常控制。

3.6.8.2　水果香味成分分析

  SPME 可用于分析果汁的香成分含量，进而筛选果汁生产工艺或控制评价果汁的产品质量。有研究者使用 PDMS 纤维萃取分析了草莓汁的香成分。结果表明，直接 SPME 取样时，草莓汁中的大量难挥发性组分与草莓汁中的痕量挥发性香成

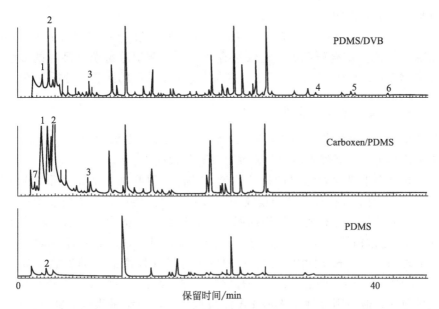

图 3-38　HS-SPME/GC-MS 分析咖啡饮料的总离子流色谱图

固相微萃取：1mL 样品，16mL 样品瓶，室温下顶空吸附 10min；DB-Wax 毛细管色谱柱；

1—2-甲基丙醛；2—2-和 3-甲基丁醛；3—3-戊二酮；

4—愈创木酚；5—乙基愈创木酚；6—乙烯基愈创木酚

分竞争吸附，污染 SPME 纤维涂层并干扰随后的 GC 分析，但采用 HS-SPME 可富集到草莓汁中的丁酸酯及己酸酯等主要挥发性香成分，且在测量反-2-己烯醛、庚酸甲酯、γ-癸内酯及邻氨基苯甲酸甲酯等香味物质时重现性很好。Steffen 等曾用 HS-SPME 分析甜橙汁挥发性香成分，在样品中加入盐，SPME 吸附量明显增大，17 种甜橙汁香成分都被检测出来，在分析物的测定浓度范围内，所用 HS-SPME/GC 方法呈现出较好的线性关系。Jordan 等用 PDMS 纤维 HS-SPME 法分析了甜橙汁中不溶性固体与挥发性香成分的关系，结果表明，SPME 非常适于监测甜橙汁中萜烃类化合物及醇类化合物的变化。

　　HS-SPME 非常适于分析水果香成分或研究不同条件下水果挥发性香成分的变化。J. Song 等用 PDMS 纤维 SPME 取样 24min，再用 6min 的快速 GC-（TOF）MS 分析，检测出 29 种苹果挥发性香成分，且在 $10^{-12}\sim10^{-6}$ 浓度范围内存在线性定量关系。Matich 等用 HS-SPME 研究了苹果在冷藏过程中的香成分变化，他们发现 SPME 取样时间可根据样品中挥发性组分从样品进入气相的速率决定；样品中的小分子成分挥发快，SPME 平衡时间较短；增加顶空气体流动，可以提高吸附速率；与动态顶空相比，PDMS 更易于吸附分子量较大的组分。此外，HS-SPME 还曾用于监测香蕉冷冻干燥过程中香成分的变化，实验表明，对于弱挥发性成分，HS-SPME 比传统的顶空取样更敏感；在冻干处理 5~8h 时，香蕉大部分挥发性香成分丢失，且乙酸异戊酯、丁酸异丁酯、丁酸丁酯、丁酸异戊酯、异戊醇等弱挥发性成分也只剩下原来的 8%～25%。

此外，Louise Urruty 将 SPME 与人工神经网络统计系统（artificial neuron networks，ANN）结合研究出一种快速有效的评价新型草莓杂交品种的方法，认为 HS-SPME/GC-MS 是从香味成分上鉴别筛选草莓品种的强有力分析手段。

3.6.8.3　天然香料的香成分分析

与常用的同时蒸馏萃取相比，SPME 敏感、温和、操作步骤少、省时省力、人为引入干扰物少，在天然香料成分研究上具有强大优势。

SPME 可用于建立调味料的指纹图谱，进行真假鉴别。Miller 用 HS-SPME/GC-MS 方法得到了肉桂香成分的指纹图谱，并快速简便地获悉了肉桂调料中的丁香酚、苯甲酸苄酯、香豆素或杜松烯四个标志性香成分的含量，从而将真正肉桂（cinnamon）与假肉桂（cassia）区分开。他发现，PDMS 的涂层厚度对分析结果有明显的影响，$100\mu m$ PDMS 比 $7\mu m$ PDMS 对半挥发性成分的回收率高，而且 $100\mu m$ PDMS 对于芳樟醇、樟脑、β-石竹烯、香豆素、α-葎草烯、乙酸肉桂酯表现出更强的吸附。他还用极性稍大的 PA 涂层进行实验，结果表明，$85\mu m$ PA 对于苯甲醛、月桂烯、肉桂醛具有较强的吸附。

由于 PDMS 纤维对于含硫化合物具有较强的选择性，SPME 适于调味料中含硫类重要香成分的快速分析。F. Pelusio 将用 PDMS 纤维的 HS-SPME 取样与气相色谱-离子阱质谱结合，在室温及 80℃ 下分析了黑色及白色调味菌（black or white truffle）的香成分。二甲基硫醚、二甲基二硫醚、二甲硫基甲烷、二甲基三硫醚等一系列含硫成分被检测出来，但非含硫组分只有 2-丁醇及 2-丁酮在 PDMS 纤维上得到了富集。

此外，SPME 取样方法还曾用于分析酒花中葎草烯与石竹烯的比例，评价酒花品质，筛选酒花品种。

3.6.8.4　热加工食品及美拉德反应（Maillard）产物香味成分分析

SPME 在熟肉类、米饭、坚果类（如炒花生）等多种热加工食品的香味分析中均有应用。Yang 等用 SPME 富集烤咖啡过程的香成分，并证实了 PDMS 对于半挥发性成分也具有较强的吸附。在 160℃ 下他们还用 SPME 富集到了溶在植物油或脂肪中的双乙酰、δ-癸内酯、δ-十一碳内酯等奶香味成分。

美拉德反应可生成吡嗪、呋喃、噻唑及吡啶等各类挥发性、半挥发性香味成分。Iba ez 分别采用 SPME 及溶剂萃取方法富集葡萄糖、甘氨酸及氢氧化钠混合水溶液加热后形成的微量吡嗪，结果表明，SPME 能选择性萃取吡嗪及其类似物，可用于吡嗪香味化合物的形成机制研究。Coleman 比较了不同纤维涂层在美拉德反应产物及糖热降解产物分析中的应用，结果表明，极性纤维及非极性纤维都适于分析美拉德反应水溶液，且在含量为（5～500）$\times 10^{-12}$ 水平内存在线性吸附。他用 $100\mu m$PDMS 从美拉德反应产物（样品是分析物含量在 50×10^{-6} 水平的水溶液）

中富集到 16 种成分，此 SPME/GC-MS 的检测下限大约是 1～2ng。另外，所用 PDMS 纤维涂层还表现出较好的选择性，当化合物取代烷基增多时，由于分子极性降低及分子空间结构的加大，SPME 纤维涂层吸附量增大；但当吡啶衍生物存在时，由于竞争吸附使吡啶在纤维涂层上的吸附量减小。另外，他还用比 PDMS 极性大的 Carbowax/DVB 纤维涂层分析了美拉德反应产物，结果表明，Carbowax/DVB 对于所分析的大多数化合物敏感性强，但对于 4-乙基吡啶、5-乙基-2-甲基吡啶及三甲基噻唑敏感性稍弱。

3.6.8.5　鲜花香气成分分析

固相微萃取曾成功地用于槐花、紫丁香、树兰花等多种鲜花的香气分析。鲜花香气的经典方法是动态顶空，相比之下，固相微萃取具有装置简单、操作时间短、更适于野外采集的优势。

在鲜花香气的萃取中，纤维涂层种类对分析结果的影响比较显著，不同纤维涂层分析鉴定的结果往往存在着较大的差别，为获得更全面的信息，常常同时使用多种萃取纤维。表 3-14 是用五种萃取纤维分析风信子花香成分的结果，其中灰色萃取纤维（CAR/DVB/PDMS）分析出的香成分较多，与动态顶空法（Tennax）的分析结果更相似。

表 3-14　用不同纤维涂层从风信子鲜花中鉴定的各香气成分的相对峰面积比较

化合物	Tennax	纤维涂层[①]				
		灰色	白色	蓝色	黑色	红色
苯甲醛	1.80			0.55		
月桂烯	2.51	2.96		1.12	7.09	
α-蒎烯	1.35	1.11				
顺-罗勒烯				0.40	1.15	
柠檬烯	0.72	0.75		0.22		
苯甲醇	2.29	1.34	1.67	0.92	3.01	0.58
对-伞花烃					2.63	
反-罗勒烯	21.58	21.78	2.37	15.01	10.38	5.16
苯乙醛	1.51	3.35	0.71	1.88	4.33	0.37
苯乙酮	0.34					
苯甲酸甲酯	0.20	0.24		0.20		
苯乙醇	28.91	30.85	25.20	23.78	36.06	20.82
别-罗勒烯		1.99			4.86	
乙酸苄酯	16.89	18.92	13.88	20.15	23.34	15.20
乙酸对-甲基苯酯	0.54	0.69	0.25	0.78	0.70	0.81
C10 醛			0.22			1.28
苯丙醇	0.23	0.18	0.41	0.20		0.25
乙酸苯乙酯	2.96	2.66	3.01	3.34	2.28	4.51
肉桂醛	0.68	0.44	0.60	0.32		0.58
肉桂醇	1.94	1.25	5.08	2.96	0.33	4.04
2-甲氧基苯甲酸甲酯		0.24		0.18		0.6
1,2,4-三甲氧基苯	5.71	4.65	12.05	8.30	3.37	13.81
4-甲氧基苯乙醇	0.36	0.40		0.39		0.80

续表

化合物	Tennax	纤维涂层①				
		灰色	白色	蓝色	黑色	红色
甲基丁香酚	0.38	0.49	1.14	0.81		1.40
乙酸肉桂酯	0.26	0.23	0.75	0.40		0.69
α-金合欢烯	3.90	2.68	7.85	8.15		13.89
苯骈苯乙酮			9.88			
苯甲酸苄酯	4.29	2.38	12.53	8.53	0.46	13.22

① 灰色：50μmCAR/DVB/PDMS；白色：85μmPA；蓝色：65μmDVB/PDMS；黑色：75μmCAR/PDMS；红色：100μm PDMS。

3.7 搅拌棒吸附（SBSE）

3.7.1 概述

搅拌棒吸附（stir bar sorptive extraction，SBSE），于 1999 年由 E. Baltussen 等发明，是对固相微萃取的改进，适于浓缩水性样品中的挥发性成分。如图 3-39 所示，搅拌棒包含一个磁性核，磁性核包封在玻璃管中，玻璃管外面涂有膜厚为 0.5mm 或 1mm 的聚二甲基硅氧烷（PDMS）。目前，吸附搅拌棒已商业化，一般是 1~2cm 长度。

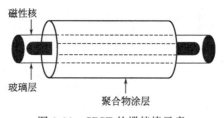

磁性核

玻璃层

聚合物涂层

图 3-39　SBSE 的搅拌棒示意

顶空吸附

浸入吸附

浸入顶空混合吸附

搅拌棒

搅拌棒

搅拌棒

图 3-40　SBSE 的样品萃取过程

如图 3-40 所示，SBSE 有顶空吸附、浸入吸附和浸入顶空混合吸附三种采样方式。顶空吸附，是将搅拌棒悬浮在盛有样品的小瓶顶部空间进行吸附；浸入吸附，是将搅拌棒放在样品水溶液中，像电磁搅拌那样转动；顶空混合吸附则兼有顶空和浸入两种方式。萃取完毕，将搅拌棒取出，进行解吸。如果在萃取时搅拌棒曾浸入样品中，需先用蒸馏水冲洗，干燥后，再进行解吸。

吸附的物质可用溶剂洗脱解吸，也可将搅拌棒放到一个空的热脱附管中，在热脱附装置上进行热解吸（如图 3-41）。热解吸通常是一个缓慢的过程，解吸后的挥发物如果直接进入色谱柱，会导致色谱峰畸变成宽的"馒头"峰，使分离失败。因此，在热解吸时，常使用程序升温气化（PTV）进样器（如图 3-42）。PTV 进样器是先用液氮或干冰将热解吸的样品流冷冻聚焦，然后再快速加热，使样品流以"窄带"形式进入色谱系统，保证有效的分离。

溶剂解吸常用在使用高效液相色谱分析或者萃取的是热不稳定物质时，解吸时一般采用自身搅拌、超声辅助等方式进行。

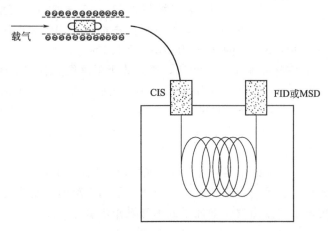

图 3-41　吸附搅拌棒的热脱附分析（Gerstel TDS 2）示意图

影响 SBSE 萃取效率的因素有温度、萃取时间和搅拌速率等。可在水溶液样品中加入无机盐（如 NaCl、Na_2SO_4）调节样品的离子强度，使待测物在样品中的溶解度降低，以提高聚合物涂层对分析物的萃取效率。由于 PDMS 是非离子型涂层，只能有效地萃取中性物质，所以，某些时候还需调节溶液的 pH 值，使待测物以非解离型存在。

3.7.2　SBSE 萃取的优缺点

与 SPME 相似，搅拌棒吸附萃取也是通过聚合物涂层吸附样品分子的方式完成的。SPME 由于设备简单、操作方便、敏感、不使用溶剂，引起了人们极大的兴趣。但它唯一的缺点是可涂附的吸附材料量太少（$\leqslant 0.5\mu L$），造成萃取的回收率低，分析灵敏度不高。

David 等认为，对于 PDMS 纤维吸附水溶液中的样品分子，可用式 3-3 计算萃

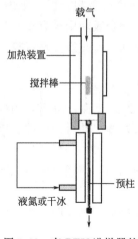

图 3-42 有 PTV 进样器的
吸附搅拌棒热脱附示意图

取率：

$$萃取率 = \frac{K_{PDMS/w}/\beta}{1 + K_{PDMS/w}/\beta} \times 100\% \qquad (3-3)$$

式中 $K_{PDMS/w}$ 为样品分子在 PDMS 相和水相之间的分配系数；β 为水相与 PDMS 相的体积比。$K_{PDMS/w}$ 可用油水分配系数 $K_{O/w}$（在辛醇/水两相溶剂系统中的分配系数）代替，预测水溶液中某个分子的吸附萃取率。

由式 3-3 可知，$K_{O/w}$ 越大或 β 值越小，萃取率越高。常用的 100μmPDMS 纤维的相体积只有 0.5μL，对于 $K_{O/w} < 10000$ 的样品分子，萃取率很低，而 $K_{O/w} > 20000$ 的有机物，其萃取回收率才能达到 50% 以上（10mL 水溶液中）。

SBSE 萃取涂层的量（25～125μL）远大于 SPME，因此它的重现性和回收率都大于 SPME。研究表明，对于 $K_{O/w} > 500$ 的化合物，SBSE 的萃取回收率接近 100%。

与 SPME 及其它样品制备方法相比，搅拌棒吸附萃取具有如下优点：①快速、易于操作；②不需要溶剂；③样品用量小；④对乙醇含量小于 10% 的酒精饮料和脂肪含量小于 2% 的样品的分析效果好，不会出现乙醇色谱峰掩盖低沸点成分谱峰的现象；⑤高灵敏度，对于某些有机物，可以检测 ng/L 级以下的浓度；⑥线性相关度、重现性均较好。

但 SBSE 还存在如下的不足：①商品化的涂层只有 PDMS 一种，不利于极性挥发性成分的萃取；②吸附完毕，需迅速分析，否则吸附的挥发性成分会慢慢脱附跑掉；③一般要配个热脱附仪，增加了成本和操作步骤。

3.7.3 SBSE 的应用及与 SPME 的比较

搅拌棒吸附是从水溶液样品中萃取香味成分的非常有效的方法，已成功地在水果汁、软饮料和酒精饮料的香成分分析方面得到应用。与固相微萃取相比，搅拌棒吸附具有更厚的 PDMS 涂层和更大的吸附相体积，加之热脱附技术的使用，大大提高了萃取的灵敏性和定量分析的准确性。

图 3-43 是分别采用 SPME 和 SBSE 分析一种软饮料香味成分的气相色谱图。SPME 条件：65μm PDMS/DVB 萃取纤维，5mL 样品，室温下浸入取样。SBSE 条件：5mL 样品，室温下浸入式取样。可以看出，用 SBSE 萃取不仅检测出的化合物种类多，而且灵敏度高。

图 3-44 是浸入式 SBSE 萃取分析葡萄柚果汁成分的气相色谱图，分析条件：TDS，20℃/min 升至 250℃保持 5min，传输线温度 300℃；氢气吹扫 25mL/min；不分流。CIS：分流比 1∶5，以 12℃/s 由 −120℃升温至 300℃。色谱柱 DB-WAX 20m×0.18mm×0.18μm；载气 1.3mL/min 氢气；柱温程序：先恒温 40℃，再以

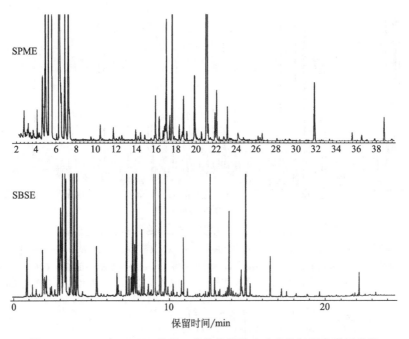

图 3-43　SBSE 与 SPME 分析一种软饮料香味成分的气相色谱图比较

9℃/min 速率升至 250℃。可以看出，挥发性和半挥发性成分均被有效地萃取出来，且各个谱谱峰的对称性很好。

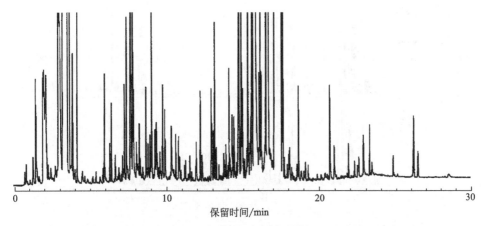

图 3-44　浸入式 SBSE/热脱附分析葡萄柚果汁成分的气相色谱图

　　图 3-45 为 SBSE 萃取一颗葡萄的气-质联机分析总离子流色谱图，浸入葡萄的浆液中搅拌棒吸附，再热脱附分析。分离出的化合物有一百多种，葡萄香味的主要物质都被鉴定出来。

　　图 3-46 为不同采样方式下，SBSE 萃取一种软饮料的 GC-MS 分析总离子流色谱图。通过比较可以看出，浸入式采样时，保留时间在 20min 后的一些沸点较高

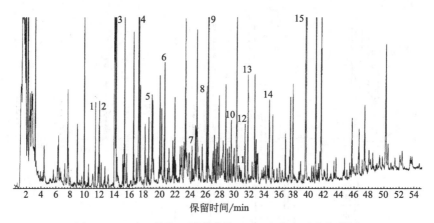

图 3-45　SBSE 萃取一颗葡萄的 GC-MS 总离子流色谱图

1—己醇；2—2-壬酮；3—糠醛；4—5-甲基糠醛；5—苯乙醛；6—γ-己内酯；7—苯丙环丁烯；

8—γ-辛内酯；9—2-苯乙醇；10—呋喃酮；11—对和间-甲酚；12—4-羟基-5-甲基-3（2H）-呋喃酮；

13—γ-十二内酯；14—3,5-二羟基-6-甲基-2,3-二氢吡喃-4-酮；15—2-甲酰基-5-羟甲基呋喃

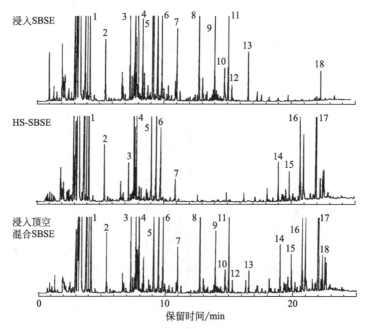

图 3-46　不同采样方式下 SBSE 萃取一种软饮料的 GC-MS 分析总离子流色谱图

1—异松油烯；2—壬醛；3—芳樟醇；4—1-萜品烯-4-醇；5—α-萜品醇；6—乙酸香叶酯；7—黄樟油素；

8—肉桂醛；9—乙酸肉桂酯；10—α-没药醇；11—肉豆蔻醚；12—樟脑烯醇；13—2-甲氧基肉桂醛；

14—肉豆蔻酸；15—十五碳酸；16—棕榈酸；17—角沙烯；18—咖啡因

的物质未萃取出；顶空采样时，保留时间在 $10\sim18$min 的一些物质未萃取出；而
浸入顶空混合采样，兼顾了顶空萃取和浸入式采样二者的优点，较为全面地将样品
中具有不同挥发性或极性的样品分子萃取出来。

3.8　超临界 CO_2 流体萃取

3.8.1　简介

超临界流体（super critical fluid，SCF）是指超过临界温度（T_C）和临界压力（P_C）的流体。图 3-47 是 CO_2 的温度-压力相图。

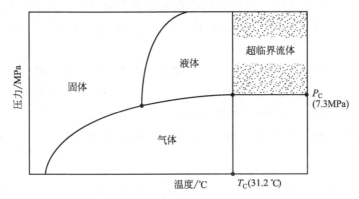

图 3-47　纯 CO_2 气体的温度-压力相图

超临界流体具有十分独特的物理性质，特别是对某些物质具有异乎寻常的溶解能力。如表 3-15 所示，超临界流体的密度与液体接近，黏度和扩散系数却与气体相近，因而渗透性、传质性远好于一般的液体溶剂。超临界流体的溶解性与它的密度有极大的相关性，在临界点附近，温度和压力的微小变化就能导致流体密度的显著改变，从而引起化合物溶解度的变化。因而，可通过调节温度、压力等参数改变流体的密度，实现选择性萃取。

表 3-15　液体、气体和超临界流体的物理性质比较

性质	气体	超临界流体	液体
	101.325kPa，15～30℃	$T_C，P_C$	15～30℃
密度/(g/mL)	$(0.6\sim2)\times10^{-3}$	0.2～0.5	0.6～1.6
黏度/[g/(cm·s)]	$(1\sim3)\times10^{-4}$	$(1\sim3)\times10^{-4}$	$(0.2\sim3)\times10^{-2}$
扩散系数/(cm²/s)	0.1～0.4	0.7×10^{-3}	$(0.2\sim3)\times10^{-5}$

超临界 CO_2 萃取是将超临界状态下的 CO_2 作为萃取剂的分离技术，它有如下几个优点：①传质性好，扩散快，溶解性强，后处理简单，萃取效率高；②CO_2 的临界温度接近室温，萃取条件温和，适于热敏性物质的萃取；③CO_2 无味、无臭、无毒、无害，萃取过程无环境污染，萃取物无溶剂残留；④CO_2 化学惰性好，

不易燃，很少与其它物质发生化学反应；⑤CO_2价廉易得；⑥工艺简单，可实现选择性萃取。

超临界CO_2萃取的不足是必须在高压下工作，对设备要求高。但因具有高效、快速、温和、后处理简单等特点，且萃取物具有高附加值，在食品、医药、香料、化工等领域仍受到人们的广泛重视和应用。

3.8.2　萃取装置与工艺流程

超临界CO_2萃取装置有研究分析型和制备生产型两种，二者的构成和工艺流程基本相同。样品制备使用的是研究分析型，它的萃取容积小（一般不超过1L），样品用量小。

如图3-48所示，超临界CO_2萃取装置主要由萃取釜、分离釜、CO_2贮罐、气体压缩泵、热交换设备组成。它的萃取工艺流程一般由萃取和分离两阶段组成。在萃取阶段，萃取剂CO_2将所待测组分从原料中萃取出来；在分离阶段，让萃取组分与CO_2流体分离，并将CO_2回收（分析型有时不回收CO_2）。

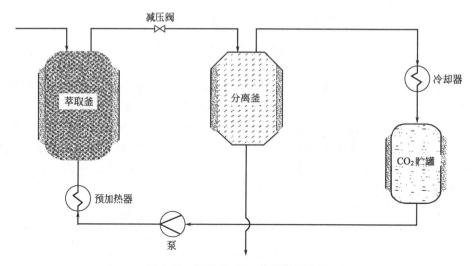

图 3-48　超临界 CO_2 萃取装置示意

超临界CO_2流体对于固体样品、黏稠样品萃取效果很好，可从高沸点的复杂体系（如洗发液）中萃取挥发性香成分。固体原料，一般采用间歇式（半连续式）操作，物料一次性装入萃取釜中，萃取剂CO_2连续流动穿过物料（动态萃取），或在一定的压力下静态浸渍物料（静态萃取）。黏稠性或萃取过程中流动性的物料，可先与某些惰性载体（如硅藻土）混合使样品固定后再装入萃取釜中。流动性很好的液体物料，可用逆流塔进行连续式操作，此时图3-48中的萃取釜可由一个精馏柱代替，液体物料从上到下流动，而CO_2则由下向上流动，两相逆流接触实现连续逆流萃取。此时，含萃取组分的 CO_2 从精馏柱的顶端流出，调节压力后可将萃取的组分与 CO_2 分开。

固体物料的超临界萃取基本流程有三种：① 等温法，萃取釜与分离釜等温，但萃取釜的压力高于分离釜的压力，利用高压下 CO_2 对物质的溶解力远高于低压下的特性，使萃取的溶质在分离釜时从 CO_2 中析出。② 等压法，萃取釜与分离釜等压，但萃取釜与分离釜之间存在着温度差，利用温度变化引起的溶解度改变，将 CO_2 与萃取的溶质分离。至于分离釜和萃取釜的温度哪个更高好，要根据压力条件而定，一般是让分离釜的温度更高些。③ 吸附法，在分离釜内填装能吸附 CO_2 流体中萃取出的溶质的吸附剂，从而将 CO_2 萃取剂与溶质分离。在上述三种流程中，等温法是最方便和实用的一种流程，在提取天然植物精油中应用得较多。

3.8.3　植物精油的超临界 CO_2 萃取

超临界 CO_2 流体的极性处于正己烷和氯仿之间，对植物中酯、酮、萜烯类等弱极性香味物质具有很好的溶解性，但对蛋白质、糖类、苷类等许多极性强的物质几乎不溶解，所以尤其适于植物精油的萃取分离。20 世纪 80 年代以来，多数的超临界萃取装置是以天然香料的萃取分离为研究对象的，天然香料提取已是超临界萃取的最有价值的研究方向。

传统的蒸汽蒸馏、溶剂萃取、压榨等方法，在天然香料提取过程中，易产生热分解、溶剂残留或部分芳香物质挥发损失等问题。以超临界 CO_2 萃取制备的精油或浸膏保持了原有物料的天然色、香、味。例如，从生姜中提取生姜油，用传统的水蒸气蒸馏法不但受热时间长，得油率低且不能提取到姜辣素成分，而超临界萃取法不仅萃取效率高，且能同时获得挥发油和姜辣素；紫丁香具有独特的花香气，用传统的水蒸气蒸馏法，由于在蒸馏过程中部分呈香组分被分解，所得精油并不能完全真实反映其花香，而用超临界 CO_2 萃取法制备的精油，就具有完美的花香气。因此，与传统方法相比，用超临界 CO_2 萃取技术从天然植物的花、果实、皮和叶等组织中萃取植物精油具有很强的优势。

超临界萃取的优点是绿色环保、萃取效率高、有选择性、适于热不稳定或易于氧化的成分的萃取。但为了得到目标萃取产物，对于不同类型样品，需要花费一定时间用来优化压力、温度、流速等工艺参数。对于极性化合物的萃取，需要加入甲醇或乙醇作为夹带剂。在植物精油萃取中，常涉及的工艺技术如下。

3.8.3.1　萃取与分离条件

从溶解度数据看，在温度为 40～50℃、压力小于 10MPa 的 CO_2 流体中，分子量较高的化合物的溶解度很小，但随着 CO_2 密度的增加分子量大的成分的溶解度将逐渐增加。因而，使用液体 CO_2 或低压下的超临界流体萃取时，萃取物常为精油，而在较高压力下进行超临界萃取时，由于 CO_2 密度较高，精油、特殊的呈味物质及植物色素均被提取出来，常会得到膏状物。

在花的超临界萃取产物中一般都含有蜡质成分，精油的除蜡可由多级分离釜来解决。将第一分离釜温度设为 0℃，携带精油和蜡的超临界流体经过一级分离釜时，蜡就会充分在一级分离釜中解析，而在二级分离釜中可得到品质较好的精油。例如，G. Della Porta 在萃取丁香和月见草时，将萃取釜的压力、温度设为 9MPa、50℃，而分离釜 Ⅰ 设为 9MPa、−10℃ 使蜡从精油中完全分离出来，分离釜 Ⅱ 设为 1.5MPa、10℃ 保证精油从气态 CO_2 中解析出来，使挥发物损失最小。这种方法还成功地用于迷迭香、茉乔栾那叶、胡椒薄荷、黄春菊、薰衣草、沙漠座莲叶、香兰草中精油的萃取。

也可利用多级超临界萃取法分离浸膏中的精油。E. Reverchon 等人就先后用此法处理过菊花浸膏和玫瑰浸膏，以除掉其中的蜡和其它杂质，获得了较纯的精油。

3.8.3.2　物料的预处理

（1）物料的粉碎处理　物料的粒度对萃取效率有重要影响，一般颗粒越小，溶质从物料向超临界流体中的转移路径越短，与超临界流体的接触面积越大，萃取得越快越完全。但粒度过小会使萃取釜上的筛板或管路堵塞。一般，物料的最小允许粒度为 30 目。

（2）溶胀预处理　事先将物料用溶剂浸泡再超临界萃取，可有效地提高萃取率。石文华等曾用一定浓度的乙醇溶液对干槐花溶胀预处理（溶质与溶剂的质量比为 1∶3，室温 20℃，时间 15min）再经超临界萃取，萃取率可提高 10 倍以上。但溶胀预处理后，物料中所含溶剂也会和目标物一起被萃取出来，有时还会出现管路堵塞，遇到这种情况，应在萃取釜中预留约 25% 的空间。

（3）快速降压预处理　将香毛簇在高密度 CO_2 中（37℃、7MPa）处理 60min 后，再以 2Pa/s 的速度降到常压，用扫描电镜观察，腺体的破坏率达 80% 以上。对有腺体的植物（如腺状香毛簇）可先快速降压预处理，再进行超临界萃取。此法比机械处理精油损失小，且有利于精油的萃取，精油收率比普通粉碎法处理高得多。

3.8.3.3　添加夹带剂

超临界 CO_2 流体类似于非极性溶剂，在某些情况下，为了提高某些极性强的化合物的溶解度，往往加入少量的夹带剂如丙酮、甲醇、乙醇、乙酸乙酯和水等，以提高萃取效率。但添加的夹带剂也将同目标物一起被萃取出来。夹带剂的作用原理是通过改变二元混合物的相平衡及超临界流体的临界点，来增加萃取物特别是极性物质在超临界流体中的溶解度。例如，Rao 等用甲醇、乙醇、丙酮、二甲基亚砜作夹带剂萃取茉莉精油，收率明显提高，且茉莉酮的溶解度提高了 266%；
S. Scalia 用乙醇作夹带剂萃取黄春菊精油，9.12MPa、40℃ 萃取 30min 的精油产率
是水蒸气蒸馏 4h 的 4.4 倍。

3.8.4　应用实例

3.8.4.1　玫瑰叶精油成分分析

萃取实验：150g 玫瑰叶放入超临界萃取釜中，在温度 40℃、压力 9MPa、
CO_2 流速 20kg/h 条件下，萃取 2h。

所得精油具有天然玫瑰叶的香气特征，气-质联机分析总离子流色谱图见图 3-49。

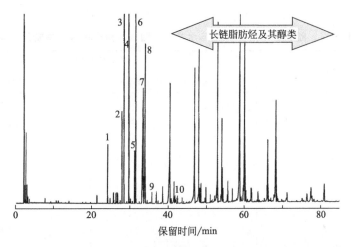

图 3-49　超临界 CO_2 萃取玫瑰精油的气-质联机分析总离子流色谱图

1—乙酸香茅酯；2—乙酸香叶酯；3—香茅醇；4—橙花醇；5—3.5-二甲氧基甲苯；6—香叶醇；

7—十九碳烷；8—（Z）-9-十九碳烯；9—7,8-二氢-β-紫罗兰酮；10—丁香酚

3.8.4.2　小茴香精油的超临界 CO_2 萃取及与水蒸气蒸馏法的比较

（1）超临界 CO_2 萃取　将小茴香粗粉 620g 投入萃取釜中，按照流程：CO_2 钢
瓶→冷冻系统→高压泵→萃取釜→分离釜Ⅰ→分离釜Ⅱ→转子流量计→循环，连续
萃取 1.5h，最后从分离釜中得到 7.9g 精油和 23.9g 膏状物，收率为 5.1%。

（2）水蒸气蒸馏　50g 小茴香粗粉用标准水蒸气蒸馏装置连续蒸馏 5h，再用
正己烷萃取 5 次，无水 Na_2SO_4 干燥，蒸馏除去溶剂，得到 1.1g 小茴香精油，收
率为 2.2%。

（3）气-质联机分析　色谱柱 HP-5MS 30m×0.25mm×0.25μm；柱温程序：
起始温度 50℃ 停留 1min，以 4℃/min 速率升温至 200℃ 停留 1min，再以 20℃/min
的速率升温至 280℃，停留至完成分析；进样口温度 250℃；载气氦气，流速

1.0mL/min；进样量 1μL（乙醚稀释），分流比 40∶1。

70eV 电子轰击离子源，离子源温度 230℃，四极杆温度 150℃，接口温度 280℃，溶剂延迟 5min，质量范围 10～550amu。

（4）气-质联机分析结果　与水蒸气蒸馏相比，超临界萃取法萃取时间短、萃取收率高。表 3-16 为两种萃取方法所得精油的成分分析结果。水蒸气蒸馏所得精油的主要成分为茴香脑，而超临界萃取法所得精油的主要成分除了茴香脑外，还包括高沸点的亲脂性化合物油酸，这是因为超临界 CO_2 流体是弱极性溶剂，对亲脂性脂肪酸类化合物具有很强的溶解性。此外，超临界萃取所得精油中只检测到顺式-茴香脑，但水蒸气蒸馏所得精油中除了顺式-茴香脑还含有较高含量的反式-茴香脑，反式-茴香脑的大量出现，很可能与水蒸气蒸馏中的长时间加热有关。

表 3-16　超临界 CO_2 萃取法与水蒸气蒸馏法所得小茴香精油成分比较

化合物	相对峰面积/%	
	超临界 CO_2 萃取	水蒸气蒸馏
α-蒎烯	0.09	0.14
β-水芹烯	0.04	0.04
桧烯	—	0.03
β-月桂烯	0.04	—
β-蒎烯	—	0.04
α-水芹烯	—	0.04
对-伞花烃	0.22	0.22
柠檬烯	1.17	3.60
1,8-桉叶油素	0.12	—
反-别罗勒烯	0.10	—
γ-松油烯	0.40	1.13
葑酮	0.81	—
α-崔柏酮	—	2.81
樟脑	—	0.37
对-烯丙基茴香脑	2.18	6.30
4-松油烯醇	—	0.12
大茴香醛	0.68	—
大茴香脑	—	0.25
顺式-茴香脑	44.66	68.67
反式-茴香脑	—	11.03

续表

化合物	相对峰面积/%	
	超临界 CO_2 萃取	水蒸气蒸馏
癸酸	0.22	—
α-枯巴烯	0.04	0.05
大茴香酮	0.14	—
榄香烯	—	0.20
γ-荜澄茄烯	—	0.07
δ-荜澄茄烯	0.03	—
卡拉烯(白菖油萜)	—	0.10
大根香叶烯-D	—	0.13
大根香叶酮	—	0.21
棕榈酸	—	4.01
棕榈酸乙酯	—	0.27
亚油酸甲酯	—	0.09
油酸甲酯	0.09	0.10
植醇	0.23	—
油酸	38.30	—
亚油酸乙酯	—	0.78
油酸乙酯	2.63	0.77

3.9　顶空单液滴微萃取（HS-SDME）

3.9.1　简介

顶空单液滴微萃取（headspace single drop microextraction，HS-SDME），又称顶空液相微萃取（headspace liquid phase microextraction，HS-LPME），最早由 Jennot Michael A 和 Cantwell Frederick F. 于 1996 年提出，如图 3-50 所示，是指将注射器插入到样品瓶的顶空，让一滴萃取溶剂悬挂于注射器针尖的顶端，吸附萃取一定的时间后，将液滴吸回到进样针中的萃取过程。

该技术将液相微萃取和顶空取样技术结合，适于分离富集复杂基质包括黏稠液体、固体等样品中的挥发性、半挥发性成分，通过改变萃取溶剂，还可实现对目标成分的选择性萃取。

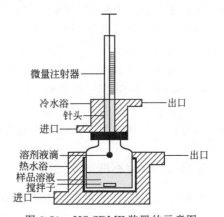

图 3-50　HS-SDME 装置的示意图

HS-SDME 具有简单、快速、灵敏度高、环境友好、样品萃取完成可在 GC、GC-MS 上直接进样分析的优点。HS-SDME 最初主要用于分析环境样品如水中痕量污染物和生物样品如血样中的药物。目前，已迅速扩展到其它领域，并在香味分析上得到一定的应用。

3.9.2 HS-SDME 的基本原理

HS-SDME 是基于分析物在样品、顶空气相、萃取溶剂三者之间的平衡分配过程，满足式 3-4 方程：

$$n = \frac{K_{odw}V_dC_oV_s}{K_{odw}V_d + K_{hs}V_h + V_s} \tag{3-4}$$

式中，n 为萃取溶剂萃取的分析物的量；K_{odw} 为分析物在萃取溶剂与样品之间的分配系数；K_{hs} 为分析物在顶空气相与样品之间的分配系数；C_o 为分析物在样品基质中的初始浓度；V_d、V_h 和 V_s 分别为萃取溶剂、顶空气相、样品的体积。

按照萃取方式，HS-SDME 可分为静态顶空单液滴微萃取（Static-Headspace Single Drop Microextraction，Static-HS-SDME）和动态顶空单液滴微萃取（Dynamic Headspace Single Drop Microextraction，Dynamic-HS-SDME）两种方式。

Static-HS-SDME 操作步骤如下。①微量注射器吸取一定量（一般为几微升）的萃取溶剂。②将注射器穿透样品瓶的隔垫，使针尖置于样品瓶的顶空。③推动注射器活塞使萃取溶剂液滴悬挂在针尖上，暴露在样品瓶的顶空中，并保持一定时间。④将萃取液滴吸回到注射器，将注射器从样品瓶中拔出，直接进行 GC 或 GC-MS 分析。此操作过程简单，人为因素较少，重复性较好，且对操作仪器要求低，因而常得到分析工作者的喜欢。

Dynamic-HS-SDME 利用活塞抽动进行萃取，在活塞抽动时，萃取溶剂在注射器的内壁形成有机液膜，萃取物在顶空空气和有机液膜之间瞬时达到平衡。操作步骤如下：①将微量注射器吸取一定量的萃取溶剂，然后将注射器穿透样品瓶的隔垫，使针尖置于样品瓶的顶空；②以适当的速度吸入一定量的顶空气体，静候一定时间；③将吸入的空气完全推出，并保持液滴悬挂在针尖上；④吸入空气，再推出，如此操作反复数次；⑤将注射器拔出进行分析。

Dynamic-HS-SDME 比 Static-HS-SDME 有更高的检测灵敏度，但该萃取方式的人为因素较大，其重复性不及 Static-HS-SDME。若使用自动化的装置可提高实验的重复性，但该装置国内外还未商业化。

3.9.3 影响萃取效率的因素

影响 HS-SDME 的主要因素有萃取溶剂的种类及用量、萃取溶剂温度、样品温度、萃取时间、盐效应、搅拌等，对于 Dynamic-HS-SDME 还有活塞抽动速率及萃取次数。

3.9.3.1 萃取溶剂的种类及用量

萃取溶剂的选择遵循"相似相溶"的基本原则，选用的萃取溶剂应满足以下要求：① 能对目标分析成分很好地萃取；②具有较好的色谱行为，不干扰待测物的检测；③具有较高的沸点、较小的黏度和较低的蒸气压，以减少萃取过程中萃取液滴的挥发。

通过改变溶剂的种类及调节溶剂的极性，来实现对不同化合物的选择性萃取。使用单一种类的溶剂在一定程度上具有很大的局限性，近年来混合溶剂被应用于HS-SDME，通过调节混合溶剂中各溶剂的比例及酸碱度，极大地增加了萃取溶剂的种类及适用范围。此外，如果萃取溶剂的沸点较低，可采取在样品中加入一定量的萃取溶剂的方法增加顶空的蒸气压，从而减少萃取过程中溶剂的损失。尽管样品中加入溶剂会降低萃取效率，这一不足可通过调节影响萃取的其它参数来弥补。

萃取溶剂量对萃取效率也有一定的影响。一般来说，萃取溶剂量越大，越有利于对分析物的萃取，因此，适当地增加溶剂量可提高萃取效率。但对于 Static-HS-SDME 系统，萃取溶剂量越大，液滴体积就越大，从而使得萃取物进入液滴的速率就会变小，达到萃取平衡所需时间也就越长。另外，萃取溶剂量过大，液滴就会过大，液滴就很难稳定地悬挂在针尖上。

3.9.3.2　萃取溶剂的温度及样品温度

一般来说，萃取溶剂的温度较高时会使萃取溶剂挥发，从而导致萃取效率降低。相反，样品温度较高却有利于样品中挥发性物质的释放，增加萃取物的蒸气压及其在顶空中的含量，从而缩短达到平衡所需的时间，提高萃取效率。因此，保持样品温度较高的同时使萃取溶剂的温度较低，将会有利于分析物在萃取溶剂中的浓缩富集。图 3-50 所示的装置中，将注射器针头用冷却剂冷却，而样品则被加热，很好地解决了这一问题，能够实现在较高的样品温度、较低的萃取溶剂温度下完成萃取过程。

3.9.3.3　萃取时间

HS-SDME 的萃取是分析物在样品、顶空气相和萃取溶剂之间的平衡分配过程，达到此平衡时需要一定的萃取时间，但时间过长也会导致溶剂液滴的挥发，因此 HS-SDME 的萃取时间应针对不同的样品及萃取溶剂而定。

3.9.3.4　盐效应

一般而言，水相样品中加入无机盐能够改变样品的离子强度，增大分配系数，从而提高分析物的萃取率。最常用的盐为氯化钠和硫酸钠。但应注意对于某些样品体系，有时会随着盐的加入，萃取率反而下降。

3.9.3.5　搅拌

搅拌能促使样品中挥发物的释放，在顶空中形成对流，有利于挥发物在样品溶液和顶空气相之间快速达成平衡，减少萃取时间。

3.9.3.6 活塞抽动速率及萃取次数

针对 Dynamic-HS-SDME 而言，活塞抽动速率过大或过小都会使萃取效率降低。原因是速率过大，针管内壁形成的有机膜层过厚，造成扩散速率慢；速率过小，萃取溶剂不能在针管内壁形成稳定的有机膜层。另外，萃取次数较少时，液滴中的分析物含量随着萃取次数变化几乎不变，而萃取次数过多又会导致溶剂挥发严重，从而使萃取效率下降。因此，应根据分析结果优化活塞的抽动速率和萃取次数。

3.9.4 HS-SDME 在香味分析中的应用

HS-SDME 作为一种较新的样品前处理技术，具有有机溶剂消耗少、样品用量小、萃取装置简单、萃取时间短、精度高、可实现对目标化合物的选择性萃取、萃取完成可直接仪器分析的优点，已在芳香植物、鲜花等天然香料及酒类等食品的香成分分析上得到一定的应用。

3.9.4.1 天然香料成分分析

Cao Jie 等分别用 HS-SDME、固相微萃取和水蒸气蒸馏法分析了温郁金（*Curcuma wenyujin* Y. H. Chen et C. Ling）的挥发性成分，三种萃取方法得到的实验结果基本相同（图 3-51）。但 HS-SDME 具有简单、廉价、样品用量小的优点。另外，HS-SDME 重复性好、精度高。在样品 4.5g（粒度 120 目），萃取溶剂 0.8μL 正十二烷，萃取溶剂温度 70℃，萃取时间 20min 条件下，五次重复分析的结果是 β-榄香烯、莪术烯、莪术酮、大根香叶酮、莪术醇、莪术烯醇、异莪术烯醇等 7 个化合物的 RSD（相对标准偏差）均小于 12%。

Deng Chunhui 等采用先加压热水萃取（pressurized hot water extraction，PHWE），再采取 Dynamic-HS-SDME 的方法，气-质联机分析了豆蔻（*Fructus amomi*）精油组成。找到了较佳萃取条件：样品量 2.0mL，样品温度 60℃，加热时间 10min，搅拌速率 1100r/min，萃取溶剂为环己烷，用量 1.0μL，活塞抽动速率 1.0μL/s，停留时间 5.0s，重复萃取 20 次。在此萃取条件下，对 5 个不同地区所产豆蔻中的樟脑、龙脑、乙酸龙脑酯 3 个成分进行定量分析，发现海南产豆蔻的质量最好，且定量结果与采用水蒸气蒸馏法极为相近。

Fakhari 等首次将水蒸气蒸馏与 Static-HS-SDME 相结合，萃取狭叶薰衣草（*Lavandula angustifolia* Mill）的精油成分，GC-MS 分析鉴定出 36 种化合物，并对主要化合物芳樟醇、乙酸芳樟酯、乙酸薰衣草酯、α-松油醇和乙酸香叶酯进行了定量分析。确定了较好的 Static-HS-SDME 萃取条件：样品量 2g，萃取溶剂为正十六烷，溶剂量 3μL，萃取时间 5min。对比研究发现，将 Static-HS-SDME 与水蒸气蒸馏结合，萃取的化合物种类与单纯用水蒸气蒸馏法基本相同；尽管用 Static-HS-SDME 萃取干的植物原料能分析出更多化合物，但用水蒸气蒸馏与 Static-HS-

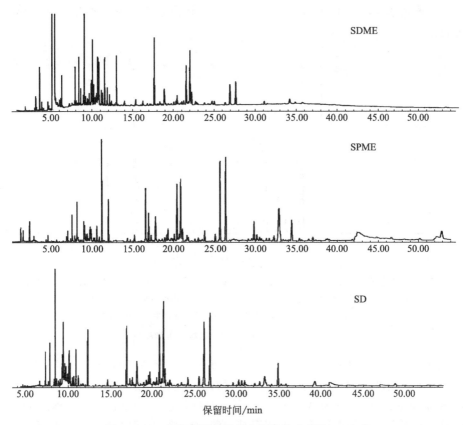

图 3-51　三种方法萃取温郁金挥发性成分的 GC-MS
分析总离子流色谱图比较

SDME 结合法，分析鉴定出的化合物种类能更真实地代表植物精油的组成。

　　Besharati-Seidani 等用 Static-HS-SDME 结合气-质联机分析了伊朗茴芹籽（I-ranian *Pimpinella anisum* seed）的挥发性成分，主要成分反式-茴香脑的含量为90％，三次重复分析的 RSD 为 3.9％。通过考察萃取溶剂种类、样品粒度、萃取溶剂温度及样品温度、样品体积、萃取时间等因素对分析结果的影响，确定了较佳的 Static-HS-SDME 萃取条件：样品量 5mL，样品粒度 1mm，样品温度 60℃，萃取溶剂正十二烷，溶剂温度 0℃，萃取时间 10min。此外，他们还用 Static-HS-SDME 萃取分析伊朗小白菊（Iranian feverfew）的挥发性成分（图 3-52），采用计算机谱库检索结合保留指数鉴定出 9 种化合物，其中 α-蒎烯、莰烯、反式-乙酸菊烯酯、樟脑等四种化合物的总质量分数达到 95％，樟脑含量最高，占 63％。通过对影响萃取的各参数进行优化，确定了较好的萃取条件：样品颗粒 0.65mm，样品量 8mL，样品温度 50℃，溶剂为正十二烷，溶剂温度 25℃，溶剂量 3μL，萃取时间 8min。7 次重复 Static-HS-SDME 萃取的 RSD 为 3.1％～6.0％。此外，对比研究表明，用 Static-HS-SDME 鉴定出的成分与水蒸气蒸馏、超临界流体萃取两种方法所得结果基本相同，可见 Static-HS-SDME 可作为分析植物精油组成的一种快速有效的方法。

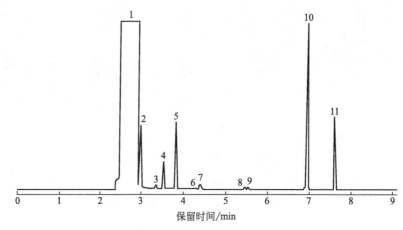

图 3-52　较佳条件下 Static-HS-SDME 萃取伊朗小白菊的气相色谱分析谱图（FID 检测）

1—对-二甲苯（萃取溶剂）；2—邻-二甲苯（二甲苯中的杂质）；3—α-胡椒烯；

4—α-蒎烯；5—莰烯；6—β-蒎烯；7—月桂烯；8—对-伞花烃；

9—柠檬烯；10—樟脑；11—反式-乙酸菊烯酯

与现有的其它样品制备方法相比，HS-SDME 的萃取条件温和、样品用量少、快速、准确、精度高的优点使其在新鲜植物的挥发性成分分析上更有优势。Kim Nam-Sun 等用 Static-HS-SDME 直接萃取夜来香鲜花（evening primrose flowers）的香气，分析主要成分芳樟醇，考察了萃取溶剂种类、萃取温度等影响因素，确定了较佳的萃取条件：萃取溶剂为正十六烷，溶剂量 0.5μL，样品温度 40℃，萃取 30min。此时三次重复分析的 RSD 为 1.1%～9.8%。Jung Mi-Jin 等用 Static-HS-SDME 对丁香花蕾（clove buds）的挥发性成分进行萃取，确定了较佳的萃取条件：以 0.6μL 正辛醇为萃取溶剂，样品 25℃，萃取 60min；分析了主要成分丁香酚、β-石竹烯、乙酸丁香酚酯的含量，分别为 1.90mg/g、1.47mg/g、7.0mg/g，三次重复分析的 RSD 分别为 2.4%、6.3%、4.9%；检测限分别为 1.5ng、2.7ng、3.2ng。进一步数据分析发现 Static-HS-SDME 具有较高的分配系数和浓缩倍数，适于萃取分析天然香料挥发性成分。

3.9.4.2　酒类香成分分析

Xiao Qin 等用 HS-SDME、直接单液滴微萃取（Direct-SDME）、顶空固相微萃取（HS-SPME）三种方法分析了啤酒中的含硫挥发性成分（图 3-53）。通过加标回收法对比，发现 HS-SDME 和 HS-SPME 的加标回收率均可达到 100%。此外，HS-SDME 的样品萃取量远大于 Direct-SDME，若用萃取前后目标组分的色谱峰面积比值表示浓缩倍数，HS-SDME 在 5min 内可达到 1432 倍，而 Direct-SDME 却只达到 30 倍，表明 HS-SDME 更适合于挥发性化合物的萃取。Tankeviciute 等研究了 HS-SDME 在白酒和啤酒香成分分析中的应用，对比了 HS-SDME 和 Direct-SDME 两种方法分析白酒中酯类香成分乙酸乙酯、乙酸异丁酯、乙酸丁酯、乙酸异戊酯、乙酸戊酯的结果，发现 HS-SDME 的 RSD 值（$n=5$）一般小于 Direct-SDME 的分析结果；他们还采用 HS-SDME 法萃取分析了由乙醇、正丙醇、异丁醇、异戊醇四个标准品配制的水溶液，以证明 HS-SDME 适合分析啤酒中的醇类香成分。

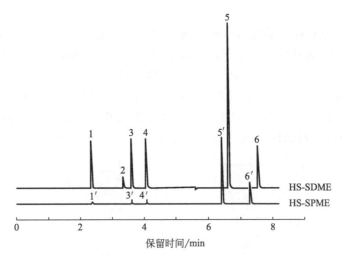

图 3-53　HS-SDME 和 HS-SPME 法萃取分析啤酒中
含硫化合物的气相色谱图（FPD 检测器）

HS-SDME 的萃取溶剂为 DMF；HS-SPME 的萃取纤维为 100μmPDMS

1—二甲基硫醚；2—噻吩；3—二乙基硫醚；4—二甲基二硫醚；5—二丙基二硫醚；6—二丙基三硫醚

3.10　固相萃取（SPE）

固相萃取（solid phase extraction，SPE），于 20 世纪 70 年代中期出现，是目前最为简捷、高效、灵活的一种样品制备手段。据统计，自 SPE 出现以来，它的应用一直按每年 10% 的速度增长。与传统的液液萃取（liquid liquid extraction，LLE）相比，固相萃取的优点是溶剂用量小、不存在乳化现象、选择性强、费用低、富集倍数高、分离时间短、重现性好、能够自动化。目前，在许多领域，SPE 已代替 LLE。固相微萃取（SPME）是在 SPE 基础上发展起来的一种较为特殊的萃取形式，相对 SPME，常规 SPE 的应用更为广泛，吸附剂的种类很多，制备的样品适于在气相色谱、液相色谱等多种仪器上分析。

3.10.1　SPE 的分离原理

固相萃取的原理与液相色谱相同，它是利用分析物和杂质组分与固定相之间的结合力大小不同进行分离的。按照分离机理，固相萃取的主要分离模式包括正相、反相、吸附、离子交换等。正相固相萃取所用的吸附剂都是极性的，用于从溶解于非极性溶剂的样品中吸附极性化合物，此时的保留机理是化合物的极性官能团与吸附剂表面的极性官能团之间的相互作用，包括氢键、偶极-偶极作用、π-π作用等。反相固相萃取所用的吸附剂通常是非极性或弱极性的，用于萃取和保留溶解于极性溶剂的样品中的非极性至中等极性的样品分子，化合物与吸附剂之间的作用主要是疏水作用和范德华力。

图 3-54 所示是固相萃取的基本分离过程。在一根萃取小柱中装有吸附剂（固定相），使用前，先用适当的溶剂淋洗吸附剂以活化固定相，然后让样品通过萃取柱，此时有两种情况：①分析物和杂质都保留在固定相上，使用适当的溶剂洗涤固定相，吸附的杂质被除去，然后再用少量的另外一种溶剂洗脱，得到被净化的含分析物的样品，见图 3-54（a）；②杂质被保留在固定相上，分析物直接流出萃取柱，得到被净化的含分析物的样品，见图 3-54（b）。

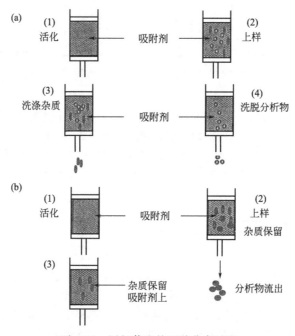

图 3-54　固相萃取的两种分离过程

样品分子是保留还是通过固定相，决定于溶剂和固定相与样品分子之间的相互作用大小，当固定相对样品分子的吸附力大于溶剂的溶解力时，样品分子就被保留，反之则流出萃取柱。

为了便于固相萃取的使用，目前已有不同规格的商业化固相萃取柱和专用的固相萃取装置，溶剂或样品可通过加压或抽真空的方式进入柱中，萃取柱的活化、上样、洗涤和洗脱均可自动化完成，不仅有单柱处理装置，还有多柱处理装置，能同时进行多个样品的处理。

3.10.2　SPE 的吸附剂

固相萃取所用的固定相应具有选择性，能够将分析物与杂质分离开。固定相的选择性主要决定于吸附剂的性质、分析物的结构和样品的复杂性。样品分子的极性与吸附剂的极性越相似，吸附力越强，保留得越好，一个高选择性吸附剂仅对样品中的分析物有保留。

每种吸附剂都有固定的容量，吸附剂的容量是在最优条件下，单位吸附剂量能够保留一个强保留分析物的总量。不同吸附剂的容量变化范围很大，容量小的吸附剂，处理的样品量小。

本质上，液相色谱中的各种固定相都可作为固相萃取的吸附剂使用。但固相萃取对柱效的要求不高，使用的柱压较低，因此，所用的固定相颗粒较大（一般 $40\mu m$），粒径的分布范围也较宽，从而降低萃取柱的成本。表 3-17 列出的是一些适于处理香味样品的固相萃取吸附剂。

表 3-17　适于外理香味样品的固相萃取吸附剂

吸附剂	分离机理	适于吸附的化合物
硅胶键合烷基：辛烷基(LC-8)、十八碳烷基(LC-18)	反相	非极性至中等极性
硅胶键合极性基团：氨基(LC-NH₂)、氰基(LC-CN)和二醇基(LC-Diol)	正相	中等极性至极性
无键合硅胶：LC-Si	吸附	极性
Florisil(硅酸镁)填料(100/200 目)：LC-Florisil、ENVI-Florisil	吸附	极性
石墨碳填料(无键合碳)：ENVI-Carb、ENVI-Carb C	吸附	非极性至极性
苯乙烯-二乙烯基苯树脂填料(80~600μm 球形颗粒)：ENVI-Chrom P	吸附	非极性至极性
Al₂O₃ 填料（晶体状、色谱纯、不规则颗粒，60/325 目）：LC-Alumina-A (pH≈5)；LC-Alumina-B(pH≈8.5)；LC-Alumina-C(pH≈6.5)	吸附	极性

3.10.3　SPE 的淋洗、 洗涤和洗脱

3.10.3.1　淋洗溶剂

在萃取之前，要用适当的溶剂淋洗萃取柱。淋洗的目的是让吸附剂保持润湿，以活化吸附剂，有利于吸附样品分子。淋洗溶剂应根据分离模式和吸附剂种类而定，反相固相萃取一般用与水互溶的极性溶剂淋洗，如吸附剂 LC-18，通常先用甲醇淋洗，再用水或缓冲液淋洗，也可在甲醇淋洗之前先用正己烷淋洗，以除去固定相上吸附的杂质。正相萃取一般用溶解样品时所用的溶剂进行淋洗。萃取小柱淋洗活化后，应在润湿的状态下尽快加入样品进行萃取操作，否则影响吸附效果。

3.10.3.2　洗涤溶剂

"洗涤"是选用一种对杂质（干扰物）的溶解力大于其对分析物的溶剂进行的，洗涤的目的是将那些弱保留的杂质洗掉，洗涤时不应破坏固定相对分析物的吸附。

洗涤时所用的溶剂应较弱，它只是选择性地洗掉那些较弱的干扰物，但分析物还保留在固定相上。洗涤溶剂的用量也应控制，即使较弱的溶剂，当用量较大时，也会将分析物解吸下来，从而影响回收率。洗涤溶剂的种类和用量应根据分析物的回收率进行优化。

3.10.3.3 洗脱溶剂

"洗脱"的目的是将吸附的分析物解吸下来，溶剂越强，洗脱效果越好。洗脱溶剂的选择，要根据吸附剂种类及分析物的性质而定。表 3-17 中所列固定相，常用有机溶剂作洗脱溶剂。反相吸附剂如 C_{18} 键合硅胶，一般用甲醇、乙腈作洗脱剂，二氯甲烷、乙酸乙酯、正己烷和四氢呋喃有时也采用。洗脱溶剂的极性与吸附剂越相似，洗脱能力越强，洗脱体积越小，样品的富集倍数越高，越有利于随后的分析检测。

为了确定洗脱溶剂的体积，可通过多次小体积洗脱法，根据回收率的变化找到最佳的洗脱体积。如果采用了大体积洗脱得到的洗脱液检测灵敏度较低时，须将洗脱液浓缩后，再进行分析。

3.10.4 固相萃取在香味分析中的应用

固相萃取广泛地用于复杂的环境样品和生物样品中微量或痕量组分的分析，如水中有机污染物的富集、血浆中药物及其代谢物的萃取等。但它可扩展到香味分析中，用于香味样品的制备。

固相萃取在牛奶香味分析中的应用已有较多的报道。Deeth 等利用高亲和性的三氧化二铝为吸附剂，萃取了牛奶中的脂肪酸香味物质。Takacs 利用 C_{18} 键合硅胶为吸附剂，从超高温牛奶中萃取出了 C8、C10、C12 脂肪酸类化合物和 2-庚酮、2-壬酮等甲基酮化合物，这些化合物是造成超高温牛奶具有陈腐味的成分。Holmes 等利用固相萃取法从牛奶中富集了乳脂氧化产生的低于 10^{-9} 水平的脂肪醛类化合物。Coulibaly 和 Jeon 通过比较活性炭（60/80 目和 80/100 目）、Florisil（60/100 目）、硅胶（100/200 目）、C_{18} 键合硅胶（37~105mm 内径）4 种吸附剂对牛奶中香味成分的萃取效果，发现将活性炭与 C_{18} 键合硅胶一起作为吸附剂可将挥发性和非挥发性的内酯类香成分同时萃取出来（见图 3-55）。这用蒸馏方法和顶空取样是做不到的。

此外，Hansen-Møller 用固相萃取方法从猪背脂肪中萃取到吲哚和 3-甲基吲哚，这两个化合物很可能是造成公猪肉不愉快气味的成分。Ma. Jes'us lbarz 等用 LiChrolut EN 树脂作为吸附剂，固相萃取/气-质联机方法从葡萄中分析鉴定出 100 种挥发性成分，化合物种类涉及脂肪族类、羧酸类和萜类，其中含有了顺式-玫瑰醚和葡萄酒内酯两个重要香味物质。

L. Castro-Vdzquez 等利用二乙烯基苯-N-乙烯基吡咯烷酮为吸附剂，固相萃取/气-质联机方法从玫瑰花蜂蜜中分析鉴定出近 90 种挥发性成分，这些成分包括

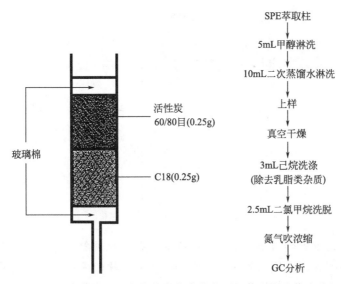

图 3-55　SPE 萃取牛奶中内酯类化合物的固相萃取柱及萃取过程

烃类、醛类、酮类、醇类、酯类、羧酸类、萜类、呋喃类、吡喃类、内酯类，该法萃取条件温和，不含有使用同时蒸馏萃取时出现的加热变质成分。

3.11　超滤

3.11.1　概述

超滤（ultrafiltration，UF）也称为超过滤，是一种膜过滤技术。超滤概念起源于 1748 年，由 Schmidt 在分离蛋白质时发现。超滤过程中，以膜两侧的压力差为驱动力，以超滤膜为过滤介质，在一定的压力下，当原液流过膜表面时，体积小于膜孔的物质穿过而成为透过液，而原液中体积大于膜表面微孔径的物质则被截留，从而实现对原液的分离。图 3-56 所示为膜过滤原理示意。

与传统分离方法相比，超滤技术具有以下特点：①在常温下进行，条件温和，特别适宜对热敏感物质，如酶、果汁等的分离；②无需加热，能耗低，无需添加化学试剂，无污染，节能环保；③对稀溶液中微量成分的回收、低浓度溶液的浓缩均非常有效；④采用压力作为膜分离的动力，分离装置简单、流程短、操作简便、易于控制和维护。

3.11.2　超滤装置

超滤开始时，由于溶质分子均匀地分布在溶液中，超滤的速度比较快。但随着小分子的不断排出，大分子被截留堆积在膜表面，浓度越来越高，自下而上形成浓

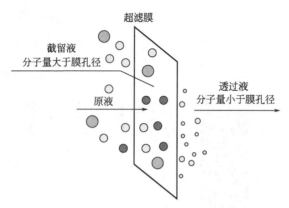

图 3-56　膜过滤原理示意

度梯度，超滤速度就会减慢，这种现象称为浓差极化现象。通常加大液体流量、加强湍流和加强搅拌可克服浓差极化。小型超滤装置比较简单，在密闭的容器中施加一定压力，使小分子被挤压出膜外，并通过搅拌降低浓差极化，适于实验室对少量浓度较稀样品的超滤。而对于复杂基质或大量溶液则需使用超滤设备。超滤设备一般由若干超滤组件构成。通常可分为板框式、管式、螺旋卷式和中空纤维式四种主要类型，如表 3-18 所示。

表 3-18　按照膜组件超滤设备分类

型式	优点	缺点
板框式	装置牢固,适合在广泛的压力范围内工作,具有可拆性,清洗方便	单位体积内的有效膜面积较小,死体积大
管式	易清洗,无死角,适于处理含固体较多的料液,单根管子可以调换	保留体积大,单位体积中所含过滤面积较小,压力较大
中空纤维式	单位体积中所含过滤面积较大,工作效率高,操作压力较低,动力消耗较低	料液需预处理,单根纤维损坏时,需调换整个膜件
螺旋卷式	单位体积中所含过滤面积大,换新膜容易	料液需预处理,压力较大,易污染

3.11.3　超滤膜的种类

　　膜材料应具备良好的成膜性、机械稳定性、化学稳定性、热稳定性以及耐酸碱和耐微生物侵蚀等性能。理想的膜材料还应具有亲水性及对蛋白质等生物大分子不产生吸附作用。根据材料的不同，超滤膜可分为有机膜和无机膜。常用的有机膜包括聚醚砜膜、聚丙烯膜、再生纤维素膜、醋酸纤维素膜、聚砜膜、聚偏氟乙烯膜等，其中聚醚砜膜以高刚性、抗蠕变性、化学稳定性和生物稳定性等优点，常用作超滤的首选膜材料。无机陶瓷超滤膜，是以氧化铝、氧化锆、氧化钛等为材料，采用特殊工艺制成的多孔非对称膜，具有耐高温、易清洗、耐酸碱、抗生物腐蚀等特点，也已应用于制药工业和生物技术产业。

3.11.4　超滤在香味分析中的应用

在香味分析中，超滤常用于对各种动植物蛋白酶解液、肉汤、菌类汤等物料进行分离，以初步筛选对滋味有较大贡献的呈味组分。筛选后的组分常再采用其它手段如葡聚糖凝胶色谱、反相液相色谱进行分离，以获得含有更少种类物质的样品，甚至单体呈味物质。实验室用膜过滤装置，一般为密理博公司生产的 Amicon8050、8200 和 8400 过滤杯或 Pellicon 系列小型超滤膜包。过滤杯根据体积不同可用于几毫升至几百毫升样品的分离，而过滤膜包一般用于更大体积样品的分离。过滤膜的选择根据样品的分子量范围确定，超滤蛋白酶解液时常用的膜为聚醚砜或再生纤维素材料，由于呈味肽组分的分子量一般小于 5kDa，孔径 1kDa、3kDa、5kDa 过滤膜更为常用。图 3-57 所示为实验室 Pellicon 膜包超滤装置。

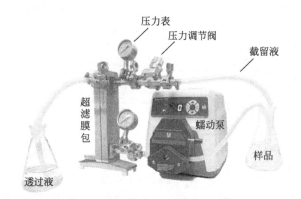

图 3-57　实验室 Pellicon 膜包超滤装置

（1）应用实例——鸡汤的超滤分离

① 样品　炖煮鸡肉汤，正戊烷萃取脱脂后冻干，得到冻干粉。

② 分析条件　冻干粉水复溶后，采用 5kDa 聚醚砜膜膜包切向流超滤，蠕动泵泵送样品溶液，调节流速使膜上方压力达到 0.25MPa，收集透过液（<5kDa）和截留液（>5kDa），冷冻干燥。透过液的冷冻干燥粉，水复溶，再采用 1kDa 的纤维素膜于 Amicon 8400 型超滤杯过滤，氮气压力为 0.35MPa，收集透过液（<1kDa）和截留液（1~5kDa），冷冻干燥。

7 名经过培训人员对所得样品进行滋味评价，描述词包括酸、甜、苦、咸、鲜，滋味强度从强到弱，按照 0~5 分打分，结果取平均值。评价结果如表 3-19 所示。

表 3-19　鸡汤及超滤组分滋味评价结果

样品	甜	苦	咸	鲜	酸
鸡汤	0	0	2.4	4	3.1
>5kDa	0	0	0.2	0	0
1~5kDa	0	0	0	0.1	0.2
<1kDa	0	0	2.6	4.8	3.6

（2）应用实例——猪肉酶解液超滤

① 样品　将猪肉去皮洗净，切片，90℃热预处理 3min 后，绞碎机绞碎。肉水比 1:1（质量比），pH8.0，胰蛋白酶加量 0.5%（质量比），55℃酶解 3h；或继续加入风味酶 0.3%（质量比）酶解 1h。升温至 85℃，灭酶 10min，冷却，15000r/min 离心 10min，取上清液。

② 分析条件　使用 Millipore Model 8200 型超滤杯和截留分子量为 1kDa、3kDa、5kDa 的超滤膜对上清液进行超滤。上样量为 25mL，氮气压力 0.02MPa。先使用 5kDa 膜超滤，透过液再依次使用 3kDa 膜和 1kDa 膜进行超滤，得到＞5kDa、3～5kDa、1～3kDa、＜1kDa 4 个组分。各组分冷冻干燥，称重，计算所占原样品溶液的质量分数，进行感官评价，结果见表 3-20。

表 3-20　超滤分离所得样品质量分数和感官评价结果

样品		酶解方式	
		胰蛋白酶	胰蛋白酶/风味酶
＞5kDa	质量分数%	24.80	10.82
	滋味	无味	无味
3～5kDa	质量分数%	8.01	7.87
	滋味	无味	微鲜
1～3kDa	质量分数%	14.55	16.92
	滋味	微鲜	较鲜
＜1kDa	质量分数%	52.64	64.39
	滋味	较鲜	很鲜

③ 分析结果　由表 3-20 可知，胰蛋白酶酶解液中大于 5kDa 的组分占到24.80%，小于 1kDa 组分占到 52.64%。胰蛋白酶/风味酶的酶解液大于 5kDa 的组分质量分数为 10.82%，小于 1kDa 组分所占质量分数为 64.39%，表明再使用风味酶后，所得样品的分子量减小。从滋味上看，具有鲜味的均为分子量 5kDa 以下的样品，并且分子量越小的样品，鲜味越强，其中小于 1kDa 的样品鲜味最强。

3.12　葡聚糖凝胶柱色谱

3.12.1　概述

葡聚糖凝胶柱色谱为将葡聚糖凝胶作为固定相装在玻璃管中组成的柱色谱分离方法，常用于食品中具有不同分子量大小的呈味肽组分分离。分离装置如图 3-58 所示。

葡聚糖凝胶是由一定平均分子量的葡聚糖与甘油基以醚桥形式相互交联而成，具有立体网状结构。凝胶颗粒网孔的大小，取决于所用交联剂（一般为环氧氯丙烷）和葡聚糖的配比及反应条件。加入的交联剂越多，则交链度越高，网孔越紧密，孔径越小，吸水膨胀也越小；反之，则交联度越低，网孔越稀疏，吸水后膨胀也越大。商品型号葡聚糖凝胶按照交联度大小分类，并以吸水量表示，不同规格适

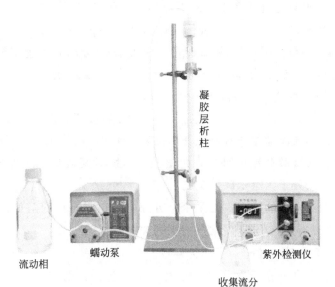

凝胶层析柱

流动相　　蠕动泵　　　　　　　　　　　　紫外检测仪

收集流分

图 3-58　实验室葡聚糖凝胶色谱柱分离装置

合分离不同分子量的物质。例如：Sephadex G-25 型，G 代表凝胶，后附数字＝吸水量×10，G-25 型表示吸水量为 2.5mL/g 干胶。交联葡聚糖凝胶的化学结构见图3-59。

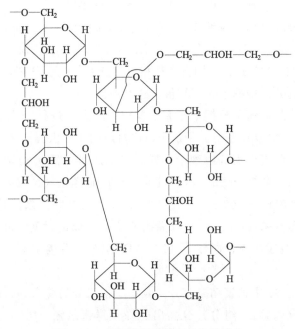

图 3-59　交联葡聚糖凝胶的化学结构

Sephadex G 型只适合于在水溶液中应用，不适于有机溶剂。常用于食品呈味肽分离的型号为 Sephadex G-15、Sephadex G-25、Sephadex G-50。其中 Sephadex G-15 适于分离分子量范围<1.5kDa 组分，G-25 适于分离分子量范围 1～5kDa 组分，Sephadex G-50 适于分离分子量范围 1.5～30kDa 组分。以上三种型号 Sephadex 还可用于脱盐及肽与其它小分子的分离。

凝胶色谱根据分子的尺寸大小进行分离。大于凝胶所有孔径的分子不能进入凝胶颗粒内部，最早被流动相洗脱至柱外，表现为保留时间较短；小于凝胶所有孔径的分子能自由进入凝胶颗粒内部，在色谱柱中滞留时间较长，表现为保留时间较长；其余分子则按分子大小依次被洗脱。

假如从柱上加入样品算起，至某个组分集中流出时所需的溶剂体积 V_e（称为洗脱体积），则 V_e 与组分分子量之间有下列关系：

$V_e = K_1 - K_2 \lg M$，K_1、K_2 均为常数。

故洗脱体积取决于分子量（M）的大小。M 越大，则 V_e 越小；M 越小，则 V_e 越大。分离条件一定时，V_e 重现性较好，可用来表示物质的洗脱性质。

3.12.2　葡聚糖凝胶柱色谱在香味分析中的应用

（1）样品　上述（3.11.4）采用胰蛋白酶和胰蛋白酶/风味酶酶解所得猪肉酶解液，超滤后收集的呈现鲜味的 1～3kDa 和<1kDa 组分。

（2）葡聚糖凝胶分离　玻璃柱（3.0cm×60cm）装有 Sephadex G-15 葡聚糖凝胶。样品浓度 100mg/mL，上样 5mL；流动相为蒸馏水，流动相流速 1.0mL/min，紫外检测波长 220nm。使用自动液相色谱分离仪进行分离，根据紫外检测器检测的谱峰收集流分、冷冻干燥、称量、感官评价。

（3）结果　凝胶色谱是根据分子量（MW）的大小进行分离的。由图 3-60 可知，样品（<1kDa 组分）由于分子量小，比对应的 1～3kDa 组分在凝胶柱中晚出峰，保留时间长。胰蛋白酶酶解液中，样品（<1kDa 组分）分离出 7 个峰，保留时间 100～500min，多数 200min 以后洗脱出来；而样品（1～3kDa 组分）分离出 6 个峰，保留时间在 60～300min，多数 210min 之前洗脱出来。胰蛋白酶/风味酶的酶解液中，样品（<1kDa 组分）分离出 6 个峰，保留时间 100～400min，多数也是 200min 以后洗脱出来；而样品（1～3kDa 组分）分离出 6 个峰，保留时间在 80～300min，多数 240min 之前洗脱出来。

表 3-21 为图 3-60 中葡聚糖凝胶分离收集所得组分的感官评价结果。胰蛋白酶酶解液中，样品（<1kDa 组分）分离出的峰 6 鲜味最强，样品（1～3kDa 组分）分离出的峰 2 鲜味最强。胰蛋白酶/风味酶酶解液中，样品（<1kDa 组分）分离出的峰 4 鲜味最强，样品（1～3kDa 组分）分离出的峰 4 鲜味最强。

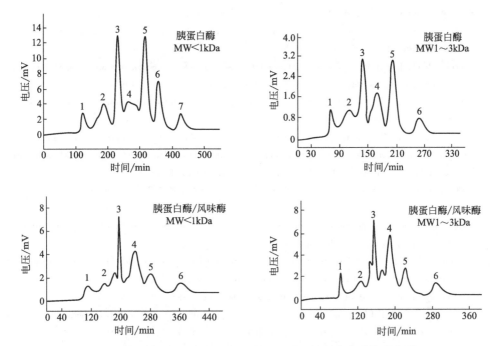

图 3-60　猪肉酶解液超滤所得鲜味组分的葡聚糖凝胶色谱分离色谱图

表 3-21　葡聚糖凝胶分离所得各组分峰的感官评价结果

编号	MW<1kDa 组分		MW1~3kDa 组分	
	胰蛋白酶	胰蛋白酶/风味酶	胰蛋白酶	胰蛋白酶/风味酶
1	无味	无味	无味	无味
2	无味	无味	很鲜	无味
3	较鲜	较鲜	中度鲜	中度鲜、微咸
4	无味	很鲜	微鲜	很鲜
5	较鲜	微鲜、微咸	较鲜	微鲜
6	很鲜	无味	无味	无味
7	无味	—	—	—

　　以上经葡聚糖凝胶分离所得鲜味强的组分，可进一步采用高效凝胶液相色谱测定分子量分布及液-质联机鉴定多肽组分的结构。

参考文献

[1] 王立，汪正范. 色谱分析样品处理. 北京：化学工业出版社，2006.

[2] Badings H T，De Jong C，Dooper R P M. Rapid analysis of volatile compounds in food products by purge and cold-trapping/capillary gas chromatography. Progress in Flavour Research （J Adda，ed. ），Amsterdam：Elsevier Science Publishers B. V. ，1984，523-532.

[3] Yang W，Min D. Dynamic headspace analysis of volatile compounds of Cheddar and Swiss cheese during ripening. Journal of Food Science，1994，59（6）：1309-1312.

［4］ Engel W, Bahr W, Schieberle P. Solvent assisted flavour evaporation—a new and versatile technique for the careful and direct isolation of aroma compounds from complex food matrices. European Food Research and Technology, 1999, 209 (3-4): 237-241.

［5］ Legendre M G, Dupuy H P, Ory R L, et al. Inlet system for direct gas chromatographic and combined gas chromatographic/mass spectrometric analysis of food volatiles. U. S. Patent, 1981, 4, 245, 494.

［6］ Manura J J, Hartman T G. Application of a short thermal desorption GC accessory. American Laboratory, 1992, 24 (8): 46-52.

［7］ Vercellotti J R, Krippen K L, Lovegreen N V, et al. Defining roasted pernut flavor quality. Part I. Correlation of GC volatiles with roasted colour as an eatimate of quality. Food Scicence and Human Nutrition (Charalambous G, ed.), Elsevier Science Publishers, 1992, 29, 183-209.

［8］ 谢建春, 孙宝国, 刘玉平, 等. 固相微萃取在食品香味分析中的应用. 食品科学, 2003, 24 (8): 229-233.

［9］ Yang X, Peppard T. Solid-phase microextraction for flavor analysis. Journal of Agricultural and Food Chemistry, 1994, 42 (9): 1925-1930.

［10］ Krumbein A, Ulric D. "Comparision of three sample preparation techniques for the determination of fresh tomato aroma volatiles". In flavor Science: Recent developments (Taylor A J, Mottram D S, eds.), The Royal Society of Chemistry Information Services, 1996, 197: 289-292.

［11］ Shirey R E. "SPME fibers and selection for specific applications", in Solid Phase Microextraction: A practical guide (Wercinski S S, ed.), Marcel Dekker, New York, 1999, 59-110.

［12］ Baltussen E, Sandra P, David F, et al. Stir bar sorptive extraction (SBSE) a novel extraction technique for aqueous samples: theory and principles. Journal of Microcolumn Separations, 1999, 11 (10): 737-747.

［13］ 张镜澄. 超临界流体萃取. 北京: 化学工业出版社, 2001.

［14］ 石文华, 银建中, 徐巧莲. 鲜花精油和浸膏的超临界 CO_2 萃取进展. 精细化工, 2004, 21 (增刊): 103-107.

［15］ 刘娜, 余德顺, 代明权, 等. 超临界 CO_2 萃取小茴香精油与其它方法所得提取物的成分对比. 香料香精化妆品, 2002, 3, 19-21.

［16］ Reverchon E, Della Porta G, Gorgolione D. Supercritical CO_2 extraction of volatile oil from rose concrete. Flavor and Fragrance Journal, 1997, 12 (1): 37-41.

［17］ Jeannot M A, Cantwell F F. Solvent microextractin into a single drop. Analytical Chemistry, 1996, 68 (13): 2236-2240.

［18］ 王帅斌, 谢建春, 孙宝国. 顶空单液滴微萃取在挥发性成分分析中的应用进展. 食品科技, 2007, 32 (10): 25-29.

［19］ He Y, Lee H K. Liquid-phase microextraction in a single drop of organic solvent by using a conventional microsyring. Analytical Chemistry, 1997, 69 (22): 4634-4640.

［20］ Cao J, Qi M, Zhang Y, et al. Analysis of volatile compounds in Curcuma wenyujin Y. H. Chen et C. Ling by headspace solvent microextraction-gas chromatography-mass spectrometry. Analytica Chimica Acta, 2006, 561 (1-2): 88-95.

［21］ Xiao Q, Yu C H, Xing J, et al. Comparison of headspace and direct single-drop microextraction and headspace solid-phase microextraction for the measurement of volatile sulfur compounds in beer and beverage by gas chromatography with flame photometric detection. Journal of Chromatography A, 2006, 1125 (1): 133-137.

［22］ 董学畅, 张莉, 普继兰. 固相萃取技术及其应用新进展. 云南化工, 2004, 31 (6): 26-30, 41.

[23] 刘长武，翟广书，买光熙，等．固相萃取技术的原理及进展．农业环境与发展，2003，(1)：42-44.

[24] 马娜，陈玲，熊飞．固相萃取技术及其研究进展．上海环境科学，2002，21 (3)：181-184，188.

[25] 谢建春，孙宝国，郑福平，等．采用同时蒸馏萃取-气相色谱/质谱分析小茴香的挥发性成分．食品与发酵工业，2004，30 (12)：113-116.

[26] Jes′usIbarz M，Ferreira V，Hernández-Orte P，et al. Optimization and evaluation of a procedure for the gas chromatographic - mass spectrometric analysis of the aromas generated by fast acid hydrolysis of flavor precursors extracted from grapes. Journal of Chromatography A，2006，1116 (1-2)：217-229.

[27] Castro-Vdzquez L，Prez-Coello M S，Cabezudo M D. Analysis of volatile compounds of rosemary honey. Comparison of different extraction techniques. Chromatographia，2003，57 (3-4)：227-233.

[28] Coulibaly K，Jeon I J. An overreview of solid phase extraction of food flavor compounds and chemical residues. Food Reviews International，1996，12 (1)：131-151.

[29] 张根生，李彦宏，李伟，等．GC/MC 法分析哈尔滨风干肠香辛料中的挥发性成分．化学与黏合，2006，28 (3)：208-210.

[30] 蒋玉梅．银帝甜瓜采后挥发性物质的分析研究．中国优秀硕士论文库，2003.

[31] 周如隽，易封萍，肖作兵，等．清新东方香水香精的模拟研究．精细化工，2011，28 (3)：253-259，288.

[32] 王丽萍，林君如，何丽洪，等．现代仿香作业．香料香精化妆品，2010 (2)：47-51.

[33] 王波，刘倩，梁庆优．固相微萃取法和液液萃取 K-D 浓缩法对化妆品香气的分析．广州化学，2013，38 (2)：27-30.

[34] 林志远．气质联用和固相微萃取在提取洗衣液香气成分中的应用．中国洗涤用品工业，2016 (2)：80-84.

[35] 都荣强，王天泽，杜文斌，等．猪肉不同蛋白酶解呈味组分及热反应风味物质比较．中国食品学报，2017，17 (10)：211-219.

[36] 都荣强，肖群飞，范梦蝶，等．猪肉蛋白酶解液中鲜味肽组分的分离．中国食品学报，2017，17 (9)：134-141.

[37] 王湛．膜分离技术基础．北京：化学工业出版社，2000.

[38] 宋雪梅，张炎，杨敏，等．牦牛乳硬质干酪苦味肽的分离与特征鉴定．食品科学，2016，37 (15)：160-164.

[39] Yu Z，Jiang H，Guo R，et al. Taste, umami-enhance effect and amino acid sequence of peptides separated from silkworm pupa hydrolysate. Food Research International，2018，108：144-150.

[40] Xu X，Xu R，Song Z，et al. Identification of umami-tasting peptides from Volvariella volvacea using ultra performance liquid chromatography quadrupole time-of-flight mass spectrometry and sensory-guided separation techniques. Journal of Chromatography A，2019，1596：96-103.

第 4 章

香味的测量与评价

本质上，香味分析的内容在于两方面：一是对整体香味的评价，二是对整体香味有贡献的关键成分的鉴定。智能性、客观性香味评价技术以及从复杂的混合物中快速鉴别出香味活性组分并测量它们的香味强度的技术，一直为人们所期盼。

近年来，在香味测量与评价上四种技术受到人们的特别青睐：气相色谱-嗅觉探测（gas chromatograph and olfactometry，GC-O）、液相色谱-滋味稀释分析（liquid chromatograph and taste dilution analysis，LC-TDA）、电子鼻（e-nose）、电子舌（e-tongue）。

气相色谱-嗅觉探测是将气相色谱的分离能力与人类鼻子的敏感嗅觉联系在一起，液相色谱-滋味稀释分析是将液相色谱的分离能力与人类舌头的敏感味觉联系在一起。二者不仅可用于从复杂的混合物中发现香味活性化合物，还可用来测量化合物的气味或滋味强度，以便对各个化合物对整体香味的贡献大小进行排序。

电子鼻是模拟人的嗅觉设计的用于识别和检测样品气味的仪器，而电子舌是模拟人的味觉设计的能够识别和检测样品滋味的仪器。这两种人工智能检测技术，给出的不是被测样品的某种或某几种成分的定性及定量分析结果，而是与样品气味或滋味相关联的整体信息（指纹数据）。通过模式识别的方法对这些信息进行抽提，并与经训练后建立的数据库中的信号进行比较，完成对样品的分类、评判。电子鼻和电子舌在香味分析中的应用，具有客观、准确、快捷、不破坏样品和重复性好的优点，这是人工感官评价及气相色谱、液相色谱等化学分析方法所不及的。

4.1 气相色谱-嗅觉探测(GC-O)

4.1.1 概述

在复杂样品的挥发性香味成分分析中，GC-MS 有着其它仪器无法比拟的优势，一直发挥着巨大的作用。而 LC-MS 弥补了 GC-MS 的不足，具有更广泛的适用性，使得不稳定、难挥发的香味物质的检测成为可能。然而，对于香味的检测而言，这些高效的分析仪器只是从化学成分及含量上对香味的构成进行了阐述，属于间接的测量技术，而对各成分的气味活性问题并未触及。

天然香味常常由上百种挥发性成分构成，但仅有一小部分具有香味活性（aroma active）物质对整体香味有贡献，如已从牛肉中鉴定出 1000 多种挥发性成分，但真正对肉香味有贡献的化合物仅 25 种。另外，尽管分析仪器技术取得了长足的发展，但它们的检测限至今还不能与人鼻相比。天然香味中，越是强势的香味化合物，它们的含量越低，以至于在 GC-MS 等分析仪器上根本检测不到。

GC-O 是利用人的鼻子嗅闻经气相色谱柱分离后的各个馏分，以检测香味样品的气味组成的方法。理论上，人类对气味的感知灵敏性远远高于现有的任何物理检测器，人鼻对于气味的检测下限可达到 10^{-19} mol，因此 GC-O 将人鼻作为气相色谱检测器，大大地提高了检测灵敏度，使气相色谱的高效分离特性得到最大程度的利用，能快速有效地发现一种香味或香精配方的香气构成，并根据气味强度对香味物质的贡献进行排序。

GC-O 最简单的形式始于气相色谱出现不久，直接吸闻从气相色谱柱中流出的组分，是由 Fuller，Steltenkamp 和 Tisserand 三人于 1964 年发明的。在他们的设计中，用热导检测器检测 GC 流出物，检测器的出口通向一个嗅闻口，为了防止气味干扰，嗅闻口被单独放在一个与周围环境隔离较好的空间内。1971 年，Dravnieks 和 O′Donnell 报道了将 GC 馏分加湿后嗅闻的技术，该技术克服了直接嗅闻热的 GC 气流导致人体的不适及重现性差的缺陷，此时，可视为真正 "GC-O"的出现。1976 年 Acree 等人进一步发展了 GC-O，他们将加湿后的 GC 馏分通过薄层层析后再进行吸闻。20 世纪 80 年代中期，美国 Acree 研究小组、德国 Ullrich 和 Grosch 两位工作者，几乎同时开始采用定量稀释法从事香味强度研究，使 GC-O 有了更广泛的用途。如今，GC-O 的技术较为成熟，有商品化仪器供应，并在食品、香料、香精等领域得到较好的应用。

4.1.2　GC-O 的工作原理

GC-O 的装置如图 4-1 所示。在气相色谱柱的末端安装分流阀，色谱柱流出物（分流比一般为 1:1），一部分进入检测器，另一部分进入嗅闻仪。气相色谱进样后，嗅闻人员坐在嗅闻仪的出口处记录闻到的气体流出物的气味，同时，样品可被气相色谱的检测器检测，并记录下气相色谱图。

GC-O 的核心是 GC 与嗅闻口之间的加热传输接口，该接口保证在不损失毛细柱的高分辨率，香味成分不发生任何化学变化的条件下，将色谱柱的流出物传输到嗅闻口。可用标准的硅烷化的管线作接口，外包一层不锈钢管，它可以用直流电加热，实现管路的精确加热和保温功能，色谱柱流出物在色谱载气及加湿空气的运输中，把明显的气味传输到人的鼻子。若将一个模拟输出端与已有的气相色谱数据系统连接，由手控单元的指针轮来记录辨别出的气味强度，可得到保留时间（或保留指数）与气味强度关系的气味色谱图。

如图 4-2 所示，由于人的鼻子对确定组分非常灵敏，一般气味色谱图比 FID 色谱图记录的谱峰多，且一些 FID 痕量组分在气味色谱图上也会出现较强的谱峰。

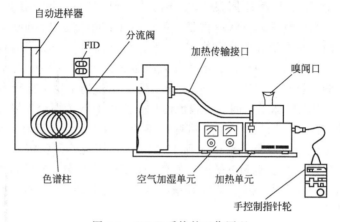

图 4-1　GC-O 系统的工作原理

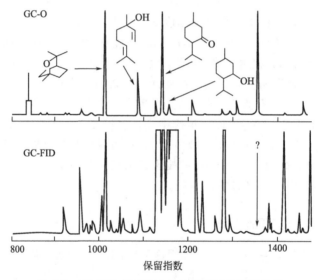

图 4-2　GC-FID 与 GC-O 分析薄荷油的谱图比较

4.1.3　GC-O 的检测技术

GC-O 实验操作与普通的气相色谱分析基本相同，只是在样品进样后，嗅闻人员需要坐在气味的出口处进行嗅闻分析。一般而言，根据进样一次的 GC-O 分析结果很难判断出挥发性物质对香味的贡献大小。目前，用于客观性评价 GC-O 的信息并判断单一香味组分的感官贡献的检测技术，主要有三类：时间-强度法（time-intensity method）、稀释法（dilution method）和检测频率法（detection frequency method，DF）。

　　具体选用哪种方法进行 GC-O 分析，要根据实验的目的、闻香人员的水平及计划所需时间等多个因素确定，比如 DF 检测就能够用最少的时间来确定香味活性化合物而不要求闻香人员经过特殊的训练，而时间-强度法则比 DF 检测法具有更好的精确性，但要求闻香人员有丰富的经验。

4.1.3.1　时间-强度法

　　时间-强度法，是根据嗅闻的气味强度评价各化合物对香味贡献大小的一种检测方法。该法最早由 McDaniel 等人于 1989 年提出，又称为 OSME（气味）法——测量气相色谱流出物气味的技术，他们采用一个计算机化的 16 分制的装置记录气味强度随时间的变化及相应的气味特征，得到了与 FID 检测类似的 OSME 谱图（图 4-3）。在 OSME 谱图中，谱峰越高说明该化合物的气味强度越大，对香味的贡献就越大。

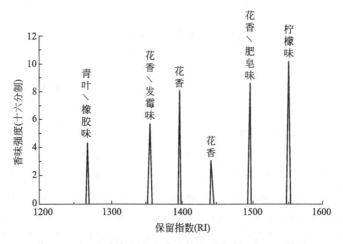

图 4-3　记录香味强度及香味持续时间的 OSME 谱图

　　理想状态下，人的鼻子可作为一种很可靠的仪器检测香味强度随着化合物浓度的变化。对于有经验的评价员来说，时间-强度法，只需一次进样分析就可获得较好的结果。在记录气味强度上，可使用 finger-span（手动指针轮，又称手指跨度仪），以提高人们检测气味强度与化合物浓度变化关系的准确性。但曾有报道，10 个评价员，5 人一组分成两组用 finger-span 进行评价同一样品时，结果的再现性平均偏差为 30％，最高可达到 126％。Etievant 等人提出将 figer-span 获得的 OSME 谱的峰高与气味浓度的关系用 lg/log 形式表示，这样可有效地降低检测偏差。

　　与其它 GC-O 技术相比，时间-强度法不仅可用于关键香味活性成分的筛选，还能做到香味物质的定量分析。但它对评价员要求较高，样品评价前，要对评价员进行较长时间的嗅闻训练。

4.1.3.2 稀释法

稀释法即将芳香萃取物进行连续稀释，分别 GC-O 进样分析，直到嗅闻口不能闻到气味为止。样品的最终稀释倍数，又称为稀释值（dilution value，DV）。在嗅闻不到任何气味活性区之前，一个香味萃取物一般需要进行数次稀释分析。稀释法的基本原理如图 4-4 所示。

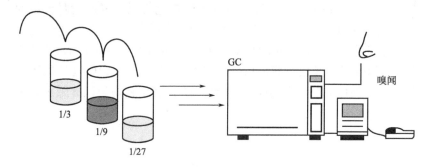

图 4-4　稀释法的基本原理

每种化合物的稀释值与它在空气中的 OAV 值（odour activity values，香味活性值，香气化合物的浓度与其阈值的比值）成比例，同时也与它的浓度成比例。OAV 值表示一个化合物在某个特定样品中的香味强度。人的鼻子不能感觉到 OAV 值小于 1 的化合物的气味，而 OAV 大于 1 的化合物的气味能否感觉到还依赖于香味的释放，及与其它香味化合物之间的相互作用。

从将嗅闻到的成分对总体香味的贡献进行排序的方法看，稀释法又分为 AEDA（aroma extract dilution analysis，芳香萃取物稀释分析）、CHARM Analysis（combined hedonic aroma response measurement analysis）两种方法。前者由 Grosch 等人发明，后者由 Acree 等人发明。这两种方法均是以化合物的检测气味阈值为基础。

（1）AEDA 法　AEDA 的具体操作是：按一定比例（如 1∶3，1∶7，1∶27）逐步稀释样品，并 GC-O 检测，直到嗅闻感觉不到气味为止，在最稀的浓度下仍然能闻到的成分被确定为样品的关键香味成分。可通过与 GC 或 GC-MS 图谱进行关联，鉴定该成分的化学结构。但 GC-O 中检测出的气味，常会因在 GC-FID 或 GC-MS 分析中没有谱峰或隐藏在杂质峰或大峰里面无法归属于某种物质。

AEDA 法是通过计算每种香味化合物的香气稀释因子（FD，flavor dilution factor，初始样品中香味化合物的浓度与最大稀释后的样品中该化合物的浓度比值）来判断各化合物的香气贡献大小的，分析结果可用以 FD 因子为纵坐标，RI 保留指数为横坐标的 FD 色谱图表示。一般来说，FD 因子越高说明气味浓度较大或者说其香味强度较大，在样品香味中所起的作用就越大。但 FD 因子较高的化合物对整体香味的贡献是否真的较大，有必要通过其它实验进一步进行确认。

　　除了采用样品稀释的方法外，也有人采用将样品量逐步减半的方法来获得 FD 因子，此时，在样品量最少时仍能嗅闻到的化合物，其 FD 因子也就最高。

　　AEDA 法由 W. Grosch 于 1987 年提出，是 GC-O 稀释法中的较为常用的检测技术，具有简单、易于操作的优点。但 AEDA 法的应用前提是认为气味强度与化合物的浓度呈线性关系，这与心理物理学上被人们认同的对数或指数关系是矛盾的。如前所述，FD 因子与 OAV 值是相关联的。Reineccius 小组的研究认为，不能用 OAV 值表示化合物对整体香味的贡献大小，按 OAV 值对不同组分的香味贡献进行排序会导致错误的结果。此外，对于香味稀释过程中出现的误差或不同评价员之间的感知性误差，AEDA 法无法弥补。基于上述情况，AEDA 法不适于对香味化合物的定量分析，而只适于香味活性成分的筛选。

　　AEDA 已成功地用于粽米、咖啡、香瓜、茶类及酒类等的香味分析。图 4-5 是一种烤制 Arabica（小粒种）咖啡香味萃取物的 FD 色谱图。在 FID 检测中，发现了 1000 多种挥发性成分，但使用 GC-O 只发现 60 个气味活性色谱区，且检测出的 FD 因子大于 16 的香味物质只有 38 种。谱图中标号为 5、14、19、26 的香味物质是先前未曾报道的咖啡香味重要成分。如果不使用 GC-O，这几个香味化合物很难被发现。

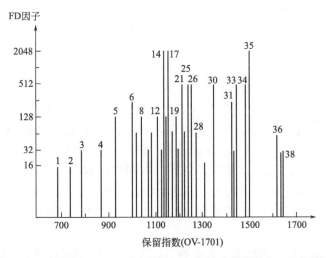

图 4-5　一种烤制 Arabica（小粒种）咖啡香味萃取物的 FD 色谱图

　　（2）CHARM Analysis　为了避免嗅闻时的主观性影响，CHARM Analysis 技术按随机性次序稀释样品，在嗅闻时，需感知每种气味的持续时间并记录相应的气味特性。如图 4-6 所示，计算机系统对所得的数据进行处理，即可构建出以保留指数为横坐标，以稀释值（dilution value，DV）为纵坐标的 CHARM 谱图。

　　CHARM 谱图各峰的峰面积又称为 CHARM（CV）值，是闻到气味的持续时间长度、样品稀释倍数和稀释次数的函数，计算公式如下：

$$CV = \int_{peak} F^{n-1} d_i \qquad (4-1)$$

式中，F 为稀释因子；n 为稀释次数；d_i 为气味持续的时间长度（RI_{end} － RI_{start}）。

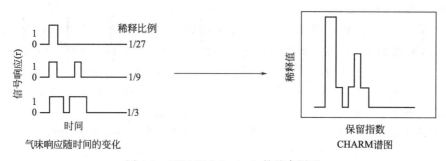

图 4-6　CHARM Analysis 的基本原理

在 CHARM 谱图上，气味强度是与色谱峰面积成比例的。根据峰面积可客观地判断出各成分的香味强弱。可以将 CHARM 谱图与同样条件下测得的 FID 谱图或 GC/MS 谱图进行关联，对 CHARM 谱峰进行结构鉴定，CHARM 值最大的化合物即为对香味贡献最大的关键成分（图 4-7）。

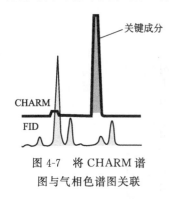

图 4-7　将 CHARM 谱图与气相色谱图关联

CHARM Analysis 由 T. Acree 于 1984 年最先提出。CHARM Analysis 与 AEDA 法都是以稀释因子为基础的，从色谱图看，CHARM 图的最大稀释值与由 AEDA 法提供的最大 FD 因子是相同的。与 AEDA 类似，CHARM Analysis 法也难以避免样品稀释过程中出现的误差或不同评价员之间的感知性误差。因此，Guichard 等人提出，使用 CHARM Analysis 定量时，应对三个同样的样品（three replictaes）重复分析，且每个样品稀释 10 个水平进行 GC-O 检测，最后用统计性结果进行定量。但这样分析一个样品要花费数周的时间。

（3）Stevens' law 的应用　为了将 GC-O 的分析结果与人们实际感知的气味强度对应起来，Friedrich 和 Acree 提出用 Stevens' law（即感觉到的香气强度与受刺激的强度成正比），将 CHARM Analysis 法及 AEDA 法的实验结果转换成气味谱值（odour spectrum value，OSV），表征香味的贡献大小。转换公式如下：

$$\psi = k\Phi^n \qquad (4-2)$$

式中，ψ 为 OSV 值，表示气味强度；k 为常数；ϕ 为表征刺激水平的参数，如稀释因子（FD）、CHARM 值或 OAV 值等；n 为 Stevens 指数（0.3～0.8），随着化合物结构而变化，在实际计算时 Stevens' 指数常取 0.5。

用气味谱值表示气味强度后，CHARM Analysis 法及 AEDA 法具有了一致的评价标准。

4.1.3.3 DF（检测频率）法

DF 法是最简单的 GC-O 分析方法，由 Van Ruth 和 Ott 等人发明。该方法需要大量的评价员，将同一个不经稀释的样品不断重复分析多次，统计每个香气成分出现的频率，然后用保留指数作横坐标，用 DF 值作纵坐标，绘制 DF 香味谱图。DF 香味谱图中，峰高表示的是被闻到的次数，与香味强度无关。DF 法认为一种气味的检测频率数越大，则对样品整体香味的贡献就越大。DF 检测法能够用最少的时间确定香味活性化合物，而闻香人员不需经过特殊的训练。

如图 4-8 所示，Ana I Carrapiso 等人采用 GC-O 基于 DF 检测方法来鉴别 Iberian 火腿中的香味化合物，共检测到 28 种香味物质，有 24 种 DF 值较高，其中检测频率＞40 的是谱峰标号为 1、2、7、9、14 和 16 的物质，这 6 个化合物很可能是 Iberian。火腿的重要香味物质，而标号为 3、4、5、15、19、22、23 等峰的检测频率＜40，对香味的贡献要比上述 6 个化合物小。

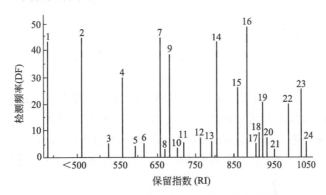

图 4-8 Iberian 火腿的 GC-O 检测频率谱图

4.1.4 GC-O 分析中的样品制备方法

4.1.4.1 现有样品制备方法

供气相色谱分析使用的样品制备方法都可用于 GC-O 分析，但不同的方法得到的 GC-O 检测结果往往差别较大。应根据分析目的进行选择，有时甚至多种方法同时采用，以获得较全面性的结果。在 GC-O 中，现有样品制备方法的应用情况及优缺点如下。

（1）溶剂萃取和蒸馏技术　这两种方法的优点是可得到香味萃取物，便于用稀释法进行 GC-O 检测，因而在 GC-O 分析中应用得较多。但应注意的是萃取或蒸馏过程中，会引入干扰物，得到的萃取物与原样品的香味常会有较大的差别。

（2）顶空固相微萃取　由于快速、方便、不用溶剂，顶空固相微萃取（HS-

SPME）常作为 GC-O 的取样技术，但 SPME 取样时，样品稀释的范围很有限，且萃取纤维具有选择性，不能同时萃取所有香味化合物。

（3）直接热脱附　可用于很宽范围的化合物分析，样品载量大，取样迅速，适于单次 GC-O 分析，通过缩短热脱附时间还可进行多次样品稀释的 GC-O 分析。但不适于分析热敏感性物质，实验结果受样品装载情况影响。

（4）静态顶空　顶空气体组成与鼻子嗅闻（orthonasal）到的样品气味组成很相似，可用注射器直接抽取顶空气体或使用自动顶空装置取样分析，通过改变取样体积实现样品的逐次稀释。但注意取样时不要使挥发性成分的相对含量发生变化。

静态顶空的缺点是样品的浓缩倍数太小，检测敏感性差，且受到仪器进样口的影响，有时无法完成很大体积的气体进样。

（5）动态顶空　样品被浓缩，检测灵敏度高，样品的稀释可通过逐渐减少吹扫捕集时间进行。但是，动态顶空取样的挥发性组成与鼻子嗅闻（orthonasal）到的样品气味有较大的差别。此外，动态顶空时一些不稳定成分会受到吸附剂的影响，强挥发性组分易于穿透吸附阱，而使用冷阱冷冻浓缩时，又易于出现结冰堵塞管路的问题。

4.1.4.2　静态顶空 GC-O

Guth 和 Grosch 将静态顶空和动态顶空结合，设计了一种静态顶空 GC-O 装置（static headspace GC-O），主要由气体注射器、吹扫捕集单元、聚焦冷阱组成（图 4-9）。用气体注射器从样品顶空抽取一定体积的气体，注入进样口后，样品被吹扫到冷阱聚焦，柱温升高到指定温度时，气相色谱分析程序开始启动。毛细管柱的出口端连接分流阀，色谱柱后流出物在嗅闻口和 FID 被同时检测。为了比较各组分的气味强度，可逐渐减少顶空取样体积达到类似于 AEDA 的样品稀释的目的。

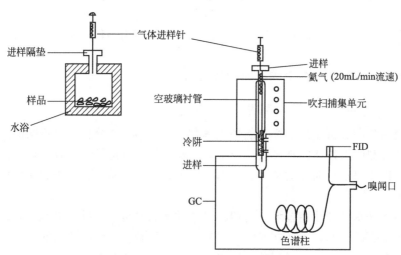

图 4-9　静态顶空 GC-O 装置示意图

　　静态顶空 GC-O 分析的是顶空气体，与鼻子闻到的样品气味相似，可用于研究食品基质与挥发性香味的相互作用，若再与液体样品进样的 AEDA 结合，能更全面地鉴别各香味物质的贡献大小。

4.1.4.3　后鼻嗅觉模拟装置（RAS）

　　人吃东西时，在口腔中唾液、37℃温度和牙齿的剪切条件下，食品释放出的香气通过咽喉和鼻子后方到达大脑的感应区，这条途径被称为后鼻（retronasal）嗅觉，此时感应的香气跟单纯嗅闻是不同的。研究表明，动态顶空取样的挥发性构成与后鼻嗅觉的香味更接近，为此，Roberts 等人将动态顶空装置进行改进，设计了 retronasal aroma simulator（RAS）装置（图 4-10），该装置通过有效地控制四个因素：温度、呼吸、唾液和咀嚼，对食品香味在口腔中的释放过程进行模拟。在 RAS 分析技术中，只能用 SPME 微型抽提针或 Tenax 管完成香成分的捕集，以便分析。

　　Diebler 分别采用静态 HS-SPME 直接取样、RAS/SPME 取样（类似于吃东西的条件）分析了人工配制溶液释放出的香味成分，发现两种取样所得的分析结果差别很大，说明样品顶空的香气组成与在吃东西时释放的香气组成差别很大。因此，在对吃东西时的食品香味进行分析时，样品制备中还应将 RAS 技术考虑进去。

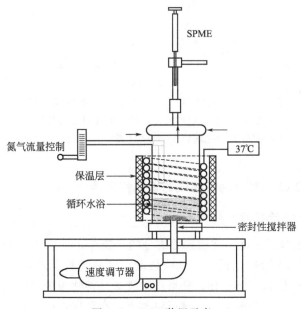

图 4-10　RAS 装置示意

4.1.5　GC-O 分析中的色谱条件

　　为防止热敏感性香味成分（如呋喃酮、含硫化合物）变质，最好用冷柱头进样技术，避免在分流/不分流进样口、GC 分离过程或气-质联机接口处温度过高。

由于香味成分的含量很低，色谱固定相表面的少量"吸附活性"点、色谱分离的好坏都会影响 FD 因子和 CHARM 值，尤其是高稀释度下进样量为 pg 级时。为了实现较好的分离，GC-O 分析中常选用两种以上具有不同极性的毛细柱（如非极性的 OV-1 和极性的 FFAP），但不同种类固定相的分析结果会差别较大，例如 MFT（2-甲基-3 疏基-呋喃）在 SE-54 和 FFAP 固定相上的稀释因子分别为 214 和 26。图 4-11 是在极性 C20M 和非极性 OV-101 两根色谱柱上 GC-O 分析葡萄糖-脯氨酸热反应产物的 CHARM 谱图。

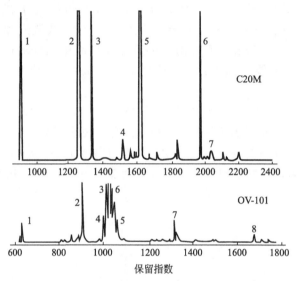

图 4-11　在 C20M 和 OV-101 色谱柱上葡萄糖-脯氨酸
200℃下热反应挥发性产物的 CHARM 谱图

1—双乙酰；2—2-乙酰基-1-吡咯啉；3—2-乙酰基-1,4,5,6-四氢吡啶；5—2-乙酰基-3,4,5,6-四氢吡啶；6—呋喃酮

4.1.6　GC-O 中气味活性物质的筛选和鉴定

4.1.6.1　气味活性物质的筛选

（1）GC-O 的分析策略　在筛选香成分的分析中，一般先不稀释样品直接 GC-O 分析，以了解气味活性色谱区、气味强度、气味特征，若对比在两种以上不同极性的色谱柱上的保留指数变化，还可获得气味活性物质的某些结构性信息，如是否含极性官能团。下一步的 GC-O 分析将重点放在已锁定的气味活性区。也可在样品的分离过程中用 GC-O 跟踪检测气味变化，此为气味活性跟踪样品制备技术，对鉴定未知的气味活性化合物尤其重要。近年鉴定出的许多重要香味物质，如 2-甲基-3-呋喃硫醇（煮牛肉中）、1-对薄荷烯-8-硫醇（葡萄柚汁中，气味阈值 2×10^{-8} mg/L 水），均是用 GC-O 跟踪法鉴定出来的，它们的香味阈值极低，分析仪器是

很难检测到的。

（2）GC-O 分析结果的解释　GC-O 结果的精确性和重现性与 GC-MS 等仪器技术无法相比，受到嗅闻人员主观因素的影响，常常是相邻二次稀释（如 256 倍与 128 倍或 256 倍与 512 倍稀释）的 GC-O 检测结果没有差别，因此 FD 因子和 CHARM 值只是一个近似数。鉴于一个精确的稀释倍数如 256，往往不能提供可比较的信息，常用 2^n（$256 = 2^8$）表示稀释倍数，n 代表稀释次数，从而给出更实际的意义。比较科学的方法是将 FD 和 CHARM 值按低稀释倍数、中稀释倍数、高稀释倍数进行分区性处理，这样不同嗅闻人员的 GC-O 结果就有了可比性。然后将分析工作的重点放在中、高稀释倍数区，而对那些气味阈值较高的"背景性"香味成分只花费较少的精力。但不容忽视的是，有时几个有典型气味特征的"背景性"成分仍可对香味有贡献。

4.1.6.2　气味活性物质的结构鉴定

较为理想的状况是通过标准物、保留指数、质谱、气味特征对 GC-O 中筛选出的气味活性物进行结构鉴定，但这要求有标准物，且待测物在 GC-MS 检测时出峰。事实上，GC-O 谱图与 GC-FID、GC-MS 的色谱图常存在较大的差别。由于气味阈值低，气味活性强的化合物的含量往往极低，在 FID 或 GC-MS 谱图上的峰很小，甚至没有峰。这样就造成无法将 GC-O 的结果与仪器分析进行关联，只能通过标准物、保留指数和气味特征进行鉴定；若再无标准物时，只好靠气味特征和文献的保留指数鉴定，但气味鉴定只适于具有典型气味特征的化合物，如 1-辛烯-3-酮（蘑菇气味）、3-甲硫基丙醛（煮熟马铃薯香），且需要对气味评价有一定的经验。

对 GC-O 分析中出现的保留时间不同但嗅闻的气味相同的组分，尽管 GC-MS 鉴定是结构异构体，也最好再用标准物进行确认。因为气味活性化合物与固定相发生作用时也会造成这种情况，尤其是使用极性固定相时，更应注意。

为了确保鉴定结果的准确，在 GC-O 或 GC-MS 分析时，常使用两种或两种以上不同极性色谱柱。由于 GC-O 分析受主观性影响且重现性差，多数情况下 GC-O 与 GC-MS 结合是必须的，此时，在 GC-MS 中，用选择离子监测（SIM）扫描模式，可提高痕量气味活性成分的检测灵敏度。

4.1.7　GC-O 技术的局限性

在香味分析中 GC-O 的最大优点是能从复杂的混合物中筛选出气味活性物，便于有针对性地进行结构鉴定。但分析结果往往受色谱条件、样品制备方法等多个因素的影响，且在使用中存在如下局限性。

（1）因用人鼻作检测器，不适于有毒、有害的气味活性物分析。

（2）嗅闻结果受到人的状态的影响，人鼻过于敏感或不敏感均会导致实验结果的不可信，嗅闻实验最好在一周内完成，否则会出现不同时间的嗅闻结果相矛盾的现象。例如，在某个低稀释度嗅闻不到的组分，在高稀释度下却能嗅闻到。但稀释实验一般需要数周才能完成，从而导致 GC-O 分析结果常有较大的误差且重复性差。

（3）稀释法中基于气味阈值对各物质的香味贡献进行排序，有时会给出错误结果。气味强度法对嗅闻人员的要求很高，需要准确地感觉并记录气味的强度随时间的变化，任何嗅闻偏差都会导致对香味强度的错误判断。

（4）对香味活性物质只是嗅闻而未涉及"舌头"的反应，与人们吃东西时对香味的实际感觉有偏差。

（5）GC-O 分析常用于香味活性成分的定性而不适于定量，尽管 CHARM Analysis 和 OSME 可作为 GC-O 定量技术，但要花费大量时间训练闻香人员并需获得统计性的分析结果，从而限制了 GC-O 定量分析的应用。

4.1.8 定量 GC-O 的发展——GC-"SNIF" 方法

4.1.8.1 概述

GC-"SNIF"是一种比较新型的 GC-O 检测技术，具有简单、快速、再现性好、对嗅闻人员要求低、适于定量分析的优点。

GC-"SNIF"分析是由一个嗅闻小组来完成。小组的每个成员需连续嗅闻从色谱柱流出的气味并在每种气味的持续时段敲击按钮，计算机将嗅闻信号转化成一系列的"平方"数据。用时间和这些平方数据绘图，即得到个人嗅闻谱图（olfactogram）。再将小组所有成员的个人嗅闻谱图进行叠加，叠加的最高值作为 100% 进行归一化，就得到香味谱图（aromagram）（图 4-12）。该谱图的横坐标表示事件出现的时间，纵坐标为 NIF（nasal impact frequency）值，表示被检测到的频率，而 SNIF（surface of nasal impact frequency）值，代表检测的峰面积。

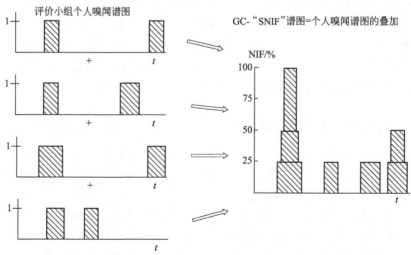

图 4-12　GC-"SNIF"检测数据处理过程

按照统计学计算，6 或 10 名评价员进行日常分析的 NIF 值的不确定性（uncertainty）分别为 20% 和 5%。当一次分析的时间较长时，为了避免嗅觉疲劳，可让 2 名评价员参加，每个人只嗅闻一半，但需作两次分析，并在第二次分析时将两个人的先后嗅闻顺序倒过来，嗅闻谱图取两次嗅闻的平均值。采取这种方法，气味活性被丢失的可能性更小。

GC-"SNIF"是专为定量分析设计的检测技术，同时也适于气味活性物的定性分析，并避免了 GC-O 其它检测技术中只用 1 或 2 名评价员存在的人鼻感知性误差。GC-"SNIF"曾用于法国豆（French beans）、咖啡、酸奶、醋、腌制品、香槟酒等的香味成分筛选、矿泉水异味、生咖啡中的霉味/泥土味成分鉴定及食品加工工艺引起的产品香味变化研究，如酸奶与牛奶的香味谱比较（图 4-13）、不同品牌香槟酒香味谱比较、葡萄酒中加入抗氧剂后香味谱的变化等。

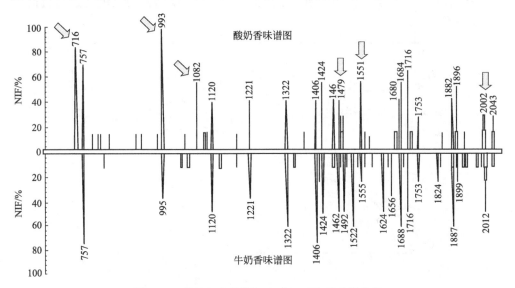

图 4-13　酸奶与牛奶的 GC-"SNIF"香味谱比较
（箭头标记峰是发酵过程产生的香味物质）

4.1.8.2　GC-"SNIF" 的定量分析

P. Pollien 等使用标准溶液和一个实际样品（宠物粪便），通过 NIF 值、SNIF 值的平均相对标准偏差（RSD）及分析两个样品中同一组分时的 NIF 值、SNIF 值最小显著性差异（LSD），考察了 GC-"SNIF"定量分析的可靠性，结果见表 4-1。其中，平均 RSD 值由同一评价小组人员的分析结果计算（考察重复性）或两个不同评价小组人员计算（考察重现性）。

由表 4-1 可以看出，6 个评价员的平均 RSD 值在 13.8%～18% 范围内，这相当于 GC-O 其它检测方法中，一个评价员嗅闻同一个组分的 RSD 值。而两个不同评价小组的 RSD 值和 LSD 值基本相同，说明重现性较好。

表 4-1　GC-"SNIF"定量分析的重复性、重现性和最小显著性差异

项目	评价员数	时间间隔	RSD		LSD(95％置信区间)	
			NIF/％	SNIF	NIF/％	SNIF
标准液(重复性)	6	<1周	14.1	13.8	31	2085
标准液(重现性)	6	<1周	15.7	14.8	33	2069
真实样品(重复性)	6	<1周	17	18	35	2351

理论上，NIF 值与浓度的对数呈"S"形曲线关系，但用曲线关系定量不方便。若将 NIF 值转化成其 probit（NIF）值（概率值），校准曲线呈直线（如图 4-14），使定量分析简化。P. Pollien 等比较了 1-辛烯-3-酮的 probit（NIF）值在模型溶液和在咖啡中与浓度对数值的关系曲线，认为对气味极强化合物的定量分析，GC-"SNIF"的准确性可与多数敏感性分析仪器（如 tandem-MS，串联质谱）相比。在利用图 4-14 对 1-辛烯-3-酮的定量分析中，GC-O 的检测灵敏度达到质谱的 75～500 倍。

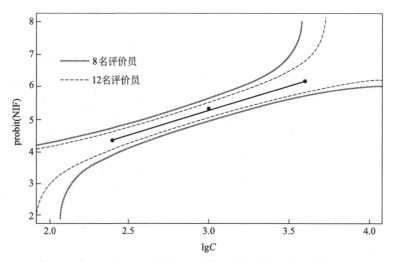

图 4-14　GC-"SNIF"分析 1-辛烯-3-酮的校准曲线和置信区间

4.1.8.3　与其它 GC-O 检测技术比较

在定性分析上，GC-"SNIF"的分析结果与 AEDA、CHARM、OSME 具有一致性。Le Guen 等分别用 AEDA、CHARM、OSME、GC-"SNIF"四种检测技术鉴定熟肉的香味成分，得到了类似性实验结果，并发现 GC-"SNIF"的分析速度比 AEDA 和 OSME 快 2 倍。

Priser 观察到 GC-"SNIF"不仅分析速度快，其分析结果与 OSME 法最相近。将 AEDA、OSME、GC-"SNIF"方法分析三种香槟酒的 GC-O 图谱的几何距离绘图（图 4-15），也证明了 Priser 的观察结果。GC-"SNIF"与 OSME 的这种相似性，可用 van Ruth 的观点"检测到气味的人员数量与该种气味强度的得分具有很大的相关性"进行解释。此外，Bernet 比较了三种葡萄酒中代表性气味活性物的

NIF 值和气味强度值，发现两个变量也是高度相关的（图 4-16）。

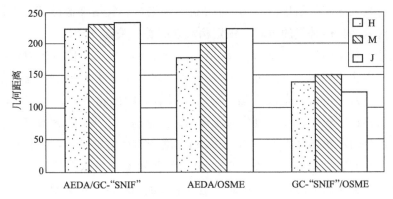

图 4-15　三种香槟酒（H、M、J）的 AEDA、OSME、GC-"SNIF"谱图几何距离比较

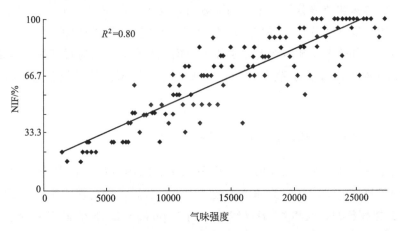

图 4-16　三种葡萄酒中代表性气味活性物的 NIF 值与气味强度的变量关系

GC-"SNIF"克服了 AEDA、CHARM、OSME 检测技术的某些缺陷，但其对于取样、色谱分析条件的依赖性仍然存在，且获得最终的气味谱图时，需要花费的数据采集时间仍然较长，一般是几天。

4.2　滋味稀释分析

4.2.1　概述

人们对"香味"（风味）的感受是由气味和滋味两种刺激同时引起的，从化学物质角度，气味贡献者为食品中具有香气活性的挥发性物质，而滋味的贡献者主要为食品中具有滋味活性的非（难）挥发性物质。GC-O 分析方法依赖于对气味敏感的生物传感器——人鼻。GC-O 分析手段的出现，使得对食品中具有香气活性物质的鉴定，包括关键香气成分的筛选成为可能。香气活性值定义为：物质在食品中的实际浓度与其气味阈值的比值。GC-O 分析结果结合香气活性值计算，可评判每种香味物质对食品整体香气的贡献，锁定构成食品香气关键成分。

类似地，滋味稀释分析（taste dilution analysis，TDA）依赖于对滋味（或味道）敏感的生物传感器——人舌。TDA 分析为寻找食品中关键滋味物质的有力工具，它可以直接定位出复杂混合物中对舌头具有影响的化合物。在 TDA 分析中，与空白样品相比，被稀释样品组分的滋味刚好能被识别出来时的最高稀释倍数，被定义为该组分的滋味稀释因子（TD factor）。滋味活性值定义为：一种化合物在食品中的浓度与其滋味阈值的比值。TDA 分析结果再结合滋味活性值可评判每种滋味物质对食品整体滋味的贡献，从而锁定构成食品滋味的关键物质。

目前，滋味分析技术已用于美拉德反应产物中的苦味物质、牛肉汤中醇厚感物质、绿茶中鲜味物质等分析。滋味稀释分析建立了食品中"物质"与"滋味感受"之间的桥梁。以滋味分析为导向，结合超滤、凝胶色谱、高效液相色谱、液-质联机、核磁、红外等分离或结构鉴定手段，可确定对食品滋味有贡献的化合物，其中液相色谱与滋味稀释分析联用（LC-TDA）已在寻找食品关键滋味物质中广泛应用。

4.2.2 实例——牛肉汤 TDA 分析

小公牛牛肩肉，家庭烹饪的方法制备肉汤。肉汤过滤、正戊烷除脂、冷冻干燥。干燥粉复溶，采用切向流超滤装置 5kDa 膜超滤，透过液再继续采用 Amicon 8400-型搅拌杯超滤，收集<1kDa 组分进行 Sephadex G-15 葡聚糖凝胶色谱分离，收集流分，冻干。

冻干流分用水复溶后，微量的甲酸水溶液或氢氧化钠水溶液调节 pH 为 5.9。用水（pH5.9）按照 1∶2 的比例进行逐级稀释样品并感官评价，测定滋味稀释因子。冻干的组分同时用模拟肉汤溶液复溶。模拟肉汤溶液构成：谷氨酸钠、酵母提取物、麦芽糊精、氯化钠，溶于水（pH5.9）制备。9 人评价小组，记录每个评价员的滋味描述，最终结果取 9 人中至少 7 人给出的描述。空白肉汤溶液作为对照。

如表 4-2 所示，在组分Ⅰ～Ⅶ中，组分Ⅲ的 TD 因子最高，为 64。Ⅳ和Ⅴ组分含有的 TD 因子 32 分别为鲜味和苦味。Ⅳ、Ⅵ、Ⅶ组分含有的 TD 因子 16 具有涩味或苦味。Ⅳ和Ⅴ组分还具有满口感，满口感的 TD 因子均为 8。此外，肉汤中加入Ⅴ组分，肉汤有咸味和轻微的苦味；加入Ⅳ组分，肉汤有持久满口感；加入Ⅵ组分，有持续的苦味和涩味；加入Ⅲ和Ⅳ组分，出现满口感及厚重的酸味。依据 TD 因子大小和加入肉汤中对肉汤滋味的影响，推测对肉汤滋味有较大贡献的为组分Ⅲ、Ⅳ、Ⅴ。

表 4-2 牛肉汤 Sephadex G-15 分离组分的 TDA
分析结果及在模拟肉汤溶液中对滋味的影响

流分	TD 因子	滋味特征	加入模拟肉汤中对滋味影响
Ⅰ	<1	无味	无变化
Ⅱ	4	苦味	咸味稍微增强
Ⅲ	64	酸味	满口感增强,厚重酸味
	8	苦味	持久性,舌头侧面有苦味
Ⅳ	32	鲜味	持久满口感,厚重酸味,口干
	16	涩味	
	8	满口感	
Ⅴ	32	苦味	咸味,轻微的苦味
	8	满口感	
Ⅵ	16	苦味	持久的苦味和涩味
	4	涩味	
Ⅶ	16	苦味	轻微的苦味和涩味
	1	涩味	

4.2.3 实例——木糖-L-丙氨酸反应液中苦味物质的分析

样品：木糖和 L-丙氨酸在 pH5.0 磷酸盐缓冲液中加热回流 3h 后，用乙酸乙酯萃取。萃取物反相高效液相色谱（RP-HPLC）多次重复进样分离，对谱峰进行流分收集，共收集到 21 个样品，分别置于玻璃杯中冷冻干燥，所得冷冻干燥物用水按照 1∶1 进行系列稀释。

滋味稀释分析：评价小组人员事先进行培训，采用三杯法进行滋味稀释分析。评价员品评到稀释样品与两个空白样品之间滋味有差别的最高稀释倍数，为稀释因子。三名评价员给出的稀释因子取平均值作为结果。

表 4-3 为 RP-HPLC 分离流分的 TDA 分析结果，图 4-17 为 RP-HPLC 分离色谱图（左边）和收集流分的 TDA 因子谱图（右边）。在 RP-HPLC 分离出来的组分中，仅有部分组分具有滋味活性（见图 4-17），尤其具有苦味的组分（标记19）滋味稀释因子最高（达 512），可能对样品滋味的贡献最大。标记 19 的组分进一步纯化，然后采用液-质联机、元素分析、核磁共振分析，确定此化合物为 quinizolate[3-(2-furyl)-8-(2-furyl)methyl-4-hydroxymethyl-1-oxo-1H,4H-quinolizinium-7-olate]。该化合物属于新鉴定的苦味物质，具有非常高的苦味强度，在水中阈值很低，为 0.00025mmol/kg，比常见的苦味物质——咖啡因的苦味阈值低 2000 倍。

表 4-3   木糖和 L-丙氨酸反应液 RP-HPLC 分离流分 TDA 分析结果

编号	滋味	TD 因子	编号	滋味	TD 因子
1	甜	2	12	苦味	16
2	苦	1	13	苦味	32
3	甜	1	14	苦味	16
4	涩	2	15	苦味	64
5	涩	1	16	苦味	32
6	苦味、咖啡味	2	17	苦味	16
7	苦味	4	18	涩味	8
8	苦味、咖啡味	2	19	苦味	512
9	苦味	2	20	苦味	8
10	苦味-甜味	16	21	涩味	2
11	焦味	32			

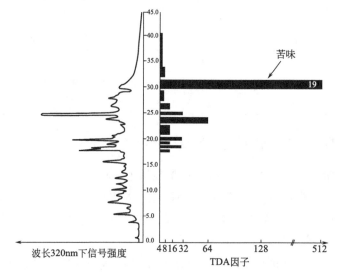

图 4-17   RP-HPLC 色谱图（左）和收集流分的 TDA 因子谱图（右）

4.3   电子鼻

电子鼻（electronic nose）是一种新颖的分析、识别和检测复杂气味的仪器。与气相色谱、气-质联机、气相色谱-嗅觉探测仪等仪器的检测原理不同，电子鼻给出的不是被测样品中某种或某几种成分的定性、定量结果，而是样品气味的整体信息，也称"指纹"数据。它对气味的分析原理类似于人鼻，不仅可根据各种不同的气味检测到不同的信号，而且可将这些信号与经过"学习"和"训练"后建立的数据库中的信号加以比较，进行识别和判断。

电子鼻对气味的敏感性很强，检测限可达 10^{-9} 水平，完全可与人鼻相比拟，且检测结果与人类感官评价结果具有很大的相关性。由于它独特的功能，电子鼻在化工、食品、环境、医药等多个领域都得到了极大的重视及应用。

4.3.1　电子鼻的发展历史

1964 年 Wilkens 和 Hatman 利用气体在电极上的氧化-还原反应模拟了嗅觉过程，这是电子鼻的最早报道。1965 年，Buck 等利用金属和半导体电导率的变化对气体进行了测量，而 Draviks 等则利用接触电势的变化测量了气体。1982 年英国 Warwick 大学 Persuad 等人研究了包括气敏传感器阵列和模式识别系统的气味分析技术，气敏传感器阵列用三个商品化的 SnO_2 气体传感器（TGS813、812、711）组成。该技术可模拟哺乳动物嗅觉系统中的多个嗅感受器细胞，对醋酸戊酯、乙醇、乙醚、戊酸、柠檬油、异茉莉酮等二十一种复杂的有机挥发物气味进行了类别分析，从而标志着真正电子鼻的出现。但随后的五年，电子鼻的研究并没有引起国际学术界的广泛重视。

1987 年，在英国华威大学召开的第 8 届欧洲化学传感器年会上，以 Garder 为首的华威大学气体传感器小组发表了有关传感器检测气体的论文，并提出了模式识别的概念，引起了学术界的极大兴趣，从而加快了电子鼻的发展。1989 年北大西洋公约组织（North Atlantic Treaty Organization，简称 NATO）专门召开了化学传感器信息处理高级会议，做出如下定义："电子鼻是由多个性能彼此重叠的气敏传感器和适当的模式分类方法组成的具有识别单一和复杂气味能力的装置"。随后，在 1991 年 8 月北大西洋公约组织在冰岛召开了第一次电子鼻专题学术会议。1994 年，Garder 发表了有关"电子鼻"的综述，对电子鼻的定义是："电子鼻是由一种有选择性的电化学传感器阵列和适当的识别装置组成的仪器，能识别简单和复杂的气味"。从此，电子鼻技术进入比较成熟的阶段。表 4-4 列出了部分商业化电子鼻产品。

表 4-4　一些商业化的电子鼻

名称	传感器阵列	传感器个数	主要应用对象	厂商及国别
便携式气味监测仪	MOS	6/8	一般可燃性气体	美国
PEN2	MOS	10	食品、环境	GmbH 公司（德）
Fox2000	MOS	6～18	一般可燃性气体	Alpha 公司（法）
BH114	CP、MOS	16	一般可燃性气体	Leeds 大学（英）
MOSES Ⅱ	CP、MOS	24	橄榄油、塑料、咖啡	Ubingen 大学（德）
Aromascan	CP	32	食品、包装材料、环保	路易发展公司（英）

4.3.2　电子鼻的工作原理

电子鼻的工作原理是建立在模拟人的嗅觉形成过程基础上的，图 4-18 和图 4-19分别为人的嗅觉及电子鼻对气味的分析过程，通过比较可知，电子鼻与生物嗅觉十分相似，在功能上均包括了采样、敏感、信号传输及处理、识别 4 个模块。

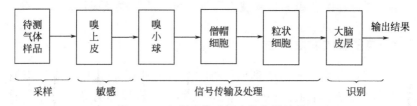

图 4-18 人的嗅觉对气味的分析过程

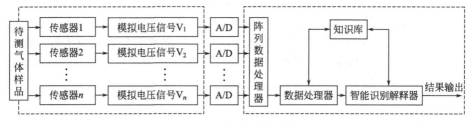

图 4-19 电子鼻对气味的分析过程

如图 4-20 所示，电子鼻主要由气体传输/采样系统、气敏传感器阵列、信号处理系统三部分组成。气体传输/采样系统相当于顶空取样装置，它是利用载气将样品顶部空间的气体输送到传感器阵列单元。气敏传感器阵列在功能上相当于彼此重叠的人的嗅觉感受细胞，产生嗅感信号。信号处理系统主要由计算机工作站完成，在功能上相当于人的大脑，具有分析、判断、智能解释的功能。

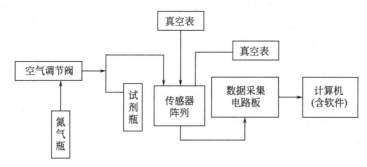

图 4-20 电子鼻的基本组成框图

电子鼻的类型很多，它的工作程序一般包括如下三部分。

（1）传感器的初始化 利用真空泵把干燥的合成空气吸取至装有传感器阵列的小室中。

（2）样品测定与数据分析 采样系统把已初始化的传感器阵列暴露到气体中，当挥发性化合物（VOC）与传感器活性材料表面接触时，就产生瞬时响应。这种响应被记录，并传送到信号处理单元，通过与数据库中存储的大量 VOC 图谱进行比较，确定气味类型。

（3）清洗传感器　样品测完后，要用酒精蒸汽"冲洗"传感器表面，以去除测完的气味混合物。在进入下一轮的测量之前，传感器仍要再次实行初始化，以达到基准状态。

被测气体作用的时间称为传感器阵列的"响应时间"，清除过程及初始化过程所用的时间称为"恢复时间"。

4.3.3　气体传感器阵列

传感器阵列由多个气敏传感器组成，是电子鼻的关键。大量研究表明，单个传感器的功能十分有限，其对不同气体的敏感响应会有变化，因而不具有自动识别气体种类和数量的能力。采用多个传感器构成阵列，除了各个传感器的响应外，还可在全部传感器组成的多维空间中形成响应模式，从而能对多种气味/气体进行辨识。电子鼻的气敏传感器应具备的两个基本条件是：①对不同的气味均有响应，即通用性强；②与气味分子的相互作用或反应迅速，并且不产生任何"记忆效应"。

根据测量的信号不同，气敏传感器主要分为测量吸附气体后表面电阻变化的金属氧化物半导体传感器（MOS）、测量阻抗变化的导电聚合物气敏传感器（CP）、测量振荡频率变化的石英晶体微天平（QCM）和表面声波传感器（SAW）、测量电流变化的安培计传感器等。目前研究和应用较多的是 MOS、CP 和 QCM 三种类型，表 4-5 比较了它们的性能。

表 4-5　MOS、CP 和 QCM 的性能比较

传感器类型	常用材料	优点	缺点
MOS	SnO_2，ZnO，Fe_2O_3，WO_3 等	敏感度高；响应快（≤10s）	厚膜型一般尺寸较大；工作时需加热（200～600℃）；受湿度影响
CP	酞菁聚合物、聚吡咯、聚苯胺等	能在室温下工作；材料选择范围宽，灵敏度高，可涂层改性	高温稳定性差；对湿度敏感；飘逸校正困难
QCM	聚异丁烯、氟聚多元醇等	可通过不同涂层改善其选择性，对大分子量气体敏感	涂层可重复性差，限制了其商业应用，敏感度与温度和湿度有关

MOS 是目前世界上产量最大、应用最广泛的一类气敏传感器。它具有价格便宜、易实现大批量生产、稳定性好、能耗小、寿命长、耐腐蚀性等优点。但 MOS 的不足是选择性不高，通过纳米技术及掺杂提高敏感度和选择性是 MOS 的主要研究方向。

4.3.4　信号处理系统

电子鼻的信号处理系统包括信号预处理子系统和模式识别子系统。

（1）信号预处理子系统　该部分的作用是对气体传感器阵列的响应模式进行预加工，完成对信号的特征提取。不同的信号处理系统的特征提取方法不同。目前常用的特征提取方法有相对法、差分法、对数法和归一法等，这些方法既可以处理信号为模式识别过程做准备，也可以利用传感器信号中的瞬态信息检测校正传感器阵列。

（2）模式识别子系统　该部分相当于人的神经中枢，作用是按一定的算法完成气味或气体的定性、定量分析。定性分析，又称定性识别，指对所测量的气体（包括混合气体）种类做出正确评价。而定量分析，除了对气体种类正确评价外，还需对所测量气体的含量进行评价，因此，定量分析的难度远大于定性分析。

目前，定性分析所用的算法有：最近邻法（NN）、判别函数法（DA）、主成分分析法（PCA）、人工神经网络（ANN）、概率神经网络（PNN）、学习向量量化（LVQ）、自组织映射（SOM）等，其中 PCA 和 ANN 应用最广泛。

与定性识别相比，定量分析的精度还不令人满意。定量分析能采用的方法不多，除传统的多元线性回归（MLR）、主成分回归（PCR）、偏最小二乘（PLS）等一些线性回归方法外，还有人工神经网络（ANN），它是目前定量分析效果最好的。

4.3.5　电子鼻在香料香精领域中的应用

在香精香料行业，感官分析一直是品质检测中很重要的工作。长期以来，香气的评价主要依靠人的嗅觉来完成，具有很大的主观性，判断结果往往受年龄、性别、身体状况、情绪、环境、识别能力及语言表达能力等多个因素的影响。同时，人的嗅觉易疲劳、适应和习惯。从某种意义上讲，感官评价方法比物理、化学分析方法难掌握，需要多年的经验积累和训练。人们一直期望着能通过挥发性化学组成分析来鉴别香气种类或评价香气质量，但气相色谱、气-质联机的分析结果与人的感官分析的相关性不能令人满意，如气相色谱分析 1 号、2 号两种主要成分相同的香料，1 号的纯度高，但感官评价却是 2 号的香气好。不仅如此，气味混合过程中出现的增强、抵消、掩蔽等现象很难用化学组成分析的方法进行解释，因此，通过测定化学成分来评判香气质量在多数情况下是不可行的。

电子鼻是一种模拟人的嗅觉对气味进行识别的技术，它可以获得与人的感官评价相一致的结果，可用于香料香精产品的香气评价、种类鉴别、质量检测和原料筛选等方面，与人工感官评价相比，电子鼻技术具有快速、准确、客观的优点。

4.3.5.1　在香气评价上的应用

香气是表征香料香精产品质量的最重要指标。电子鼻经过训练，可智能化地代替人来评定香气质量或确定香气类型。当某种产品的香气质量或香型经专家评定后，将之作为学习样本让电子鼻学习，在学习掌握了必要的知识后，电子鼻经一次测量，就能迅速给出其香气质量得分或确定香气类型。此外，通过学习—测试—再学习—再测试，多次反复，可不断提高电子鼻分析的准确性，这恰如一个评香师的培训过程。

4.3.5.2　在香料香精种类鉴别上的应用

电子鼻可快速地将不同香型的香料或香精进行区分，如廖毅等设计了一套含 16 个 Sn_2O 半导体传感器阵列的电子鼻，在环境温度为（20±2）℃，测试箱温度为（45±0.5）℃的条件下，使用顶空气体采样法对乙醇、正丙醇、正丁醇、丁酸、庚酸乙酯、乳酸乙酯和月桂酸乙酯七种香料进行了区分，主成分分析图如图 4-21 所示。另外，黄勇强等利用电子鼻将苹果香精、芳樟醇、丁酸乙酯进行区分，从主成分分析看，不同香精之间区分得比较开，神经网络的识别正确率为 97.12%。

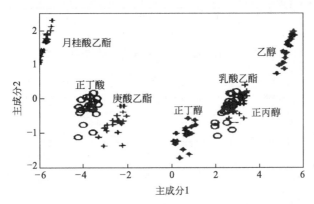

图 4-21　电子鼻识别七种香料的主成分分析图

4.3.5.3　在香精质量检测上的应用

通过对不同批次或不同生产日期的香精产品进行检测和比较，能够发现生产上某个环节存在的问题或影响产品质量的某个因素，促进产品质量的提高。陈晓明等利用电子鼻对 16 个天然苹果香精样品进行了检测，并对所获得的数据进行主成分分析（PCA）（图 4-22）及判别因子分析（DFA）（图 4-23），发现生产日期在 10 月 31 日前的产品（sam1～sam7）与生产日期在 10 月 31 日后的产品（sam8～sam16）有较大的差别。通过查找原因，认为在生产工艺基本稳定的前提下，主要是因为不同生产日期所用的原料苹果品种变化及成熟度变化造成的。他们还根据电子鼻的分析结果初步筛选出一些具有特殊性的样品，因为这些样品具有一定的特殊性，所以将作为建立天然苹果香精质量检测标准的必测样品。

4.3.5.4　在筛选香精生产原料中的应用

肉味香精在方便面、火腿肠、鸡精等食品中广泛应用。脂肪是热反应肉味香精制备的主要原料之一，脂肪加热氧化后可生成小分子醛、酮、羧酸等物质，这些物质作为肉香前体可与氨基酸、还原糖发生作用，使热反应香精具有肉香味浓郁、不同种类动物肉的特征风味突出的优点。为了筛选出适合于"氧化脂肪-热反应"两步法制备肉味香精的氧化脂肪，用 7 种氧化脂肪（标号 OI-1～OI-7）为原料制备

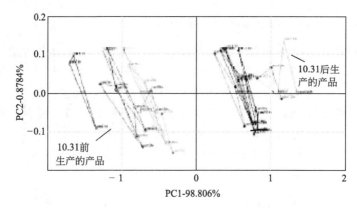

图 4-22　电子鼻分析苹果香精样品的 PCA 图

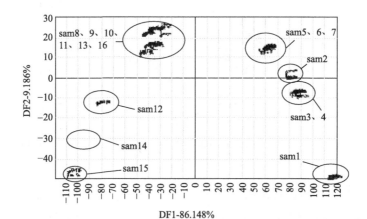

图 4-23　电子鼻分析苹果香精样品的 DFA 判别图

sam1～sam7—10 月 31 日前生产；sam8～sam16—10 月 31 日后生产

热反应香精，然后按如下条件电子鼻分析（Alpha MOS 公司 FOX4000 型电子鼻），获得的数据用主成分分析（图 4-24）。

电子鼻分析条件：称量 1g 样品加入 10mL 样品瓶中，加盖密封，待检。考虑到样品内含有较多的肉糜，为保证取样的代表性，在称量前尽量摇匀。样品的检测参数如表 4-6 所示。

表 4-6　样品的检测参数

载气	合成干燥空气
流速	150mL/min
顶空产生参数	
产生时间	1200s
产生温度	50℃
搅动速度	500r/min
顶空注射参数	
注射体积	1mL
注射速度	1mL/s

续表

注射针总体积	2.5mL	
注射针温度	60℃	
	获取参数	
获取时间	120s	
延滞时间	360s	

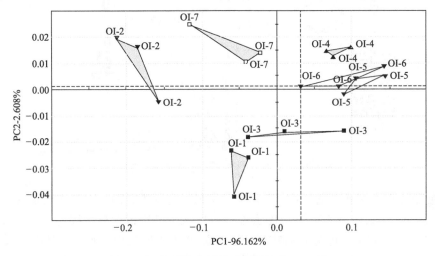

图 4-24　电子鼻分析热反应香精的 PCA 图

从图 4-24 可以看出 OI-4、OI-5、OI-6 相对非常类似；OI-3 也比较接近；OI-1、OI-7、OI-2 相对差异较大。为此，我们认为只需从这 7 个氧化脂肪原料及其热反应香精产品中挑出 4 个样品进一步分析，即将三个相似性较大的样品 OI-4、OI-5、OI-6 作为一组，抽出一个样品，OI-3、OI-1、OI-7、OI-2 各作为一个样品，从而简化了研究的样本数量。

4.3.6　非传感器型电子鼻的发展

以固体传感器为核心的电子鼻，对分析样品主要给出对比性定性信息，其特点是数据处理智能化，非常适于快速的产品质量控制或大量样品的筛查。但在实际应用中还存在如下的不足：①信号漂移；②有水气存在时，出现噪声，信号不稳；③需要花费较长的时间校准；④当某些化合物存在时，传感器会中毒；⑤分析结果在不同仪器之间的再现性差；⑥价格昂贵。

为了克服如上缺点，用质谱或 FID 检测器代替固体传感器的非传感器型电子鼻得到了一定的发展，它们具有不受水气、含硫化合物、酒精的影响，信号强度与气体的浓度呈线性关系，信号漂移小，重现性好，多种进样方式等优点。

图 4-25 所示，是一种以质谱作检测器的电子鼻的工作原理图。顶空气体通过一个毛细管柱进入质谱检测器，与气-质联机常用的毛细管柱不同，该毛细管柱主要作为进样口与检测器之间的管路及限速器使用，它是不含固定相的一段较短的去

活化毛细空管，样品分子在该毛细管上不保留只是穿过，因而 2min 内即可完成一个样品的分析，且不存在固定相流失的噪声干扰。该技术已成功地用于牛奶货架寿命的预测、薄荷油的分类、熟牛肉贮存时间对陈腐味影响的研究等。

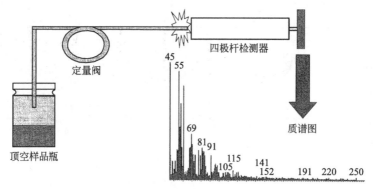

图 4-25　Agilent 4400 质谱型电子鼻工作原理

　　使用质谱检测器的电子鼻，其最初检测信号为反映样品顶空气体全貌的总质谱图，每个 m/z 数值相当于一个传感器的信号，如果质谱扫描范围为 35～150，那么就相当于含 116 个传感器的阵列。通过配套的数据处理软件（如 PCA、DFA）处理质谱信号，可找出样品之间的变量关系，完成样品的识别、分类。因为使用质谱作为传感器，对感兴趣的关键性碎片离子，还可通过质谱库检索进行鉴定。

　　图 4-26 所示，是一种 GC-flash 型电子鼻。该电子鼻运用二维气相色谱原理，由进样口，一根极性柱，一根弱极性柱，一个 Tenax 捕集器，两个氢火焰检测器构成。以高纯氢气作载气，空气为助燃气。实验时，将样品放在密闭的玻璃瓶内，

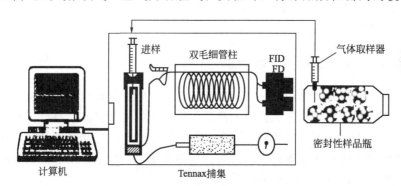

图 4-26　GC-flash 型电子鼻工作原理图

一定时间后，用注射器抽取顶空气体，注入进样口，气体样品将在 Tenax 捕集器被吸附、解吸，经由进样口下端分配到两个柱中，再经 FID 检测。在与仪器相连的电脑上会出现类似气相色谱的谱图，但是该谱图上的一个峰可能是一种物质也可能是几种物质。每次样品检测过程不超过 5min，谱图经过积分处理，再用配套的数据软件（如 PCA、DFA）处理，即可实现对不同样品的区分。GC-flash 型电子

鼻已成功地用于不同品牌白酒、不同贮藏期苹果的辨别。

4.4　电子舌

味觉可粗略分为酸、甜、咸、鲜和苦五种基本类型，这些都是由味觉感受的。但食品的味是多种多样的，如鲜美、麻辣。通常我们感觉的是由多种呈味成分产生的复杂的滋味，由此判断食物是否可口。多年来，对食品滋味的评价主要依靠专业人员的感官评定，但这种人工评价主观因素大，重复性差，有毒食品不能检测，难以满足工业化及科学研究的需要。人们期望着一种客观、快速、重复性好的检测手段代替人工来评价食品滋味。

电子舌，也称为味觉传感器或人工味觉识别技术，是以人类味觉感受机理为基础研究开发的一种新型现代化分析检测仪器。研究人员将电子舌定义为：由具有非专一性、弱选择性、对溶液中不同组分（有机和无机、离子和非离子）具有高度交叉敏感特性的传感器单元组成的传感器阵列，结合适当的模式识别算法和多变量分析方法对阵列数据进行处理，从而获得溶液样本定性定量信息的一种分析仪器。

电子舌在市场上已商业化，如法国的 Alpha MOS 公司生产的 ASTR-EE 型电子舌，日本 Toko 的 Taste Sensor SA402B 型电子舌、TS-5000Z 电子舌等。与传统的检测技术相比，电子舌具有操作简单，检测速度快，一个样品一般只需 3 ~ 5min；样品无需前处理等优点，在食品、医药、化妆品、化工、环境监测等多个领域得到较广泛的应用。

4.4.1　电子舌的组成及基本原理

由图 4-27 所示，电子舌主要由味觉传感器阵列、信号采集器和模式识别系统三部分组成。传感器阵列用于感测液体样品的特征响应信号，响应信号转换成电信号并输出，再通过信号模式识别处理以及专家系统学习识别，即可得出反映样品味觉特征或整体感官特性的结果。

按照检测原理，电子舌（味觉传感器）的类型主要有膜电位分析味觉传感器、伏安分析味觉传感器、光电方法的味觉传感器、多通道电极味觉传感器、生物味觉传感器、基于表面等离子共振（SPR）原理制成的味觉传感器、凝胶高聚物与单壁纳米碳管复合体薄膜的化学味觉传感器、硅芯

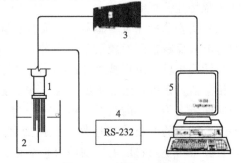

图 4-27　法国 ASTR-EE
型电子舌装置的示意

1—传感器阵列；2—样品；3—数据采集卡；

4—RS-232；5—计算机

片味觉传感器以及 SH-SAW（shear horizontal surface acoustic wave）味觉传感器等。

由于传感器具有选择性和使用的限制性，一种电子舌往往不能检测所有物质，还没有一种通用性的电子舌。在食品滋味识别中，目前应用较多的为膜电位分析味觉传感器和伏安分析味觉传感器。

（1）膜电位分析味觉传感器　膜电位分析味觉传感器由 Kiyoshi Toko 等人于1985 年研制成功。传感器阵列由八个含有类脂膜的电极构成。类脂膜被安装在带洞的塑料管上，管的末端用塞子封住，塞子上装有 Ag/AgCl 参比电极，管内盛有3mol/L 的 KCl 溶液。类脂膜的化学组成为磷酸二辛酯、氯化三辛基甲基铵、油酸胺、癸醇、油酸及上述几种化合物的混合物。八个工作电极被分成两组，固定在机械臂上构建八通道味觉传感器。当测量样品时，味觉物质使类脂膜的电位发生变化，从而输出反映其味道性质和强度的电信号，然后通过数字电压表转化为数字信号送入计算机进行处理，通过模式识别系统给出分析结果。

目前膜电位分析味觉传感器已经发展到第二阶段，模拟了生物体的味觉感受机制，也称作人工脂膜味觉传感器，其采用了整机防电磁干扰技术，由传感器表面的人工双层脂质膜（类似人的舌头）与各种呈味物质之间产生静电作用或疏水作用，这种作用确保了传感器对味觉物质的选择性，并使电势发生变化，这种变化被分析器（类似人的大脑）所捕获，依据内部分析模型，直接对响应的味觉指标进行定量分析，而不同类型的人工双层脂质膜，确保了对不同味觉物质的良好选择性，从而达到定性分析的效果。

人工脂膜味觉传感器可将五种基本味道（酸味、甜味、苦味、咸味、鲜味）分别测量出来，包括涩味。此外鲜味的回味、涩味的回味、苦味的回味以及药物特有的苦味也可以被测量。迄今在饮料、啤酒、调味料、乳品、肉制品、茶叶、餐饮、功能食品、中药等诸多领域得到应用，如国内主流品牌啤酒的味觉剖面分析、不同茶饮料的味觉对比分析、地方火腿分析、不同贮藏条件鲜榨橙汁的味觉特性、辣椒酱的味觉特性分析等。

（2）伏安分析味觉传感器　伏安分析味觉传感器，是在外加电压下测定通过溶液的电流来反映被测对象信息的一种有效而常用的分析方法。曾成功地用于鉴别不同的果汁和牛乳。由瑞典的 Linkoping 大学 Winquist 课题组研究开发的伏安型电子舌传感器，是由一组贵金属（金、铱、钯、铂、铼、铑）的工作电极阵列组成。贵金属电极在不修饰的情况下组合在一起，以常规大幅脉冲电势作为激发信号，采集各个电极上的电流响应信号。数据处理采用主成分分析（PCA）等多元分析方法，可获得对不同物质的鉴别性分析结果。

伏安分析味觉传感器的优点是灵敏度很高，采集信息量大，适应性强，操作简单，性能稳定，可以选用不同形式的电压（如周期性、直流或脉冲）以满足其选择性。但只适于检测有氧化还原性的物质，对非氧化还原性物质的反应较弱，同时无法检测到样品的任何味觉值，只能基于统计学方法对不同样品进行分析判别。

4.4.2　电子舌在食品味觉检测中的应用

电子舌是模仿人的味觉研制出来的，电子舌的味觉传感器阵列相当于人的舌头，可以对五种味感：酸、甜、苦、辣、咸进行有效的识别。Toko 等人研制的多通道类脂膜味觉传感器，可以把不同的氨基酸分成与人的味觉评价相吻合的五个组，并能对氨基酸的混合味道作出正确的评价。同时，通过对苦味氨基酸 L-蛋氨酸的研究，得出生物膜上的脂质（疏水）部分可能是苦味的受体的结论。

目前，电子舌在酒类、饮料、乳品、茶叶、水、植物油的种类鉴别上应用报道较多。Toko 等曾对 33 种品牌的啤酒进行检测，各种啤酒的味觉特征可清楚地显现出来。瑞典的 Winquist 等用伏安型电子舌对五种红茶（CE、SH、ID、EG、CT）和四种绿茶（YA、GH、GP、GT）进行了检测，在主成分分析图上九种茶被明显地区分开来（图 4-28）。Vlasov 等研制的电子舌可将啤酒、咖啡、茶、果汁、矿泉水和软饮料非常明显地区别出来（图 4-29），且具有较好的重现性。国内陈全胜等利用法国 Alpha MOS 公司的电子舌结合 K 最近邻域（KNN）模式识别方法，对炒青绿茶的等级进行了判别。图 4-30 和图 4-31 为采用日本 TS-5000Z 电子舌分析市场上不同品牌啤酒、乳酸菌饮料滋味的雷达图。

此外，因样品不需预处理，电子舌还用于生产过程在线监测及控制，例如监测食品的成熟、腐败、货架期等。

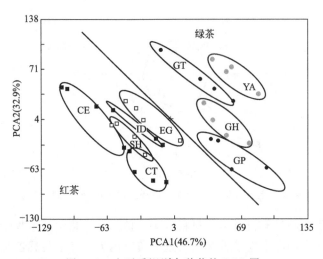

图 4-28　电子舌识别九种茶的 PCA 图

4.4.3　电子舌的不足及未来发展

电子舌具有检测快速、灵敏、应用面广等多个优点，但价格较贵，传感器的稳定性和检测重现性容易受到多种因素的影响，需根据样品选择适宜的传感器阵列及

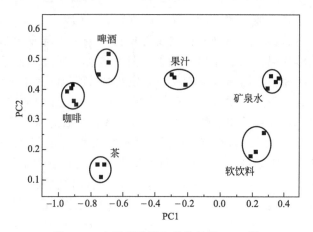

图 4-29 电子舌识别六种饮料的 PCA 图

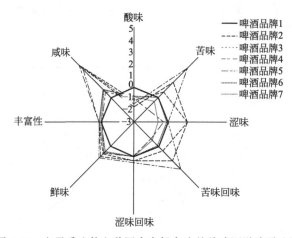

图 4-30 电子舌比较七种国内市场主流品牌啤酒滋味雷达图

分析条件。电子舌与计算机科学、材料科学、仿生学、化学、生物学、信息科学的发展密切相关。在国际上电子舌被列为重要研究内容，其中传感器是电子舌的关键技术。未来的时间内，需研制便于实时检测的高灵敏度、高稳定性、寿命长、价格低的多种味觉传感器阵列，使电子舌技术得到更广泛的应用。

电子舌不能完全取代人工感官评定，因电子舌仅从单一角度进行滋味评定，而人工感官评定一般基于气味、滋味、色泽、组织状态等信息对产品做综合评价。因此，今后研究还应进一步地深入，将电子舌与电子鼻或其它分析仪器联用，以实现与人工感官评定类似的真正智能化。

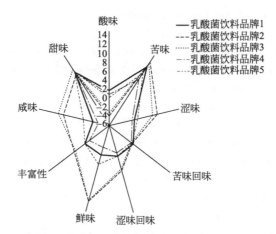

图 4-31 电子舌比较国内市场五种主流品牌乳酸菌饮料滋味雷达图

参考文献

[1] Fuller G H，Steltenkamp R，Tisserand G A. The gas chromatograph with human sensor: perfumer model. Annals of the New York Academy of Sciences，1964，116：711-724.

[2] Dravnieks A，O' Donnell A. Principles and some techniques of high resolution headspace analysis. Journal of Agricultural and Food Chemistry，1971，19：1049-1056.

[3] Acree T E，Baenard J，Cummingham D G. A procedure for the sensory analysis of gas chromatography effluents. Food Chemistry，1984，14：273-286.

[4] Ullrich F，Grosch W. Identification of the most intense volatile flavour compounds formed during autoxidation of linoleic acid. Z. Lebensm. Unters. Forsch，1987，184：277-282.

[5] Maarse H，Van Der Heij，D G. eds. Trends in flavor research. Amsterdam：Elsevier 1994，179-415.

[6] Blank I，Sen A，Grosch W. Aroma Impact Compounds of Arabica and Robusta Coffee. Qualitative and Quantitative Investigations. Fourteenth International Conference on Coffee Science. （ASIC14），San Francisco，1991，117-129.

[7] Guth H，Grosch W. Identifacation of potent odorants in static headspace samples of green and black tea powders on the basis of aroma extract dilution analysis （AEDA）. Flavour and Fragrance Journal，1993，8：173-178.

[8] Carrapiso A I，Ventanas J，García C. Characterization of the most odor active compounds of Iberian ham headspace. Journal of Agricultural and Food Chemistry，2002，50：1996-2000.

[9] Jezussek M，Juliano B O，Schieberle P. Comparison of key aroma compounds in cooked brown rice varieties based on aroma extract dilution analyses. Journal of Agricultural and Food Chemistry，2002，50：1101-1105.

[10] Kumazawa K，Masuda H. Identification of potent odorants in different tea varieties using flavor dilution technique. Journal of Agricultural and Food Chemistry，2002，50：5660-5663.

[11] Hayata Y，Sakamoto T，Maneerat C，et al. Evaluation of aroma compounds contributing to muskmelon flavor in Porapak Q extracts by aroma extract dilution analysis. Journal of Agricultural and Food Chemistry，2003，51：3415-3418.

[12] Guth H. Comparison of Different White Wine Varieties in Odor Profiles by Instrumental Analysis and Sensory Studies. ACS Symposium Series，1998，714，39-52.

[13] Roberts D D，Acree T E. Gas Chromatography-Olfactometry of Glucose-Proline Maillard reaction Products. Thermally Generated Flavors（Parliament T H，Morello M J，McGorrin R J，eds），American Chemical Society，Washington DC，1994，543：71-79.

[14] Schieberle P，Grosch W. Changes in the concentraction of potent crust odourants during storage of white bread. Flavour and Fragrance Journal，1992，7：213-218.

[15] Blank I，Stampfli A，Eisenreich W. Analysis of Food Flavorings by Gas Chromatography-Olfactory. Trends in Flavor Research（Marrse H，D G van der Heij，eds），Amsterdam：Elsevier，1994，271.

[16] Spadone J C，Takeoka G，Liardon R. Analytical investigation of Rio off-flavor in green coffee. Journal of Agricultural and Food Chemistry，1990，38：226-233.

[17] Marsili R T，Miller N，Kilmer G J，et al. Identification and quantification of the primary chemicals responsible for the characteristic malodor of beet sugar by purge and trap GC-MS-OD techniques. Journal of Chromatographic Science，1994，32：165-171.

[18] Pollien P，Ott A，Montigon F，et al. Hyphenated headspace-gas chromatography-sniffing technique：screening of impact odorants and quantitative aromagram comparisons. Journal of Agricultural and Food Chemistry. 1997，45：2630-2637.

[19] Ott A，Fay L B，Chaintreau A. Determination and origin of the aroma impact compounds of yogurt flavor. Journal of Agricultural and Food Chemistry，1997，45：850-858.

[20] Bernet C. Contribution àlaconnaissance des composésd arŏmeclés des vins du cépage Gewurztraminer cultivéen Alsace，Thesis（Universitié de Bourgogne），Dijon，2000.

[21] Pollien P，Fay L B，Baumgartner M，et al. First attempt of odorant quantization using gas chromatography-olfactometry. Analytical Chemistry，1999，71：5391-5397.

[22] Marsili R. Combining Mass Spectrometry and Multivariate Analysis to Make a Reliable and Versatile Electronic Nose. Flavor，Fragrance and Odor analysis，Marcel Dekker，Inc. New York，Basel，2002，297-331.

[23] Blank I. Gas Chromatography-Olfactometry in Food Aroma Analysis. Flavor，Fragrance and Odor Analysis，Marcel Dekker，Inc. New York，Basel，2002，297-331.

[24] Leland J V，Scheiberle P，Buettner A，et al. Gas Chromatography-Olfactometry，the State of the Art. ACS Symposium Series. Washington DC：American Chemical Society，2001：782.

[25] Chaintreau A. Quantative Use of Gas Chromatography-Olfactometry：The GC-"SNIF" Method. Flavor，Fragrance and Odor Analysis，Marcel Dekker，Inc. New York，Basel，2002，297-331.

[26] 夏玲君，宋焕禄. 香味检测技术——GC/O 的应用. 食品与发酵工业，2006，32（1）：83-87.

[27] Deibler K D，Lavin E H，Linforth R S T，et al. Verification of amouth simulator by in vivomeasurements. Journal of Agricultural and Food Chemistry，2001，49：1388-1393.

[28] Roberts D D，Acree T E. Simulation of retronasal aroma using a modified headspace technique：Investigating the effects of saliva，temperature，shearing，and oil on flavor release. Journal of Agricultural and Food Chemistry，1995，43：2179-2186.

[29] Sonntag T，Kunert C，Dunkel A，et al. Sensory-guided identification of N-（1-methyl-4-oxoimidazolidin-2-ylidene）-α-amino acids as contributors to the thick-sour and mouth-drying orosensation of stewed beef juice. Journal of Agricultural and Food Chemistry，2010，58（10）：6341-6350.

[30] Frank O，Ottinger H，Hofmann T. Characterization of an intense bitter-tasting 1H，4H-quinol-izinium-7-olate by application of the taste dilution analysis，a novel bioassay for the screening and identification of taste-active compounds in foods. Journal of Agricultural and Food Chemistry，2001，49（1）：231-238.

[31] Hofmann T. Taste-active Maillard reaction products：the "tasty" world of nonvolatile Maillard reaction products. Annals of the New York Academy of Sciences，2005，1043（1）：20-29.

[32] Hofmann T，Ottinger H，Frank O. The Taste Activity Concept：A Powerful tool to trace the key tastants in foods.（T Hofmann，Ho C T，Pickenhagen W' eds）. Challenges in Taste Chemistry and Biology，ACS Symposium Series 867，2003，104-124.

[33] 廖毅，高大启. 基于前向神经网络的呈香物质识别方法研究. 传感器技术，2002，21（12）：4-7.

[34] 高大启，杨根兴. 电子鼻技术新进展及其应用前景. 传感器技术，2001，20（9）：1-5.

[35] 陈晓明，马明辉，李景明等. 电子鼻在天然苹果香精检测中的应用. 食品科学，2007，28（3）：261-265.

[36] 黄勇强，邹小波，赵杰文. 电子鼻在香精识别中的应用研究. 食品工业科技，2005，26（12）：85-87.

[37] 陈晓明，李景明，李艳霞，等. 电子鼻在食品工业中的应用研究进展. 传感器与微系统，2006，25（4）：8-11.

[38] 张晓华，常伟，李景明，等. 电子鼻技术对苹果贮藏期的研究. 现代科学仪器，2007，6，120-123.

[39] Marsili R. Combining Mass Spectrometry and Multivariate Analysis to Make a Reliable and Versatile Electronic Nose. Flavor，Fragrance and Odor Analysis，Marcel Dekker，Inc. New York，Basel，2002，349-375.

[40] 牛海霞. 电子舌在现代食品科学技术中的应用. 食品科技，2007，8，26-30.

[41] 黄星奕，张浩玉，赵杰文. 电子舌技术在食品领域应用研究进展. 食品科技，2007，（7）：20-24.

[42] 陈全胜，江水泉，王新宇. 基于电子舌技术和模式识别方法的茶叶质量等级评判. 食品与机械，2008，24（1）：124-126.

[43] 雷勇杰，章桥新，张覃轶. 电子舌常用传感器研究进展. 传感器与微系统，2007，26（2）：4-7.

[44] Toko K. Electronic tongue. Biosensors & Bioelectronics，1998，13：701-709.

[45] Arikawa Y，Toko K，Ikezaki H，et al. Analysis of sake taste using multielectrode taste sensor. Sensors and Materials，1995，7：261- 270.

[46] Ivarsson P，Holmin S，Höjer N E，et al. Discrimination of tea by means of a voltamm-electronic tongue and different applied waveforms. Sensors and Actuators，2001，76：449-454.

[47] Vlasov Y G，Legin A V，Rudnitskaya A M，et al. Electronic tongue-new analytical tool for liquid analysis on the basis of nonspecific sensors and methods of pattern recognition. Sensors and Actuators，2000，65：235-236.

[48] Wadehra A，Patil P S. Application of electronic tongue in food processing. Analytical Methods，2016，8（3）：474-480.

[49] 田晓静，王俊，裴姗姗，等. 电子鼻和电子舌信号联用方法分析及其在食品品质检测中的应用. 食品工业科技，2015，36（1）：386-389.

[50] Gliszczyńska- Ś wiglo A，Chmielewski J. Electronic nose as a tool for monitoring the authenticity of food. A review. Food Analytical Methods，2017，10：1800-1816.

[51] 杜锋，雷鸣. 味觉识别及其应用. 中国调味品，2003，1，32-36.

[52] Schieberle P. New developments in methods for analysis of volatile flavor compounds and their precursors. Characterization of Food：Emerging Methods，A. G. Gaonkar（Ed），Elsevier Science B. V. 1995，403-431.

[53] 武宝利，张国梅，高春光，等．生物传感器的应用研究进展．中国生物工程杂志，2004，24（7）：65-69.

[54] 王亚兴，庞广昌，李阳．电子舌与真实味觉评价的差异性研究进展．食品与机械，2016，32（1）：213-220.

[55] 黄嘉丽，黄宝华，卢宇靖，等．电子舌检测技术及其在食品领域的应用研究进展．中国调味品，2019，44（5）：189-196.

第 **5** 章

香味成分分析一般程序及实例

香味是决定消费者对食品喜爱程度的重要指标之一。食品香味成分分析的主要目的为以下两种：① 获得香味物质组成的全面信息并筛选出关键香味成分，以便重组或模拟原始食品的香味；②分析引起食品不良风味的成分或加工、贮存过程中香味成分的变化，以便改进生产工艺，提高产品质量。

食品香味成分分析的一般程序如下。

首先，采集样品并进行必要的样品预处理。采集的样品应具有代表性并与分析目的一致，如果研究食品的"异味"，应挑选最能代表"异味"的样品进行分析，如果分析大众喜爱的某种食品的香味，应组织感官评价小组确定能代表大众喜好性的样品。此处的样品预处理，包括粉碎、过筛和杀死酶活性等处理。

其次，香味物质的萃取富集。食品（如牛奶、水果、烤肉等）的成分一般非常复杂，常含有蛋白质、糖类、脂类等大分子及许多无机或有机小分子，而香味物质常是分散于均相或非均相的食品底物中的极微量（浓度在 $\times 10^{-6} \sim 10^{-12}$ g/g 范围）组分。为了消除样品底物的干扰，以及提高分析的灵敏度及选择性，在仪器分析前，样品的预纯化或预浓缩富集常常是必需的。

本书所介绍的样品制备方法，如溶剂提取、同时蒸馏萃取、超临界萃取等都可用于香味物质萃取富集。但无论选择哪种，基本原则是要确保萃取物与原样品的香味尽量一致，有必要组织感官评价小组进行评判。再有，还要考虑分析目的，目的为全面分析香味组成与只分析某些特定的香味成分相比，二者的样品制备方法是有很大区别的。前者一般需要几种萃取方法，而后者有时只用一种萃取方法。每种萃取方法都有其独自的优缺点，用不同的萃取方法会得到不同的分析结果。在全面地分析香味组成时，常常将萃取原理不同的两种或几种样品制备方法（如顶空法与蒸馏法）结合使用，便于相互补充。由于 SPME 具有敏感、选择性好、不用溶剂、操作简单、快速、能自动化的优良特性，在食品香味成分分析的应用上近年得到了蓬勃发展。

最后，香味成分的筛选与结构鉴定。该部分包括 GC-O 分析、TDA 分析、气-质联机、液-质联机，或其它可用于结构鉴定的手段进行分析。严格地说，未知样品，不使用 GC-O、TDA 或感官品评，仅根据仪器（如气-质联机）分析的结果来确定样品香味物质的构成既是粗略的，又常常是无效的，因为贡献大的关键香味化合物，往往含量极低，在色谱图上是很小的峰或根本没有峰，而分析仪器一般给出的却是样品中的那些含量高的主成分。例如，常出现的现象是 GC-O 嗅闻的气味很强的谱峰，但气-质联机分析却不出峰，从而无法通过检索质谱库鉴定化合物结构。

正如本书第四章所述，由于受香味萃取浓缩方法、色谱分离条件等多个因素影响，GC-O 或 LC-TDA 的分析结果也有局限性。此外，尽管 GC-O 或 LC-TDA 分析能很容易地识别出哪个化合物具有香味活性以及香味强度大小，但该种方法检测到的是经色谱柱分离后的组分，并未考虑物料中基质组分对其香味特性的影响及香味物质之间的相互作用，因而采用 GC-O 或 LC-TDA 分析还无法准确地确定哪些香味活性物质为实际食品的关键香味成分。为此，在 GC-O 或 LC-TDA 分析基础上还须完成如下工作。

（1）对香味活性物质进行准确定量，然后基于阈值（threshold）计算每种物质在所分析样品中的香味活性值（OAV，odor active value；或 TAV，taste active value）。原则上，仅 OAV（或 TAV）≥1 的化合物对样品香味有贡献。注意："香味活性值"概念，考虑了物料基质对香味的影响。

（2）重组实验。将 OAV 或 TAV≥1 的化合物，按照定量结果进行重组，以复制出原始样品的香味。注意：通过重组实验，可检验定性或定量结果的正确性。若重组后未能复制出原始样品的香味，提示定性或定量结果可能有误。

（3）缺省实验。将重组的香味化合物逐一缺省，比较缺省后样品与重组样品（或原始食品）的香味是否有显著性差异。缺省后产生显著性差异的化合物，即为构成原始样品香味不可缺少的化合物，这些不可缺少的化合物则为关键香味化合物。注意：通过重组和缺省实验，各香味物质之间的作用或影响被考虑到。

以上香味分析的程序和思路，即为当今分子感官科学（molecular sensory science）的理念。与 20 世纪 80 年代相比，目前香味分析技术已得到了巨大发展，通过准确定量以及重组和缺省实验，不少食品关键香味物质被发现。但尚有一些关于食品香味成分分析的报道仅基于 GC-MS 或 LC-MS 等分析仪器，而不涉及 GC-O、TDA、OAV 等与香味测量有关的生物学概念，因此研究结果的正确与否有待于进一步考量。

5.1 水果香味成分分析实例

5.1.1 简介

水果的香味是伴随水果逐渐成熟过程形成的。植物体内所含的多糖、蛋白质、脂类、木质素等前体物质，在酶催化下发生降解反应，就生成了含有羧酸、醇、酯、醛、酮等官能团的直链脂肪族类、甲基支链类、萜类和芳香族类等香味成分。目前，香蕉、苹果、梨、桃子等常见大宗水果的香味成分人们已基本搞清，并有商业化的香精产品销售，用于饮料、罐头、冰淇淋等食品中。

不同类水果或同类不同品种水果的香味成分不同。水果香味的形成还与水果的种植条件和成熟期有关。一般当水果青色消失及成熟后的水果香味最浓。在水果成熟后期，乙醇含量的增多还经常会伴随着低分子量乙醇酯含量的升高。另外，水果收获以后，贮存条件如贮存温度和压力等仍然会影响水果的进一步熟化，从而影响水果的香味。还应引起注意的是系统地确认水果香味的组成，往往要考虑样品的采集、处理及分离测定条件等影响因素。

5.1.2 猕猴桃香味成分分析——溶剂萃取/GC-MS、GC/GC-MS、GC/GC-O 方法

5.1.2.1 实验

（1）样品　未经灭菌的新鲜猕猴桃汁。

（2）样品制备　将环己酮（10mg/kg）添加到 120g 猕猴桃汁中，再加入 80mL 二氯甲烷，控制温度约 2℃，电磁搅拌 1h，然后在温度 5℃下离心 10min。有机层无水硫酸钠干燥，用蒸馏-精馏柱装置浓缩到约 1mL，再进一步氮气吹至 0.1mL。

（3）GC-MS 分析　Agilent 6890/5973 GC-MS 系统。色谱柱 HP-5 30m×0.25mm×0.25μm，载气氦气，流速 1mL/min。柱温程序：起始温度 40℃停留 6min，以 2.5℃/min 的速率升温至 150℃，再以 90℃/min 的速率升温至 250℃。进样口温度 250℃，分流比 10∶1，进样 2μL。

70eV 电子轰击离子源，离子源温度 280℃，传输线温度 260℃，溶剂延迟 2min，质谱扫描范围 35～300amu。

（4）定量分析　环己酮作内标，配制不同浓度的标准溶液，GC-MS 进样分析。三个没有标准品的化合物［丙酸甲酯、3-甲基-3-丁烯-2-酮和(E,E)-2,4-庚二烯醛］分别用异丁酸甲酯、3-戊烯-2-酮和(E,E)-2,4-己二烯醛代替。用各化合物的特征离子进行定量计算，获得线性回归方程。

（5）GC/GC-O 分析　Agilent 5890/5890 plus2 多维气相色谱，两根 HP-5 30m×0.25mm×0.25μm 色谱柱（作为制备柱和主柱使用），载气流速 1mL/min。重复制备进样时，CTS1 冷冻聚焦装置温度控制为−150℃，从制备柱流出的馏分按 1∶99 在 FID 检测器和分析柱（主柱）之间进行切割，分析柱的柱后流出物按照 1∶1 在质谱和闻香口之间切割。进样口温度 250℃，检测器温度 280℃。通向闻香口的传输线温度 300℃，加湿空气的流速 100mL/min。每次的进样量和柱温程序同上述的气-质联机分析。

GC-O 检测：采用频率检测法进行 GC-O 分析，记录嗅闻的气味特征。三个评价员参加，每个样品重复分析三次，共分析 9 次。当至少有一个人在三次评价中的嗅闻描述全相同时，该种气味活性物才列入 GC-O 结果。

5.1.2.2 结果与分析

猕猴桃［*Actinadia Deliciosa*（A Chev）Liang et Ferguson var. *deliciosa* cv. Hayward]的大量挥发性香成分，是在成熟和逐渐软化过程中生成的，像丁酸乙酯、己醛、（E）或（Z）-2-己烯醛、己醇等脂肪族化合物，都来自于不饱和脂肪酸的降解。有关猕猴桃挥发性成分分析的报道较多，但针对其香味活性成分研究的报道很少。

（1）实验方法分析　猕猴桃是一种新鲜的水果，控制较低的温度用溶剂萃取法制备样品，条件温和，避免了热敏性成分发生变化。另外，得到的萃取物便于 GC-MS 的定量分析及多次 GC-O 重复性检测。

采用了 GC-MS、GC/GC-MS、GC/GC-O 三种分析技术。GC-MS 中，采用 NIST 98 质谱库检索、保留指数和标准物鉴定结构；用内标法 SIM 扫描定量分析。GC-O 分析中，利用保留指数、与质谱（GC-MS、GC/GC-MS）关联及标准物鉴定各组分的结构。

由于气味活性化合物的含量极低，GC-MS 的检测谱峰很弱甚至没有峰，使得 GC/GC-O 检测出的许多气味活性物无法用 GC-MS 鉴定。但使用 GC/GC-MS，先在二维气相色谱的第一根柱上连续进样制备性富集后，在第二根色谱柱上的检测灵敏度大大提高，大部分气味活性成分被检测出。图 5-1 比较了 GC/GC-MS、GC-MS、GC/GC-O 的色谱图。

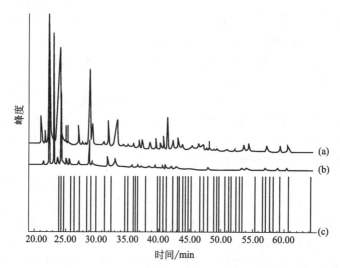

图 5-1　GC/GC-MS(a)（进样量增大 10 倍）、GC-MS(b)和 GC/GC-O(c)谱图

（2）实验结果　表 5-1 是 GC-MS 的分析结果。共鉴定出 33 种成分，多数是含量较高的成分，如 3-羟基-2-丁酮、3-羟基丁酸乙酯、苯乙醇、3-甲基-2-丁烯醛等，但这些化合物的 GC/GC-O 检测频率低、气味强度小。

表 5-2 是 GC/GC-O 的检测结果。共鉴定出 34 种成分。在这些成分中，只有丁酸乙酯、（E）-2-己烯醛、（E）-2-己烯-1-醇、2-甲基硫乙酸甲酯、苯甲酸甲酯、苯乙醇、苯甲酸乙酯、α-萜品醇等八种化合物，被 GC-MS 检测出峰，可与 GC-MS 的分析结果进行关联鉴定结构。其他气味活性化合物主要与 GC/GC-MS 的检测进

行关联鉴定结构。但由于含量极低，即使使用 GC/GC-MS，仍有六种 GC/GC-O 嗅闻到的化合物未能鉴定出结构。

目前，各文献对于猕猴桃的香味成分报道是不一致的，Young 等人认为（*E*）-2-己烯醛、丁酸酯类和 C6 醇类（如己醇）构成了猕猴桃特征香味（只代表猕猴桃香味）。Fischboeck 等认为（*E*）-2-己烯醛、环己酮、乙酸芳樟酯、乙酸异丁酯、乙酸异冰片酯、乙酸 α-萜品酯构成了猕猴桃贮存后的过熟香味。Paterson 等认为从猕猴桃中鉴定出的挥发性成分在其他种类水果中一般都存在，猕猴桃没有特征香味成分。

表 5-2 中，鉴定出的 GC/GC-O 检测频率较高的（≥8）香味化合物有：3-戊烯-2-醇、（*E*）-2-戊烯醛、己醛、丁酸乙酯、（*E*）-2-己烯醛、6-甲基-5-庚烯-2-酮、1-辛烯-3-醇、苯甲酸甲酯、（*E*,*E*）-2,6-壬二烯醛、α-萜品醇、己酸己酯，这些化合物应对猕猴桃的香味贡献较大，但是否组合在一起可构成猕猴桃的特征香味，还需要进一步研究。

表 5-1　GC-MS 分析结果

化合物	保留指数(RI)	浓度×10⁻⁶ g/g（±SD）	化合物	保留指数(RI)	浓度×10⁻⁶ g/g（±SD）
3-甲基-3-丁烯-2-酮	653	0.76±0.01	γ-丁内酯	891	0.09±0.03
1-戊烯-3-酮	680	0.78±0.03	β-蒎烯	934	0.87±0.01
3-甲基-2-丁酮	707	1.12±0.28	3-羟基丁酸乙酯	949	3.99±0.02
丙酸乙酯	709	0.18±0.01	α-蒎烯	982	0.50±0.7
3-羟基-2-丁酮	711	18.55±0.35	2-甲基硫乙酸乙酯	996	0.13±0.01
丁酸甲酯	723	0.52±0.12	2-戊基呋喃	1001	0.02±0.00
3-甲基-2-丁烯醛	730	2.00±0.01	(*E*,*E*)-2,4-庚二烯醛	1009	0.17±0.09
(*E*)-2-戊烯醛	754	1.01±0.01	柠檬烯	1031	0.04±0.01
1-戊醇	766	0.31±0.01	己酸	1085	痕量
甲苯	770	0.02±0.01	苯甲酸甲酯①	1091	0.32±0.01
3-戊烯-2-醇	774	0.53±0.08	壬醛	1104	0.40±0.09
丁酸乙酯①+己醛	800	0.75±0.06	苯乙醇①	1116	2.03±0.01
辛烷	800	0.80±0.02	苯甲酸乙酯①	1170	0.15±0.01
2-己醇	803	0.46±0.02	辛酸	1179	0.95±0.01
(*E*)-2-己烯醛①	857	1.85±0.54	α-萜品醇①	1198	1.40±0.23
(*E*)-2-己烯-1-醇①	862	0.72±0.18	香叶醇	1240	1.40±0.23
2-甲基硫乙酸乙酯①	889	0.74±0.01			

① GC-O 中检测出的气味活性化合物。

表 5-2　GC/GC-O 从新鲜猕猴桃汁中鉴定出的香味成分

化合物	保留指数	气味描述	检测频率
3-戊烯-2-醇	712	药草香、青香、橡胶味	9
2-乙基呋喃	728	橡胶味、尖刺、发酸	3
3-甲基-1-丁醇	742	洋葱气味	3
(*E*)-2-戊烯醛	754	水果香、草莓香	8

化合物	保留指数	气味描述	检测频率
(Z)-2-戊烯-1-醇	767	青香、塑料气、胶皮味	6
己醛	785	青香、药草香、草香	8
丁酸乙酯	788	果香、草莓香	9
(E)-2-己烯醛	835	水果香、草莓香、樱桃香	9
(E)-2-己烯-1-醇	854	核桃香、药品香、煮黄油气味	7
庚醛	885	干鱼香、杀菌剂香、溶剂香、烟熏香	6
2-甲基硫乙酸甲酯	894	马铃薯泥、酸气、煮坚果香、炸油香	7
2-环己烯-1-酮	914	弱的杀虫剂气味	3
5-甲基糠醛	945	药草香、酸气、咖啡香	3
6-甲基-5-庚烯-2-酮	974	蘑菇香、泥土气、橡胶气味	9
1-辛烯-3-醇	977	大蒜香、蘑菇香、辛香料香、橡胶气味、胡萝卜气味	9
(E,E)-2,4-庚二烯醛	998	甜橙油香、油腻感	4
丁香酚	1030	甜香、薄荷香	3
(E)-2-庚烯醛	1041	杀虫剂味、葱香	3
未鉴定出	1059	新鲜葵花籽香	3
辛醇	1087	烧火柴气味、烤面包气味	3
苯甲酸甲酯	1103	莴笋香、药草香、西瓜香	9
芳樟醇	1110	柠檬香、香芹香	6
苯乙醇	1132	花香、药草香、辛香料香、玫瑰香	6
未鉴定出	1155	塑料气味、药草香、霉香、湿药草气味	8
(E,E)-2,6-壬二烯醛	1162	香蕉香、糖果香、青香、药草香	8
琥珀酸二乙酯	1167	纤维气味、水果香、西瓜香	6
苯甲酸乙酯	1185	黄春菊花香、芹菜香	3
α-萜品醇	1197	茴芹香、牙膏香、水果香	8
未鉴定出	1250	牙膏香、茴芹香、水果香	6
香芹酮	1253	罗勒叶香、药草香、汗气、药草香、茴香	6
未鉴定出	1277	似肉桂、松叶、马铃薯皮、燕麦的气味	6
未鉴定出	1317	甜香、茴芹香	6
未鉴定出	1324	似香辛料、芝麻的气味	8
己酸己酯	1379	果香、桃子香、梅子香	9

5.1.3 黑莓的香味成分分析——溶剂萃取、溶剂辅助蒸发/GC-MS、GC-O方法

5.1.3.1 实验

(1) 样品 Marion 黑莓，洗净、分级，每盒 13.6kg，快速冷冻后，−23℃贮存。

(2) 样品制备 取 1kg 样品，放置成一层，室温融化 3h。与 100g 氯化钠和 10g 氯化钙混合后，放入搅拌机中高速搅拌 3min。得到的果泥用新蒸馏的戊烷/乙醚（1:1）萃取 3 次，得萃取液 880mL，50℃溶剂辅助蒸发（SAFE）。无水硫酸钠干燥，蒸除溶剂至 1mL，最后氮气吹至 0.1mL。

(3) GC-O 分析 Agilent 5890 气相色谱。色谱柱：DB-5 30m×0.25mm×0.25μm 和 stabilwax 30m×0.32mm×1μm（交联聚乙二醇）；柱后流出物在闻香

口与 FID 之间按 1∶1 分流；进样口温度 250℃，不分流进样 2μL；检测器温度 250℃；载气氦气，流速 2mL/min；柱温程序：起始温度 40℃停留 2min，以 5℃/min 的速率升温至 100℃，再以 4℃/min 的速率升温至 230℃停留 10min。

GC-O 检测：采用 AEDA 检测技术。样品用戊烷/乙醚（1∶1）溶剂按 1∶1 比例逐次稀释。两名评价员参加。

（4）GC-MS 分析 Agilent6890/5973 GC-MS 系统。色谱柱：DB-5 30m×0.25mm×0.25μm 和 stabilwax（交联聚乙二醇）30m×0.32mm×1μm。载气氦气，流速 2mL/min。柱温程序同 GC-O 分析。进样口温度 250℃，不分流进样 2μL。

电子轰击电压 70eV，传输线温度 280℃，离子源温度 230℃。质谱扫描范围 35~300amu。

（5）AEDA 检测结果的进一步确认 样品制备：取 5kg 样品，搅拌成果泥后，加入酶，室温放置 15h。加入 500g 氯化钠，按上述的 1kg 样品的样品制备方法进一步处理，最终得浓缩液 0.2mL。

GC-O 分析：进样 5μL；柱温程序：起始温度 40℃停留 2min，以 1℃/min 的速率升温至 230℃停留 2min。其他所有条件与上述的 GC-O 分析同。

5.1.3.2 结果与分析

黑莓不仅味美还有营养价值。但黑莓的香味成分远不如草莓、覆盆子这样的小水果研究得多。Cv. Marion（Rubus spp. hyb）是一种深受消费者喜爱的黑莓品种，在太平洋的西北部广泛种植。Marion 黑莓香味成分的研究对于新型黑莓品种的培育具有指导意义。

（1）实验方法分析 黑莓是新鲜水果，采用溶剂萃取和 SAFE 结合的方法制备样品，具有萃取条件温和、得到的液体萃取物易于 AEDA 分析的优点。SAFE 的使用目的是为了去除溶剂萃取物中的非挥发性成分，防止干扰气相色谱的检测。溶剂萃取前，氯化钙的加入用于杀死酶的活性，氯化钠的加入是基于盐析作用原理，提高溶剂萃取的效率。

使用了 GC-MS 和 GC-O 进行样品分析。选用极性、非极性两根色谱柱，有利于辨别共流出峰，提高定性分析的准确性。GC-MS 中采用标准物、检索 Wiley 275. L（G1035）质谱库和文献报道的保留指数鉴定化合物结构。GC-O 中检测的气味活性物，通过与 GC-MS 的分析结果关联鉴定结构。但对于 GC-MS 未出峰的化合物，则用标准物、保留指数及气味特征进行鉴定。

在 GC-O 分析中，先进行初步 AEDA 检测，锁定重要气味活性区，然后再对各气味活性区进一步鉴别。在进一步的 AEDA 检测中，通过加大样品处理量（5kg）以增大样品浓缩倍数及增加色谱进样量（5μL）的方式，提高了分析灵敏度和嗅闻口的气味浓度。

（2）实验结果　表 5-3 是在两根色谱柱中的任一根上检测到的 FD 因子≥16 的化合物，共有 21 种，包括含硫化合物 6 种、呋喃环类化合物 4 种、脂肪族类 8 种、其它化合物 3 种。使用两种不同极性的色谱柱，鉴定出的香成分种类及对同一个组分嗅闻的气味特征、FD 因子都存在着差别。在 DB-5 上检测出的香成分种类（FD 因子≥16）的较多，且 FD 因子普遍较高。

AEDA 检测出的 FD 因子≥64 的化合物为己醛、3-甲硫基丙醛、芳樟醇、苯甲醛、2-甲基/3-甲基丁酸乙酯 5 种，它们可能是影响黑莓香味的主要成分，若混合在一起可能有黑莓的香味特征，但单个化合物都不能代表黑莓香味。

表 5-3　在两种不同极性色谱柱上 AEDA 检测出的主要香味成分①

化合物	气味描述	②FD 因子	
		Stabilwax	DB-5
脂肪族醛、酮、酸、酯			
己醛	青香、新鲜气味	—	64
2-庚酮	水果香、香蕉香、甜香、花香	16	—
乙酸	酸气	16	—
丁酸	酸奶酪气、酸味、尖刺	32	1
2-甲基丁酸	酸酪气、刺鼻	32	32
乙酸乙酯	花香、果香	16	1
2-甲基/3-甲基丁酸乙酯	水果香、甜香、香蕉香、浆果香	4	128
己酸乙酯	水果香、花香	8	32
呋喃环化合物			
2,5-二甲基-4-羟基-3(2H)呋喃酮	焦糖香、草莓香	8	32
4,5-二甲基-3-羟基-2(5H)呋喃酮	炸蔬菜香、甜香、焦糖香	4	32
2-乙基-4-羟基-5-甲基-3(2H)呋喃酮	焦糖香、煮熟树莓香	32	2
4-羟基-5-甲基-3(2H)呋喃酮	焦糖香、草莓香、煮熟树莓香	32	4
含硫化合物			
二甲基硫醚	大蒜香、似卷心菜香	16	16
二甲基二硫醚	尖刺、大蒜香、含硫化合物气味	2	32
甲基乙基硫醚	葱属植物香、尖刺气	—	16
二甲基三硫醚	蔬菜香、大蒜香	2	16
③3-甲硫基丙醛	煮熟马铃薯香/马铃薯香、泥土香、辛香	32	256
2-甲基噻吩	泥土香、尖刺气	—	32
其它类化合物			
苯甲醛	水果香、浆果香、多汁感		64
芳樟醇	水果香、青香、甜香、西瓜香		128
别-罗勒烯	柠檬香、蔬菜香、黄瓜香		16

① 表中列出的为在两根色谱柱中的任一根检测的 FD 因子≥16 的成分；

② "—" 未检测出。

③ 在两根色谱柱上的气味不同，前者为极性柱上的嗅闻描述，后者为弱极性柱上的嗅闻描述。

5.2　蔬菜香味成分分析实例

5.2.1　简介

　　蔬菜香味的形成与水果有很大差别。蔬菜没有像水果那样的成熟过程。在生长过程中，蔬菜形成的一般是非挥发性的呈味物质。当蔬菜的组织破坏时，蔬菜中的酶可与脂肪酸、碳水化合物、氨基酸等前体物充分地接触，从而产生挥发性香味物质。也有些蔬菜在组织未破裂前就已有特征香味成分，如芹菜中的二氢苯酞酯类、洋葱中的二硫化合物、青椒中的 2-甲基-3-异丁基吡嗪。在一些热带水果中含硫化合物往往是重要香味物质，在蔬菜香味中含硫化合物更是极其重要。在新鲜的蔬菜中，硫苷和半胱氨酸的亚砜衍生物是含硫化合物的主要前体，而在熟蔬菜中，甲硫氨酸甲酯是含硫香味化合物的前体物。

　　蔬菜的香味一般很弱，直到 GC-MS 等现代分析仪器出现以后，蔬菜的香味研究才逐渐兴起。多数蔬菜是在烹调后食用，因而研究烹调中或烹调后的蔬菜香味的文献较多。对于新鲜蔬菜，其香味成分的分析方法与水果有些类似。在蔬菜香味研究中，有些只是分析特征香味成分，有些是所有香味成分，也有些是为了研究前体物而分析香味成分的。目前，对黄瓜、芹菜、洋葱、生蒜、马铃薯、胡萝卜、菌类、欧芹等多种蔬菜的香味成分研究已有不少的报道。

5.2.2　番茄的香味成分分析——动态顶空/GC-MS、 GC-O 方法

5.2.2.1　实验

　　(1) 样品　番茄，红色成熟，购于市场。

　　(2) 样品制备　将 200g 番茄匀浆 30s，放置 3min。加入 200mL 饱和氯化钙溶液，再次匀浆 10s。放入圆底烧瓶内。将装有吸附剂 300mg Tenax TA（60～80 目）的吸附管装在烧瓶口上。控制烧瓶内温度 40℃，在连续搅拌下，用 150mL/min 氮气将样品顶空气体吹扫至吸附管，共吹扫吸附 180min。取下吸附管，用 10～15mL 丙酮洗脱，洗脱液用氮气吹至 10μL。

　　(3) GC-MS 分析　Agilent 6890/5873N 气-质联机系统，HP-5 30m×0.25mm×0.25μm 色谱柱。进样口温度 250℃，分流比 10∶1，进样 2μL。载气氦气，流速 1mL/min。柱温程序：起始温度 40℃停留 5min，以 10℃/min 的速率升温至 220℃，停留 5min。离子源温度 280℃，溶剂延迟 2min。质谱扫描范围 35～300amu。

　　结构鉴定：通过与标准品的质谱及保留时间对照，鉴定化合物的结构。

　　(4) GC-O 分析　Agilent 5890 Series Ⅱ plus 气相色谱，HP-5 30m×0.25mm×0.25μm 色谱柱。进样口温度 250℃，进样 2μL，分流比 10∶1。FID 检测器温度

280℃。柱温程序与 GC-MS 分析相同。柱后流出物在检测器与闻香口间 1：1 分流。

GC-O 检测：三个评价员，每个评价员嗅闻三次，记录气味描述，用 FID 的检测时间记录嗅闻气味的保留时间。

5.2.2.2 结果与分析

番茄是世界各国广泛食用的蔬菜品种，它的酸甜香味是所含的挥发性香味成分与非挥发性的糖类、酸类物质相互作用的结果。目前，已从新鲜的番茄中鉴定出400 多种挥发性成分，从气味阈值看，对番茄的香味具有贡献的只是一小部分化合物，它们的含量在 10^{-6} 级以上，可用 GC-MS 检测到。

采用动态顶空制备样品，用溶剂洗脱法解吸而未采用热解吸，避免了热敏性成分发生变化。通过与标准物的质谱及保留时间对照，GC-MS 分析鉴定出 71 种挥发性成分，但 GC-O 检测仅发现 23 个气味活性区。如图 5-2 所示，按照保留时间，将各气味活性区与气-质联机分析结果关联，鉴定的气味活性物见表 5-4。

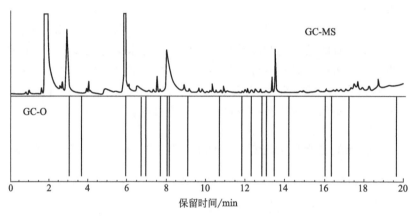

图 5-2 新鲜番茄的 GC-MS 与 GC-O 分析色谱图比较

表 5-4 新鲜番茄中鉴定出的香味活性物质

保留时间/min	化合物	气味描述
2.45	3-甲基丁醇	尖刺、泥土香
3.31	1-戊烯-3-酮	草香、药草香
5.30	己醛	鲜花香、药草香
5.52	顺-3-己烯醛	青草香、甜香
7.15	反-2-己烯醛	青香
7.47	顺-3-己烯醇	杏仁香、似药物的尖刺味
8.50	3-甲硫基丙醛	马铃薯香、尖刺
10.25	反-2-庚烯醛	干水果香
10.42	1-辛烯-3-酮	泥土香、蘑菇香
11.24	6-甲基-5-庚烯-2-酮	花香、青香
11.54	2-异丁基噻唑	发酵气味、尖刺
12.02	苯乙醛	花香、麝香、玫瑰香

续表

保留时间/min	化合物	气味描述
12.44	未鉴定	药物性气味、酸败气
12.52	4-羟基-2,5-二甲基-3(2H)-呋喃酮	焦糖香、烧煳气味
13.22	芳樟醇	甜香、香水气味
13.35	2-苯乙醇	花香、甜香
14.38	水杨酸甲酯	塑料性气味、杀虫剂气味
15.37	柠檬醛	花香
16.02	反，反-2,4-癸二烯醛	药物性气味、石灰气味
16.45	未鉴定	霉香、药物性尖刺气味
17.33	香叶基丙酮	泥土香
19.22	β-紫罗兰酮	花香、香水气味、糖果香
25.55	未鉴定	青香、花香

表 5-4 中，共鉴定出 20 种气味活性化合物。顺-3-己烯醛、反-2-己烯醛、3-甲硫基丙醛、香叶基丙酮、2-异丁基噻唑、β-紫罗兰酮、6-甲基-5-庚烯-2-酮、1-戊烯-3-酮，普遍地认为是番茄的重要香成分，但它们混合在一起，却不能构成番茄的特征香味。

5.3　谷类的香味成分分析实例

5.3.1　简介

谷类指可供食用的稻科植物的种子，如稻米、小麦、玉米。生谷粒的香味很弱，但经过热加工后，不同种类的谷粒就形成了相互差别较大的特征香味。

米糠和米饭的气味不同，但有许多共同的挥发性成分。采用水蒸气蒸馏结合气-质联机，已从米糠中鉴定出挥发性成分 300 种以上，重要香成分包括内酯类、直链甲基酮类、2-乙酰基噻唑、苯骈噻唑、脂肪族饱和或不饱和醛类、吡嗪类、酚类。

用糙米和各种精度的精米分别煮成米饭的香味是不同的，这是因为精度不同的米中，可形成香味的前体物质组成不同。研究表明，在加工精度为 85%～92% 的米粒外层所含成分与米饭香味形成有关。顶空取样和连续水蒸气蒸馏-乙醚萃取分析发现，米粒外层加热时生成的酮类挥发性成分，对米饭的香味贡献较大。此外，稻米的品种、贮存时间长短、米饭的烹制方法和不同样品萃取方法的使用，均造成了报道的香味分析结果存在差异性。

在小麦、大麦、玉米中检测出的数量较多的挥发性成分是短链（C2～C9）的脂肪族醛、酮、醇和内酯类。但大麦在加热后，还会检测出具有焦香味的吡嗪类及麦芽酚、香兰素等化合物。

5.3.2 黑米饭特征香味成分分析——动态顶空/GC-MS、 GC-O、 GC-FID

5.3.2.1 实验

（1）样品　黑米和白米分别购于市场。因色素部分在米粒细胞表面，黑米只是脱谷壳未碾磨。按照黑米与白米的质量比（0∶100），（5∶95），（20∶80），（50∶50），（100∶0），称量五份样品，每份60g，加水煮成米饭。

（2）动态顶空制备样品

① 吹扫-捕集　不锈钢吸附管（10cm×4mm i. d），内装150g Tenax TA（60/80目）吸附剂。使用前在20mL/min氦气流下，280℃老化2h。样品瓶入口连接空气净化管，管内装活性炭。样品瓶出口连接吸附管。水浴控制样品温度70℃，以150mL/min的空气流速用真空泵将样品的顶空气体抽吸至吸附管，时间60min。

② 热脱附　热脱附装置 Model TD-5（Scientific Instrument Servies，NJ）。氦气流速10mL/min，脱附温度250℃，脱附时间5min。脱附的挥发物先经干冰冷冻（−40℃）聚焦在4cm长色谱柱上，然后快速加热至200℃，开始色谱分析。

（3）GC-MS分析

① 分析条件　6890N/5973气-质联机系统。色谱柱 HP-5 30m×0.25mm×0.25μm。载气氦气，流速2mL/min。进样口温度225℃，分流比5∶1。柱温程序：起始温度40℃停留1min，以1.5℃/min的速率升温至65℃停留1min，再以2℃/min的速率升温至120℃停留1min，以15℃/min的速率升温至280℃停留5min。

电子轰击电压70eV，离子源温度230℃，传输线温度280℃，质谱扫描范围35～350amu。

② 定量分析　三次重复实验的结果取平均值。

a. 将5mL δ-香芹酮加入1L Erlenmyer容器中，密闭24h后，用注射器抽取10mL已饱和了δ-香芹酮的空气，置于盛有米饭的待测样品瓶中。按上述方法动态顶空制备样品，GC-MS分析。

b. 配制一系列不同浓度的δ-香芹酮的己烷溶液，GC-MS分析，绘制（峰面积-浓度）工作曲线。根据工作曲线及米饭中内标δ-香芹酮峰面积，计算米饭中化合物的浓度。

c. 米饭中待测组分 x 的含量计算

$$c_x = \frac{A_x}{A_i} \times c_i \tag{5-1}$$

式中，c_x 和 A_x 为分别为米饭样品中化合物 X 的浓度及峰面积；c_i 和 A_i 分别为内标 δ-香芹酮的浓度及峰面积。

（4）GC-O 分析　ODO Ⅱ闻香器（SGE Intl.，Austin，TX）。取 100g 黑米煮制成米饭，然后按上述方法进行动态顶空取样。气相色谱分析条件同 GC-MS。柱后流出物在检测器与闻香口间 0.5∶1 分流。

GC-O 检测：三个事先经过训练的评价员，在嗅闻时描述气味特征，并记录气味强度。气味强度分为 5 等级：1 分＝很弱，2 分＝弱，3 分＝中等，4 分＝强，5 分＝很强。

5.3.2.2　结果与分析

黑米的颜色来源于米粒表面的花色苷（cyanidin 3-glucoside and peondin 3-glucoside）物质。黑米含有高营养性蛋白质、氨基酸和矿物质。在亚洲国家，黑米很受欢迎，常在白米中掺和黑米以增强米饭的香味、颜色和营养价值。

迄今为止，已从稻米中鉴定出 300 多种挥发性成分，但对于黑米的挥发性成分或香成分的研究报道极少。在米饭的挥发性成分中，仅有很少量是气味活性成分，其中 2-乙酰基-1-吡咯啉被认为是米饭香味的关键成分。这里通过对比分析黑米及掺和不同比例白米的米饭的香成分，以筛选出黑米饭的特征香成分。

（1）实验方法分析　与水果不同，米饭的香味成分主要在加热过程产生，一般气味较弱，因而采用 Tenax TA 进行富集，热脱附解吸，该法具有可全面吸附多种挥发性成分，不使用溶剂的优点。

采用了 GC-MS 和 GC-O 分析方法。GC-MS 中分析了含不同比例黑米的所有样品的挥发性成分的含量。但这些挥发性成分并不一定都有气味活性，有气味活性的一般仅是少数化合物。因此，需进行 GC-O 检测，然后有针对性地讨论气味活性化合物的含量随着黑米比例的变化情况。那些在单纯的白米饭中没有，只在黑米饭中有，且随着黑米比例的增加含量逐渐增加的气味活性化合物，应属于黑米的特征香味成分。

GC-O 中只对黑米饭进行了分析，采用时间强度法，根据气味强度大小筛选出对黑米饭香味有贡献的重要成分，采用与 GC-MS 关联法结构鉴定。在 GC-MS 中，采用标准物、检索 NIST02 和 Wiley7 质谱库、与文献报道的保留指数比较鉴定化合物的结构；为了精确地比较不同黑米比例的样品中的香味成分的变化，采用了内标定量法，避免了直接面积归一化中因某些物质未出峰造成的误差。

（2）实验结果　表 5-5 为米饭挥发性成分的气-质联机分析结果。共鉴定出 35 种化合物，包含 10 个芳香族化合物、4 个含氮化合物、6 个脂肪醇、10 个脂肪醛、2 个脂肪酮和 3 个萜类化合物。含氮化合物来源于氨基酸或蛋白质的降解，脂肪族醛、酮、醇来自于脂肪酸降解，这种降解可在酶催化下或加热时发生。在掺有五个不同比例黑米的样品中，挥发性化合物的含量变化呈一定的规律性，如脂肪族醛的含量随着黑米比例的减小而增加，含氮化合物和芳香族化合物则随着黑米比例的减小而降低。但气-质联机检测出的这些挥发性成分并不一定是气味活性的，需要再结合 GC-O 检测结果，根据气味活性成分在五个不同黑米比例的样品中的变化规律，筛选黑米饭的特征香味成分。

表 5-5 米饭挥发性成分 GC-MS 分析结果

保留指数	化合物	含量/(ng/100g)				
		黑米 100%	黑米 50%	黑米 20%	黑米 5%	黑米 0%
	芳香族化合物					
760	甲苯	47.7±4.7	3.6±0.9	ND	ND	ND
859	对-二甲苯	60.3±0.5	45.2±3.3	30.1±0.9	18.4±0.3	23.5±0.3
952	苯甲醛	64.1±3.8	64.1±3.8	135.5±5.8	299.8±10.3	355.3±15.3
992	2-戊基呋喃	180.8±8.4	216.6±11.0	273.3±5.2	311.8±4.8	341.6±9.2
1043	苯乙醛	13.4±0.5	20.1±2.1	ND	ND	ND
1086	愈创木酚	68.9±2.8	47.7±1.7	9.1±0.3	ND	ND
1148	1,2-二甲氧基苯	6.0±0.3	3.1±0.1	ND	ND	ND
1172	萘	21.7±0.4	22.0±0.4	27.3±2.2	11.7±0.2	13.7±0.2
1281	2-甲基萘	14.7±0.2	14.8±1.5	17.5±0.4	26.9±0.4	31.4±0.2
1311	4-乙烯基愈创木酚	16.8±0.5	20.3±2.4	12.5±0.3	9.3±1.6	ND
	含氮化合物					
816	2-甲基吡啶	2.9±0.7	2.4±0.0	ND	ND	ND
918	2-乙酰基-1-吡咯啉	169.3±6.3	130.8±13.1	98.4±9.1	29.7±1.5	ND
1213	苯骈噻唑	10.0±0.5	8.1±0.3	8.7±0.3	19.3±0.9	12.2±3.3
1289	吲哚	41.9±0.2	31.3±1.9	18.9±1.0	18.2±1.5	12.4±0.2
	脂肪醇类					
771	3-甲基-1-丁醇	5.5±0.2	26.1±1.9	85.1±15.3	256.9±13.9	304.5±7.4
772	(S)-2-甲基-1-丁醇	9.0±1.3	41.2±11.6	51.5±4.0	58.6±0.3	61.1±0.8
787	1-戊醇	21.4±1.6	105.7±11.1	264±05	243.0±8.2	293.5±4.4
870	1-己醇	20.3±1.3	83.9±9.7	222.0±4.6	226.2±11.4	267.8±1.7
969	1-庚醇	4.6±0.2	21.0±2.3	47.6±4.1	57.1±3.5	66.5±0.7
984	1-辛烯-3-醇	57.1±4.2	96.0±1.5	153.8±5.9	165.7±6.1	197.3±2.7
	脂肪醛类					
803	己醛	440.2±13.3	837.5±75.5	1507.3±63.3	1790.0±42.7	2327.9±27.0
857	(E)-2-己烯醛	7.5±0.6	14.5±1.5	25.6±3.4	28.6±1.7	36.7±0.6
903	庚醛	41.0±1.3	73.9±7.7	117.3±4.6	129.8±3.1	153.0±1.0
1005	辛醛	46.6±1.5	78.1±8.9	133.0±4.7	151.9±3.7	177.7±4.6
1058	(E)-2-辛烯醛	35.0±2.1	54.4±4.5	134.0±2.2	165.8±6.5	214.0±0.3
1106	壬醛	258.3±0.2	328.5±6.5	384.5±7.3	362.2±11.4	381.5±5.9
1160	(E)-2-壬烯醛	16.1±1.0	27.8±2.3	60.1±3.3	81.3±3.7	100.2±1.1
1206	癸醛	34.5±2.1	48.7±2.7	68.3±0.6	68.0±5.4	53.9±6.0
1262	(E)-2-癸烯醛	6.0±0.5	24.8±1.3	46.0±1.5	55.3±4.4	63.8±4.1
1315	(E,E)-2,4-癸二烯醛	15.2±1.7	46.9±0.5	65.7±1.6	70.3±3.8	72.4±4.2
	脂肪酮类					
1036	3-辛烯-2-酮	8.7±1.0	28.9±1.7	57.7±3.0	55.0±0.7	57.9±0.6
1093	2-壬酮	6.8±0.8	13.1±1.3	26.9±1.3	27.9±1.3	31.3±0.5
	萜类					
1449	(E)-2-香叶基丙酮	17.8±1.4	36.1±0.4	59.9±0.6	60.1±2.3	69.7±1.5
1024	d-柠檬烯	7.9±0.7	7.9±0.3	9.1±0.5	52.6±1.4	74.8±0.4
1069	(Z)-氧化芳樟醇	7.9±0.2	17.8±1.4	12.0±0.1	ND	ND

表 5-6 是黑米饭的 GC-O 检测结果。可以看出，脂肪族醛类化合物，气味阈值

较低且检测的气味强度较大，对米饭的香味具有重要贡献。此外，GC-O 检测到的其它气味阈值低的成分有 2-戊基呋喃、4-乙烯基愈创木酚和 2-乙酰基吡咯啉。2-戊基呋喃和 4-乙烯基愈创木酚曾报道是加利福尼亚长粒米和黄米的香成分。2-乙酰基吡咯啉有爆米花香味，曾报道对香米的米饭香味有重要贡献，它在黑米饭的 GC-MS 分析中含量较高，排第四位，且随着黑米比例的降低含量降低，直至白米中未检测到，因而属于黑米饭的特征香成分。为了更清楚地鉴别出黑米的特征香成分，用主成分分析法进一步分析气味活性物质强度与五个样品中黑米比例关系，见图 5-3。

表 5-6　GC-O 对黑米饭的检测结果及各化合物的文献气味阈值

序号	保留指数	化合物	气味强度	气味描述	水中气味阈值/（μg/L）
1	760	甲苯	2.4	油漆气味	1000
2	787	1-戊醇	3.4	水果香	4000
3	803	己醛	4.0	青番茄气味、青香	5
4	857	(E)-2-己烯醛	1.0	青香、苹果香	17
5	859	对-二甲苯	3.6	药草香、溶剂气味	530
6	903	庚醛	3.9	脂肪香、酸败气味	3
7	918	2-乙酰基-1-吡咯啉	4.4	爆米花香	0.1
8	952	苯甲醛	2.2	杏仁香	350
9	969	1-庚醇	0.6	青香	3
10	984	1-辛烯-3-醇	3.7	蘑菇香	1
11	992	2-戊基呋喃	2.5	花香、水果香	6
12	1005	辛醛	3.8	柠檬香	3
13	1036	3-辛烯-2-酮	4.0	玫瑰花香	3
14	1058	(E)-2-辛烯醛	2.9	坚果香	3
15	1086	愈创木酚	3.2	烟熏气味,黑米香	3
16	1093	2-壬酮	3.7	水果香、花香	200
17	1106	壬醛	4.2	柠檬香	1
18	1160	(E)-2-壬烯醛	4.3	豆香、黄瓜香	0.08
19	1172	萘	2.5	萘气味	5
20	1206	癸醛	2.2	柠檬香	2
21	1262	(E)-2-癸烯醛	2.3	脂肪香	0.4
22	1281	2-甲基萘	2.2	萘气味	20
23	1289	吲哚	3.5	卫生球气味	140
24	1311	4-乙烯基愈创木酚	3.4	丁香花香	3
25	1315	(E,E)-2,4-癸二烯醛	3.8	脂肪香	0.07

由图 5-3（a）可以看出，含不同黑米比例的样品之间存在差异性，掺 5% 黑米的米饭与 100% 白米的样品仍可以明显地区分。在图 5-3（b）上，PC1 是负值的几个气味活性化合物应主要来源于黑米，而 PC1 是正值的几个气味活性化合物主要来源于白米。因此，黑米饭的特征香成分应在 PC1 值是负值的几个化合物中，按PC1 值由小到大，它们是愈创木酚、吲哚、对-二甲苯、2-乙酰基吡咯啉、甲苯、4-乙烯基愈创木酚和萘，其中愈创木酚、吲哚、对-二甲苯和 2-乙酰基吡咯啉四个

化合物的气味强度均大于中等，在白米中不存在或含量很低，因而被认为是黑米饭的特征香成分。

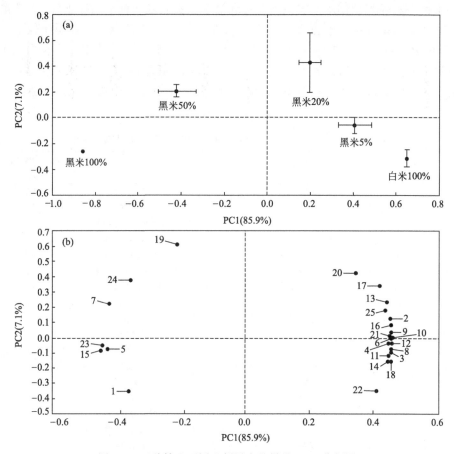

图 5-3 五种掺和不同比例黑米的样品 PCA 分析图

（a）按照气味活性化合物将五种样品进行区分，垂直及水平线段长度表示标准偏差大小；

（b）25 种气味活性化合物在五种样品中的分布，各序号所代表的化合物与表 5-6 相一致

5.4 酒类香味成分分析实例

5.4.1 简介

酒的品种很多，主要分为蒸馏酒、啤酒、葡萄酒、黄酒、调配酒五大系列。调配酒是用食用香精及其他各种原料调配而成，而蒸馏酒、啤酒、葡萄酒、黄酒主要经酿造而成。

蒸馏酒，因酿制后的酒液经过蒸馏处理而得名。主要品种有白酒、白兰地、威

士忌、朗姆酒、伏特加、金酒、日本烧酒等。白酒为中国特有，是以淀粉性原料
（如高粱、玉米、大米），用曲作糖化发酵剂，采用双边发酵技术酿制。白酒中含有
大量的乙醇及微量的其它香成分，包括高碳醇（如异戊醇）、醛类、酮类、羧酸类
和酯类等。威士忌、白兰地和朗姆酒，虽在蒸馏时不挥发性成分已被除去，但在木
桶中陈放时，木材中许多物质会溶出，使得香成分变得十分复杂。这三种蒸馏酒的
主要挥发性成分也是乙醇，此外还有高碳醇、酯类、羰基化合物、羧酸、酚类和内
酯类。

啤酒是用麦芽、淀粉为原料，经糖化糊化后，加入酵母发酵而成。从啤酒中已
鉴定出的挥发性成分达 300 种以上，含量最高的挥发性成分也是乙醇。各类化合物
对啤酒香味的贡献为酯类占 26％，醇类占 21％，羰基化合物占 21％，羧酸类占
18％，含硫化合物占 7％。

葡萄酒的种类很多，按照酒液颜色可分为红葡萄酒和白葡萄酒两大类。红葡萄
酒是用红葡萄酿制，葡萄的皮、肉、汁都作为发酵原料。它的涩味主要因葡萄皮溶
出的花青素、黄酮醇、儿茶酚、丹宁等多酚类化合物造成，这些多酚类化合物在葡
萄酒中的含量可达 2000μg/g。白葡萄酒，是以去皮的白葡萄汁发酵而成。葡萄酒
中存在芳香和花香两种香成分。前者来自于葡萄，是葡萄酒的特征香成分，如用
Concord 品种葡萄酿制的葡萄酒，主要香成分是邻氨基苯甲酸酯，用 muscat 葡萄
酿制的葡萄酒，主要香成分是香茅醇、芳樟醇等萜类化合物。与葡萄酒的花香有关
的代表性成分是内酯类，如 γ-丁内酯。葡萄酒中的高碳醇含量、酯类（如 C2、
C6、C8 等脂肪酸酯）的含量均比啤酒高。此外，葡萄酒中含有较高含量的乙醛、
丁二酮等羰基化合物及多种类的有机酸，其中挥发性酸中乙酸的含量最多，高达
（500～1000）mg/kg。

5.4.2 Madeira（马特拉）葡萄酒的香味成分分析——动态顶空、固相萃取/GC-O、GC-MS、GC-FID

5.4.2.1 实验

（1）样品 Madeira 酒（10 年酒龄），用 Malvazia 葡萄酿制。感官评价小组确
认了样品的代表性。

（2）气味活性成分的分析鉴定

① 吹扫-捕集制备样品 在聚丙烯 SPE 小柱中装入 400mg LiChrolut EN 树脂，
用 20mL 二氯甲烷淋洗吸附剂，空气吹干，安放在样品瓶口上。样品瓶内装有
80mL 酒和 20mL 人工唾液，在 37℃ 水浴加热及电磁搅拌下，以流速 100mL/min
氮气吹扫顶空气体至 LiChrolut EN 树脂吸附，共 200min。用 3.2mL 二氯甲烷洗
脱树脂，洗脱液冷冻（－30℃）2h（使含有的水结冰除去），倾出液体，氮气吹
至 200μL。

② GC-O 分析 Thermo 8000 气相色谱，色谱柱 DB-WAX 30m×0.32mm×

0.5μm。色谱柱后装有分流阀，分别与闻香口和 FID 检测器相通。检测器温度 250℃。载气氢气，流速 3mL/min。进样口温度 250℃，不分流进样 1μL。柱温程序：起始温度 40℃停留 5min，以 4℃/min 的速率升温至 100℃，再以 6℃/min 的速率升温至 200℃。

GC-O 检测：8 个有经验的评价员参加，一个评价员每天嗅闻一次（30min），记录气味强度和气味特征。气味强度分 4 个等级：0 分＝未检测到，1 分＝弱（几乎闻不到）；2 分＝易于闻到但气味不强，3 分＝气味很强。气味强度位于两个等级之间时，记为 0.5 分。最终结果用 MF 值表示，MF 值的计算方法如式（5-2）：

$$MF(\%) = \sqrt{F(\%) \times I(\%)} \qquad (5-2)$$

式中，$F(\%)$ 为检测频率占总检测次数的百分数；$I(\%)$ 为检测的平均强度占最高强度的百分数。

③ GC-MS 分析　采用 DB-WAX 和 DB-5 两根色谱柱，色谱条件同 GC-O 分析。通过标准物、保留指数、质谱和气味特征，鉴定化合物结构。

（3）多数挥发性成分的含量分析

① GC-FID 定量　样品制备：3mL 酒样中加入 7mL 水和 4.5g 硫酸铵，然后用 0.2mL 二氯甲烷萃取，萃取液待 GC-FID 分析。

定量方法：配制标准品溶液，绘制工作曲线。用 2-丁醇、4-甲基-2-戊醇、4-羟基-4-甲基-2-戊酮和 2-辛醇作为内标，测量校正因子。通过峰面积内插法计算萃取液中各挥发性成分的含量。

② GC-MS 定量　样品制备：50mL 酒样中加入 25μL BHA 溶液和 75μL 指示性标准溶液（丙酸异丙酯、3-辛酮、庚酸和 β-大马酮）。以 2mL/min 的流速将样品泵入装有 200mg LiChrolut EN 树脂的萃取小柱，用空气将树脂吹干，1.3mL 二氯甲烷洗脱，得萃取液。

定量方法：加入内标物（2-辛醇和 4-羟基-4-甲基-2-戊酮的二氯甲烷溶液），GC-MS 分析。SIM 扫描模式，特征离子碎片定量，离子阱检测器。

（4）4,5-二甲基-3-羟基-2（5H）呋喃酮的含量分析　样品制备：50mL 酒样中加入 7.5g 硫酸铵。泵入装有 800mg LiChrolut EN 树脂的萃取小柱中，先用 5mL 水洗，干燥，再用 15mL 戊烷-二氯甲烷（20：1）洗，最后用 6mL 二氯甲烷洗脱。洗脱液加入 50μL 内标（2-辛醇的二氯甲烷溶液，浓度 67mg/L），45℃加热挥发去溶剂，浓缩至 100μL。

定量方法：GC-MS 分析，SIM 扫描模式，特征离子碎片定量，离子阱检测器。

5.4.2.2　结果与分析

Madeira 葡萄酒是用传统的特殊工艺酿制而成：在葡萄发酵液中加入天然葡萄蒸馏酒（乙醇 95％，体积分数），得到含 18％～20％乙醇和 25～110g/L 未发酵糖的酒液。在温度为 45～50℃下，该酒液进行约 90 天或更长时间的"estufagem"焙烤，最后在橡木桶中熟化，熟化时间最短 3 年。Madeira 酒具有一种很特殊的花香味，但对其香味构成却知之甚少。

（1）实验方法分析　样品经感官评价确认了代表性。用 GC-O 分析和气味活性值（OAV）测定两种方法，筛选对 Madeira 葡萄酒香味具有重要贡献的成分。

用氮气吹扫-LiChrolut EN 树脂捕集/溶剂洗脱法制备样品，得到液体萃取物，便于 GC-O 分析。GC-O 检测结果用 MF 值表示，根据 MF 值大小对各化合物的香味贡献进行排序。因 MF 值的计算涉及了检测频率和气味强度两个变量，用 MF 值表示 GC-O 检测结果，具有重现性好、实验的精度高的优点，该检测法又称为定量型 GC-O 检测法。

气味活性值（OAV）是 1963 年 Rothe 和 Thomas 于 1963 年提出的，它是挥发性成分的浓度与气味阈值的比值。根据 OAV 值大小，也可对各挥发性成分的香味贡献进行排序。为了计算 OAV 值，对各挥发性成分进行了定量分析。定量分析时，采用了不同的样品制备方法和检测手段：含量较高的组分直接溶剂萃取，内标法气相色谱定量；对含量较低的组分及 4,5-二甲基-3-羟基-2（5H）呋喃酮，分别选用两种不同的固相萃取（SPE）程序制备样品，内标法质谱定量。

（2）实验结果　表 5-7 列出了各挥发性成分的气味活性值。表 5-8 是 GC-O 分析结果。比较表 5-7 和表 5-8 可知，OAV 值和 GC-O 检测两种方法，对各香成分的贡献排序基本一致。OAV 值较高的化合物，其 MF 值也较高。综合 OAV 值和MF 值，认为对 Madeira 葡萄酒香味有重要贡献的是以下 15 种化合物：3-甲基丁酸乙酯、β-大马酮、2-甲氧基苯酚、（Z）-威士忌内酯、2-甲氧基-4-乙烯基苯酚、β-苯乙醇、2/3-甲基丁酸、苯乙醛、顺-3-己烯醇、己酸乙酯、异戊醇、3-甲基丁酸乙酯、2-甲基丁酸乙酯、丁酸乙酯、乙酸异丁酯、2,3-丁二酮，这些化合物构成了Madeira 的果香、花香、焦甜香、尖刺的香味特征。

表 5-7　从 Madeira 葡萄酒中鉴定出的 OAV 值≥0.2 的化合物

化合物	OAV 值	气味阈值[①] /(μg/L)	化合物	OAV 值	气味阈值[①] /(μg/L)
苯乙醛	101	1	丁香酚	1.7	6
3-甲基丁酸	37	33	4，5-二甲基-3-羟基-2 (5H)呋喃酮	1.5	9
3-甲基丁酸乙酯	35	3	2-甲氧基苯酚	1.5	9.5
乙醛	27	500	2-甲基丁酸	1.1	50
丁酸	20	173	异戊醇	0.96	30000
癸酸	15	1000	丙酸	1.32	8100
β-大马酮	19	0.05	香兰素	0.84	995
己酸乙酯	15	14	肉桂酸乙酯	0.62	1.1
(z)-威士忌内酯	6.85	67	苯甲酸	0.91	0.80
2-甲氧基-4-乙烯基苯酚	6.2	40	异丁酸	0.58	2300
乙酸异戊酯	4.3	30	4-乙基-2-甲氧基苯酚	0.82	33
β-苯乙醇	3.6	14000	γ-丁内酯	0.48	1.02
乳酸乙酯	6.7	154636	顺-3-己烯醇	0.45	400

续表

化合物	OAV 值	气味阈值[①]/(μg/L)	化合物	OAV 值	气味阈值[①]/(μg/L)
丁酸乙酯	4.9	20	3-甲硫基丙醛	0.45	1000
己酸	3.2	420	4-乙烯基苯酚	0.62	180
2-甲基丁酸乙酯	3.2	18	壬内酯	0.53	30
2,3-丁二酮	1.7	100	琥珀酸二乙酯	0.31	200000
二氢肉桂酸乙酯	1.6	1.6	异丁醇	0.27	40000
辛酸乙酯	1.9	580	乙酰基香兰酮	0.25	1000
异丁香酚	1.8	6	4-丙基-2-甲氧基苯酚	0.26	10

① 气味阈值多数在 10%～12%乙醇的水溶液体系中测定。

表 5-8　Madeira 葡萄酒中 GC-O 检测的 MF 值≥50 的化合物

RI	化合物	GC-O 分析	
		MF	气味描述
971	3-甲基丁醛	53	汽油味、酸败气
1003	2,3-丁二酮[①]	89	奶油味
1029	乙酸异丁酯[①]	56	溶剂气味
1050	丁酸乙酯[①]	87	水果香
1064	2-甲基丁酸乙酯[①]	68	水果香
1075	2,3-戊二酮	65	奶油味
1079	3-甲基丁酸乙酯[①]	73	水果香
1092	己醛	56	青草味
1145	2-甲基戊酸乙酯	65	水果香
1201	未鉴定	76	水果香
1224	异戊醇[①]	91	杂醇油气味
1244	己酸乙酯[①]	79	水果香
1307	1-辛烯-3-酮	53	蘑菇香
1397	顺-3-己烯醇[①]	76	草香
1425	未鉴定	82	水果香
1455	乙酸	61	醋香
1440	3-异丙基-2-甲氧基吡嗪	65	胡椒气味
1511	3-壬烯-2-酮	59	酸败气、潮湿感
1660	苯乙醛[①]	69	青香、蜂蜜香
1679	2/3-甲基丁酸[①]	84	奶酪香
1929	β-苯乙醇[①]	59	玫瑰花香
1737	未鉴定	57	蜂蜜香
1794	未鉴定	68	玫瑰花香
1815	未鉴定	68	潮湿感
1829	β-大马酮[①]	66	焙烤苹果香气
1872	2-甲氧基苯酚[①]	82	烟熏气
1974	(Z)-威士忌内酯[①]	59	椰子香
2107	间-甲基苯酚	53	皮革气味
2209	2-甲氧基-4-乙烯基苯酚[①]	52	沥青气味

① 为同时具有较高 OAV 值的化合物。

5.5　乳及乳制品的香味成分分析实例

5.5.1　简介

乳类包括牛乳、山羊乳、马乳等。乳制品是以乳类为原料制作的一系列食品。乳制品的种类很多，例如饮用乳、鲜奶油、黄油、奶粉、炼乳、酸奶、奶酪等。

未加工鲜乳的香味很弱，乳及乳制品的香味主要是在贮存加工过程中，由于热、光、氧气、酶和微生物等作用生成的。在脂肪酶作用下，牛奶中的脂肪首先水解成脂肪酸，增强奶香味；脂肪酸在热或光的催化下，氧化降解生成醛、甲基酮、内酯等香味成分。此外，当受热时，奶中的还原糖、氨基酸等水溶性成分还会发生美拉德反应，生成更多的香味物质。发酵乳的香味主要来源于微生物的作用，同时也与脂肪水解氧化和美拉德反应有关。

鲜奶经由奶油分离器，分成了鲜奶油和脱脂乳两部分。黄油是鲜奶油加入各种配料浓缩而成的复杂乳胶体。鲜奶、鲜奶油和黄油具有不同的香味特征，但所含的挥发性成分种类基本相同，均是由羧酸类、醛类、酮类、内酯类、含硫化合物构成。

奶粉中有代表性的为全脂奶粉和脱脂奶粉。此外，还有从乳类加工中派生出来的乳酪乳清奶粉（cheese whey powder）和酪浆奶粉（butter milk powder），这些均是牛奶脱水后制成的粉末状食品。炼乳，也有全脂炼乳和脱脂炼乳，是将牛奶加入砂糖后浓缩而成。奶粉和炼乳均有耐贮藏的优点。在加工过程中存在脂肪氧化反应和美拉德反应，促使奶粉和炼乳形成了独自的香味特征。

酸奶、奶酪属于发酵乳，发酵时的微生物种类及发酵工艺条件对香味的产生有很大关系。从奶酪中曾检测出的化合物包括：甲基酮类、内酯类、醛类、醇类、羧酸甲酯或乙酯类及很微量的硫醇、硫醚类。

5.5.2　鲜山羊奶酪的特征香味成分分析——溶剂萃取、高真空蒸馏/GC-MS、GC-O、GC-FID、感官评价

5.5.2.1　实验

（1）样品　2kg 新鲜奶酪（pH4.2），从 6 个山羊奶酪产品中随机挑选。

（2）样品制备

① 溶剂萃取　样品冷冻－18℃，手工磨碎。称量 300g，分放在 4 个带有 Teflon 盖的 250mL 烧瓶中，每瓶加入 100mL 乙醚和 7.5μL 内标（将 50μL 2-甲基-3-庚酮和 50μL 2-甲基戊酸溶于 5mL 甲醇中），摇动瓶子使混合均匀。离心分离出溶剂层。非溶剂层加入乙醚（50mL×2）再次萃取，合并所有乙醚萃取液，用无水硫酸钠干燥，Vigreux 柱浓缩至 120mL。

② 高真空蒸馏　将乙醚萃取液倒进 1L 圆底烧瓶中，浸入盛有液氮的杜瓦瓶中冷冻，然后再高真空蒸馏。真空源包含一台初级泵和一台高真空扩散泵。蒸馏液接收瓶放在盛有液氮的冷阱中。在大约 10^{-5} Torr 压力下，先室温蒸馏 2h，然后再 50℃ 水浴中蒸馏 2h，共蒸馏 4h。馏出液氮气吹至 20mL，得浓缩液。

③ 酸性、碱性/中性组分的分离　用 3mL 碳酸钠溶液（0.5mol/L）洗涤浓缩液两次，分出油层和水层。油层用 2mL 饱和氯化钠溶液洗涤，然后无水硫酸钠干燥，氮气吹至 0.5mL，此为中性/碱性组分。水层用 5mL 盐酸（6.2mol/L）中和至 pH2~2.5，5mL 乙醚萃取三次，无水硫酸钠干燥，氮气吹至 0.5mL，此为酸性组分。

（3）GC-O 分析　Agilent 6890 气相色谱，色谱柱 DB-5ms 30m×0.25mm×0.25μm 和 DB-WAX 30m×0.25mm×0.25μm。载气氮气，流速 1mL/min。进样口温度 250℃，不分流进样 2μL。柱温程序：起始温度 40℃ 停留 3min，以 10℃/min 的速率升温至 200℃ 停留 20min。FID 检测器温度 250℃，闻香口温度 250℃。加湿空气流速 30ml/min。柱后流出物在闻香口与 FID 检测器之间 1∶1 分流。

GC-O 检测：四个有经验的评价员，每个样品（酸性组分、中性/碱性组分）在两根色谱柱上分别嗅闻两次，记录气味特征和气味强度。气味强度按 10 个等级打分。

（4）GC-MS 分析　Agilent 6890/5973 气-质联机系统，色谱柱 DB-5ms 30m×0.25mm×0.25μm。载气氮气，流速 1mL/min。进样口温度 225℃，不分流进样 2μL。柱温程序：起始温度 40℃ 停留 5min，以 5℃/min 的速率升温至 200℃ 停留 45min。

电子轰击电压 70eV，离子源温度 230℃，传输线温度 280℃，质谱扫描范围 33~330amu。

（5）定量分析　对有标准品且在 GC-O 中气味较强的成分进行定量分析。每个样品重复分析两次。

定量方法：配制标准物加内标的水溶液，按照上述过程进行溶剂萃取、高真空蒸馏，及酸性、碱性/中性组分的分离。碱性/中性组分在 DB-5 色谱柱上用 GC-MS 分析，酸性组分在 DB-WAX 柱上用 GC-FID 分析，绘制工作曲线。

（6）感官评价　将不同含量的 4-甲基辛酸、辛酸、4-乙基辛酸、癸酸或（4-甲基辛酸＋4-乙基辛酸）分别添加在一种含 4% 牛奶脂肪的干酪中（此干酪除了缺乏新鲜山羊奶酪的蜡质性、动物性特征香味外，其它方面与山羊奶酪很相似），感官评价比较与鲜羊奶酪的相似性。相似度最大的样品中所添加的化合物，即为对山羊奶酪的蜡质性、动物性特征香味贡献最大的成分。

5.5.2.2　结果与分析

（1）实验方法分析　奶酪香味一般由微量的水溶性短链和中链脂肪酸、醇、酮、酯、含硫化合物等构成。新鲜的山羊奶酪香味很特别，有一种蜡质样的动物性香味特征，但放置一定时间后，就会消失，变成一种陈腐味。

　　为了防止新鲜奶酪的香味发生变化，采用了较为温和的溶剂萃取/高真空蒸馏法制备样品，高真空蒸馏的目的是除去溶剂萃取液中含有的非挥发性成分。气味活性成分采用 GC-MS 和 GC-O 结合进行筛选。由于奶酪中的酸性组分与中性/碱性组分在含量和化学性质上都差别较大，为了实现较好的色谱分离并提高检测的灵敏度，在进样分析前，将样品按酸性组分、中性/碱性组分进行粗分。

　　GC-O 分析的局限性是只对单个组分进行嗅闻，未考虑气味活性物与样品基质及其它组分间的相互作用。GC-O 筛选的结果是否正确，可通过人工标准添加，再感官评价添加后与真实样品的气味相似性的方法进一步确认，相似度最大的样品所添加的标准物即为目标关键香成分。此时，一方面要求添加标准物所用的基质材料与研究的真实样品很相似，且不存在待测气味的干扰。另一方面，要准确知道 GC-O 筛选的气味活性物在真实样品中的含量，以便确定添加量。本文选用一种含 4% 牛奶脂肪的干酪作基质材料，它与山羊奶酪的各方面都很相似，只是不具有新鲜山羊奶酪的蜡质性、动物性特征香味；各气味活性物的含量，采用内标法视情况分别用质谱的特征离子定量（GC-MS 分析 SIM 扫描）或色谱峰面积定量（GC-FID 分析）。

　　另外，对气味活性物进行定量分析后，还可结合文献的气味阈值计算出气味活性值，检验或完善 GC-O 的分析结果。

　　（2）实验结果　GC-O 分析结果见表 5-9 和表 5-10。部分气味活性化合物的定量分析结果见表 5-11。

表 5-9　中性/碱性组分的 GC-O 检测结果

化合物	气味强度	气味描述	RI[①]		鉴定方法[②]
			DB-WAX	DB-5	
双乙酰	3.00	奶油味	937	623	RI，气味
乙偶姻	1.50	奶油味		730	RI，气味，MS
己醛	1.50	青香、草香	1020	787	RI，气味，MS
3-甲基噻吩	3.30	甜香/塑料气味	1026		RI，气味
1-己烯-3-酮	1.70	煮熟/蔬菜气味	1153		RI，气味
辛醛	1.25	甜香/柠檬香		1023	RI，气味，MS
庚醛	3.70	脂肪香	1181	916	RI，气味，MS
1-辛烯-3-酮	4.00	蘑菇香	1249	991	RI，气味
2-庚醇	1.50	蘑菇香	1254	926	RI，气味，MS
2-乙酰基-1-吡唑啉	3.00	爆米花香	1285	939	RI，气味
(Z)-1,5-辛二烯-2-酮	3.50	天竺葵气味	1312	997	RI，气味
未鉴定	2.00	泥土/巧克力香	1074		
壬醛	2.50	干草/甜香	1378	1107	RI，气味，MS
3-甲硫基丙醛	5.25	马铃薯香	1392	925	RI，气味，MS
2-壬酮	2.75	维生素/酸气味	1450	1096	RI，气味，MS
(Z，Z)-3，6-壬二烯醛	3.20	脂肪香		1116	RI，气味

续表

化合物	气味强度	气味描述	RI①		鉴定方法②
			DB-WAX	DB-5	
未鉴定	2.75	维生素/薄荷香	1199		
2-十一碳酮	2.50	花香		1285	RI,气味,MS
(E)-2-癸烯醛	2.65	干草/脂肪香	1585	1267	RI,气味
(Z)-2-癸烯醛	3.55	脂肪香	1596	1246	RI,气味
苯骈噻唑	4.00	塑料/橡胶味	1572		RI,气味,MS
(E,E)-2,4-壬二烯醛	1.50	脂肪香	1609	1217	RI,气味
未鉴定	5.50	脂肪香/油炸香	1687	1354	RI,气味
(E,E)-2,4-癸二烯醛	2.50	油炸香	1700	1304	RI,气味
未鉴定	4.00	脂肪/蜡质气味	1738		RI,气味
2-乙酰基-2-噻唑啉	2.85	爆米花香	1763	1106	RI,气味
十二碳醛	2.20	花香	1765	1387	RI,气味,MS
未鉴定	3.35	椰子/干草香	1434		
癸醇	2.15	脂肪/干草香	1771	1267	RI,气味
吲哚	3.50	霉香	1796	1254	RI,气味
γ-丁内酯	2.00	椰子香		1313	RI,气味,MS
未鉴定	2.50	山羊/蜡质气味		1371	
3-甲基吲哚	3.45	卫生球香		1440	RI,气味
香叶醇	2.35	草香/花香	1863	1278	RI,气味,MS
γ-辛内酯	3.90	椰子香		1547	RI,气味,MS
δ-癸内酯	2.85	桃子香	1972	1518	RI,气味,MS
γ-癸内酯	2.00	桃子香	2103	1508	RI,气味
未鉴定	3.20	桃子香	1725		
邻氨基乙酰苯乙酮	2.50	葡萄香	2281	1346	RI,气味
δ-十二内酯	2.95	椰子香		1733	RI,气味,MS

① 嗅闻保留指数;

② "RI,气味":与标准品的保留指数及嗅闻气味比较鉴定;"RI,气味,MS":与标准品的保留指数、嗅闻气味及质谱比较鉴定。

由表5-9,在中性/碱性组分中,鉴定出的气味强度≥3的化合物为双乙酰、3-甲基噻吩、庚醛、1-辛烯-3-酮、2-乙酰基-1-吡唑啉、(Z)-1,5-辛二烯-2-酮、3-甲硫基丙醛、(Z,Z)-3,6-壬二烯醛、(Z)-2-癸烯醛、苯骈噻唑、吲哚、3-甲基吲哚、γ-辛内酯等十三个化合物。它们很可能是山羊奶酪香味的重要成分,但都不具有蜡质性、动物性气味特征,因而不可能是鲜山羊奶酪的特征香味成分。

表 5-10　酸性组分的 GC-O 检测结果

化合物	气味强度	气味描述	RI①		鉴定方法②
			DB-WAX	DB-5	
未鉴定	2.40	尖刺/酸味	974		RI,气味
戊酸	1.30	瑞士奶酪味	1043	920	RI,气味
乙酸	3.50	醋酸气味	1500	1090	RI,气味,MS
未鉴定	2.25	瑞士奶酪味		997	

续表

化合物	气味强度	气味描述	RI①		鉴定方法②
			DB-WAX	DB-5	
丁酸	4.25	酸败的奶酪味	1550		RI,气味,MS
未鉴定	2.20	烧焦的酸味	1139		
未鉴定	3.05	辛香/焦糖香	1161		
未鉴定	1.15	甜香/辛香	1232		
苯乙酸	1.45	甜香/花香	1602	1253	RI,气味
苯甲酸	2.5	酸味/霉味	1639	1290	RI,气味,MS
未鉴定	1.5	烧焦气味/金属气味	1724	1210	
己酸	2.6	出汗气味	1875	1060	RI,气味,MS
未鉴定	2.8	刺激/酸味	1985		
壬酸	3	尘土气味/酸气味	2072		RI,气味,MS
未鉴定	2	烤面包气味	2140		
4-甲基辛酸	2.4	酸/山羊味/蜡质气味	2173	1391	RI,气味
辛酸	2.75	出汗气味/蜡质气味	2343	1307	RI,气味,MS
未鉴定	3.55	花香/婴儿奶粉香		1340	
未鉴定	3.7	蜡质气味/甜香		1410	
4-乙基辛酸	3.5	蜡质气味/蜂蜜香	2216	1438	RI,气味
4,5-二甲基-3-羟基-2（5H）-呋喃酮	1.95	辛香、棉花糖香	2234	1113	RI, 气味
未鉴定	2.35	焦糖香	2312		RI, 气味
癸酸	1	粪便气味/酸味/蜡质气味			RI, 气味, MS

① 嗅闻保留指数；

② "RI，气味"：与标准品的保留指数及嗅闻气味比较鉴定；"RI，气味，MS"：与标准品的保留指数、嗅闻气味及质谱气味比较鉴定

从表 5-10 可以看出，在 GC-O 分析中 4-甲基辛酸、辛酸、4-乙基辛酸、癸酸四个化合物都嗅闻出"蜡质气味"，能在不同程度上代表鲜山羊奶酪的特征气味，但辛酸、4-甲基辛酸和 4-乙基辛酸的气味强度值较高，可能对香味的贡献更大。

从表 5-11 的结果可以看出，辛酸、4-甲基辛酸和 4-乙基辛酸三个化合物中，辛酸含量低且气味阈值高，导致气味活性值小；而 4-甲基辛酸和 4-乙基辛酸含量高且气味阈值低，从而气味活性值高，对香味的贡献大。因此，认为 4-甲基辛酸和 4-乙基辛酸很可能是对鲜羊奶酪的特征香成分。

进一步用一种含 4% 牛奶脂肪的干酪作基质材料，人工添加 4-甲基辛酸、辛酸、4-乙基辛酸、癸酸或（4-甲基辛酸＋4-乙基辛酸），感官评价比较添加后与新鲜山羊奶酪样品的相似性，得出的结果证实了 4-甲基辛酸和 4-乙基辛酸对山羊奶酪的蜡质性、动物性香味贡献最大，是新鲜山羊奶酪的特征香味成分。

表 5-11　鲜山羊奶酪中部分气味活性化合物的平均含量

化合物	RI(DB-WAX)	含量/(ng/g)	气味阈值/(ng/g)
中性/碱性组分			
乙偶姻	937	4830±1795	未见报道
己醛	1020	106±36	①10.4

续表

化合物	RI(DB-WAX)	含量/(ng/g)	气味阈值/(ng/g)
壬醛	1408	6±2	①1
2-壬酮	1411	4±0.2	①200
酸性组分			
乙酸	1325	71±21	①22000
丁酸	1460	22±16	①1000
己酸	1802	148±1	①3000
庚酸	1890	7±2	②10400
辛酸	2029	13±0.7	①3000
壬酸	2072	573±168	②8800
4-甲基辛酸	2104	128±38	③600
4-乙基辛酸	2172	187±96	④2
癸酸	2235	3624±2029	①10000

① 水中的阈值。

② pH4.8 的邻苯二甲酸氢钾缓冲液中的气味阈值。

③ 奶酪中的阈值。

④ 在 pH2.0 的稀柠檬酸缓冲液中的气味阈值。

5.5.3 一种新西兰鲜牛奶的香味成分分析——SAFE、 液-液萃取/GC-O、 GC-MS

5.5.3.1 实验

(1) 样品　新鲜牛奶，产自 Fresian 奶牛。72℃巴氏灭菌20s，放在玻璃瓶中用冰浴贮存。奶牛喂养的饲料组成为：25%玉米、19.5%青草料、7.5%干草料、10%整棉籽、38%混料（含玉米、大豆、大麦、鱼粉、植物油、脂肪、玉米皮、矿物质、维生素）。

(2) 样品制备

① 溶剂辅助蒸发（SAFE）　SAFE 装置包括一个 5L 蒸馏瓶、一个电磁搅拌棒、一个 500mL 接收瓶和一台真空泵。蒸馏瓶用 50℃水浴加热，冷阱及接收瓶用液氮冷却，系统真空度为 1.5Pa。牛奶样品从物料漏斗逐渐滴加到蒸馏瓶，30min 加完，若滴加过快将会有大量泡沫产生。一次蒸馏样品 2L，共蒸馏两次。

② 液-液萃取　将 50mL 乙醚加入到蒸馏液中并混合均匀，再加入饱和量的氯化钠，在连续液-液萃取装置上，用乙醚萃取 1h。乙醚萃取液氮吹至 0.5mL。−20℃贮存，待分析。

(3) GC-O 分析　Agilent 6890 气相色谱，色谱柱 FFAP 30m×0.25mm×0.25μm。载气氦气，流速 1mL/min。进样口温度 230℃，不分流进样 2μL。柱温程序：起始温度 35℃停留 5min，以 5℃/min 的速率升温至 230℃停留 15min。FID 检测器温度 250℃。加湿空气流速 75mL/min。用"Y"形管使柱后流出物在闻香口与 FID 检测器之间 1∶1 分流。流出物至闻香口的传输线温度 230℃。

GC-O 检测：从进样 4min 后开始嗅闻，一次运行 55min。每次分两个时间段嗅闻，2 个评价员参加，每人大约嗅闻 25min，要求两个时间段每个评价员都要嗅闻到。共 10 个评价员参加。检测结果用 NIF 值表示，NIF≥20%记为检测数据，

NIF<20％的数据作为检测噪声弃去。

（4）GC-MS 分析　色谱分析条件与 GC-O 相同。质谱选用全扫描或选择离子监测模式进行检测。

5.5.3.2　结果与分析

（1）实验方法分析　与其他乳制品相比，鲜奶的香味最弱，研究得较少。若经加热处理，奶的香味会增强，但这已与原鲜奶的香味不同。为此，采用较为温和的 SAFE 方法制备样品。由于牛奶中有较高含量的水，SAFE 处理后得到的是含有香成分的水溶液，因而需用乙醚作溶剂进一步液-液萃取分离。

制备的样品用 GC-MS 和 GC-O 进行分析。GC-O 分析中使用了 GC-SNIF 检测法，该法的优点是重现性好、运行次数少、不会因个别评价员的嗅觉偏差而出现漏检。气味活性物的结构通过与标准物的保留时间、气味特征及质谱比较鉴定。标准物为市场购买或是实验室合成制备。

（2）实验结果　在 GC-O 分析中，10 个评价员共嗅闻出 71 个气味活性区，鉴定出 66 种化合物。表 5-12 列出的是 NIF 值≥50％的气味活性化合物，主要有：含氮杂环（来源于美拉德反应）、脂肪族不饱和醛酮（来源于脂肪酸氧化降解）、γ-内酯（来源于脂肪酸氧化降解）、含硫化合物（来源于美拉德反应）、酚类和植醇衍生物，这些应属于对鲜奶的香味贡献较大的成分。图 5-4 所示是表 5-12 中一些香味化合物的结构。

表 5-12　从鲜牛奶中鉴定出的 NIF 值≥50％的气味活性化合物

化合物	NIF 值	RI	气味描述	水中气味阈值/(ng/g)
脂肪族不饱和醛酮				
顺-3-己烯醛	60％	1160	青草香、新鲜牛奶香、温热的牛奶香	0.03
顺-4-庚烯醛	50％	1260	新鲜牛奶香、饼干香、苹果脆饼香	0.06
1-辛烯-3-酮	60％	1300	蘑菇香、蔬菜香、干草香	0.01
1,5-辛二烯-3-酮	80％	1430	强药草香、温热牛奶香、青草香	0.0004
含氮杂环				
2-乙酰基-1-吡咯啉	50％	1330	老鼠粪便气味、脆饼香、烧焦巧克力布丁气味	0.0073（淀粉溶液中测定）
2-异丁基-3-甲氧基吡嗪	90％	1545	青椒香、木香、青香、草香	0.005
含硫化合物				
二甲基三硫醚	50％	1385	干酪气味、碾燕麦气味	0.008
内酯类				
顺-3-甲基-γ-壬内酯	70％	2070	甜内酯香、奶油香、烤面包香	—
γ-癸内酯	50％	2145	棒棒糖香、牛奶香	11
γ-十二-(顺,顺)-6,9-二烯内酯	50％	2505	蜂蜜牛奶什锦早餐气味、婴儿奶粉气味	—
酚类和植醇				
4-丙基苯酚	50％	2275	湿头发气味、苦味	—
植醇	50％	2610	苦味、燕麦味	—
其他				
2-甲基丁酸乙酯	60％	1055	果汁香、口香糖香、浆果香	0.006
Phyt-1-ene	50％	1850	青草香、纸板气味	—

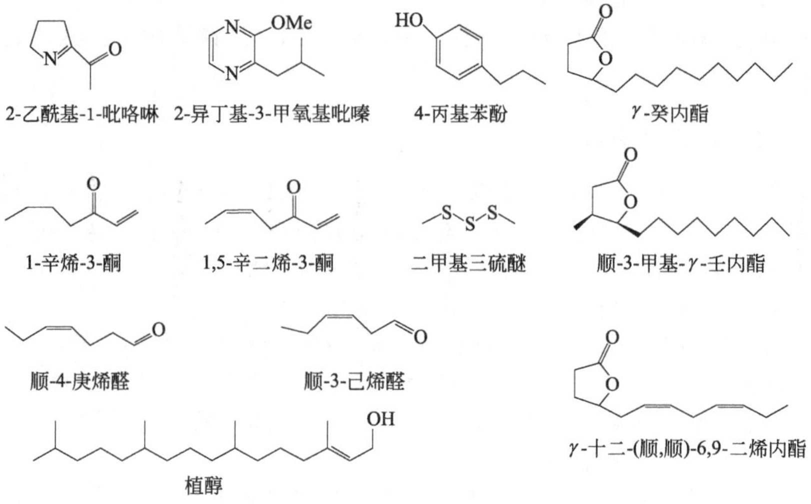

2-乙酰基-1-吡咯啉　　2-异丁基-3-甲氧基吡嗪　　4-丙基苯酚　　　　γ-癸内酯

1-辛烯-3-酮　　　1,5-辛二烯-3-酮　　　二甲基三硫醚　　　顺-3-甲基-γ-壬内酯

顺-4-庚烯醛　　　　　顺-3-己烯醛　　　　　　　γ-十二-(顺,顺)-6,9-二烯内酯

植醇

图 5-4　从鲜牛奶中鉴定出的重要香味化合物的结构

5.6　咖啡的香味成分分析实例

5.6.1　简介

咖啡最早生长于埃塞俄比亚，后来逐渐在印度、印度尼西亚、巴西、哥伦比亚、菲律宾等多个国家种植。

刚从树上采摘下来的是成串的咖啡豆荚，经日晒去壳或直接去壳，得到的黄绿色咖啡豆称为生咖啡。生咖啡在焙烧过程中，所含的蛋白质、糖类和脂质等化学成分经美拉德反应、Strecker 降解和脂质降解反应就生成了咖啡香味。同时还会形成由咖啡因、多酚及糖与胺基的反应物引起的苦涩味和有机酸的适度酸味。

咖啡的提神作用是因为生咖啡中含有 1.2%～1.9% 的咖啡因。在加工过程中，咖啡因不会发生任何变化。咖啡因属于生物碱类，有苦味，微溶于热水中，用弱极性溶剂萃取的方法（如超临界 CO_2 萃取），可将咖啡因除去，但这会对咖啡的香味稍有影响。

迄今为止，从生咖啡中已鉴定出 300 多种挥发性成分，从焙烧后的咖啡中已鉴定出约 800 种挥发性成分，涉及的化合物有 18 类以上（表 5-13），这些成分具有不同的极性、挥发性、溶解度和酸碱性，有些在酸碱处理、受热或遇空气时很容易变质。

但咖啡的香味构成目前还没有完全搞清。Czerny 等根据感官评价和挥发性成分的鉴定结果，认为新发酵哥伦比亚咖啡的关键香成分为：糠硫醇、4-乙烯基愈创木酚、几个烷基吡嗪、呋喃酮、乙醛、丙醛、甲基丙醛、2-或 3-甲基丁醛。

表 5-13　从焙烧后的咖啡中鉴定出的挥发性化合物种类

化合物分类	数量	化合物分类	数量
烃类	74	噻吩类	26
醇类	20	吡咯类	71
醛类	30	恶唑类	35
酮类	73	噻唑类	27
酸类	25	吡啶类	19
酯类	31	吡嗪类	86
内酯类	3	胺类和各种含氮化合物	32
酚类(含醚类)	48	含硫化合物	47
呋喃类	127	其它	17

5.6.2　新煮制小粒种（Arabica） 咖啡饮料的香味成分分析——SPME、减压水蒸气蒸馏、 溶剂萃取/GC-MS、 GC-O

5.6.2.1　实验

（1）样品　Arabica 咖啡豆（Coffee Arabica），中度焙烤后，室温放置 2h，磨碎成粒径 400~800μm。取 24g 咖啡粉和 420mL 去离子水，用电动咖啡壶水滴漏法制作咖啡饮料 （图 5-5），7min 内约接取 360mL 煮好的咖啡液。咖啡壶与大气相通，咖啡液温度 80℃，顶空气体的温度 70℃。

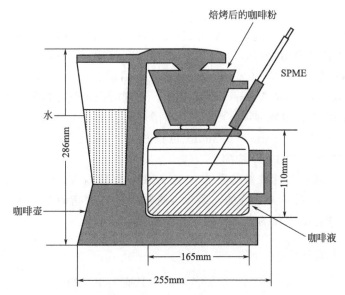

图 5-5　咖啡饮料的煮制及 SPME 萃取示意图

（2）样品制备

① 顶空 SPME 取样　在咖啡液滴完的 0~2min 内，立即将 DVB/CAR/PDMS纤维插入咖啡壶的顶空，吸附挥发性成分，然后 GC-MS 或 GC-O 分析。重复分析

三次。

② 减压水蒸气蒸馏 将 1L 咖啡萃取液（制作方法同上）放在 2L 的二口烧瓶中，该烧瓶放在水浴中，依次与一个带循环冷却水的冷凝管、两个相连的冷阱相连，冷阱与接收瓶相连。控制系统内压力为 670Pa，水浴温度为 40℃，进行蒸馏，共接收 150mL 蒸馏液。蒸馏液用 300mL 乙醚萃取，萃取液浓缩至 1mL，待 GC-MS 分析。

③ 溶剂萃取 取 24g 咖啡粉和 420mL 去离子水，按上述方法煮制咖啡液。煮制完毕后，立即将玻璃壶放在冰水浴中，降至室温 25℃。将 300mL 咖啡液倒入 1L 的烧瓶中，加入内标 3-庚醇（50μg/mL 3-庚醇的乙醇溶液 1mL）。在电磁搅拌下，缓慢加入 150mL 乙醚进行萃取，样品温度控制在 25℃ 以下。分液漏斗分出乙醚层，无水硫酸钠干燥，旋转蒸发浓缩至约 0.5mL。

（3）GC-MS 分析 色谱柱 DB-WAX 60m×0.25mm×0.25μm。载气氦气，流速 1.6mL/min。进样口温度 250℃，不分流，SPME 解吸 10min。柱温程序：起始温度 50℃ 停留 2min，以 3℃/min 的速率升温至 220℃ 停留 20min。质谱采用全扫描或选择离子监测模式。保留指数用 C6～C28 正构烷烃测定。

结构鉴定：通过与标准物的质谱、保留指数或文献的保留指数比较鉴定化合物的结构。

（4）GC-O 分析 分别用 20mm、10mm、5mm、2.5mm 四种纤维萃取样品，萃取条件同上述的 SPME 取样。色谱柱 DB-WAX 15m×0.32mm×0.25μm。载气氦气，流速 3.2mL/min。进样口温度 250℃，SPME 解吸 10min，不分流。柱温程序：起始温度 40℃ 停留 2min，以 6℃/min 的速率升温至 230℃ 停留 20min。FID 检测器温度 250℃。用 C6～C28 正构烷烃测定保留指数。

GC-O 检测：CHARM Analysis 检测法，嗅闻时记录气味特征及气味的持续时间，检测结果用 CHARM 值和 OSV（气味谱）值表示。未见报道的化合物，除了用 DB-WAX 15m×0.32mm×0.25μm 色谱柱外，还用 HP-5 15m×0.32mm×0.25μm 色谱柱进一步 GC-O 检测。

结构鉴定：通过与标准物的质谱（GC-MS）、保留指数、气味特征比较鉴定化合物结构。GC-MS 分析未出峰的，采取与标准物的保留指数及气味特征或文献的保留指数及气味特征比较的方式，鉴定化合物结构。

5.6.2.2 结果与分析

（1）实验方法分析 SPME 法制备样品，具有简单、快速、灵敏、重现性好的优点，但需要对萃取条件进行优化。影响 SPME 萃取效果的主要因素是萃取温度、萃取时间和萃取纤维种类。由于新煮制咖啡液的温度已固定为 80℃，因此，主要对萃取纤维种类、萃取时间两个参数进行优化。

SPME 的较佳萃取条件应为萃取吸附的量大，且萃取物能代表样品的香味构成。将从咖啡中鉴定出的挥发性成分按醇、醛、呋喃、酮、酚、吡嗪、吡啶、吡咯归成 8 类，比较不同萃取条件下各类挥发性成分的总峰面积，总峰面积越大，表明萃取量越大。而萃取物的代表性采用与减压水蒸气蒸馏制备样品时的 GC-MS 分析谱图比较判断，因为减压水蒸气蒸馏被广泛认为是一种"不改变咖啡顶空气体组成"的样品制备方法。

GC-O 中采用 CHARM Analysis 检测法，需要对样品进行多次稀释。由于 GC-MS 分析发现萃取纤维的长度与各类挥发性成分的总峰面积存在线性关系，因此 SPME/GC-O 分析可通过改变萃取纤维的长度来实现对样品稀释的目的。

GC-O 的检测结果往往受色谱分离条件和色谱固定相种类的影响，尤其是极性较强的气味活性化合物。为确保鉴定结果的准确性，对未见报道的两个化合物 1-(3,4-二氢-2*H*-吡咯-2-)-乙酮和 4-(4′-羟苯基)-2-丁酮，采用两种不同极性色谱柱进行了 GC-O 分析。但是，使用 SPME/GC-MS 分析时，由于含量较低，这两个化合物未能检测到。

1-(3,4-二氢-2*H*-吡咯-2-)-乙酮和 4-(4′-羟苯基)-2-丁酮两个化合物的特点是挥发度低、水溶性大，减压水蒸气蒸馏和 SPME 法对它们的敏感性差。为此，实验中又采用乙醚萃取法制备样品，以提高这两个化合物在样品中的含量，达到能通过 GC-MS 进行分析鉴定的目的。

（2）实验结果分析

① 萃取纤维的选择　其它实验条件相同，分别用 100μm PDMS、65μm PDMS/DVB、Carboxen/PDMS、65μm polyacrylate、DVB/Carboxen/PDMS、Carboxen/DVB 进行 SPME 取样并 GC-MS 分析，检测出的挥发性成分按醇、醛、呋喃、酮、酚、吡嗪、吡啶、吡咯归成 8 类，比较各种纤维萃取的各类挥发性成分的总峰面积，总体上看，用 DVB/Carboxen/PDMS 萃取的各类挥发性成分的总峰面积均较高，表明对各类成分的适用性均较好。将其总离子流色谱图与减压水蒸气蒸馏/GC-MS 的分析谱图比较，二者很相似（见图 5-6），因而认为 DVB/Carboxen/PDMS 适宜在萃取新煮制的咖啡香成分中使用。

② 萃取时间的选择　萃取时间对于分析结果的影响是：萃取时间较短时，纤维涂层吸附的挥发性物质较少，萃取时间较长时，吸附的物质较多，但会出现竞争吸附，使得分析结果与样品的实际挥发性组成有差别。

其它条件相同，使用 DVB/Carboxen/PDMS 纤维分别吸附 0.5min、1min、2min、4min、8min、16min，然后 GC-MS 分析，观察各组分的峰面积随着吸附时间的变化。结果表明，在 0.5～2min 内，几乎所有组分的峰面积都随着吸附时间的增加呈线性增加；当吸附时间为 4min 时，虽然 2-或 3-甲基丁醛、吡啶和 3-甲基丁酸的峰面积仍然小幅增加，但线性关系消失，并造成其它 30 种重要物质的相对含量关系改变，表明 SPME 出现了竞争吸附，为此，萃取时间选择 2min。

③ 取样时段的选择　在咖啡豆的磨碎和热水的冲泡过程中，焙烤的咖啡释放出香味。刚煮制的咖啡香味宜人，但这种香味会很快变弱并发生变化，因此，在咖啡煮制后，应立即开始 SPME 取样并在很短时间内完成。

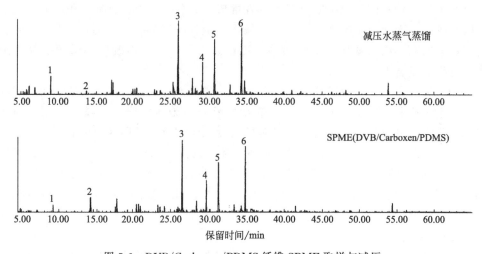

图 5-6　DVB/Carboxen/PDMS 纤维 SPME 取样与减压
水蒸气蒸馏制样的 GC-MS 总离子流色谱图比较

1—2,3-戊二酮；2—吡啶；3—糠醛；4—乙酸糠酯；5—5-甲基-2-呋喃甲醛；6—2-呋喃乙醇

按照萃取时间 2min，用 DVB/Carboxen/PDMS 纤维分别在咖啡煮制后的不同时段（0～2min、4～6min、6～8min、8～10min、12～14min、14～16min）内进行顶空吸附，然后 GC-MS 分析，观察各组分的峰面积变化。结果表明，取样时间越晚，所关注的 30 种挥发性物质的总峰面积越小，且各挥发性物质的相对含量变化越大。因而，取样时段选择 0～2min。

（3）SPME/CHARM Analysis GC-O 分析　在相同条件下，分别用长度为 20mm、10mm、5mm、2.5mm 的 DVB/Carboxen/PDMS 纤维顶空吸附，气-质联机分析，重复实验三次，结果表明，主要挥发性成分的峰面积与纤维长度呈线性关系（RSD<6%）。因而可通过变换 SPME 纤维长度的方式，改变吸附物质的量，达到对样品进行多次稀释的目的，当用 20mm、10mm、5mm、2.5mm 四种纤维萃取样品时，相当于稀释稀释值为 2^0、2^1、2^2 和 2^3。

由表 5-14，GC-O 共检测出 44 个气味活性区，在气味种类上包括酸味、白脱-油脂气味、生黑加仑味、青香-泥土香、坚果香-烤香、酚味、烟熏香-烤香、豆酱香、甜香-焦糖香、甜香-水果香。鉴定出的 CHARM 值≥200（或 OSV 值≥73）的化合物为：3-甲基丁酸、2,3-丁二酮、2-乙基-3,5-二甲基吡嗪、3-甲基-2-丁烯-1-硫醇、4-羟基-2,5-二甲基-3（2H）-呋喃酮、3-羟基-4,5-二甲基-2（5H）-呋喃酮、（E）-β-大马酮、2-甲氧基苯酚，这些化合物很可能是对新煮制小粒种咖啡香味起作用的主要成分。

在 GC-O 分析中，还鉴定出两个在咖啡香味中未曾报道的新化合物：1-（3,4-二氢-2H-吡咯-2-）-乙酮和 4-（4'-羟苯基）-2-丁酮。这两个化合物，GC-MS 未出峰，用两种不同极性色谱柱 DB-WAX 和 HP-5（15m×0.32mm×0.25μm）进行了 GC-O 检测，然后与标准物的保留指数、气味特征比较确认了结构。

　　鉴于这两个新发现化合物的挥发性较小，水溶性较大，用减压水蒸气蒸馏或顶空 SPME 制备样品时存在敏感性差的缺陷，为了提高检测灵敏度，又采用乙醚为溶剂萃取制备样品，然后 GC-MS 分析。在 GC-MS 谱图中只发现了 4-(4′-羟苯基)-2-丁酮的存在，是个很弱的色谱峰，其保留指数、质谱与标准物一致，这进一步确认了 GC-O 的鉴定结果。由于 4-(4′-羟苯基)-2-丁酮的 OSV 值较大，也被认为是对咖啡香味有较大贡献的成分。

表 5-14　新煮制咖啡的 SPME/CHARM Analysis GC-O 分析结果

气味描述	化合物	RI	CHARM 值[①]	OSV 值[②]
酸味	乙酸	1431	18	22
	3-甲基丁酸	1677	380	100
白脱-油脂气味	2-和 3-甲基丁醛	916	100	51
	2,3-丁二酮	976	220	76
	2,3-戊二酮	1055	40	32
	(Z)-2-壬烯醛	1491	62	40
	(E)-2-壬烯醛	1517	150	63
	未鉴定	1530	66	42
	2,6-(E,Z)-壬二烯醛	1568	8	15
	未鉴定	1787	13	18
	未鉴定	1934	89	48
	未鉴定	1982	21	24
	未鉴定	1987	130	58
生黑加仑	甲酸 3-巯基-3-甲基丁酯	1501	130	58
青香、泥土香	2-甲氧基-3 (1-甲基乙基) 吡嗪	1422	48	36
	2-甲氧基-3-（2-甲基丙基）吡嗪	1513	97	50
坚果香、烤香	1-(3,4-二氢-2H-吡咯-2-)-乙酮	1321	20	23
	未鉴定	1407	4	10
	2-乙基-3,5-二甲基吡嗪	1449	200	73
	2,3-二乙基-3,5-二甲基吡嗪	1482	180	69
	6,7-二氢-5-甲基-5H-环戊基吡嗪	1599	63	41
	6,7-二氢-5H-环戊基吡嗪	1647	20	23
	5,6,7,8-四氢喹喔啉	1728	55	38
酚味	2-甲氧基苯酚	1840	200	73
	4-乙基-2-甲氧基苯酚	2013	140	61
	4-乙烯基-2-甲氧基苯酚	2173	52	37
烟熏气、烤香	3-甲基-1H-吲哚	2468	140	61
	3-甲基-2-丁烯-1-硫醇	1100	200	73
	2-糠硫醇	1417	180	69
	2-甲硫基甲基呋喃	1471	140	61
	未鉴定	1539	120	56
	未鉴定	1718	85	47
豆酱香	3-甲硫基丙醛	1436	180	69
甜香、焦糖香	2-羟基-3-甲基-2-环戊烯-1-酮	1820	20	23
	4-羟基-2,5-二甲基-3 (2H)-呋喃酮	2026	250	81
	2-乙基-4-羟基-5-甲基-3(2H)-呋喃酮	2056	30	28
	3-羟基-4,5-二甲基-2 (5H)-呋喃酮	2183	270	84

续表

气味描述	化合物	RI	CHARM 值[①]	OSV 值[②]
甜香、水果香	芳樟醇	1545	140	61
	苯乙醛	1616	100	51
	(*E*)-*β*-大马酮	1796	200	73
	香兰素	2545	33	30
	4-(4′-羟苯基)-2-丁酮	2977	110	54
	1-辛烯-3-酮	1289	8	15
	二甲基三硫醚	1354	16	21
总 CHARM 值			4839	

① 三次 GC-O 检测的平均值。

② $OSV = \left[\dfrac{CHARM\ 值}{(CHARM\ 值)_{max}} \right]^{0.5} \times 100$。

5.7 茶的香味分析实例

5.7.1 简介

茶树是 Theaceae（山茶科）*Camellia* 属植物，品种有 var. *sinensis*（中国系，小叶种）和 var. *assamica*（印度系，大叶种），但还有许多杂交品种。

茶叶有数百种，按茶叶或茶汤的颜色区分，有绿茶、青茶、红茶、黄茶、白茶、黑茶。按基本制造工艺区分，有发酵茶（红茶、黑茶）、半发酵（乌龙茶、包种茶）、不发酵茶（绿茶）三大类。

茶叶的香味与茶树品种、生长条件、采摘时间、加工工艺有很大的关系。迄今为止，已鉴定出的茶香成分约 300 多种。

红茶是茶叶经过凋萎、揉搓、发酵等过程制成。在制作过程中，茶叶的成分发生变化，并产生了香味。红茶的香味成分有反-2-己烯醇、反-2-己烯醛、反,反-2,4-癸二烯醛等，它们来源于亚麻酸或亚油酸的氧化降解；还有紫罗兰系化合物，它们来源于类胡萝卜素的降解。中国的祁门红茶是世界闻名的三大红茶品种之一，具有蔷薇花香和浓厚的木香，香叶醇、苯甲醇、2-苯乙醇等香成分的含量很高。

包种茶是中国最有代表性的半发酵茶之一。茶叶采摘后先在日光照射下凋萎，再在室内继续凋萎，凋萎过程中就生成了特有的花香成分，如茉莉酮酸甲酯、顺式-茉莉酮、橙花叔醇、吲哚等。

绿茶是先经蒸热或锅炒，使茶叶中酶的活性失活（杀青），再进一步干燥制成。绿茶的主要香成分有庚醇、辛醇、壬醇、苧烯、石竹烯、芳樟醇、*β*-紫罗兰酮、香叶醇、4-乙基愈创木酚、苯酚、4-乙烯基苯酚等。绿茶中以新茶（春茶）的香味最为名贵，其特征香味成分有顺-3-己烯醇及其酯、反式-2-己烯醇的酯、二甲基硫醚、吲哚等。夏茶或低级绿茶在大约 180℃下焙烤后，称为焙烤茶。经焙烤过程，茶的香味成分总量增加，含有吡嗪、呋喃、吡咯等烤香成分及苯乙醛、紫罗兰酮等甜香成分。

　　花茶是我国特有的茶类，有很大的销量，属于再加工茶，它是以绿茶、红茶、乌龙茶的茶坯及符合食用要求、能够吐香的鲜花为原料，经鲜花熏制茶叶制成，又称窨花茶、熏花茶。根据鲜花品种不同，花茶分为茉莉花茶、桂花茶、珠兰花茶等，其中以茉莉花茶的产量最大。根据绿茶种类的不同，花茶又可分为绿茶花茶（如茉莉花茶）、红茶花茶（如玫瑰红茶）、乌龙花茶（如茉莉乌龙）等。花茶集茶叶的味与鲜花的香气于一体，特征香味主要与鲜花种类有关。

5.7.2　茉莉花茶的特征香味成分分析——固相萃取/GC-MS、 GC-O、 GC-FID、 感官评价

5.7.2.1　实验

　　(1) 样品　茉莉花茶，产地福建。制作方法：用茉莉花（*Jasminum sambac*）熏制绿茶（*Camellia sinensis* L.），然后再将茉莉花移走，最终的茶叶中加入 1% 的干茉莉花。

　　(2) 样品制备　1L 热水（95℃）经 Milli-Q 纯化后加入 50g 茶叶，浸泡 3min，用尼龙布过滤，立刻用自来水将滤液（800mL）冷却到 30℃，然后 3000r/min 离心 5min 除去固形物。将上层清液缓慢倾入一根装有 18mL Porapak Q 树脂的萃取柱中。用 200mL 纯水冲洗柱子，以除去氨基酸、多糖等水溶性物质，最后再用 200mL 戊烷-乙醚（2:3）洗脱。洗脱液用无水硫酸钠干燥，常压 39.5℃ 蒸除溶剂，氮吹至 30μL，待 GC、GC-MS、GC-O 分析。

　　(3) GC-MS 分析　Agilent5890/5972 气-质联机，不分流进样，其它色谱条件与 GC 分析相同。电子轰击电压 70eV，离子源温度 180℃，质谱扫描范围 30～400amu。

　　(4) GC-O 分析　Agilent 5890 气相色谱，色谱柱 DB-WAX 60m×0.53mm×1μm。不分流进样 1μL，载气氦气，流速 8.3mL/min，进样口和 FID 检测器温度分别为 170℃ 和 180℃。进样 2μL，分流比（1:30）。柱温程序：起始温度 60℃ 停留 4min，以 3℃/min 的速率升温至 180℃。柱后补偿气流速 18mL/min。柱流出物在 FID 和闻香口间 1:1 分流。闻香口加湿空气流速 45mL/min。

　　GC-O 检测：AEDA 检测法。样品用乙醚按逐次 4 倍地进行稀释，记录 FD（稀释因子）与保留时间，绘制 FD 谱图。

　　(5) GC-FID 分析

　　① 手性异构体含量的分析　仪器装置同 GC-O 分析。色谱柱 CP-cyclodexxtrin-B-236M19（50m×0.25mm i.d.）。柱温 95℃，进样口和检测器温度分别为 200℃。载气氦气，流速 1mL/min。进样 2μL，分流比（1:30）。

　　② 主要气味活性物含量分析　Agilent 5890 气相色谱，色谱柱 DB-WAX 60m×0.25mm×0.25μm。载气氦气，流速 1mL/min。其它色谱条件同 GC-O 分析。

样品制备：10g 茶叶加入 750mL 热水制备茶汤，在 660mL 茶汤中加入内标癸酸乙酯（0.1mg）和棕榈酸甲酯（0.02mg）（用于定量分析含量较低的组分并指示样品处理过程），然后按上述方法制备样品。

定量方法：配制标准物＋内标的混合溶液，GC-FID 分析，绘制 $A_{标准物}/A_{内标}$-$C_{标准物}/C_{内标}$ 的工作曲线（$A_{标准物}/A_{内标}$，标准物与内标的峰面积比；$C_{标准物}/C_{内标}$，标准物与内标的含量比），然后将茶汤的 $A_{待测物}/A_{内标}$ 及 $C_{内标}$ 数据代入工作曲线，可计算出 $C_{待测物}$。

（6）感官评价　根据香味成分的鉴定结果，用丙二醇稀释各标准物，配制成混合溶液，再用纯水稀释到气味强度与茉莉花茶汤同。感官评价配制溶液与茉莉花茶汤的相似性。

评价方法：15 名有经验的评价员，按照 0～15 分记录，0 分——无气味，15分——气味强。规定 7 个词汇描述香气特征：花香、木香、甜、苦、凉爽、温暖、发散。样品（20mL）装在带盖的 50mL 玻璃瓶子中，温度 10℃。按照随机顺序给出样品，结果经统计处理。

5.7.2.2　结果与分析

（1）实验方法分析　与溶剂萃取相比，固相萃取法（SPE）具有萃取效率高、溶剂用量小、萃取条件温和、选择性好的优点。前期研究表明，苯甲醇、乙酸苄酯、苯甲酸 3-己烯醇酯、苯甲酸甲酯、邻氨基苯甲酸甲酯、芳樟醇等五个成分与茉莉花茶的香味品质有很大相关性。SPE 中选用 Porapak Q 树脂有利于这些化合物的萃取，制备的样品具有典型的茉莉花茶香特征。

在香味成分的分析鉴定中使用了 GC-MS 和 GC-O 分析方法。GC-MS 中采用与标准物的质谱及保留指数对照鉴定化合物结构。GC-O 中使用了 AEDA 检测法，通过与 GC-MS 分析结果关联及与标准物的气味特征、保留指数比较鉴定化合物结构。但 GC-O 筛选的香味成分是通过单组分嗅闻得出的，它的不足是未涉及各个气味活性物之间和各个气味活性物与样品基质之间的相互作用。因此，本文在 GC-O筛选的基础上，用各个气味活性物的标准品配制多个模型溶液，并稀释至与真实样品的气味强度相近，再感官评价比较配制样品与真实样品的相似性的方法，以进一步鉴别哪些是特征香味成分。

为了能够模拟原样品的香味构成配制模型溶液，除了对样品香味成分进行定性分析外，还需要定量分析。由于筛选出的各气味活性物的含量不是很低，定量分析采用了内标法 GC-FID 检测。对于芳樟醇气味活性物，存在光学异构体，而不同光学异构体之间的香味特征往往存在较大差别，因此采用手性毛细管气相色谱分析了样品中芳樟醇的光学异构体含量。

（2）实验结果　表 5-15 是茉莉花茶挥发性成分的气-质联机分析结果。主要挥发性成分（相对峰面积≥1.5％）为：（Z）-3-己烯醇、苯甲醇、乙酸苄酯、芳樟醇、邻氨基苯甲酸酯、吲哚。

表 5-15　茉莉花茶挥发性成分的 GC-MS 分析结果

谱峰号	化合物	RI	相对峰面积/%
	脂肪族和芳香族醇类		
3	乙醇	931	0.10
6	丁醇	1140	痕量
7	1-戊烯-3-醇	1146	0.13
10	戊醇	1251	0.23
12	(E)-2-戊烯-1-醇	1316	0.24
14	(Z)-2-戊烯-1-醇	1324	0.33
17	(Z)-3-己烯醇	1390	2.58
18	环己醇	1393	0.45
23	辛醇	1564	痕量
41	2-甲氧基苯酚	1872	0.05
42	苯甲醇	1891	24.68
43	2-苯乙醇	1986	0.93
52	苯酚	2060	0.40
58	丁香酚	2169	0.30
61	肉桂醇	2299	0.14
	萜醇		
19	反-氧化芳樟醇(呋喃环)	1454	0.57
20	顺-氧化芳樟醇(呋喃环)	1483	0.59
22	芳樟醇	1552	4.46
25	3,7-二甲基-1,5,7-辛三烯-3-醇	1621	0.44
29	α-萜品醇	1706	0.11
33	反-氧化芳樟醇（吡喃环）	1751	0.10
34	顺-氧化芳樟醇（吡喃环）	1772	0.40
39	香叶醇	1854	0.13
45	2,6-二甲基-3,7-辛二烯-2,6-二醇	2004	0.52
62	1-羟基芳樟醇	2321	痕量
	酯类		
1	甲酸乙酯	811	0.15
2	乙酸乙酯	882	0.10
13	乙酸-(Z)-3-己烯醇酯	1320	0.32
26	苯甲酸甲酯	1636	0.59
31	己酸-(E)-2-己烯醇酯	1733	0.06
32	乙酸苄酯	1743	12.70
36	乙酸苯乙酯	1821	痕量
57	苯甲酸(Z)-3-己烯醇酯	2139	0.81
	羰基化合物		
16	2-甲基-2-庚烯-6-酮	1344	0.31
21	(E,E)-2,4-庚二烯醛	1503	0.03
24	3,5-辛二烯-2-酮	1583	0.05
40	α-紫罗兰酮	1866	0.10
46	顺-茉莉酮	2014	0.19
48	β-紫罗兰酮	2028	痕量
51	5,6-环氧-β-紫罗兰酮	2053	痕量

续表

谱峰号	化合物	RI	相对峰面积/%
	内酯		
28	4-甲基-5-庚烯-γ-内酯	1683	痕量
30	γ-己内酯	1709	0.12
53	γ-壬内酯	2087	0.15
60	茉莉内酯	2256	痕量
65	二氢猕猴桃内酯	2354	1.01
	羧酸类化合物		
27	2-甲基丁酸	1674	0.18
38	己酸	1849	0.82
47	庚酸	2022	0.14
55	辛酸	2096	0.18
	含 N 化合物		
15	2,5-二甲基吡嗪	1331	0.19
44	苄基腈	2000	痕量
50	2-乙酰基吡咯	2044	0.82
56	N-甲基邻氨基苯酸甲酯	2118	痕量
59	邻氨基苯酸甲酯	2248	3.90
66	吲哚	2436	1.83
	烷烃类		
4	癸烷	1003	0.005
5	十一碳烷	1094	0.88
9	2-乙基甲苯	1231	0.44
11	三甲基苯	1297	0.45
	其它		
8	1,8-桉树脑	1214	痕量
35	水杨酸甲酯	1794	0.85
37	2-羟基-3-甲基-2-环戊烯-1-酮	1831	痕量
49	2-羟基-3-甲基-4H-吡喃-4-酮	2030	痕量
54	4-羟基-2,5-二甲基-3(2H)-呋喃酮	2090	0.30
63	茉莉酮酸甲酯	2345	0.05
64	表-茉莉酮酸甲酯	2349	0.15

　　图 5-7 是 AEDA 法检测的 FD 谱图。共检测出 34 个气味活性区，气味种类上主要涉及了青香、柠檬香、花香、甜香。与标准物的气味特征、保留指数和质谱比较，鉴定出 24 个化合物，其中 FD≥7 的为：芳樟醇、γ-己内酯、己酸（E）-2-己烯醇酯、γ-壬内酯、邻氨基苯酸甲酯、4-羟基-2,5-二甲基-3(2H)-呋喃酮，芳樟醇和邻氨基苯酸酯是 GC-MS 的主要成分，其它几个也被 GC-MS 检测到，但含量很低。

　　表 5-16 是芳樟醇的手性异构体含量分析结果。使用手性毛细管气相色谱分析表明，茉莉花茶中，芳樟醇主要以 R-构型存在，这与它在茉莉花中的存在形式是相同的，说明在茶叶加工过程中，芳樟醇的构型没有发生变化。

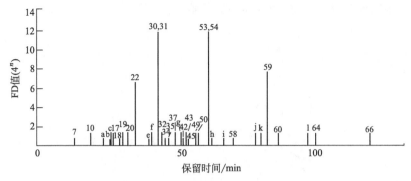

图 5-7　茉莉花茶汤的 GC-O 检测 FD 谱图

22—芳樟醇；30—γ-己内酯；31—己酸-(E)-2-己烯醇酯；53—γ-壬内酯；

54—4-羟基-2,5-二甲基-3（2H）-呋喃酮；55—邻氨基苯甲酸甲酯

表 5-16　芳樟醇及其氧化物在茉莉花茶中的手性异构体含量

化合物	保留时间/min	峰面积/%	ee/%	GC-O 嗅闻气味
芳樟醇：				
(R)-	39.16	90.8	81.6	强烈的青香、花香
(S)-	39.82	9.2		油腻感、沉重的青香

表 5-17 是 GC-FID 定量分析 GC-O 中筛选出的重要气味活性物[芳樟醇、γ-己内酯、己酸(E)-2-己烯醇酯、γ-壬内酯、邻氨基苯甲酸酯、4-羟基-2,5-二甲基-3（2H）-呋喃酮]在茶汤中的含量的数据。

表 5-17　茶汤中重要气味活性物的定量分析结果

化合物	标准曲线[①]	茶汤中含量/(10^{-9}g/mL)
芳樟醇	$y=0.99x+0.0136, R^2=0.9986$	260.7 ± 19.9
(R)-异构体		236.7[②]
(S)-异构体		24.0[②]
己酸(E)-2-己烯醇酯	$y=0.70x+0.1026, R^2=0.9815$	9.5 ± 4.0
γ-己内酯	$y=0.99x+0.0455, R^2=0.9934$	7.5 ± 3.4
γ-壬内酯	$y=0.41x+0.1072, R^2=0.9186$	16.6 ± 2.7
4-羟基-2,5-二甲基-3(2H)-呋喃酮	$y=0.52x+0.0821, R^2=0.9388$	13.3 ± 3.0
邻氨基苯甲酸甲酯	$y=0.58x+0.0058, R^2=0.9997$	533.3 ± 40.7

①　$y=A_{标准物}/A_{内标}$（标准物峰面积与内标的峰面积比值）；$x=C_{标准物}/C_{内标}$（标准物的含量与内标的含量比值）。

②　根据表 5-16 中两个异构体峰面积的比值计算。

图 5-8 所示是根据表 5-16 中对芳樟醇等 6 个重要气味活性物的定量分析结果，用标准物配制模型溶液，再加水稀释到气味强度与茶汤相近，然后感官评价比较的结果。实验中发现，6 个气味活性物质缺了哪一个，都会减弱茉莉花茶的香味特征，尤以芳樟醇和邻氨基苯甲酸甲酯的影响最为突出；且所用芳樟醇为(R)-异构型时，配制的模型溶液的香味与茶汤的特征香味最为接近。为此，认为茉莉花茶香

的特征香味成分为(*R*)-(-)芳樟醇和邻氨基苯甲酸甲酯。

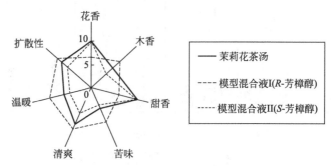

图 5-8　茉莉花茶汤与配制的两个模型溶液的雷达图比较

5.8　卷烟香气成分分析实例

5.8.1　简介

香气是评价卷烟品质和商业价值的重要因素。卷烟的成分极其复杂，含有大约 6600 种化学成分，其中 3800 种来自烟叶，2800 种来自烟气主体，三分之一的成分与卷烟香气有关。烟草在烘烤过程产生烟草香气的同时，还产生典型的焦糖香气，其中一些焦糖香气成分可改善卷烟的香气特征。烟草烘烤主流挥发物由烟叶精油和烟叶中的非挥发物的热降解产物组成，可采用活性炭吸附进行回收。烟草精油本身具有芳香气味，烟草烘烤过程可产生焦糖香，而烟气的冷凝物具有似焦油的香气。

5.8.2　实验

（1）样品　烟草烘烤挥发物：100g 烟草置于烧瓶中，于 150℃烘箱中进行烘烤，产生的挥发物经氮气（100mL/min）吹扫入 U 形管中，U 形管用干冰-甲醇浴冷却。冷凝物倒入盛有 20mL 二氯甲烷的烧杯中，无水硫酸钠干燥，分馏柱浓缩除溶剂，气相色谱（GC）和气相色谱-质谱联机（GC-MS）分析。

烟气冷凝物：在标准吸烟条件下，将 50 支香烟（含 40g 烟草）放入吸烟机中，螺旋管收集烟气，并采用干冰-甲醇浴冷凝，冷凝液加入 50mL 二氯甲烷，无水硫酸钠干燥，分馏柱浓缩除溶剂。

烟草精油：100g 烟草水蒸气蒸馏处理，流出物加入少量氯化钠，二氯甲烷萃取，无水硫酸钠干燥，分馏柱浓缩除溶剂。

（2）柱层析分离　硅胶柱（20cm×1.6cm i.d.）。先用 100mL 正己烷淋洗，再用 100mL 的正己烷-乙醚混合溶剂淋洗（混合溶剂中乙醚含量由 1% 逐步增加到

40%），然后用 200mL 乙醚淋洗，最后用 200mL 甲醇洗脱。收集具有香气的组分，浓缩，GC 和 GC-MS 分析。

（3）气相色谱和气-质联机分析

① 气相色谱分析　氢火焰离子化检测器和涂有聚乙二醇 20M 的玻璃毛细管柱（30m×0.28mm i.d.），柱温以 2℃/min 速率从 60℃升到 200℃，载气为氮气，流速 1.0mL/min。

② 气-质联机分析　采用聚乙二醇 20M 熔融石英毛细管柱（25m×0.2mm i.d.），色谱条件同气相色谱。70ev 的电子轰击离子源，质谱为全扫描模式。

通过与标准物的质谱和保留时间比对定性，加入单个内标物粗略定量。

5.8.3　结果与分析

烟草精油、烟草烘烤挥发物、烟气冷凝物直接气相色谱和气-质联机分析，检测出许多萜类化合物，如茄酮、β-大马酮、新植二烯、巨豆三烯酮等。除了新植二烯（无气味）外，上述其它萜类化合物对精油的香气均有作用。此外，还检测到含量可观的呋喃及低沸点羰基化合物，它们可由糖的热降解产生。烟油给人一种烧焦和烟熏般的香气，烟油中检测到环戊烯酮和酚类化合物的含量较高。环戊烯酮一般具有刺鼻的燃烧香气、焦糖样香气。一般认为，环戊烯酮与酚类化合物是卷烟的烟油气味贡献者，环戊烯酮与呋喃类化合物是卷烟燃烧气味的贡献者。气相色谱和气-质联机分析从烟油中还检测到了焦糖香气化合物。尽管烟草烘烤挥发物具有强烈的焦糖香气，却未检测到具有焦糖香气的化合物。故对烟草烘烤挥发物、烟油样品采用柱色谱分离，以进一步分析。表 5-18 列出了柱层析分离流分的产率和气味，其中 8 号流分的气相色谱图如图 5-9 所示。表 5-19 为收集的 6～8# 流分气相色谱-质谱分析结果。

表 5-18　柱层析分离流分的产率和气味

流分	烟草烘烤挥发物		烟气冷凝物	
	产率/%	气味描述	产率/%	气味描述
1	8.6	弱,似腊味	6.4	不愉快的辛辣气味
2	0.2	药草	1.7	不愉快的焦油气味
3	1.2	萜烯	3.3	不愉快的焦油气味
4	1.9	萜烯	0.9	萜烯,青草味
5	3.4	萜烯,青草	3.2	萜烯,焦油味
6	10.3	烧焦味,酸味	9.9	烧焦味,烟熏味
7	17.6	烧焦味,酸味	8.9	烧焦味,烟熏味,弱的酸味
8	24.1	甜味,焦糖味	19.1	烧焦味,弱的甜味
9	17.0	弱的苦味	9.4	弱的焦油味
10	0.0	无气味	28.6	似胺类和焦油味
11	15.7	似胺类和焦油味	8.6	似胺类和焦油味

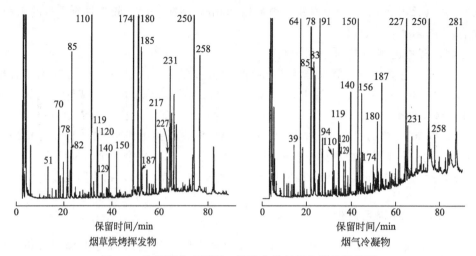

图 5-9 柱层析分离所得 8 号流分的气相色谱分析谱图

表 5-19 收集的 6～8# 流分气相色谱-质谱分析结果

化合物	含量/(mg/kg)	
	烟草烘烤挥发物①	烟气冷凝物②
环戊烯酮类		
2-环戊烯酮	—	105
2-甲基-2-环戊烯酮	—	39
3-甲基-2-环戊烯酮	—	106
2,3-二甲基-2-环戊烯酮	—	173
2-羟基-3-甲基-2-环戊烯酮	2.5	193
2-羟基-3-乙基-2-环戊烯酮	—	39
呋喃类		
二氢-2-甲基-3（2H）-呋喃酮	5.1	34
糠醛	5.5	29
2-乙酰基呋喃	4.5	21
5-甲基-2-糠醛	20.5	147
糠醇	88.9	140
5-甲基-2-糠醇	1.9	19
2-（1-氧代-2-羟乙基）呋喃	20.8	43
4-羟基-2,5-二甲基-3（2H）-呋喃酮	1.1	62
5-羟甲基糠醛	28.5	747
内酯类		
原银莲花素	6.9	18
γ-丁内酯	9.8	22
2-甲基-2-丁烯-丁内酯	1.3	43
2-羟基-3,3-二甲基-丁内酯	6.0	13
吡喃类		
2,3-二氢-5-羟基-6-甲基-4H-吡喃-4-酮	—	61
3-羟基-2-甲基吡喃-4-酮	11.5	23
2,3-二氢-3,5-二羟基-6-甲基-4H-吡喃-4-酮	1.4	517
3,5-二羟基-2-甲基-4H-吡喃-4-酮	7.1	42

续表

化合物	含量/(mg/kg)	
	烟草烘烤挥发物①	烟气冷凝物②
酚类		
苯酚	—	416
邻-甲苯酚	—	42
对-甲苯酚	—	149
间-甲苯酚	—	77
4-乙基苯酚	—	76
3-乙基苯酚	—	31
2,6-二甲基苯酚	—	39
4-乙烯基苯酚	—	119
邻苯二酚	—	487
间苯二酚	—	28
对苯二酚	—	286
脂肪酸类		
乙酸	8.4	210
丙酸	2.6	—
丁酸	0.3	60ᵈ
3-甲基丁酸	3.5	41
戊酸	1.5	—
2-丁烯酸	1.1	27
3-甲基戊酸	0.4	—
2-甲基-2-丁烯酸	0.6	—
己酸	1.2	17
庚酸	0.2	20
辛酸	0.3	10

① 每千克烟草烘烤挥发物中含量（mg）。

② 每千克烟气冷凝物中含量（mg）。

烟草烘烤挥发物共检测到 33 种化合物，烟气冷凝物中共检测到 46 种化合物，主要化合物为环戊烯酮类、呋喃类、内酯类、吡喃类、酚类、脂肪酸类。烟气冷凝物中检测到的化合物在数量上明显多于烟草烘烤挥发物，且大部分化合物含量也明显高于烟草烘烤挥发物。

5.9　醋香气成分分析实例

5.9.1　简介

醋是中国各大菜系中传统的调味品。山西老陈醋是我国传统名醋之一，以高粱、大麦、豌豆等为主要原料，采用传统固态发酵法酿制，包括"蒸、酵、熏、淋、陈"四道主要工序。陈放（晾晒）为一个"冬捞冰、夏伏晒"的过程，陈放过程中醋中一些物质沉淀，水分通过蒸发或结冰析出，陈放期一般至少 1 年。陈放过程中将伴随某些化学反应如美拉德反应、酯化反应等。陈放后醋除具有一般醋的酸醇、味长等特点外，还兼具香、绵、不沉淀的特色。目前采用气-质联机分析山西老陈醋挥发性成分的报道较多，检测出的化合物包括酯类、醇类、酸类、醛类、酚类、呋喃类、吡嗪类等。但采用气相色谱-嗅闻分析，鉴定醋中气味活性化合物的报道很少。而食品众多挥发性化合物中，实际上仅有部分具有气味活性化合物对整体香气有贡献。

5.9.2　实验

（1）样品　晾晒前后的山西老陈醋样品，来自山西老陈醋集团有限公司。

（2）溶剂辅助蒸发（SAFE）　100mL醋样品采用溶剂辅助蒸发处理，循环水浴温度25℃，液氮冷凝，系统压力1～10mPa。收集的蒸馏物用二氯甲烷（3×50mL）萃取，萃取液用无水硫酸钠干燥，Vigreux柱浓缩，至0.5mL，得香味浓缩液。

（3）气-质联机分析（GC-MS）　美国Agilent公司7890A/5977C气相色谱-质谱联用仪。色谱柱HP-5MS 30m×0.25mm×0.25μm，起始柱温35℃，保持2min，以3℃/min升温至170℃，再以5℃/min升温至250℃。色谱柱DB-WAX 30m×0.25mm×0.25μm，起始柱温35℃，以3℃/min升至170℃，再以5℃/min升至230℃。

进样口温度250℃，载气为氦气，流速为1mL/min。进样1μL，分流比20∶1。70eV电子轰击离子源，离子源温度150℃，传输线温度230℃，质量扫描范围40～450amu，溶剂延迟时间3min。

（4）气相色谱-嗅闻（GC-O）分析　美国Agilent公司7890A气相色谱，配有FID检测器和DATU 2000嗅闻系统。色谱柱HP-5 30m×0.25mm×0.25μm，起始柱温40℃，以5℃/min升至250℃，载气氦气。气相色谱柱后流出物与16L/min流速的湿润空气混合，通过一根不锈钢管（10mm i.d.）输送到聚四氟乙烯嗅闻口进行嗅闻。

样品为香味浓缩液，用二氯甲烷按照1∶1、1∶2、1∶4、1∶8、1∶16……逐级稀释，并嗅闻分析。三位事先经过培训人员参加，记录嗅闻的气味特征及保留时间。每种气味刚好嗅闻不到时的最高稀释倍数，定义为稀释因子（FD）。同样色谱条件下，进样正构烷烃（C_6～C_{23}），计算化合物的保留指数。

（5）气味活性化合物鉴定　基于NIST11谱库、文献保留指数、嗅闻的气味、进样标准品，鉴定化合物。

（6）化合物定量分析　采用Trace 1310-TSR-8000 GC-MS/MS系统及TG-5MS柱（30m×0.25mm×0.25μm）（赛默飞世尔公司）。色谱条件与上述的GC-MS分析同。质谱设为选择反应监测（selected reaction monitoring，SRM）模式。进样口温度250℃，进样（香味浓缩液）1μL，不分流。

选择具有较高稀释因子或具有较高浓度，且有标准物的化合物进行定量。内标为邻二氯苯。以化合物的浓度为纵坐标，化合物峰面积与邻二氯苯峰面积的比值为横坐标，建立标准曲线（表5-20）。根据标准曲线先计算化合物在香味浓缩液中的浓度，再折算成化合物在醋样品中的浓度。

表 5-20　气相色谱-串联四极杆质谱（GC-MS/MS）选择反应监测模式
（SRM）定量分析的化合物、扫描离子、标准曲线及标品浓度范围

化合物	扫描离子[①]（m/z）	标准方程[②]	浓度范围[③]/（mg/L）
2,3-丁二酮	86＞43 (15)；43＞15 (5)	$y=7.3378x+0.0963$；$R^2=0.9979$	5～160
乙酸	60＞45 (10)	$y=9.7240x-0.0416$；$R^2=0.9983$	51～60
3-羟基-2-丁酮	88＞45 (5)；45＞27 (15)	$y=6.2881x+0.0119$；$R^2=0.9972$	5～160
甲基吡嗪	94＞67 (10)；67＞26 (10)	$y=4.9176x-0.0549$；$R^2=0.9983$	0.5～16
乳酸乙酯	75＞45 (5)；45＞15 (15)	$y=4.4224x+0.0269$；$R^2=0.9968$	0.5～16
3-甲基丁酸	60＞42 (10)；60＞45 (15)	$y=5.5701x+0.0271$；$R^2=0.9981$	0.5～16
糠醛	96＞39 (15)；67＞39 (10)	$y=7.2172x-0.0581$；$R^2=0.9985$	5～160
糠醇	98＞42 (10)	$y=3.6339x+0.0209$；$R^2=0.9982$	0.5～16
庚醛	70＞55 (5)；57＞29 (10)	$y=3.2869x+0.0188$；$R^2=0.9983$	0.5～16
3-甲硫基丙醛	104＞48 (10)；76＞61 (5)	$y=1.2669x-0.0558$；$R^2=0.9980$	0.025～0.8
乙基吡嗪	108＞80 (10)	$y=5.9747x+0.0693$；$R^2=0.9987$	0.5～16
2,3-二甲基吡嗪	108＞67 (10)	$y=8.2647x+0.0106$；$R^2=0.9988$	0.5～16
苯甲醛	105＞77 (10)	$y=0.8833x+0.0082$；$R^2=0.9992$	0.5～16
5-甲基糠醛	109＞53 (10)	$y=5.5419x+0.0104$；$R^2=0.9989$	0.5～16
二甲基三硫	126＞79 (15)；79＞64 (15)	$y=0.2719x+0.0065$；$R^2=0.9984$	0.05～1.6
三甲基吡嗪	122＞81 (10)；122＞42 (15)	$y=1.4940x-0.0184$；$R^2=0.9990$	0.5～16
苯乙醛	120＞91 (10)	$y=2.1670x+0.0324$；$R^2=0.9984$	0.5～16
2-乙酰基吡咯	109＞94 (10)；94＞66 (10)	$y=1.6197x+0.0252$；$R^2=0.9983$	0.5～16
愈创木酚	124＞109 (10)；109＞81 (10)	$y=0.9122x-0.0029$；$R^2=0.9981$	0.5～16
四甲基吡嗪	136＞54 (15)；54＞39 (5)	$y=3.3813x+0.0341$；$R^2=0.9985$	1～32
(Z)-2-壬烯醛	70＞55 (5)；57＞29 (10)	$y=1.1257x-0.0191$；$R^2=0.9866$	0.5～16
2-苯乙醇	122＞91 (15)；91＞65 (15)	$y=3.7422x-0.0171$；$R^2=0.9981$	0.5～16
乙酸 3-甲硫基丙醇酯	73＞43 (10)	$y=0.1623x+0.0045$；$R^2=0.9982$	0.05～1.6
4-甲基愈创木酚	138＞123 (10)；123＞95 (5)	$y=0.6450x+0.0065$；$R^2=0.9992$	0.05～1.6
琥珀酸二乙酯	129＞101 (5)；101＞73 (5)	$y=5.0559x-0.0633$；$R^2=0.9986$	0.5～16
辛酸	73＞55 (10)；60＞42 (10)	$y=3.5916x+0.0797$；$R^2=0.9980$	0.5～16
4-乙基愈创木酚	152＞137 (10)；137＞122 (10)	$y=0.2319x+0.0023$；$R^2=0.9970$	0.05～1.6
γ-壬内酯	85＞57 (5)；85＞29 (10)	$y=1.8042x+0.0987$；$R^2=0.9983$	0.5～16
香兰素	151＞123 (10)	$y=1.3211x+0.0955$；$R^2=0.9965$	0.5～16
γ-癸内酯	85＞29 (10)；57＞29 (10)	$y=1.9583x+0.0123$；$R^2=0.9989$	0.5～16
1,2-二氯苯	146＞111 (15)；111＞75 (10)	—	2

① 母离子＞子离子（碰撞能量）（eV）。

② x，邻二氯苯的峰面积与化合物的峰面积比值，为横坐标；y，化合物的浓度，二氯甲烷作溶剂。

③ 标品浓度范围。

5.9.3　结果与分析

　　山西老陈醋为我国著名的谷物醋，以自然固态发酵生产工艺制备。采用气-质联机分析山西老陈醋挥发性成分的报道较多，检测出的化合物包括酯类、醇类、酸

类、醛类、酚类、呋喃类、吡嗪类等。但哪些化合物对山西老陈醋风味具有重要贡献仍不明确。为此，采用溶剂辅助蒸发处理样品，再通过气相色谱-质谱联用分析、稀释法气相色谱-嗅闻（AEDA/GC-O）分析及准确定量，对比研究了陈放前后老陈醋的香气活性成分，以了解陈放后老陈醋风味发生变化的原因。

（1）实验方法分析　采用溶剂辅助蒸发（SAFE）装置进行高真空蒸馏，目的是去除老陈醋中含有的大量氨基酸、糖、蛋白质等难挥发性物质。SAFE 处理获得的蒸馏液用二氯甲烷萃取，萃取液浓缩后得到香味浓缩液。因 SAFE 处理过程条件温和，从而避免了醋中香成分发生化学变化，且所得香味浓缩液与原始醋香气具有很好的相似性。

AEDA/GC-O 分析中，化合物的稀释因子越大，表明可能对整体香气的贡献越大。GC-O 检测出的多数气味活性化合物，采用了质谱、保留指数、气味、标准品进行鉴定，从而克服了仅通过单一方式（如检索质谱库）鉴定时，鉴定结果往往不准确的缺陷。采用 GC-MS/MS 选择反应监测（SRM）模式，建立标准曲线，对山西陈醋香气成分进行定量分析。GC-MS/MS 的 SRM 检测在特异性、灵敏性、低检出限方面均优于普通 GC-MS 全扫描，尤其那些 GC-MS 检测未出峰的物质采用 SRM 检测仍可准确定量分析。

除了直观比较定性定量结果外，还选择具有较高稀释因子的香气活性物质构建雷达图比较山西老陈醋陈放前后的香气及组成变化。

（2）实验结果　表 5-21 为山西老陈醋 SAFE 处理后，进行 AEDA/GC-O 分析的结果。共发现 87 个气味活性区域，嗅闻的气味包括酸、水果味、花香、坚果味、烘烤味、奶酪味、黄油味、青草味、辛香味等。共鉴定出 80 个化合物，其中 3-甲硫基丙醛、乙酸 3-甲硫基丙酯、香兰素、β-大马酮为首次从醋中发现。表 5-21 中，有 54 个化合物基于质谱、保留指数、气味特征、标准品比对鉴定，但有 19 个化合物因没有标品，仅基于质谱、保留指数、气味特征鉴定。定量分析中，主要选取了30 个稀释因子较高或含量较高，且具有标准品的气味活性化合物进行了定量。另外，对一些浓度较低或稀释因子较小的化合物（如甲基吡嗪），也进行了定量。

① 醋陈放前的分析结果　由表 5-21，GC-O 共检测到 80 个气味活性区，75 个化合物被鉴定出来，包括 4 个含硫化合物，8 个含氮杂环化合物，12 个含氧杂环化合物，9 个醛类化合物，9 个酮类化合物，1 个醇类化合物，8 个酸类化合物，16个酯类化合物，6 个酚类化合物，2 个醚类化合物。其中，具有较高稀释因子（$\log_2 FD > 5$）的为：3-甲硫基丙醛、香兰素、2,3-丁二酮、3-甲基丁酸、乙酸、四甲基吡嗪、愈创木酚、γ-壬内酯、乙酸 3-甲硫基丙醇酯、丁酸、2,3-二甲基吡嗪。含量较高的化合物（$> 25 \mu g/L$）为：2,3-丁二酮、乙酸、糠醛、3-羟基-2-丁酮、辛酸、四甲基吡嗪、糠醇、3-甲基丁酸。既具有较高含量又具有较高稀释因子的化合物为：乙酸、2,3-丁二酮、四甲基吡嗪、3-甲基丁酸。

② 醋陈放后分析结果　由表 5-21，GC-O 共检测到 61 个气味活性区，56 个化合物被鉴定出来，包括 4 个含硫化合物、13 个含氮杂环化合物、7 个含氧杂环化合

物、7 个醛类化合物、5 个酮类化合物、1 个醇类化合物、7 个酸类化合物、6 个酯
类化合物、4 个酚类化合物、2 个醚类化合物。稀释因子高（$\log_2 FD > 7$）的化合
物为：3-甲硫基丙醛、香兰素、2,3-丁二酮、四甲基吡嗪、3-甲基丁酸、γ-壬内酯、
愈创木酚、乙酸 3-甲硫基丙醇酯、二甲基三硫、苯乙醛、2-乙基-6-甲基吡嗪、2-乙
酰基吡嗪、2,3-二甲基吡嗪、糠醛、3-羟基-2-丁酮。含量较高的化合物（$> 25\mu g/$
L）为：2,3-丁二酮、糠醛、3-羟基-2-丁酮、四甲基吡嗪、糠醇、3-甲基丁酸。与
陈放前的醋相比，最明显的差别是陈放后检测到较多有高稀释因子的吡嗪类化合
物，而乙酸稀释因子变小对醋的整体香气影响变弱。

　　（3）陈放前、后比较　从表 5-21 可知，醋陈放前、后检测到的化合物类似，
但同一化合物的稀释因子和含量却不同。陈放后，大多数化合物的含量和稀释因子
降低，如 2-苯乙醇、乙酸、3-甲基丁酸。尤其陈放前检测到的 24 个香气活性化合
物，在陈放后未检测到。这 24 个化合物包括 10 个酯类化合物、5 个含氧杂环、4
个酮类化合物、2 个芳香醛类化合物、2 个酚类化合物、1 个酸类化合物。

　　含硫化合物、含氮杂环化合物、脂肪酸、内酯类、酮类、芳香醛类、酚类等，可来
源于酒精发酵、美拉德反应、乙酸发酵或所用原料。醋在一年四季的陈放过程中，水将
蒸发或结冰，并伴随一些挥发性化合物的逸失及刺鼻气味的释放。同时，醋还发生复杂
的化学反应（如酯水解反应）。由表 5-21 可知，醋陈放后，二甲三硫、四甲基吡嗪、苯
乙醛的含量增加，并检测到五种新的吡嗪化合物（来源于美拉德反应），这表明在陈放
过程中醋中的蛋白质、氨基酸和还原糖进一步发生了美拉德反应。

　　按照稀释因子（FD）由高到低，从陈放前、后的醋样品分析结果中（表 5-
21），各挑选 15 个可代表醋典型香气特征的化合物，并将每种醋样品中具有最高
FD 值的化合物，记为 5 分香气值。其他化合物的得分，按照与最高 FD 值的比值
进行折算得到。然后根据 15 个化合物的香气值画雷达图，见图 5-10。由图 5-10，
比较香气化合物的雷达图轮廓，陈放后醋的酸香、花香减弱，而由吡嗪类化合物贡
献的坚果香、烤香香气增强，从而揭示了老陈醋陈放后香味内敛绵长的原因。

表 5-21　稀释法气相色谱-嗅闻（AEDA/GC-O）检测化合物的保留指数、
气味、稀释因子及所定量化合物的含量

RI[①]	气味描述[①]	化合物	稀释因子[②]		含量[③]/($\mu g/L$)		鉴定方法[④]
			陈化前	陈化后	陈化前	陈化后	
547	辛香, 甜香	未知	—	1			
598	果香, 甜香	2-丁酮	0	—	—	—	MS/RI/Odor
608	黄油, 甜香	2,3-丁二酮	13	14	328.29±2.11	322.64±1.82	MS/RI/Odor/S
621	果香	乙酸乙酯	3	—	—	—	MS/RI/Odor/S
668	辛辣, 果香	3-甲基丁醛	1	2	—	—	MS/RI/Odor/S
680	辛辣, 酸	乙酸	10	6	581±2.83	440.66±1.92	MS/RI/Odor/S
684	果香	丙酸乙酯	2	—	—	—	MS/RI/Odor/S
699	黄油	3-羟基-2-丁酮	4	8	96.62±0.45	93.06±0.37	MS/RI/Odor/S
707	洋葱, 卷心菜	二甲基二硫	4	7	—	—	MS/RI/Odor/S
730	酸味果香	丙酸	2	7	—	—	MS/RI/Odor/S

续表

RI①	气味描述①	化合物	稀释因子②		含量③/(μg/L)		鉴定方法④
			陈化前	陈化后	陈化前	陈化后	
736	坚果香,烤香	吡嗪	—	1			MS/RI/Odor
787	烤香,坚果香	甲基吡嗪	1	1	5.87±0.10	5.74±0.09	MS/RI/Odor/S
788	果香	甲酸异戊酯	2	—			MS/RI/Odor/S
791	腐臭味,奶油香	丁酸	6	5	—	—	MS/RI/Odor/S
801	焦糖香	4,5-二氢-2-甲基-3(2H)-呋喃酮	1	0	—	—	MS/RI/Odor
822	酸奶香	乳酸乙酯	4	2	23.77±0.17	—	MS/RI/Odor/S
842	腐臭味,奶油香	3-甲基丁酸	13	12	29.23±0.18	27.23±0.16	MS/RI/Odor/S
855	焦糖香	糠醇	4	6	35.08±0.18	40.40±0.14	MS/RI/Odor/S
861	烤香,泥土味	三甲基噁唑	2	3			MS/RI/Odor
868	焦糖香	糠醛	4	8	248.01±1.15	225.53±0.72	MS/RI/Odor/S
881	青气,甜香	庚醛	2	1	1.28±0.03	—	MS/RI/Odor/S
891	甜香	2-乙氧基-3-丁酮	2	4	—	—	MS/RI/Odor
897	酸味,奶油香	戊酸	3	1	—	—	MS/RI/Odor
906	坚果香,甜香	2-乙酰基呋喃	1	0	—	—	MS/RI/Odor
909	煮马铃薯	3-甲硫基丙醛	14	15	0.19±0.01	0.23±0.01	MS/RI/Odor/S
917	坚果香	乙基吡嗪	3	3	7.61±0.04	7.74±0.03	MS/RI/Odor/S
921	烤香,爆米花	2,3-二甲基吡嗪	6	8	8.66±0.14	8.79±0.10	MS/RI/Odor/S
954	果香	γ-戊内酯	1	—	—	—	MS/RI/Odor
959	杏仁	苯甲醛	3	7	12.36±0.09	9.76±0.06	MS/RI/Odor/S
964	焦糖香	5-甲基糠醛	3	0	16.81±0.16	10.82±0.10	MS/RI/Odor/S
972	烤肉	二甲基三硫	5	9	0.61±0.01	1.01±0.02	MS/RI/Odor/S
986	泥土气,霉味	三甲基吡嗪	3	3	9.9±0.21	13.04±0.27	MS/RI/Odor/S
990	泥土气,青气	2-戊基呋喃	3	—			MS/RI/Odor
1005	坚果,霉味	2-乙基-6-甲基吡嗪	—	8			MS/RI/Odor
1008	果香,焦糖香	乙酸糠酯	2	3	—	—	MS/RI/Odor
1012	果香,甜香	丁二酸单甲基酯	3	—			MS/RI/Odor
1026	坚果香,烤香	2-乙酰基吡嗪	—	8			MS/RI/Odor
1026	腐臭味,奶油香	己酸	3	3			MS/RI/Odor
1040	甜香,焦糖香	2-乙酰基-5-甲基呋喃	3	—			MS/RI/Odor/S
1044	草药香,甜香	γ-己内酯	4	—			MS/RI/Odor
1047	玫瑰花香	苯乙醛	5	9	6.27±0.04	20.46±0.13	MS/RI/Odor/S
1060	甜香,果香	苯乙酮	2	—	—	—	MS/RI/Odor/S
1064	甘草香	2-乙酰基吡咯	2	0	8.89±0.13	8.28±0.11	MS/RI/Odor/S
1077	酚,烟熏	4-甲基苯酚	1	—	—	—	MS/RI/Odor/S
1085	辛辣,甜香	(3E)-4-(2-呋喃基)-3-丁烯-2-酮	3	—	—	—	MS/RI/Odor
1085	木香	愈创木酚	9	11	11.34±0.06	10.81±0.04	MS/RI/Odor/S
1090	坚果香,烤香	四甲基吡嗪	10	13	35.7±0.28	82.36±0.44	MS/RI/Odor/S
1098	果香,花香	2-苯乙醇	3	0	16.51±0.13	2.28±0.01	MS/RI/Odor/S
1102	桂皮香,焦糖香	3-(2-呋喃基)-2-丙醛	4	5	—	—	MS/RI/Odor

续表

RI[①]	气味描述[①]	化合物	稀释因子[②]		含量[③]（µg/L）		鉴定方法[④]
			陈化前	陈化后	陈化前	陈化后	
1120	果香	乙酸 3-甲硫基丙醇酯	6	9	1.25±0.03	1.40±0.03	MS/RI/Odor/S
1125	果香，甜香	苯甲酮	2	—	—	—	MS/RI/Odor
1126	坚果香，霉香	2,5-二甲基-3-异丙基吡嗪	—	1	—	—	MS/RI/Odor
1145	果香，甜香	泛酸内酯	2	—	—	—	MS/RI/Odor
1152	青气，油脂香	(Z)-2-壬烯醛	1	2	10.66±0.09	9.69±0.06	MS/RI/Odor/S
1159	霉味	2,3,5-三甲基-6-乙基吡嗪	1	0	—	—	MS/RI/Odor/S
1169	木香，甜香	4-乙基苯酚	2	5	—	—	MS/RI/Odor/S
1175	腐臭	辛酸	3	1	44.82±0.81	—	MS/RI/Odor/S
1181	甜香，果香	丁二酸二乙酯	3	0	7.75±0.07	6.26±0.04	MS/RI/Odor/S
1192	凤仙花	苯甲酸	3	—	—	—	MS/RI/Odor/S
1195	木香，草药香	4-甲基愈创木酚	3	4	0.53±0.01	0.51±0.01	MS/RI/Odor/S
1201	甘草香，茴香味	草蒿脑	0	0	—	—	RI/Odor
1206	坚果香，烤香	2-乙酰基-3,5-二甲基吡嗪	—	2	—	—	MS/RI/Odor/S
1222	甜香，焦糖香	5-羟甲基糠醛	3	—	—	—	MS/RI/Odor
1237	腐臭味，辛辣	1-苯基-1,2-丙二酮	0	—	—	—	MS/RI/Odor
1246	辛辣，青气	未知	3	4	—	—	
1250	果香	乙酸-2-苯乙酯	1	—	—	—	MS/RI/Odor/S
1260	椰子香，甜香	γ-辛内酯	2	—	—	—	MS/RI/Odor/S
1271	甜香，辛辣	4-乙基愈创木酚	3	4	0.84±0.02	0.50±0.01	MS/RI/Odor/S
1292	辛辣，草药香	未知	2	1	—	—	
1294	茴香，草药香	茴香脑	1	1	—	—	RI/Odor
1320	泥土味	未知	3	—	—	—	
1338	草药香，甜香	胡椒醛	2	3	—	—	RI/Odor
1363	椰子香	γ-壬内酯	9	11	3.06±0.06	3.57±0.06	MS/RI/Odor/S
1380	果香	癸酸乙酯	2	5	—	—	RI/Odor/S
1382	烟熏味，木香	4-丙基愈创木酚	0	—	—	—	MS/RI/Odor
1390	果香，苹果	β-大马酮	5	7	—	—	RI/Odor/S
1398	草药香，甜香	3,5-二羟基苯甲醛	0	—	—	—	MS/RI/Odor
1402	甜香，巧克力	香兰素	14	14	20.29±0.13	16.51±0.10	MS/RI/Odor/S
1466	果香	γ-癸内酯	3	1	6.99±0.07	—	RI/Odor/S
1485	青气，腐臭	5-甲基-2-苯基-2-己烯醛	4	—	—	—	MS/RI/Odor
1514	辛辣	未知	0	—	—	—	
1520	泥土	未知	—	1	—	—	
1616	甜香，花香	苯甲酮	2	2	—	—	MS/RI/Odor/S
1626	霉味，草药香	未知	1	1	—	—	
1675	草药香，腐臭味	2-苯基-3-(2-呋喃基)-丙烯醛	2	—	—	—	MS/RI/Odor
1720	果香	十四烷酸甲酯	1	2	—	—	RI/Odor/S
1988	果香	棕榈酸乙酯	2	—	—	—	MS/RI/Odor/S

① 嗅闻的保留指数及气味。

② "一"表示未检测到。

③ 平均值±标准差（两次重复实验），"一"未定量。

④ MS，检索 NIST11 谱库鉴定；RI，与文献保留指数一致；Odor，与文献气味描述一致；S，质谱、保留指数、气味与进样的标准品一致。

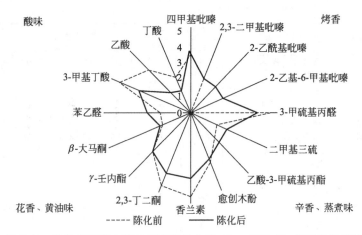

图 5-10　陈化前后醋中稀释因子高化合物（$\log_2 FD \geqslant 5$）的雷达图比较

每种醋中稀释因子最高化合物记分 5 分，按照与最高 FD 值的比值计算其他化合物得分

5.10　酱油滋味成分分析实例

5.10.1　简介

酱油是以大豆或豆粕等植物蛋白为原料，辅以小麦粉或者麸皮等淀粉质原料，经微生物（包括米曲霉、黑曲霉等）发酵，形成的含有维生素、矿物质、氨基酸、多肽及具有特殊色泽、香气、滋味的调味品。酱油中由于游离氨基酸、呈味肽的存在，使其呈现出以鲜味为主，辅以咸味的滋味感受。小分子肽具有特殊呈味特性，可以显著改善酱油风味，是酱油呈味作用的重要成分。肽的呈味作用主要取决于构成肽的氨基酸的种类、氨基酸排列顺序及肽链长度。

游离氨基酸与小分子呈味肽协同作用，会表现出更强烈的鲜味及咸味，因而酱油滋味的较多研究集中于小分子呈味肽和游离氨基酸方面。酱油成分复杂，需采用超滤、大孔树脂、葡聚糖凝胶色谱、离子交换色谱等多种方法分离呈味肽组分，游离氨基酸可采用氨基酸分析仪分析。

5.10.2　传统日式酱油鲜味成分分析——超滤、凝胶色谱、液相色谱、滋味稀释、氨基酸分析

5.10.2.1　实验

（1）样品　传统日式酱油（Koikuchi shoyu），由大豆和小麦粉发酵而成。

（2）超滤分离　酱油先用 $0.45\mu m$ 膜过滤，然后在 4℃ 和 $0.15\sim0.2MPa$ 压力下，用 1kDa、3kDa、0.5kDa 滤膜进行超滤处理，收集 <0.5kDa 的透过液，冻干后进行如下实验。

（3）葡聚糖凝胶柱色谱分离　样品水复溶后，取 5mL，在 4℃ 条件下 Sephadex G-25 色谱柱 (2.6cm×90cm) 分离，超纯水为流动相，流速为 26mL/h，紫外检测波长 280nm，根据谱峰收集流分，冻干，感官评价。

对 Sephadex G-25 分离的滋味最强流分，进一步 Sephadex G-10 色谱柱 (1.2cm×82.5cm) 分离，超纯水为流动相，流速为 15 mL/h，紫外检测波长 280nm，根据谱峰收集流分，冻干，感官评价，分析氨基酸组成和钠盐含量。其中滋味最强的流分，进一步 RP-HPLC 分离。

（4）RP-HPLC 分离　色谱条件：岛津 LC-6AD 液相色谱仪；色谱柱：5C18-AR-II 柱 (4.6mm×250mm)，配有保护柱 (4.6mm×10mm)；流动相，0.05% 三氟乙酸溶液 (TFA) 和乙腈，梯度洗脱 (25℃)：乙腈从 0～50%，流速 0.5mL/min，共运行时间 60min。进样 125μL，紫外检测波长 214nm。根据谱峰收集流分，冻干，感官评价，分析氨基酸组成。

（5）氨基酸分析方法　对游离氨基酸和总氨基酸进行分析。邻苯二甲醛 (OPA) 进行柱前衍生。Shimadzu LC-10A 氨基酸分析仪，Shim-pack Amino-Na 分析柱 (6mm×10cm)。测定总氨基酸时，样品事先在 110℃ 真空条件下，用 6mol/L 盐酸水解 20h。

（6）钠盐分析　参照 Fischer 等 (1968) 的测定方法进行分析。

（7）滋味稀释分析 (TDA)　8 名感官评价员，6 名女性和 2 名男性，年龄 20～40 岁，经过事先培训。采用三杯法评价。滋味描述的参比为：酸味——10mmol/L 乳酸溶液，甜味——40mmol/L 蔗糖溶液，苦味——1.5mmol/L 咖啡因溶液，咸味——12mmol/L 氯化钠溶液，鲜味——4mmol/L 谷氨酸钠溶液。样品水复溶后，按 1：1 的比例用超纯水逐步稀释，取样品溶液 1.0mL，进行滋味评价。当某个稀释倍数溶液的鲜味与 2 个空白 (超纯水) 之间的鲜味差异刚好能被识别出来的稀释倍数，记为样品的鲜味稀释因子 (TD)。结果为所有评价员的滋味稀释因子的平均值。

① 超滤分离流分、Sephadex G-25 分离流分，由 3 名感官评定员 (2 名女性和 1 名男性) 按以上规则进行评定。

② RP-HPLC 分离流分，由 2 名感官评定员 (1 名女性和 1 名男性，分别是 21 岁和 34 岁) 按以上规则进行评定。

5.10.2.2　结果与分析

（1）实验方法分析　酱油中小分子呈味肽具有改善风味，使酱油滋味协调、细腻、醇厚等作用。本文超滤对酱油中<0.5kDa 组分进行研究。滋味评价中，采用滋味稀释分析 (TDA) 法分析样品的鲜味，通过比较滋味稀释因子 (TD) 大小，筛选出酱油中<0.5kDa 组分中实际对鲜味贡献大的组分。呈味肽组分分离，常用方法为葡聚糖凝胶色谱、离子交换色谱、反相液相色谱 (RP-HPLC) 等。其中，葡聚糖凝胶色谱是按照分子量大小进行分离的方法，RP-HPLC 为按照化合物性质

（分子极性大小）进行分离的方法。

Sephadex 系列葡聚糖凝胶对分离样品的分子量范围具有不同适用性。以滋味为导向，首先用 Sephadex G-25 分离得到最强鲜味的组分，再用 Sephadex G-10 进行分离，以获得更窄分子量范围的最强鲜味组分，再用 RP-HPLC 分离获得化合物组成更为简单的最强鲜味组分。通过比较鲜味最强组分和其它组分在游离氨基酸组成、多肽含量、钠盐含量上的差异，得出 ＜0.5kDa 组分中实际对鲜味贡献大的为游离氨基酸。其中，肽的含量通过测定样品中游离氨基酸组成和总氨基酸组成，再计算氨基酸残基得到。氨基酸测定采用邻苯二甲醛（OPA）柱前衍生法进行，该法具有衍生步骤简单、反应快速的优点。

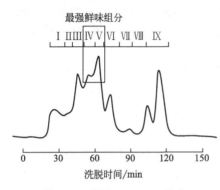

图 5-11　酱油＜0.5kDa 组分
Sephadex G-25 凝胶色谱图

（2）实验结果　酱油超滤收集的＜0.5 kDa 组分，主要含钠盐（37.81%～42.95%），游离氨基酸（17.14%～18.50%，大多为谷氨酸）、肽（6.79%～12.65%）。

① 葡聚糖凝胶柱色谱分离　图 5-11 为超滤得到的＜0.5 kDa 组分采用 Sephadex G-25 凝胶柱色谱分离谱图，感官评价得出编号为Ⅳ和Ⅴ流分，具有最强的鲜味。由氨基酸组成分析可知，组分Ⅴ仅含有游离氨基酸，组分Ⅳ除含游离氨基酸外，还含有较高含量的多肽，即Ⅳ是含有多肽的最强鲜味组分。

通过感官评价，测得组分Ⅳ的鲜味稀释因子是 64。为了进一步搞清多肽对鲜味的贡献，进一步对Ⅳ样品采用 Sephadex G-10 柱色谱进行分离研究。

图 5-12 为Ⅳ样品采用 Sephadex G-10 柱色谱进行分离的色谱图，收集到 a、b、c、d 四个流分，感官评价得出 c 流分具有最强的鲜味，鲜味稀释因子为 32。对流分 a、b、c、d 进行氨基酸组成、钠盐含量分析，结果见表 5-22。可知，钠盐仅存在于 c、d 流分中，而多肽在四个流分中都存在，其中 b 流分含有 Glu 和 Arg 残基，其多肽含量是 c 流分的 2 倍。

表 5-22　Ⅳ样品 Sephadex G-10 分离流分（a～d）的钠盐、游离氨基酸、多肽含量

分离流分	含量/%（质量分数）			
	干物质	钠盐	游离氨基酸	多肽①
a	0.18	0	0.02	0.04
b	4.17	0	2.27	0.54
c	7.43	2.05	1.68	0.26
d	3.23	3.07	0.01	0.01

① 由总氨基酸和总游离氨基酸计算得到。

② RP-HPLC 分离　图 5-13 为Ⅳ样品中具有最强鲜味的 c 流分，进一步采用

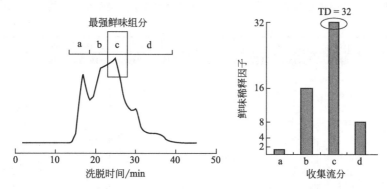

图 5-12 鲜味最强 IV 流分 Sephadex G-10 分离色谱图及鲜味稀释因子

RP-HPLC 分离所得的色谱图及鲜味稀释因子。共收集得到 6 个样品（No. 1～ No. 6）。其中 No. 1 具有最大峰面积，且鲜味稀释因子（TD＝32）最大，即 No. 1 是最强鲜味组分。

对流分 No. 1～No. 6 进行氨基酸组成、钠盐含量分析，结果见表 5-23。可知，No. 1 中仅含有游离氨基酸，尤其甜味氨基酸（如 Ala、Ser）含量均大于其滋味阈值，而鲜味氨基酸 Glu 含量是其阈值的两倍以上。但 No. 1 流分中不含有多肽成分，而 No. 2～No. 6 流分中，肽含量很高。在 No. 2、No. 4 组分中，发现较高含量的谷氨酸（Glu）残基，表明含有谷氨酰肽，对鲜味有一定贡献。但从 TDA 值可知，No. 2～No. 6 对总体鲜味贡献很小。

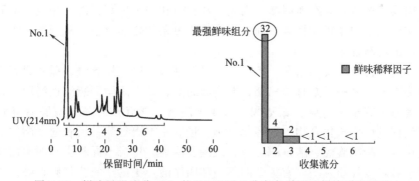

图 5-13 鲜味最强流分（c）的 RP-HPLC 分离色谱图及鲜味稀释因子

总之，通过对酱油中＜0.5kDa 组分进行凝胶柱色谱、RP-HPLC 分离，滋味稀释分析，并比较所收集流分的氨基酸组成、钠盐含量、多肽含量，得出传统日式酱油（Koikuchi shoyu）＜0.5kDa 组分呈现强烈鲜味主要是游离氨基酸的贡献而不是小分子多肽的贡献。

表 5-23　RP-HPLC 分离所得 No.1～No.6 流分游离氨基酸含量和氨基酸残基含量

单位：mmol/L

氨基酸	No.1 游离	No.2 游离	No.2 残基	No.3 残基	No.4 游离	No.4 残基	No.5 残基	No.6 残基	阈值
Asp	—	—	—	—	—	—	—	—	6.4
Glu	4.4	—	9.6	—	—	3.6	0.1	0.1	1.8
Ala	33.2	—	—	—	—	—	—	—	6.7
His	—	—	—	—	—	—	—	—	1.3
Lys	—	—	—	—	—	—	—	—	3.4
Arg	5.1	—	—	0.1	—	—	—	—	2.9
Gly	12.8	—	—	0.2	—	—	—	—	17.3
Thr	7.2	—	—	—	—	—	—	—	21.8
Ser	17.5	—	—	—	—	—	—	—	14.3
Pro	5.9	—	—	—	—	—	—	—	26.1
Met	—	3.1	—	—	—	—	—	—	2.0
Val	—	7.6	—	0.1	—	—	—	—	3.4
Tyr	—	—	—	—	—	—	—	—	ND
Phe	—	—	—	—	—	—	0.3	0.1	5.5
Ile	—	—	—	—	9.6	—	—	—	6.9
Leu	—	—	—	—	20.3	—	—	—	14.5

5.11　肉类香味成分分析实例

5.11.1　简介

生肉没有香味，只有血腥味，肉类的香味是在加工后获得的。在烧煮期间，瘦肉和脂肪组织中的非挥发性肉香前体物将发生复杂的化学反应，从而产生大量挥发性成分，出现肉香味。

肉香前体物质主要包括两大类：一类是氨基酸、肽、核苷酸、硫胺素和还原糖等水溶性物质；另一类是甘油三酯、游离脂肪酸、结构磷脂等脂溶性物质。在加热时，前者通过美拉德反应、氨基酸 Strecker 降解、核苷酸降解、硫胺素降解等热反应产生挥发性含硫化合物、杂环化合物，形成基本肉香味；后者通过脂质氧化降解产生短链的脂肪族烃、醛、酮、醇、羧酸及酯类，构成不同种类动物肉的特征香味。由于磷脂较甘油三酯含有更多的不饱和脂肪酸，更易于氧化降解，被认为是肉的重要脂质成分。此外，肉香味中还存在着水溶性前体物与脂质降解反应相互作用生成的挥发性成分。

一般来说，脂类前体物来源的挥发性成分的气味阈值高于来源于水溶性前体物的，从而多数脂类挥发性物质对肉香味的贡献小于那些含 S 化合物及含 N、O 的杂环化合物。但 C_6～C_{10} 的饱和与不饱和醛类往往对肉香味起重要作用，如 2,4-癸二烯醛是鸡肉的重要香成分。

肉的香味与动物肉的化学组成及生产加工过程有很大的关系，如羊肉与鸡肉的香味不同，炖牛肉与烤牛肉的香味又不同。表 5-24 是几种肉产品中各类挥发性成分的分布情况。除了加热以外，肉香前体物的生香反应也可在酶的作用下进行。像腊肉、干腌火腿等肉制品的特征香味的形成不仅与热有关，还与酶的作用有关。

到目前为止，从肉类中鉴定出的挥发性成分已有 1100 多种。牛肉中发现得最多，有 900 多种。表 5-25 是从牛肉中检测出的部分重要香成分。尽管如此，许多种肉的香味构成还不能解释清楚，在对肉香味的关键性成分研究上，还任重道远。

表 5-24　从各种熟肉中检测到的挥发性成分

化合物类型	牛肉	鸡肉	羔羊肉	猪肉	熏肉
醇和酚	64	32	14	33	10
醛	66	73	41	35	29
羰基酸	20	9	46	5	20
酯	33	7	5	20	9
醚	11	4	—	6	—
呋喃	40	13	6	29	5
烃类	123	71	26	45	4
酮	59	31	23	38	12
内酯	33	2	14	2	—
含氮化合物	6	5	2	6	2
含硫化合物	90	25	10	20	30
唑和唑啉	10	4	—	4	—
吡嗪	48	21	15	36	—
吡啶	10	10	16	5	—
噻唑和二氢噻唑	17	18	5	5	—
噻吩	37	8	2	11	3

表 5-25　从牛肉中检测出的部分重要香成分

含硫化合物	
甲硫醇	四氢噻吩-3-酮
乙硫醇	2-甲基噻唑
甲硫醚	苯骈噻唑
甲基二硫醚	3,5-二甲基-1,2,4-三噻茂烷
2-甲基噻吩	5,6-二氢-2,4,6-三甲基-1,3,5-二噻嗪
糠硫醇	二异丁基硫醚
呋喃化合物	
2-戊基呋喃	5-甲硫基糠醛
二甲基呋喃	4-羟基-5-甲基-3(2H)-呋喃酮
三甲基呋喃	4-羟基-2,5-二甲基-3(2H)-呋喃酮
含氮化合物	
2-甲基吡嗪	2,5-二甲基吡嗪
2,3-二甲基吡嗪	2,3,5-三甲基吡嗪
2,3,5,6-四甲基吡嗪	2-乙基吡啶
2-乙基吡嗪	2-戊基吡啶
2,5-二甲基-3-乙基吡嗪	2-乙酰基吡啶
2-乙基-5-甲基吡嗪	

热反应肉味香精是在对肉香味形成机制的认识基础上，以肉为基本原料，通过酶解技术将动物肉水解为氨基酸和肽，再在一定的温度、压力和 pH 条件下，经与还原糖、硫胺素、动物脂肪等原料进行热反应制备的肉香味浓缩物，广泛用于香肠、火腿等多种肉质产品的增香。热反应香精的关键是选择合适的肉香前体物及其配比、反应温度、反应时间。热反应肉味香精的制备也涉及了美拉德反应、Strecker 降解、脂质降解等多种复杂反应，其挥发性成分或肉香成分的种类与肉制品是相似的。

5.11.2 小香猪烤肉的香味成分分析——SPME、 SDE/GC-MS、 GC-O、 GC-FID

5.11.2.1 实验

（1）样品　小香猪烤肉（胸背部肉）三袋，每袋 1.0～1.6kg，购自广西。制作：先用调料（葱、姜、酱油、八角茴香等）腌制 10h，再放在竹条上，用盆火烤炙 3h。三袋样品去骨、搅碎混匀后，冰箱冷冻，待分析。

（2）样品制备

① SDE 提取　称量 120g 样品置于 500mL 圆底烧瓶中，加入 250mL 蒸馏水，置于同时蒸馏萃取装置重相一侧。80mL 纯化后的二氯甲烷加入 100mL 圆底烧瓶中，置于同时蒸馏萃取装置轻相一侧。重相侧用油浴加热，轻相侧用恒温水浴加热。待出现回流时开始计时，提取 1.5h。萃取液用无水硫酸钠干燥，用 Vigreux 柱浓缩至 1.02g，具有青香、烤香、肉香和霉香香气，−18℃冷冻贮存。

② SPME 萃取　先按使用说明书，将萃取纤维（65μm CAR/PDMS）老化。将 15g 样品、14mL 水和 0.22g 盐放在 40mL 萃取瓶中，混合均匀。加热到 80℃保持 40min，并不断用手摇动萃取瓶。停止加热，萃取头插入样品瓶顶空，吸附 1.5h。GC-MS 分析。

（3）GC-MS 分析　Agilent 6890N/5973i 气-质联机系统，色谱柱 HP-5MS 30m×0.25mm×0.25μm。载气为氦气，流速 1.0mL/min；柱温程序：起始温度 40℃停留 2min，以 4℃/min 速率升温至 220℃，再以 20℃/min 速率升温至 280℃。电子轰击电压 70eV，电离源温度 230℃，传输线温度 250℃，质量扫描范围 30～450amu。

对于 SDE 浓缩液，进样口温度 250℃，进样 2.0μL，分流比 20：1，溶剂延迟 3min。进样前，加入内标（0.3mg/mL 邻二氯苯的戊烷溶液），各组分的含量按下式计算：

$$C_i = \frac{A_i}{A_{内标}} \times C_{内标} \tag{5-3}$$

式中，A_i、C_i 分别为待测组分的峰面积和含量；$A_{内标}$、$C_{内标}$ 分别为内标邻二氯苯的峰面积及含量。

对于 SPME 样品，不分流进样，脱附温度 280℃，脱附 4min，无溶剂延迟。

（4）GC-O 分析　　Agilent6890 气相色谱，色谱条件同 GC-MS 分析。Sniffer9000 闻香器（Brechbühler Scientific Analytical Solutions INC, Switzerland）。柱后流出物在 FID 和闻香间 1∶1 分流，通向闻香口的传输线的温度 260℃，加湿空气流速 6mL/min。样品为 SDE 浓缩液，每次进样 2.0μL，不分流。

GC-O 检测：频率检测法。按 4 个时间段（0～10min，10～20min，20～35min，35～50min）嗅闻，各时间段由不同的评价员参加，记录气味特征和保留时间。5 个评价员，共分析 10 次。

（5）GC-FID 定量分析　　对于 GC-O 鉴定出且有标准物的香味成分，采用 GC-FID 定量分析其在肉样中的含量，色谱分析条件与 GC-MS 相同。定量方法：用邻二氯苯和十四碳烷为内标，配制标准物＋内标的混合溶液，GC-FID 分析，绘制 $A_{标准物}/A_{内标}$-$C_{标准物}/C_{内标}$ 的工作曲线（$A_{标准物}/A_{内标}$，标准物与内标的峰面积比；$C_{标准物}/C_{内标}$，标准物与内标的含量比），然后将 SDE 浓缩液的 $A_{待测物}/A_{内标}$ 及 $C_{内标}$ 数据代入工作曲线，即可计算出 $C_{待测物}$。根据 $C_{待测物}$ 及 SDE 的萃取浓缩倍数，计算各香成分在肉样中的含量，单位为 ng/g 肉。

5.11.2.2　结果与分析

小香猪为我国特有猪种，又名"萝卜猪""冬瓜猪""珍珠猪"等，主要生长于我国海南、贵州、云南、西藏等地山区，肉质鲜美，营养全面，富含人体必需的氨基酸和微量元素，尤其是呈味谷氨酸的含量为普通猪的 226%，肌内脂肪含量低，完全符合人体需要和健康需求。但对于香猪这一特殊猪种的肉香味研究报道极少。

（1）实验方法分析　　在气-质联机挥发性成分分析中，采用同时蒸馏萃取（SDE）和固相微萃取（SPME）两种方法制备样品，二者具有互补性，较全面地分析了小香猪烤肉的挥发性成分。在 GC-MS 分析中，采用保留指数、质谱、标准物鉴定结构；为初步了解各化合物的绝对含量，为后面的 GC-FID 定量分析提供参考，在 SDE 浓缩液中只加入一个内标物（邻二氯苯），用面积归一化法对各成分进行了粗略定量。

通过与 SPME 的分析结果比较发现，SDE/GC-MS 分析出的化合物种类较多，但加热变质成分很少，加之 SDE 浓缩液具有便于重复进样分析的优点，因此，选择了 SDE 法制备样品进行 GC-O 分析。GC-O 检测使用了频率检测法，具有简单、方便、对评价员要求低的优点。GC-O 检测的气味活性物通过与 GC-MS 的鉴定结果及保留指数关联鉴定。

为了更准确地了解小香猪烤肉香味的化学组成，调配出模拟该种肉香味的香精，对已鉴定出且有标准品的重要香味成分，进一步用内标法 GC-FID 定量分析。

（2）实验结果　　表 5-26 是采用两种方法制备样品对小香猪烤肉挥发性成分的

表 5-26　SPME/GC-MS 和 SDE/GC-MS 分析鉴定出的挥发性成分

化合物	SPME	SDE	含量②/(ng/g)	RI③	鉴定方法④
	相对峰面积①/%	相对峰面积①/%			
醛类					
3-甲基丁醛	0.64±0.03	0.44±0.02	0.92±0.03	657	RI,MS,S
戊醛	1.27±0.05	1.29±0.09	2.70±0.19	704	RI,MS
(E)-2-戊烯醛	0.56±0.02	0.32±0.04	0.67±0.09	746	RI,MS
己醛	13.61±0.32	9.71±0.87	20.29±1.82	802	RI,MS,S
(E)-2-己烯醛	0.71±0.08	0.29±0.07	0.61±0.14	852	RI,MS,S
庚醛	0.61±0.06	0.61±0.05	1.28±0.11	902	RI,MS,S
(E)-2-庚烯醛	1.48±0.05	0.59±0.07	1.23±0.15	957	RI,MS,S
苯甲醛	2.10±0.09	0.29±0.05	0.61±0.10	961	RI,MS,S
(E,Z)-2,4-庚二烯醛	0.92±0.07	0.30±0.03	0.63±0.05	998	RI, MS
辛醛	—	0.81±0.04	1.70±0.09	1003	RI, MS
(E,E)-2,4-庚二烯醛	4.53±0.14	0.79±0.12	1.65±0.29	1012	RI, MS, S
苯乙醛	0.23±0.03	0.30±0.03	0.63±0.07	1046	RI, MS, S
(E)-2-辛烯醛	1.67±0.08	1.26±0.12	2.63±0.26	1057	RI, MS
壬醛	—	1.12±0.15	2.34±0.30	1102	RI, MS
(E,E)-2,6-壬二烯醛	—	0.13±0.03	0.27±0.07	1146	RI, MS
(E)-2-壬烯醛	1.34±0.12	0.54±0.02	1.13±0.05	1163	RI, MS, S
3-乙基苯甲醛	—	0.15±0.02	0.31±0.04	1168	RI, MS
(E,E)-2,4-壬二烯醛	0.87±0.05	0.24±0.06	0.50±0.13	1220	RI, MS, S
4-(1-甲基乙基)苯甲醛	—	0.29±0.02	0.61±0.04	1232	MS
(E)-2-癸烯醛	3.13±0.07	1.74±0.14	3.64±0.29	1263	RI, MS
(E,Z)-2,4-癸二烯醛	—	1.94±0.09	4.06±0.19	1303	RI, MS
(E,E)-2,4-癸二烯醛	18.96±0.48	5.32±0.13	11.12±0.26	1327	RI, MS, S
十四碳醛	—	0.17±0.04	0.36±0.08	1608	RI, MS
十五碳醛	—	0.39±0.07	0.82±0.14	1714	RI, MS
十六碳醛	—	5.83±0.13	12.19±0.27	1816	RI, MS
(E)-9-十八碳烯醛	—	2.15±0.11	4.49±0.23	1991	MS
(E)-17-十八碳烯醛	—	1.12±0.15	2.34±0.30	2002	MS
合计	52.63	38.13	79.73		
酮类化合物					
3-羟基-2-丁酮		5.68±0.67	11.87±1.40	714	RI, MS, S
2-庚酮		0.19±0.07	0.40±0.15	891	RI, MS, S
2,5-辛二酮	0.54±0.02	0.87±0.07	1.82±0.14	985	RI, MS
2-壬酮		0.17±0.04	0.36±0.07	1087	RI, MS
3,5-辛二烯-2-酮	0.88±0.02	0.19±0.05	0.40±0.05	1098	RI, MS
2-十五碳酮	0.62±0.02	1.20±0.13	2.51±0.27	1698	RI, MS
合计	2.04	8.30	17.36		
醇类化合物					
1-戊烯-3-醇	0.25±0.02	0.14±0.06	0.29±0.12	685	RI, MS
3-甲基-1-丁醇	—	0.25±0.02	0.52±0.05	732	RI, MS
1-戊醇	—	0.42±0.05	0.88±0.11	771	RI, MS
1-己醇	—	0.18±0.05	0.38±0.10	869	RI, MS
3,5-辛二烯-2-醇	—	0.16±0.03	0.33±0.06	1039	MS
苯乙醇	—	0.14±0.06	0.29±0.12	1114	RI, MS

续表

化合物	SPME	SDE	含量②/	RI③	鉴定方法④
	相对峰面积①/%	相对峰面积①/%	(ng/g)		
合计	0.25	1.29	2.69		
杂环化合物					
2-乙基呋喃	0.14±0.03	—	—	712	RI, MS
2-甲基吡嗪	0.36±0.02	0.12±0.08	0.25±0.16	824	RI, MS
糠醛	0.32±0.04	0.05±0.01	0.10±0.03	831	RI, MS
糠醇	—	0.03±0.01	0.06±0.03	856	MS
2,5-二甲基吡嗪	0.57±0.10	0.35±0.04	0.73±0.09	912	RI, MS, S
2-戊基呋喃	1.18±0.22	0.92±0.12	1.92±0.26	994	RI, MS, S
2-乙酰基噻唑	0.09±0.02	0.07±0.02	0.15±0.05	1016	MS
3-乙基-2,5-二甲基吡嗪	—	0.54±0.06	1.13±0.13	1078	RI, MS
苯骈噻唑	—	0.02±0.00	0.04±0.00	1230	MS
γ-十二内酯	0.47±0.06	1.12±0.06	2.34±0.13	1684	RI, MS
合计	3.13	3.22	6.72		
萜类化合物					
α-蒎烯	0.23±0.02	0.14±0.04	0.29±0.09	931	RI, MS
莰烯	—	0.18±0.03	0.38±0.06	943	RI, MS
香桧烯	—	0.09±0.02	0.19±0.05	975	RI, MS
β-蒎烯	—	0.16±0.01	0.33±0.03	976	RI, MS
3-蒈烯	—	0.44±0.01	0.92±0.02	1007	RI, MS
柠檬烯	0.17±0.04	1.25±0.09	2.61±0.19	1025	RI, MS
葑酮	—	0.17±0.01	0.36±0.02	1085	RI, MS
波旁醇	—	0.16±0.02	0.33±0.04	1173	RI, MS
4-萜品烯-1-醇	—	0.37±0.10	0.77±0.21	1177	RI, MS
香叶醛	—	0.12±0.02	0.25±0.04	1268	RI, MS
δ-榄香烯	—	0.11±0.03	0.23±0.07	1325	RI, MS
枯巴烯	0.36±0.01	0.23±0.05	0.48±0.11	1367	RI, MS
β-榄香烯	—	0.18±0.09	0.38±0.19	1395	RI, MS
丁香烯	0.22±0.07	1.61±0.18	3.34±0.38	1421	RI, MS
β-没药烯	1.15±0.09	0.85±0.03	1.78±0.07	1504	RI, MS
γ-杜松烯	—	0.77±0.04	1.61±0.04	1508	RI, MS
(E)-橙花叔醇	—	0.28±0.01	0.59±0.02	1556	RI, MS
合计	2.13	7.10	14.84		
芳香族和脂肪族烃类					
甲苯	0.42±0.02	—	—	764	RI, MS
1,3-反-5-顺-辛三烯	0.26±0.07	—	—	880	MS
苯乙烯	0.32±0.05	—	—	892	MS
p-甲基异丙基苯	—	0.16±0.02	0.33±0.04	1021	RI, MS
十一碳烷	—	0.34±0.06	0.71±0.13	1100	RI, MS
萘	0.21±0.03	0.23±0.07	0.48±0.15	1190	RI, MS
十四碳烯	—	0.14±0.05	0.29±0.11	1381	MS
1-(1,5-二甲基-4-己烯基)-4-甲基苯	—	0.74±0.16	1.55±0.33	1480	MS
十五碳烷	2.17±0.26	3.54±0.18	7.40±0.38	1496	RI, MS
8-十七碳烯	—	0.35±0.07	0.73±0.15	1670	MS
三苯基甲烷	—	0.34±0.05	0.71±0.10	1997	MS

续表

化合物	SPME	SDE	含量②/(ng/g)	RI③	鉴定方法④
	相对峰面积①/%	相对峰面积①/%			
合计	3.38	5.84	12.20		
含氧的苯衍生物					
草蒿脑	1.56±0.07	1.57±0.12	3.28±0.26	1206	RI,MS
顺-茴香脑	0.74±0.02	0.32±0.01	0.69±0.03	1245	RI,MS
反-茴香脑	26.81±0.36	14.53±1.20	30.37±2.51	1290	RI,MS
丁香酚	4.46±0.23	3.74±0.17	7.82±0.36	1361	RI,MS,S
1-(4-甲氧基苯基)-2-丙酮	—	0.35±0.04	0.73±0.09	1374	RI, MS
肉桂酸乙酯	0.79±0.11	0.83±0.07	1.73±0.15	1466	RI, MS
顺-对甲氧基肉桂酸乙酯	—	0.45±0.05	0.94±0.11	1653	MS
反-对甲氧基肉桂酸乙酯	0.76±0.02	2.64±0.35	5.52±0.73	1765	MS
合计	35.12	24.43	51.08		
总挥发物	98.68	88.31	184.62		

① 重复分析三次的峰面积平均值和标准偏差。

② 重复分析三次的绝对含量及标准偏差。

③ HP-5 柱检测的保留指数。

④ RI，与文献报道的保留指数一致；MS，检索标准质谱库（Nist 02）或与报道的标准质谱图比较；S，与标准物的保留指数、质谱一致。

GC-MS 分析结果。用 SPME/GC-MS 共鉴定出 43 种化合物，占总峰面积的 98.68%，按照相对峰面积由大到小，主要成分依次为：反-茴香脑（26.81%）、(E,E)-2,4-癸二烯醛（18.96%），己醛（13.61%）、(E,E)-2,4-庚二烯醛（4.53%）、丁香酚（4.46%）、(E)-2-癸烯醛（3.13%）、苯甲醛（2.10%）和 (E)-2-辛烯醛（1.67%）。从化合物种类看，鉴定出的成分涉及醛、酮、醇、杂环化合物（呋喃、吡嗪、噻唑）、萜类、脂肪族和芳香族烃类、含氧的苯衍生物（茴香脑、丁香酚等），含量最高为醛类，占 52.63%，其次是含氧的苯衍生物，占 35.12%。

用 SDE/GC-MS 共鉴定出 81 种化合物，总含量约为 185ng/g 肉。含量最高的仍然是醛类、其次是含氧的苯衍生物。尽管 SDE/GC-MS 鉴定出的成分较多，相对而言，只是比 SPME/GC-MS 分析出了更多的烃类、长链脂肪醛类（C14～C18）和萜烃类。与短链脂肪醛（C5～C10）、杂环化合物相比，这些化合物气味阈值较高，对肉的香味影响较小。因此，从香味成分的构成考虑，SPME/GC-MS 与 SDE/GC-MS 的分析结果是很相似的。

总体上，两种萃取方法共鉴定出 85 种不同的化合物，包括 28 种醛、6 种酮、6 种醇、10 种杂环化合物、16 种萜类化合物、11 种脂肪族和芳香族烃类、8 种含氧的苯衍生物。占绝对量的是醛类化合物，来源于脂质降解；其次是含氧的苯衍生物，来源于制作过程使用的调料。所鉴定出的杂环化合物总含量较低，它们来源于美拉德反应，但因具有极低的气味阈值，常对肉香味影响较大。

小香猪烤肉的挥发性成分分布与其它肉制品有很大不同，如普通猪的烤肉中，往往存在较高含量的短链脂肪醇，Belgian 烤肉中含有 14 种吡嗪类和 5 种吡咯类化合物。

表 5-27　SDE 浓缩液的 GC-O 检测结果

RI①	嗅闻气味描述	化合物	检测频率②
644~650	臭味、大蒜气味	未鉴定	10
656	不愉快、刺激性、酸味	3-甲基丁醛	10
690	葱蒜气味	未鉴定	10
701	刺激性、青香	戊醛	10
714	奶油味、发酸	3-羟基-2-丁酮	10
750	甜香、药草香	反-2-戊烯醛	10
759	烤肉香	未鉴定	9
804	青香、刺激性	己醛	10
810	葱蒜气味	未鉴定	10
822	爆米花气味	2-甲基吡嗪	9
832	甜香、焦糖香	糠醛	6
853~859	酸败气味、青香、烤香	反-2-己烯醛＋糠醇	8
894	青香、甜香、辛香	2-庚酮	7
904	青香、烤香、甜香	庚醛	9
911	烤香、爆米花香	2,5-二甲基吡嗪	10
941	葱蒜香	未鉴定	10
958~970	烤香、青香、甜香、杏仁香	(E)-2-庚烯醛＋苯甲醛	10
974~980	青香、木香	香桧烯＋β-蒎烯	7
986	青香、甜香、奶油香	2,5-辛二烯二酮	6
993	豆香、青香	2-戊基呋喃	6
998	青香、脂肪香、烤香	(E,Z)-2,4-庚二烯醛	9
1001	油腻味	辛醛	9
1013~1020	青香、烤香、肉香	(E,E)-2,4-庚二烯醛＋2-乙酰基噻唑	10
1022	青香、辛香	p-甲基异丙基苯	7
1025	花香、青香、甜香	柠檬烯	7
1046	青香、刺激性、花香	苯乙醛	9
1075~1084	坚果香、烤香、炒瓜子香	3-乙基-2,5-二甲基吡嗪	9
1100	油腻气味	壬醛	7
1146	青香、黄瓜气味	(E,E)-2,6-壬二烯醛	9
1150	葱蒜香	未鉴定	10
1162	青香、脂肪香	(E)-2-壬烯醛	9
1178	烤香、木香	4-萜品烯-1-醇	6
1218	脂肪香、油炸香、甜香	(E,E)-2,4-壬二烯醛	8
1228~1235	刺激性、烤香、霉香、甜香、坚果香	苯并噻唑＋4-(1-甲基乙基)苯甲醛	9
1264	青香、烤香、泥土香	(E)-2-癸烯醛	8
1292	青香、辛香	反-茴香脑	8
1325	青香、烤香	(E,E)-2,4-癸二烯醛	10
1329	烧胶皮气味	δ-榄香烯	7
1364	焦烟味、木香	丁香酚	6
1425	木香、药草香、辛香	丁香烯	6
1464	木香、烧胶皮气味	肉桂酸乙酯	7
1536	米饭烧烟气味	未鉴定	8
1554	甜香、米饭烧烟气味	(E)-橙花叔醇	7
1601	烤香、炸香、肉香	十四碳醛	7
1652	木香、辛香	顺-对甲氧基肉桂酸乙酯	6

① 嗅闻的保留指数。

② 重复分析 10 次。

表 5-27 是对 SDE 浓缩液的 GC-O 检测结果。共发现 45 个气味活性区，主要

由葱蒜香、青香、烤香、甜香和辛香香味成分构成。通过与 GC-MS 分析关联，鉴定出 40 种香味成分，包括 17 种脂链醛、3 种芳香族醛、7 种萜类、3 种呋喃类、4 种含氧的苯衍生物、2 种含硫化合物、3 种吡嗪和 1 种芳烃。GC-O 中嗅闻到的有些气味因 GC-MS 未检测到而没有鉴定出来，但那些葱蒜气味很可能是因为含硫化合物造成。

GC-O 中鉴定出的检测频率≥9 的化合物为：3-甲基丁醛、戊醛、反-2-戊烯醛、己醛、庚醛、(E)-2-庚烯醛、(E,Z)-2,4-庚二烯醛、辛醛、(E)-2-壬烯醛、(E,E)-2,4-庚二烯醛、(E,E)-2,6-壬二烯醛、(E,E)-2,4-癸二烯醛、苯甲醛、苯乙醛、4-(1-甲基乙基)苯甲醛、3-羟基-2-丁酮、2-甲基吡嗪、2,5-二甲基吡嗪、3-乙基-2,5-二甲基吡嗪、苯骈噻唑、2-乙酰基噻唑，它们很可能是对小香猪烤肉香味有重要影响的化合物。

表 5-28 是 GC-O 鉴定出的 17 种重要香味成分的 GC-FID 定量分析结果，其中己醛、(E,E)-2,4-癸二烯醛、3-羟基-2-丁酮和丁香酚含量较高，超过 5ng/g 肉。

表 5-28　部分重要香味成分的含量数据

香味成分	含量①/(ng/g)	香味成分	含量①/(ng/g)
3-甲基丁醛	0.847±0.002	2-戊基呋喃	1.276±0.008
3-羟基-2-丁酮	8.001±0.008	(E,E)-2,4-庚二烯醛	1.582±0.003
己醛	18.902±0.002	苯乙醛	0.632±0.002
(E)-2-己烯醛	0.432±0.002	壬醛	1.697±0.001
2-庚酮	0.322±0.002	(E)-2-壬烯醛	0.875±0.003
庚醛	0.883±0.010	(E,E)-2,4-壬二烯醛	0.414±0.001
2,5-二甲基吡嗪	0.450±0.001	(E,E)-2,4-癸二烯醛	10.692±0.013
(E)-2-庚烯醛	0.851±0.002	丁香酚	5.301±0.004
苯甲醛	0.560±0.004		

① 三次重复分析的平均值及标准偏差，表示为 ng/g 肉。

5.11.3　热反应牛肉香精的香味成分分析——SDE、动态顶空/GC-MS、GC-O

5.11.3.1　实验

(1) 热反应香精的制备　将牛肉酶解液 100.0g、半胱氨酸 0.5g、维生素 B₁ 1.0g、盐 2.0g、丙氨酸 0.5g、木糖 0.5g、甲硫氨酸 0.5g、葡萄糖 1.0g、脯氨酸 1.0g、酵母浸膏 10.0g、甘氨酸 2.0g、呈味核苷酸二钠（IMP50%＋GMP50%）0.2g、丝氨酸 1.0g、牛脂 15.0g 放在密封的玻璃瓶中，在温度 110℃ 下反应 60min，即得热反应香精样品。

(2) SDE/GC-O 分析

① SDE 制备样品　以 40mL 正戊烷与 20mL 乙醚混合液为萃取溶剂，将 350.0g 牛肉香精放入同时蒸馏萃取装置上提取 2h。萃取液在水浴 40℃ 下 Vigreux 柱（30cm×2cm）浓缩至 1mL，装入磨口具塞试管中，密封、冷冻贮存。

② GC-O 分析　Agilent 6890N 气相色谱，FID 检测器，ODP2 闻香口（Gerstel），色谱柱 DB-5 30m × 0.32mm × 0.25μm 和 DB-WAX 30m × 0.32mm × 0.25μm。载气氮气，流速 1.2mL/min。进样口温度 250℃（DB-5）或 220℃（DB-WAX），进样量 2μL，分流比为 10∶1。柱温程序：起始温度 40℃停留 2min，以 40℃/min 速率升温到 50℃停留 2min，再以 6℃/min 速率升温到 250℃（DB-5）或 230℃（DB-WAX），停留 20min。柱后流出物在 FID 检测器和闻香口之间 1∶1 分流。

GC-O 检测：AEDA 法检测。SDE 浓缩液用乙醚按 1∶3 进行系列稀释并 GC-O 分析，记录气味特征、保留时间和 FD 值。

（3）动态顶空/GC-O

① 吹扫捕集　将 10.0g 牛肉香精放入三口烧瓶中，加入磁性搅拌子，在两个瓶口分别安装气体进入管和吸附管（0.2g Tennax TA 60/80 目）。恒温水浴控制样品温度 50℃，吹扫气体为高纯氮气，流速 50mL/min。

通过逐渐减少吹扫捕集的时间：40min、10min、2.5min、40s 和 10s，对样品进行稀释，相当于稀释倍数分别为 1、4、16、60、240。

② 热脱附　热脱附-GC-O 的工作原理如图 5-14 所示。由 TDS3（热脱附装置，Gerstel）和 CIS4（冷进样装置）组成，脱附的挥发性物质，通过加热传输线进入液氮冷冻口，最后经 CIS4 进入色谱柱，柱后流出物在 FID 和闻香口之间 1∶1 分流。气相色谱条件同 SDE/GC-O 分析。

TDS3 温控程序：起始温度 35℃，保持 0.5min，延迟 0.5min，以 60℃/min 升到 230℃，保持 1min，传输线温度为 300℃。

CIS4 温控程序：起始温度为 −100℃，平衡 0.2min，以 10℃/s 升到 280℃，保持 0.5min。

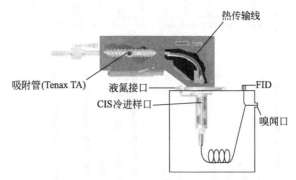

图 5-14　热脱附-GC-O 的工作原理图

（4）GC-MS 分析　Agilent 6890N/5975C 气-质联机系统，色谱柱 DB-5 30m×0.32mm×0.25μm 和 DB-WAX 30m×0.32mm×0.25μm。分别对 SDE 浓缩液及动态顶空制备的样品进行分析，SDE 浓缩液进样量 1μL，不分流进样。动态顶空样品的热脱附条件同动态顶空/GC-O 分析。载气氮气，流速 1.2mL/min。进样口温度 250℃（DB-5）或 230℃（DB-WAX），柱温程序同 SDE/GC-O 分析。

质谱条件：电离轰击电压 70eV，传输线温度 280℃，质量扫描范围：30～550amu。

5.11.3.2 结果与分析

（1）实验方法分析 为了全面分析香味构成，采取同时蒸馏萃取、动态顶空这两种在原理上有互补性的方法制备样品；在 GC-MS 和 GC-O 分析中都使用了两种不同极性的色谱柱，以实现更好的分离，提高鉴定结果的准确性；综合 SDE/GC-O 和动态顶空/GC-O 两种方法的实验结果确定牛肉香精的关键香成分。

GC-O 中香味活性化合物的结构通过与气-质联机结果关联、保留指数、气味特征鉴定，并在鉴定中尽可能地使用了标准物。GC-O 检测使用了 AEDA 法，AEDA 法要求对样品进行逐次稀释，这在动态顶空/GC-O 中，是通过逐渐缩短热解吸时间的方式完成的。

（2）实验结果 图 5-15 和表 5-29 是 SDE/GC-O 的分析结果。图 5-16 和表 5-30 是动态顶空/GC-O 的分析结果。

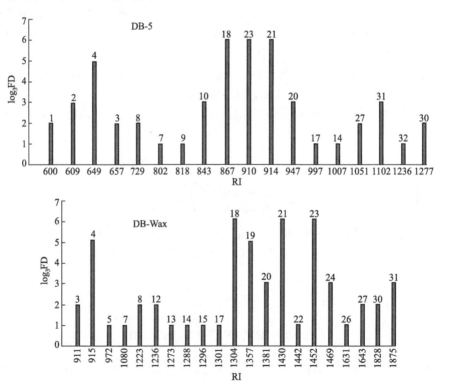

图 5-15 SDE/GC-O 分析牛肉香精的 FD 谱图

（各谱峰对应的物质见表 5-29）

表 5-29　SDE/GC-O 法从牛肉香精中鉴定出的香味成分①

序号	RI		化合物	嗅闻气味描述	$\log_3 FD$
	DB-5	DB-WAX			
1	600	—	乙酸	酸败气味,酸味	2
2	609	—	未鉴定	大蒜、葱气味、烤香	3
3	657	911	2-甲基丁醛	黑巧克力香	2
4	649	915	3-甲基丁醛	黑巧克力香	4
5	—	972	2,3-丁二酮	奶油香	1
6	701	1056	2,3-戊二酮	奶油香	<1
7	802	1080	己醛	黄瓜香	1
8	729	1223	噻唑	烤香、饼干香	2
9	818	—	未鉴定	马铃薯香	1
10	843	—	未鉴定	大蒜香、葱香、肉香	3
11	900	—	未鉴定	米饭香、肉香	<1
12	—	1236	甲基丙基二硫	大蒜香、葱香、马铃薯香	2
13	—	1273	3-巯基-2-丁酮	米饭香、肉香	1
14	1007	1288	辛醛	花香、甜香、水果香	1
15	—	1296	甲基烯丙基二硫	大蒜香、葱香	1
16	982	—	2-戊基呋喃	青香、水果香、草香	<1
17	997	1301	1-辛烯-3-酮	蘑菇香	1
18	867	1304	2-甲基-3-呋喃硫醇	米饭香、肉香	6
19	—	1357	二丙基二硫醚	马铃薯香、葱香	5
20	947	1381	二甲基三硫醚	肉香、葱香、大蒜香	3
21	914	1430	糠硫醇	烤香、肉香	6
22	—	1442	未鉴定	奶香、甜香、水果香	1
23	910	1452	3-甲硫基丙醛	煮马铃薯香、脂肪香	6
24	—	1469	糠醛	陈腐气味、干草香、烤香	3
25	—	1544	未鉴定	马铃薯香、含硫化合物气味	<1
26	—	1631	未鉴定	烧烟气味	1
27	1051	1643	苯乙醛	玫瑰花香	2
28	874	1675	3-甲基丁酸	出汗气味	<1
29	1111	1730	5-甲基-2-噻吩醛	茶香、青香	<1
30	1277	1828	(E,E)-2,4-癸二烯醛	青香、脂肪香、马铃薯香	2
31	1102	1875	愈创木酚	木香、烟熏气味、烧烟气味	3
32	1236	—	未鉴定	蘑菇香、金属气味	1

①"—"未检测出；表中列出的是在 DB-5 和 DB-WAX 两根色谱柱上检测的 FD 值。

由表 5-29，使用 SDE/GC-O 从牛肉香精中鉴定出较多的含硫化合物和脂肪族醛类香成分，它们分别来源于美拉德反应和脂质降解。其中 $\log_3 FD \geq 3$（稀释次数≥3）的化合物为：3-甲基丁醛、2-甲基-3-呋喃硫醇、二丙基二硫醚、二甲基三硫醚、糠硫醇、3-甲硫基丙醛、糠醛、愈创木酚，这些化合物主要构成了牛肉香精的肉香、烤香香味特征。所检测到的 2-甲基-3-呋喃硫醇（气味阈值 0.0025ng/L）、糠硫醇（气味阈值 0.005ng/L）和 3-甲硫基丙醛，都具有最高的稀释值（log₃FD ＝6），它们是公认的煮牛肉关键香成分。

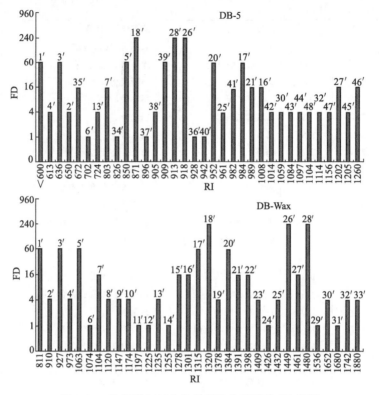

图 5-16　动态顶空/GC-O 分析牛肉香精的 FD 谱图

（各谱峰对应的物质见表 5-30）

表 5-30　动态顶空/GC-O 法从牛肉香精中鉴定出的香味成分[①]

序号	RI		化合物	嗅闻气味描述	$\log_3 FD$
	DB-5	DB-WAX			
1′	＜600	811	未鉴定	黑巧克力香	60
2′	650	910	2-甲基丁醛	黑巧克力香	4
3′	636	927	3-甲基丁醛	黑巧克力香	60
4′	613	973	2,3-丁二酮	奶油香	4
5′	850	1063	2-甲基丁酸乙酯	水果香	60
6′	702	1074	2,3-戊二酮	奶油香	1
7′	803	1104	己醛	黄瓜香	16
8′	—	1220	未鉴定	烤香、甜香	4
9′	—	1147	1-丁醇	水果香	4
10′	—	1174	未鉴定	烤香	4
11′	—	1197	(E)-2-己烯醛	水果香、青香	＜1
12′	—	1225	未鉴定	巧克力香	1
13′	724	1235	噻唑	烤香、饼干香	1
14′	—	1255	甲基丙基二硫	马铃薯香、含硫化合物气味	1

续表

序号	RI		化合物	嗅闻气味描述	$\log_3 FD$
	DB-5	DB-WAX			
15′	—	1278	3-巯基-2-丁酮	肉香、含硫化合物气味	16
16′	1008	1301	辛醛	水果香、甜香、花香	60
17′	984	1315	1-辛烯-3-酮	蘑菇香	60
18′	871	1320	2-甲基-3-呋喃硫醇	米饭香、肉香	240
19′	—	1378	二丙基二硫醚	大蒜香、葱香	4
20′	952	1384	二甲基三硫醚	肉香、葱香	60
21′	989	1391	未鉴定	金属香	16
22′	—	1398	未鉴定	咸、蘑菇香	16
23′	—	1409	未鉴定	肉香、含硫化合物气味	4
24′	—	1426	1-辛烯-3-醇	蘑菇香	1
25′	961	1432	未鉴定	烧胶皮气味	4
26′	918	1449	糠硫醇	烤香、肉香	240
27′	1202	1461	癸醛	花香、甜香	16
28′	913	1480	3-甲硫基丙醛	马铃薯香、脂肪香	240
29′	—	1536	(E)-2-壬烯醛	脂肪香、青香	1
30′	1059	1652	苯乙醛	玫瑰花香	4
31′	—	1680	3-甲基丁酸	臭袜子气味	1
32′	1114	1742	5-甲基-2-噻酚醛	青香、木香	4
33′	—	1880	愈创木酚	烟熏气味	4
34′	826	—	戊酸甲酯	水果香、青香	1
35′	672	—	未鉴定	咸、蘑菇香	16
36′	928	—	未鉴定	臭袜子气味	1
37′	896	—	未鉴定	臭袜子气味	1
38′	905	—	未鉴定	马铃薯香、含硫化合物气味	4
39′	909	—	未鉴定	大蒜香、肉香	60
40′	942	—	(E)-2-庚烯醛	水果香	1
41′	982	—	2-戊基呋喃	青香	16
42′	1014	—	(E,E)-2,4-庚二烯醛	青香、花香	4
43′	1084	—	1-壬烯-3-酮	蘑菇香	4
44′	1097	—	2-乙烯基-3,5-二甲基吡嗪	花生香	4
45′	1205	—	未鉴定	马铃薯香	4
46′	1260	—	未鉴定	茶香	16
47′	1156	—	(E)-2-十一碳烯醛	青香、脂肪香	4
48′	1104	—	未鉴定	椰子香	4

① "—" 未检测出；表中列出的是在 DB-5 和 DB-WAX 两根色谱柱上检测的 FD 值。

　　由表 5-30，动态顶空/GC-O 检测出的气味活性区远多于 SDE/GC-O，但鉴定出的化合物种类大致相同。值得指出的，与 SDE 过程相似，动态顶空中使用了热脱附，热敏性挥发性成分也会发生变化，但因牛肉香精是在加热条件下制备的，这种"二次加热"引起的"热变质反应"一般会相对较少。

　　采用动态顶空/GC-O 鉴定的 FD≥60 的化合物为：3-甲基丁醛、2-甲基丁酸乙酯、辛醛、1-辛烯-3-酮、二甲基三硫醚、糠硫醇、3-甲硫基丙醛、2-甲基-3-呋喃硫醇。这与 SDE/GC-O 的检测结果相同，FD 值最高的化合物仍然是糠硫醇、3-甲硫基丙醛、2-甲基-3-呋喃硫醇。

综合 SDE/GC-O 和动态顶空/GC-O 的检测结果，可以认为所制备的热反应牛肉香精的关键香成分是：3-甲基丁醛、糠硫醇、二甲基三硫醚、3-甲硫基丙醛、2-甲基-3-呋喃硫醇，这与已报道的牛肉香味鉴定结果是一致的。

5.11.4 鸡汤香味成分分析——SAFE、GC-MS、AEDA/GC-O、定量、重组和缺省实验

5.11.4.1 简介

与猪肉和牛肉等红肉相比，禽肉具有低脂、低胆固醇、低卡路里、高蛋白的特点。引进和基因改良的白羽肉鸡，也被称为商品肉鸡，广泛用于肉类食品加工。但是本土鸡因比肉鸡的风味好，更受消费者偏爱。北京油鸡是北京郊区养殖的稀有本土鸡种，有五个脚趾。北京油鸡的鸡肉嫩度高、质地好，其炖煮的鸡汤香味浓郁独特。本研究采用气相色谱-质谱联用分析（GC-MS）、气相色谱-嗅闻（GC-O）、定量、香气重组和缺省方法，对比分析了北京油鸡和肉鸡的炖煮鸡汤的关键香味成分，以解释北京油鸡鸡汤比肉鸡鸡汤香味浓郁独特的原因。

5.11.4.2 实验

（1）样品　6只北京油鸡，6只商业肉鸡，每只约1000g。整鸡洗净，加入1500mL水，砂锅炖煮3h，撇去上层浮油，进行如下实验。

（2）溶剂辅助蒸发（SAFE）　肉汤使用溶剂辅助蒸发装置处理。恒温水槽温度及蒸馏头夹层回流水温度均为40℃，系统压力 $10^{-5}\sim10^{-4}$ Pa。馏出液用二氯甲烷等体积萃取3次，无水硫酸钠干燥，Vigreux 柱（50cm×1cm i.d.）浓缩至2mL，再氮吹至0.50mL，得香味浓缩液。

（3）GC-MS 分析　采用 DB-WAX 30m×0.25mm×0.25μm 和 DB-5MS 30m×0.25mm×0.25μm 两根色谱柱进行分析，载气氦气，流速1mL/min。DB-WAX 色谱柱：起始柱温40℃，4℃/min升至180℃；15℃/min升至230℃；进样口温度250℃，分流比20∶1，进样量1μL。DB-5MS 色谱柱：起始柱温40℃，5℃/min升至180℃；10℃/min升至280℃，进样口温度250℃，分流比20∶1，进样量1μL。

电子轰击离子源（EI），能量70eV，离子源温度230℃，四级杆温度150℃，全扫描模式，质量扫描范围33~450amu。使用 DB-WAX 色谱柱时，溶剂延迟4min。使用 DB-5MS 色谱柱时，溶剂延迟3min。

相同 GC-MS 条件下进样正构烷烃（$C_5\sim C_{23}$），测定保留指数（retention indices，RI）。

$$RI = 100 \times (n + \frac{t_i - t_n}{t_{n+1} - t_n}) \tag{5-4}$$

式中，t_n 和 t_{n+1} 分别是碳数为 n、$n+1$ 正构烷烃的保留时间，t_i 是某化合物的保留时间。

（4）GC-O 分析　由 Agilent 7890A GC 及嗅闻装置组成。GC 毛细管柱 DB-5MS 30m × 0.25mm × 0.25μm。柱温程序：起始 40℃；5℃/min 升至 180℃；10℃/min 升至 280℃；280℃下后运行 2min。载气氮气，流速 1mL/min。进样口温度 250℃，不分流，进样 1μL。

GC-O 检测：以二氯甲烷为溶剂按 1∶2、1∶4、1∶8、1∶16……逐级稀释样品并进行嗅闻分析，记录保留时间和气味特征。每种气味当刚好检测不到时，对应的最高稀释倍数即为稀释因子（FD 值）。三名评价员进行嗅闻分析，结果取三名评价员嗅闻结果的平均值。

（5）定量分析　GC-MS 采用选择离子监测模式进行。以邻二氯苯为内标，化合物的峰面积与内标的峰面积比值为横坐标（X），化合物浓度为纵坐标（Y），建立标准曲线。根据标准曲线计算香味浓缩液中各化合物的浓度 c，再按下式转化成化合物在鸡汤中的含量：

$$W = \frac{c \times V}{m \times R} \tag{5-5}$$

式中，c 为香味浓缩液中化合物的浓度，10^{-6} g/g；V 为香味浓缩液的体积，μL；m 为鸡汤的质量，g；R 为化合物的回收率；W 为化合物在鸡汤中的含量，ng/g汤。

（6）加标回收实验　溶剂辅助蒸发处理鸡汤后留下的无气味残渣，按照在原鸡汤中的含量用水复溶，制备无气味鸡汤。根据定量结果，将已知量的风味化合物添加到无气味鸡汤中，采用上述同样方法进行溶剂辅助蒸发处理及定量分析。计算出化合物的回收率 R：

$$R = \frac{测定量}{已知量} \times 100\% \tag{5-6}$$

（7）香气重组　根据定量结果及各化合物在水中的气味阈值，计算化合物的香气活性值（OAV）。选取 OAV≥1 的化合物，先用乙醇溶解再加水稀释配制溶液，进行重组样品制备。评价员对重组样品与鸡汤的香气进行相似性评价。

（8）缺省实验　重组样品中的化合物进行逐一缺省，缺省样品配制方法与重组样品相同。评价员对重组样品与缺省样品香气进行差异性评价。

（9）风味剖面分析　鸡汤香气描述词为肉香、油脂香、青香、甜香、坚果香，分别用 2-甲基-3-呋喃硫醇、(E,E)-2,4-癸二烯醛、庚醛、γ-壬内酯、2-戊基吡啶作为描述词的参比。基于以上的 5 个香气属性（描述词），对鸡汤和重组样品香气强度按照 0~5 分进行打分，绘制雷达图。其中 0 分表示无气味，1 分表示气味很弱，2 分表示弱，3 分表示一般，4 分表示强，5 分表示很强。

（10）感官评价　12 人组成的评价小组，共进行 3 个场次的感官评价，每个样品累计评价 36 次，取平均值为最终结果。评价时采用三杯法。样品温度 50℃。

5.11.4.3　结果与分析

（1）实验方法分析　与同时蒸馏萃取方法相比，SAFE 是一种温和且价廉的样品处理技术。固相微萃取也为温和处理方法，但二者相比，SAFE 具有直接获得香味浓缩物，适于随后 AEDA/GC-O 分析的优点。为较全面地分析鉴定鸡汤的挥发性风味成分，GC-MS 分析中，采用 DB-WAX 和 DB-5MS 两根色谱柱进行分析。采用了检索质谱库、保留指数、气味特征、标准品比对方法鉴定化合物，以确保准确鉴定。在定量分析上，GC-MS 采用 SIM 模式（选择离子监测），以避免基质干扰，提高仪器检测灵敏度，使全扫描模式下 GC-MS 分析不出峰的化合物能被检测。采用不同浓度的各个香气物质的混合标准溶液进样，建立标准曲线，以进行准确定量。通过加标回收实验测定所有被定量香气物质的回收率，以对样品处理过程中香气化合物的损失进行补偿。

AEDA/GC-O 分析中，通常 FD 因子高的化合物对总体香气贡献大，但 GC-O 分析未考虑溶剂或基质对香气释放产生的影响，因此对 AEDA/GC-O 分析中 FD 因子高的化合物进行定量分析，结合水中气味阈值，计算这些化合物的气味活性值（OAV），以筛选出对总体香气有贡献的化合物（OAV≥1）。香气重组实验进一步考虑了香气化合物之间的复杂作用如相互抑制或相互增强，而缺省实验肯定了重组配方中每个化合物存在是否为必要。重组和缺省实验后，最终确定出对总体香气产生作用的关键香成分。

（2）实验结果　表 5-31 是两种鸡汤 GC-O 分析结果。按照保留指数，北京油鸡鸡汤中发现 77 个气味活性区，鉴定出香气化合物 71 个，包括醛类、酮类、醇类、酯类、含硫化合物、含氮杂环、含氧杂环等。检测频率较高的气味为青香、脂香、肉香、烤香、焦糖香。45 个化合物（如 2-乙基-3,5-二甲基吡嗪、糠醇）有较高的稀释因子（$\log_2 FD \geq 7$）。相比之下，肉鸡鸡汤中发现 40 个气味活性区，鉴定出香气化合物 39 个，这 39 个香气化合物均包含于北京油鸡鸡汤的鉴定结果中，但仅 17 个化合物具有较高 FD 值（$\log_2 FD \geq 7$）。

表 5-31　GC-O 分析鉴定的香气活性化合物

RI	化合物[①]	气味描述[②]	$\log_2 FD$[②] 北京油鸡	肉鸡	定性方式[③]
549	未知	香料，甜	1	—	—
656	甲硫醇	硫，汽油	8	4	RI/Odor
683	3-羟基-2-丁酮	黄油	8	4	S/RI/Odor/MS
696	二甲基二硫醚	洋葱，卷心菜	10	3	S/RI/Odor/MS
716	1-戊烯-3-醇	辛辣，黄油	5	—	S/RI/Odor/MS

续表

RI	化合物①	气味描述②	log₂FD②		定性方式③
			北京油鸡	肉鸡	
727	戊醛	青香,辛辣	5	—	S/RI/Odor/MS
754	噻唑	煮肉味	2	—	S/RI/Odor
768	二氢-2-甲基-3(2H)-呋喃酮	焦糖香	5	—	RI/Odor
777	2-甲基噻吩	硫味	0	—	S/RI/Odor/MS
805	己醛	青草	10	10	S/RI/Odor/MS
817	2-甲基吡嗪	烤香,坚果	7	11	S/RI/Odor/MS
827	4-甲基噻唑	烤肉	9	—	S/RI/Odor
829	糠醛	焦糖	3	3	S/RI/Odor/MS
852	1-戊醇	青香,果香	7	—	S/RI/Odor/MS
865	糠醇	焦糖香	12	0	S/RI/Odor/MS
876	2-甲基-3-呋喃硫醇	肉香	11	12	S/RI/Odor
898	庚醛	脂肪,青香	7	5	S/RI/Odor/MS
907	3-甲硫基丙醛	烤马铃薯	12	10	S/RI/Odor
911	糠硫醇	咖啡,烤香	12	0	S/RI/Odor
913	2,5-二甲基吡嗪	烤香,爆米花	6	—	S/RI/Odor/MS
922	苯甲醛	杏仁香	8	3	S/RI/Odor/MS
953	(E)-2-庚烯醛	青香,脂香	10	—	S/RI/Odor/MS
980	1-辛烯-3-醇	蘑菇香	11	6	S/RI/Odor/MS
984	3-辛醇	药草香,蘑菇香	0	—	S/RI/Odor/MS
988	2-戊基呋喃	泥土,青香	9	5	S/RI/Odor/MS
997	2-甲基-3-甲硫基呋喃	肉香	10	—	S/RI/Odor
1004	辛醛	柑橘,青香	10	3	S/RI/Odor/MS
1011	(E,E)-2,4-庚二烯醛	青香,脂香	3	1	S/RI/Odor/MS
1019	2-乙酰基噻唑	烤香,芝麻	7	3	S/RI/Odor/MS
1033	柠檬烯	柑橘	3	0	S/RI/Odor/MS
1039	苯乙醛	甜香,花香	10	8	S/RI/Odor/MS
1045	2-乙酰基吡咯	甘草,坚果	4	2	S/RI/Odor/MS
1051	(E)-2-辛烯醛	青香,脂肪	12	12	S/RI/Odor/MS
1056	4-羟基-2,5-二甲基-3(2H)呋喃酮	焦糖香	7	12	S/RI/Odor
1062	1-辛醇	柑橘,脂肪	7	11	S/RI/Odor/MS
1077	3-辛烯-2-酮	泥土,蘑菇香	9	—	S/RI/Odor/MS
1082	2-乙基-3,5-二甲基吡嗪	泥土,烤香	11	12	S/RI/Odor
1098	壬醛	青香,脂肪	9	10	S/RI/Odor/MS
1145	(E,E)-2,4-辛二烯醛	青香,脂肪	12	9	S/RI/Odor/MS
1152	(E,Z)-2,6-壬二烯醛	黄瓜香	7	4	S/RI/Odor/MS
1159	(E)-2-壬烯醛	青香,脂肪	8	11	S/RI/Odor/MS
1176	2-戊基噻吩	果香	7	—	S/RI/Odor/MS
1192	2-戊基吡啶	烧焦的,脂香	7	—	S/RI/Odor/MS
1205	癸醛	青香,脂香	8	11	S/RI/Odor/MS
1212	(E,E)-2,4-壬二烯醛	青香,脂香	10	9	S/RI/Odor/MS
1223	2,3,5-三甲基吡嗪	泥土,霉味	3	—	S/RI/Odor/MS
1230	α-松油醇	药草,花香	7	4	RI/Odor/MS
1247	(E)-2-癸烯醛	脂肪,油腻的	8	12	S/RI/Odor/MS

续表

RI	化合物①	气味描述②	$\log_2 FD$②		定性方式③
			北京油鸡	肉鸡	
1250	未知	松木,青香	2	—	—
1261	苯乙醇	玫瑰花香	3	—	S/RI/Odor/MS
1275	4-甲基-5-噻唑乙醇	肉	7	—	S/RI/Odor/MS
1278	(E,Z)-2,4-癸二烯醛	脂香	5	4	RI/Odor/MS
1281	未知	药草香	0	—	—
1292	2-十一烷酮	果香,脂香	8	—	S/RI/Odor/MS
1302	1-壬烯-3-醇	青香,脂香	2	—	S/RI/Odor/MS
1307	十一醛	脂肪,油腻的	9	—	S/RI/Odor/MS
1314	(E,E)-2,4-癸二烯醛	油炸,脂香	12	11	S/RI/Odor/MS
1320	未知	泥土	2	—	—
1341	己酸己酯	甜,水果香	4	—	S/RI/Odor/MS
1362	(E)-2-十一烯醛	脂香,金属味	11	5	S/RI/Odor/MS
1378	γ-壬内酯	椰子香	11	6	S/RI/Odor/MS
1391	萘	樟脑	4	—	RI/Odor/MS
1405	香兰素	似香草精	2	—	S/RI/Odor/MS
1450	(E)-2-十二烯醛	脂香,辛辣的	5	—	S/RI/Odor/MS
1460	月桂醇	蜡,甜香	7	—	S/RI/Odor/MS
1467	γ-癸内酯	桃子	4	—	S/RI/Odor/MS
1491	β-紫罗兰酮	紫罗兰香	7	5	S/RI/Odor/MS
1514	未知	香料	1	—	—
1520	十三醛	脂香,甜香	3	4	RI/Odor/MS
1540	双(2-甲基-3-呋喃基)二硫醚	肉汤	7	—	S/RI/Odor/MS
1560	(E,E)-2,4-十二碳二烯醛	脂香,烤香	2	—	RI/Odor/MS
1589	十四醛	脂香,花香	2	—	RI/Odor/MS
1597	十三醇	脂香,油腻的	7	7	S/RI/Odor/MS
1626	未知	霉味	—	2	—
1696	2-十五烷酮	脂肪,甜香	4	—	RI/Odor/MS
1795	4-羟基 5-乙基-2-甲基-3(2H)-呋喃酮	焦糖香	1	—	RI/Odor/MS
1864	十六醛	脂香	3	—	RI/Odor/MS

① DB-5MS 柱上保留指数。

② GC-O 嗅闻气味和 FD 值。

"—"表示 GC-O 未检测出。

③ S,标准品鉴定;RI,保留指数鉴定;Odor,嗅闻气味鉴定;MS,检索 NIST14 质谱库鉴定。

表 5-32 所定量化合物的扫描离子、标准曲线及回收率

化合物①	扫描离子 (m/z)②	标准曲线③	回收率④	
			北京油鸡	肉鸡
3-羟基-2-丁酮	88,73,55,45	$y=0.0451x-0.0007;R^2=0.9989$	0.71	0.76
二甲基二硫醚	94,79,61,45	$y=0.0009x-0.00002;R^2=0.9996$	0.76	0.73
己醛	100,82,72,56	$y=0.0535x-0.0046;R^2=0.9980$	0.89	0.85
2-甲基吡嗪	94,79,67,53	$y=0.0216x-0.0002;R^2=0.9993$	0.84	0.87
4-甲基噻唑	99,84,71	$y=0.0359x-0.0039;R^2=0.9990$	0.81	—
糠醛	96,95,67	$y=0.013x-0.0001;R^2=0.9995$	—	0.83

续表

化合物[①]	扫描离子 (m/z)[②]	标准曲线[③]	回收率[④]	
			北京油鸡	肉鸡
1-戊醇	80,70,58	$y=0.1832x-0.0018;R^2=0.9993$	0.82	—
糠醇	98,81,70,69	$y=0.0482x-0.0008;R^2=0.9992$	0.91	—
2-甲基-3-呋喃硫醇	114,113,85,71	$y=0.0013x+0.0002;R^2=0.9994$	0.94	0.89
庚醛	114,96,86,70	$y=0.017x-0.00009;R^2=0.9892$	0.85	0.91
3-甲硫基丙醛	104,76,69,61	$y=0.4401x-0.0006;R^2=0.9985$	0.79	0.82
糠硫醇	114,96,85,81	$y=0.0027x+0.0003;R^2=0.9945$	0.91	—
苯甲醛	106,84,77,73	$y=0.0021x-0.0002;R^2=0.9997$	0.82	0.78
(E)-2-庚烯醛	112,97,83,70	$y=0.0150x-0.0012;R^2=0.9926$	0.83	—
1-辛烯-3-醇	127,110,99,85	$y=0.1097x-0.0024;R^2=0.9950$	0.75	0.72
2-戊基呋喃	138,109,95,81	$y=0.0032x-0.00005;R^2=0.9966$	0.87	0.93
2-甲基-3-甲硫基呋喃	128,113,99,85	$y=0.0010x+0.00004;R^2=0.9987$	0.94	—
辛醛	128,110,100,84	$y=0.0588x-0.0015;R^2=0.9980$	0.91	0.92
2-乙酰基噻唑	127,112,99,85	$y=0.0057x+0.0007;R^2=0.9969$	0.84	0.81
苯乙醛	120,102,91,85	$y=0.0019x+0.0002;R^2=0.9995$	0.94	0.89
(E)-2-辛烯醛	128,108,97,83	$y=0.0161x+0.00002;R^2=0.9930$	0.97	0.95
2,5-二甲基-4-羟基-3(2H)呋喃酮	128,85,72,67	$y=0.2939x+0.0031;R^2=0.9993$	0.82	0.77
1-辛醇	129,112,97,84	$y=0.0038x+0.0003;R^2=0.9983$	0.78	0.87
3-辛烯-2-酮	126,111,97,93,83	$y=0.0421x-0.0018;R^2=0.9947$	0.86	—
2-乙基-3,5-二甲基吡嗪	136,135,121,108	$y=0.0014x+0.00004;R^2=0.9993$	0.95	0.91
壬醛	142,124,114,98	$y=0.1299x-0.0005;R^2=0.9928$	0.94	0.92
(E,E)-2,4-辛二烯醛	124,95,91,81	$y=0.0271x-0.0006;R^2=0.9941$	0.91	0.89
(E,Z)-2,6-壬二烯醛	138,120,109,94	$y=0.0010x-0.00006;R^2=0.9981$	0.95	0.9
(E)-2-壬烯醛	139,111,96,83	$y=0.0429x-0.0004;R^2=0.9957$	0.92	0.91
2-戊基噻吩	154,134,111,97	$y=0.0007x-0.000003;R^2=0.9997$	0.84	—
2-戊基吡啶	148,134,120,93	$y=0.0005x+0.00005;R^2=0.9986$	0.95	—
癸醛	156,128,112,95	$y=0.0012x+0.00002;R^2=0.9973$	0.85	0.87
(E,E)-2,4-壬二烯醛	138,109,95,81	$y=0.0189x-0.0007;R^2=0.9937$	0.93	0.96
(E)-2-癸烯醛	154,136,121,110	$y=0.0227x-0.00008;R^2=0.9998$	0.97	0.93
4-甲基-5-噻唑乙醇	143,125,112,98	$y=0.0424x-0.0092;R^2=0.9969$	0.94	—
2-十一烷酮	170,155,127,112	$y=0.0023x+0.000006;R^2=0.9988$	0.82	—
十一醛	170,126,110,96	$y=0.0141x-0.0005;R^2=0.9974$	0.94	—
(E,E)-2,4-癸二烯醛	152,123,109,95	$y=0.1762x-0.0045;R^2=0.9962$	0.95	0.97
(E)-2-十一烯醛	168,126,111,97	$y=0.2406x-0.0025;R^2=0.9915$	0.89	0.91
γ-壬内酯	155,128,114,100	$y=0.0016x-0.00009;R^2=0.9992$	0.87	0.83
月桂醇	168,140,125,111	$y=0.0342x-0.0008;R^2=0.9917$	0.81	—
β-紫罗兰酮	192,177,135,121	$y=0.0008x+0.00007;R^2=0.9973$	0.83	0.85
双(2-甲基-3-呋喃基)二硫醚	258,226,183,162	$y=0.0106x-0.0009;R^2=0.9956$	0.87	—
十三醇	182,139,125,111	$y=0.0618x+0.000006;R^2=0.9985$	0.86	0.88
邻二氯苯	150,146,131,111	内标	0.95	0.95

　　表 5-32 为 GC-MS 在选择离子监测（SIM）模式下定量分析的化合物、扫描离子、建立的标准曲线、测定的回收率。可知采用 SAFE 处理时，各化合物均具有

较高回收率。北京油鸡鸡汤所定量的 43 个化合物中，13 个化合物含量较高（＞10ng/g 肉汤）的为：3-羟基-2-丁酮，3-甲硫基丙醛，(E,E)-2,4-十二烯醛，己醛，1-辛烯-3-醇，1-戊醇，(E)-2-十一烯醛，壬醛，(E)-2-庚烯醛，糠醇，(E)-2-癸烯醛，(E)-2-辛烯醛和辛醛。肉鸡鸡汤中对 30 个化合物进行了定量，仅 10 个化合物含量较高（＞10ng/g 肉），其中除了 4-羟基-2,5-二甲基-3（2H）-呋喃酮，其他 9 个化合物均与北京肉鸡鸡汤中相同。

表 5-33 香气重组与缺省实验结果

化合物[①]	OAVs[②]		阈值/(μg/kg)[③]	显著性[④]
	北京油鸡	肉鸡		
3-羟基-2-丁酮	2	1	800	＊＊
二甲基二硫醚	12	9	0.06	＊＊
己醛	23	30	4.5	＊＊
2-甲基-3-呋喃硫醇	2686	14522	0.0004	＊＊
庚醛	2	1	3	＊＊
3-甲硫基丙醛	3953	2949	0.04	＊＊
2-糠硫醇	543	—	0.005	＊＊
(E)-2-庚烯醛	1	—	13	＊＊
1-辛烯-3-醇	53	46	2	＊＊
2-甲基-3-甲硫基-呋喃	102	—	0.005	＊＊
辛醛	14	5	0.7	＊＊
(E)-2-辛烯醛	5	5	3	＊
4-羟基-2,5-二甲基-3（2H）-呋喃酮	1	3	5	＊＊
2-乙基-3,5-二甲基吡嗪	1	2	1	＊＊
壬醛	25	26	1	＊＊
(E,Z)-2,6-壬二烯醛	23	18	0.02	＊＊
(E)-2-壬醛	36	95	0.08	＊
癸醛	19	2	0.1	—
(E,E)-2,4-壬二烯醛	125	95	0.06	＊＊
(E,E)-2,4-癸二烯醛	2084	1427	0.05	＊＊
(E)-2-十一烯醛	11	4	3	＊＊
双（2-甲基-3-呋喃基）二硫醚	810	—	0.002	＊＊

① 重组样品所用化合物（OAV≥1）。

② 气味活性值（OAVs），化合物含量除以气味阈值计算得到。

③ 水中正鼻气味阈值（Orthonasal odor thresholds），参考 Gemert, L. J. V. Odor Thresholds：Compilations of Flavor Threshold Values in Air，Water and Other Media，second enlarged and revised edition；Oliemans Punter and Partners BV：Utrecht，The Netherlands，2011。

④ 化合物缺省对香气的影响，＊显著（P≤0.05）；＊＊极显著（P≤0.01）；"—"，无显著性。

由表 5-33 可知，北京油鸡汤中有 22 个化合物的 OAVs≥1，而肉鸡鸡汤仅 18 个化合物的 OAVs≥1。由图 5-17，重组样品和原始肉汤的香气相似性较好，其中肉鸡鸡汤重组样品的评分为 4.6 分（满分 5 分），而北京油鸡鸡汤重组样品的评分为 4.7 分（满分 5 分）。相比之下，北京油鸡鸡汤比肉鸡鸡汤有更强的肉味和煎炸脂肪香。

由表 5-33 可知，除癸醛外，其余化合物对重组样品的香气都有显著影响，从而

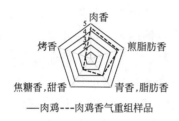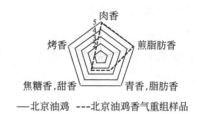

图 5-17　两种鸡汤与其重组样品的香气雷达图对比

确定了北京油鸡鸡汤的关键香气物质为 22 个：己醛、庚醛、辛醛、壬醛、癸醛、(*E*)-2-庚烯醛、(*E*)-2-壬烯醛、(*E*)-2-辛烯醛、3-甲硫基丙醛、(*E*)-2-十一烯醛、3-羟基-2-丁酮、4-羟基-2,5-二甲基-3 (2*H*)-呋喃酮、2-甲基-3-呋喃硫醇、2-糠硫醇、1-辛烯-3-醇、(*E*,*Z*)-2,6-壬二烯醛、(*E*,*E*)-2,4-壬二烯醛、(*E*,*E*)-2,4-癸二烯醛、二甲基二硫醚、2-乙基-3,5-二甲基吡嗪、双 (2-甲基-3-呋喃基) 二硫醚。肉鸡鸡汤的关键香气物质为 18 个：己醛、庚醛、辛醛、壬醛、癸醛、(*E*)-2-壬醛、(*E*)-2-辛烯醛、(*E*)-2-十一烯醛、3-羟基-2-丁酮、4-羟基-2,5-二甲基-3 (2*H*)-呋喃酮、2-甲基-3-呋喃硫醇、3-甲硫基丙醛、1-辛烯-3-醇、(*E*,*Z*)-2,6-壬二烯醛、(*E*,*E*)-2,4-壬二烯醛、(*E*,*E*)-2,4-癸二烯醛、二甲基二硫醚、2-乙基-3,5-二甲基吡嗪。

综上，两种鸡汤的关键香味物质主要由脂肪醛和含硫化合物组成，尤其 2-甲基-3-呋喃硫醇、1-辛烯-3-醇、3-甲硫基丙醛、(*E*,*E*)-2,4-癸二烯醛、(*E*,*E*)-2,4-壬二烯醛、(*E*)-2-壬烯醛、壬醛、己醛，均具有高的 OAV 值（≥23）。比较两种鸡汤的香气活性物质数量可以看出，北京油鸡肉汤风味独特可能是因为油鸡鸡汤比肉鸡鸡汤存在更多的脂肪醛和含硫化香气化合物引起。再通过分析肉的组成，发现可能因北京油鸡的鸡肉比肉鸡鸡肉中含有较高含量的多不饱和脂肪酸、含硫氨基酸（半胱氨酸和蛋氨酸）、还原糖（葡萄糖和核糖）、硫胺素，从而造成油鸡鸡汤风味更佳。

5.12　食品异味成分分析实例

5.12.1　概述

食品异味，也称不愉快气味、令人讨厌的气味，是消费者抱怨食品质量差的主要原因。造成食品异味的成分可能来源于生产用原料、水、空气或包装材料，也可能来源于食品的腐败变质（如油质氧化酸败、非酶褐变、酶催化反应、微生物污染等）。还有一种比较特殊的情况是，随着香味成分含量的减少（因挥发掉或与食品其它成分作用引起），食品出现不好闻的气味，也被称为食品异味。

油脂自动氧化是食品在贮存过程中风味变劣的常见原因。因油脂自动氧化产生的食品异味，常被描述为：纸板味、豆腥味、金属气味、油腻味、苦味、水果香、肥皂味、油漆味、酸败味、青草味、奶油味、陈腐味等，涉及的化学成分主要是短链的脂肪族饱和或不饱和醛类，如戊醛、己醛、2-己烯醛、2-庚烯醛、壬醛。油脂的自动氧化是自由基反应，油脂中含有的不饱和双键越多，反应越易发生，如亚麻酸、亚油酸和油酸的氧化速度比为 20：10：1。食品中含有的痕量金属离子尤其是铜、铁、钴的离子、在温度、光照下均可催化自动氧化反应的快速进行。食品中水分活度也对油脂自动氧化有影响，一般水分活度＜0.2 或＞0.4 时反应速率较快。此外，食品中若含有脂肪氧合酶，在较低的温度下，油脂的氧化就可发生，这种氧化反应是先在酶催化下使脂肪酸脱掉一个氢，产生自由基，随后的反应过程与油脂的自动氧化是相同的。

造成食品异味的另一个常见原因就是非酶褐变反应（美拉德反应）。绝大多数食品都含有氨基酸和还原糖，因而，与油脂氧化类似，美拉德反应引起的异味也是很普遍的。美拉德反应是非常复杂的，在不同的温度、水活度、pH、化学成分存在下，该反应会按不同的路径进行。众所周知，食品的许多香味成分是经美拉德反应形成的。而不愉快气味的出现是由于食品在加工贮存时，美拉德反应向我们不希望的路径进行造成的。在食品贮存时，温度较低，美拉德反应不利于生成我们喜欢的烤香、坚果香、肉香香味成分，但会产生陈腐味、发酸、青香、硫化物等令人讨厌的气味。Parks 等发现干牛奶的陈腐味是由于美拉德反应生成了苯并噻唑和邻-氨基乙酰苯乙酮。水果汁在贮存过程中常会颜色变深并出现美拉德反应引起的不新鲜的气味。但迄今为止，鉴定因美拉德反应生成的食品陈腐味成分的成功例子还很少。

异味是食品行业常处理的问题，引起食品异味的原因多种多样。有时，食品异味成分找到了，但引起异味的原因最终没能搞清楚。在众多的食品香味成分分析文献中，有关异味成分的报道较少。主要原因是异味分析的例子在食品企业较为多见，但鉴于公司声誉及保密性，他们不愿以论文的形式发表出来。

食品异味分析的第一步，应是感官评价判断食品是否真正有异味、描述气味特征，并采集有异味的代表性样品。与一般的感官评价不同，食品气味的偏爱受个体因素影响较大，有时评价小组的几个人员均不能辨别出异味的存在，这种情况下，重复性评价是徒劳的，需要随机找更多人进行品评，尤其要听从少数人或公认的专家性意见。

在分析技术及手段上，食品的异味成分分析与常规的香味成分分析没什么两样儿，但前者类似于大海捞针，"海水"是食品中的所有气味活性成分，而"针"就是我们要分析的异味成分，它的难度远大于后者。只有善于在气味阈值极低的化合物［如二(2-甲基-3-呋喃基)-二硫醚,气味阈值为 2ng/L 水］上下功夫，才有可能成功地找出那些引起食品异味的成分。因此，食品的异味成分分析是一项很严峻的工作。

5.12.2　橙汁贮存后的两个异味成分分析——SPME/GC-NIF（SNIF）、GC-MS、感官评价

5.12.2.1　实验

（1）样品　新鲜橙子[Citrus sinensis(L.)Osbeck]，Shamuti 品种，4℃冷却后，洗净切开，用家用榨汁机榨取橙汁。取 1.5mL 一份盛于 2mL 小瓶中，置于 -80℃密封存放，此为新鲜橙汁。剩下的用微波炉 500W 巴氏杀菌 4min，然后立即冰浴冷却、加入苯甲酸钠，每份取 1.5mL 盛于 2mL 小瓶中，置于 -80℃密封存放，此为巴氏杀菌橙汁。将剩余的巴氏杀菌橙汁盛于 120mL 玻璃瓶中，35℃下密封存放 20d，然后每份取 1.5mL 盛于 2mL 小瓶中，置于 -80℃密封贮存，此为贮存后橙汁。

（2）SPME 取样　待室温融化后，分别取 1mL 新鲜橙汁、巴氏杀菌橙汁、贮存后橙汁放在 4mL 小瓶中，各自加入 1mL 的饱和 CaCl₂ 溶液（去酶活性），特氟龙瓶盖密封，放在 36℃水浴中摇匀，并平衡 5min。然后在 36℃下用 50/30μm DVB/Carboxen/PDMS 纤维 SPME 吸附 15min，待 GC-O 分析。

（3）GC-O 分析

① 实验条件　HP4890 气相色谱，FID 检测器、ODP2 闻香口（Gerstel），色谱柱 DB-5 30m×0.32mm×0.5μm 和 DB-Wax 60m×0.32mm×0.25μm。载气氦气，流速 1mL/min。SPME 纤维 230℃解吸 3min，不分流。柱温程序：起始温度 33℃停留 5min（DB-5）或 30℃停留 4min（DB-WAX），再以 8℃/min 升到 230℃ 停留 8min（DB-5）或以 6℃/min 升到 220℃（DB-WAX）停留 10min。柱后流出物在 FID 检测器和闻香口之间 1∶10 分流。FID 检测器温度 250℃、ODP2 闻香口温度 270℃。

② GC-NIF（SNIF）检测　样品为新鲜橙汁、巴氏杀菌橙汁、贮存后橙汁。通过前期摸索，锁定只对 RI=755～969 和 RI=1211～1599 的两个色谱区域进行检测。保留指数（RI）用一系列正构烷烃测量。

首先是 12 名评价员，经简单的培训后，用 NIF/SNIF 法检测，当嗅闻到气味时，不断触动按键，计算机将信号转化成"平方"的形式记录下来，累加所有评价员的检测结果，绘制 NIF%值-RI 的气味谱图，峰高 NIF%值表示检测频率，峰面积 SNIF 值表示了检测频率及持续时间。

其次，3 名有经验的评价员，用时间-强度法进一步对 RI=755～969 和 RI=1211～1599 两个色谱区域进行检测。

（4）GC-MS 分析　Saturn 2000 GC-MS 系统。贮存后的橙汁 SPME 取样后，GC-MS 分析。色谱柱：DB-5 30m×0.32mm×0.25μm。SPME 纤维 250℃解吸 3min，不分流。柱温：起始温度 30℃停留 5min，以 5℃/min 速率升温到 160℃停留 10min，再以 40℃/min 速率升温到 280℃停留 5min。电子轰击电压 70eV，传输

线温度 300℃，离子源温度 170℃。质量扫描范围 30～350amu。

（5）GC-O 定量分析

① 标准溶液的配制　配制浓度为 10000μL/L 的原液：取 20μL 3-甲硫基丙醛或 β-大马酮溶于 1980μL 甲醇中，加入 0.05％（质量分数）的 BHT；取 20μL 的 2-甲基-3-呋喃硫醇溶于 1980μL 丙酮中，加入 0.05％（质量分数）的 BHT。—20℃贮存备用。

原液稀释成标准液：用 pH3.0 的柠檬酸缓冲溶液（0.062mol/L 柠檬酸、0.018mol/L 柠檬酸钾和 3.0mmol/L 的抗氧化剂没食子酸）将原液稀释，2-甲基-3-呋喃硫醇标准液的最终浓度分别为（ng/g）：0.5、5、50、250，3-甲硫基丙醛标准液的最终浓度分别为（ng/g）：100、2000、8000、10000，β-大马酮标准液的最终浓度分别为（ng/g）：10、100、2000、15000。

② 定量方法　SPME 取样，NIF/SNIF 法检测，GC-O 分析配制的标准溶液。分析条件同上述的橙汁样品 GC-O 分析。12 名评价员，各个浓度的标准液每人都要分析一次，累加所有评价员的检测结果，绘制 lgC-Probits(SNIF) 关系曲线，其中：

$$Probits(SNIF) = \sum [probit(NIF)_t \, dt] \tag{5-7}$$

式中，dt 为 1RI 单位；$(NIF)_t$ 为 t 时间的瞬间 NIF％值；probit(NIF) 为 NORM-SNIF(NIF％)+5

（6）感官评价　在巴氏杀菌橙汁中添加 2-甲基-3-巯基呋喃、3-甲硫基丙醛标准物，感官评价与贮存后橙汁的相似性。样品杯用盖密封，温度为室温，评价时先用手摇匀。每次提供 7 对样品（1 杯巴氏杀菌橙汁和 1 杯贮存后橙汁为一对），共评价 4 次（28 对样品）。

10 名经培训的评价员参加。样品按随机性顺序评价。按 20 等级打分，1 分—完全不同，20 分—完全相同。评价结果用统计软件处理。

5.12.2.2　结果与分析

新鲜橙汁在加工、贮存时，一方面特征香味成分的含量降低，另一方面产生不愉快的气味。曾有报道，4-羟基-2,5-二甲基-3(2H)-呋喃酮、4-乙烯基愈创木酚、α-萜品醇可能是商品橙汁贮存后出现的不良气味成分，但 Rouseff 等用 AEDA 和 CHARM Analysis 对比检测 40℃贮存 4 个月和 4℃贮存两周的橙汁，发现前者的气味谱上有 5 个很强的峰，气味特征分别是面包气味、硫化物气味、腐烂气味、花香气味。在新鲜的橙汁中，曾有人检测到 2-甲基-3-巯基呋喃、3-甲硫基丙醛、β-大马酮三个化合物。根据以上研究结果，推测贮存后橙汁中的异味成分很可能也包括 2-甲基-3-巯基呋喃、3-甲硫基丙醛、β-大马酮，为此，实验中将针对 2-甲基-3-巯基呋喃、3-甲硫基丙醛、β-大马酮三个化合物进行分析。

（1）实验方法分析　食品异味成分分析时，样品制备方法须温和、敏感、尽量不使用溶剂，以避免引入干扰物。用固相微萃取在近于室温下制备样品，满足了上述要求。

食品异味成分的含量一般是极低的，尽管 GC-MS、GC-FID 已是很灵敏的检测方法，但在分析食品异味成分时通常还是因检测限太高，看不到组分峰。此时，只能用人鼻作检测器，借助 GC-O 方法进行分析。GC-O 的分析策略很重要，使用的检测方法要尽量避免主观因素的偏差。本文在 GC-O 检测时先锁定异味成分所在的色谱区，然后再有针对性地嗅闻鉴别。除了 12 名普通评价员进行 GC-NIF/SNIF 检测外，还有 3 名有经验的评价员用时间-强度法进一步检测。

GC-O 的结果是通过嗅闻单个化合物得出的，检测出的气味活性物是否能造成食品的异味，还要通过"人为添加标准物于没有异味的样品中，再感官评价添加后的样品气味的方法"进行判断。这就需要准确测定实际样品中异味成分的含量。

在 GC-O 定性分析中，采用与标准物的保留指数和气味特征比较的方法确定了 2-甲基-3-巯基呋喃、3-甲硫基丙醛、β-大马酮三个化合物的存在。定量分析中，使用了 GC-NIF/SNIF 法，该法中 NIF/SNIF 值包含了检测频率和持续时间两个变量，经证实可对有些气味极强的化合物进行准确的定量，被人们称为定量性 GC-O 检测方法。

（2）实验结果　表 5-34 是 GC-O 与 GC-FID 对标准物和橙汁样品的分析结果。可以看出，嗅闻的 RI 值与 GC-FID 直接分析标准物的 RI 值是一致的。但用 FID 检测时，对于新鲜、杀菌后、贮存后三种橙汁样品，2-甲基-3-巯基呋喃、3-甲硫基丙醛、β-大马酮三个化合物均没有谱峰；用 GC-MS 检测时，只是在贮存后的橙汁中检测到了 2-甲基-3-巯基呋喃的存在（约 270×10^{-12}），但谱峰极其微小，即使用 SIM 扫描模式仍无法定量分析。

表 5-34　比较 GC-O 与 GC-FID 对标准物和橙汁样品的分析结果

化合物	RI(DB-WAX)			RI(DB-5)			气味描述
	FID[①]	GC-O[①]	GC-O[②]	FID[①]	GC-O[①]	GC-O[②]	
2-甲基-3-呋喃硫醇	1358	1357	1357	875	875	877	肉香、维生素 B 气味
3-甲硫基丙醛	1431	1431	1430	917	917	918	煮马铃薯香
β - 大马酮	1887	1886	1886	1365	1368	1366	玫瑰花香、烟草香

注：三个有经验评价员的 GC-O 结果。

① 检测标准物。

② 检测橙汁。

图 5-18（左）是三种橙汁的 GC-NIF/SNIF 检测谱图。可以看出，新鲜橙汁经杀菌、贮存后，2-甲基-3-巯基呋喃、3-甲硫基丙醛、β-大马酮三个化合物的 NIF（％）值升高，尤其以贮存橙汁的变化最显著。

图 5-18（右）是根据 GC-NIF/SNIF 法检测 2-甲基-3-巯基呋喃、3-甲硫基丙醛标准溶液的结果，绘制的 lgC-Probits（SNIF）关系曲线。遗憾的是同样方法分析 β-大马酮时，SNIF 值与大马酮的相关性很差，因此，图 5-18 中没有大马酮的定量关系工作曲线。这可能是因为 β-大马酮的气味太强（10×10^{-12} g/g 可获得 NIF100％），不管标准液的浓度变大还是变小，评价人员的检测结果多数是

NIF100％值造成的。根据图 5-18（右）所示的工作曲线和 GC-O 检测三种橙汁时 2-甲基-3-巯基呋喃、3-甲硫基丙醛两个化合物的 SNIF 值，即可计算出 2-甲基-3-巯基呋喃、3-甲硫基丙醛在橙汁中的含量，见表 5-35。

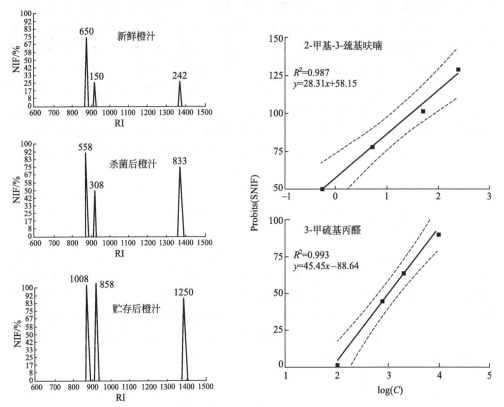

图 5-18　GC-NIF/SNIF 分析三种橙汁的气味谱图
（左）及用 GC-NIF/SNIF 定量分析的标准曲线（右）
（各谱峰对应的物质：RI877—2-甲基-3-巯基呋喃，
RI918—3-甲硫基丙醛，RI1366—β-大马酮）

表 5-35　2-甲基-3-巯基呋喃、3-甲硫基丙醛的气味阈值和含量（ng/g）

化合物	气味阈值[1]	含量/(ng/g)		
		新鲜橙汁	杀菌后橙汁	贮存后橙汁
2-甲基-3-巯基呋喃	5	1.8(−0.45)[2]	1.9(−0.44)[2]	270(1.73)[2]
3-甲硫基丙醛	50	550(1.04)	830(1.22)	11550(2.36)

[1] 文献报道阈值。

[2] 括号中是根据浓度和气味阈值计算得到的 log OAV 值，OAV（气味活性值）。

从表 5-35 可以看出，2-甲基-3-巯基呋喃、3-甲硫基丙醛在贮存后橙汁中的 lgOAV 值较高，但这只是单个化合物的气味分析数据，它们是否对橙汁的气味产生很大影响以致造成贮存橙汁的不良气味，还有待于进一步分析。

根据表 5-35 中的定量分析结果，在杀菌后橙汁中加入 2-甲基-3-巯基呋喃、3-甲硫基丙醛标准物，使这两个化合物的含量与贮存后橙汁相同，然后感官评价比较两种样品的相似性。结果表明，杀菌后橙汁中添加 2-甲基-3-巯基呋喃或 3-甲硫基丙醛中任何一个，都会提高与贮存后橙汁的气味相似性，若两种化合物都添加时，与贮存后橙汁的气味就非常相似，因此，可以确定 2-甲基-3-巯基呋喃、3-甲硫基丙醛是造成贮存后橙汁异味的成分。

3-甲硫基丙醛在一些新鲜的水果品种如葡萄柚、橙子中曾检测到，它的形成可能与植物体内的生物合成有关。2-甲基-3-巯基呋喃在发酵的水果中曾检测到，它在新鲜橙汁中的存在可能源于维生素 B_1 的降解。在新鲜橙汁中，β-大马酮主要来源于酶催化下的糖苷类化合物水解，在杀菌后和贮存后橙汁中，很可能是柠檬酸对这种水解反应起了一定的催化作用。在杀菌后和贮存后橙汁中，3-甲硫基丙醛含量的增加可能与甲硫氨酸的 Strecker 热降解有关，2-甲基-3-巯基呋喃含量的增加可能与维生素 B_1 的热降解和美拉德反应都有关。尽管如此，产生这些异味成分的真正原因还需要通过实验做进一步探究。

参考文献

[1] Klesk K, Qian M. Aroma extract dilution analysis of *Cv.* Marion (*Rubuss*pp. *hyb*) and *Cv.* Evergreen (*R. laciniatus*L.) blackberries. Journal of Agricultural and Food Chemistry, 2003, 51 (11): 3436-3441.

[2] Jordán M J, Magaría C A, Shaw P E, et al. Aroma active components in aqueous kiwi fruit essence and kiwi fruit puree by GC-MS and multidimensional GC/GC-O. Journal of Agricultural and Food Chemistry, 2002, 50 (19): 5386-5390.

[3] Tandon K S, Jordán M, Goodner K L, et al. Characterization of Fresh Tomato Aroma Violatiles Using GC-Olfactory. Proceedings of the Florida State Horticultural Society, 2001, 114, 142-144.

[4] Yang D S, Lee K S, Jeong O Y, et al. Characterization of volatile aroma compounds in cooked black rice. Journal of Agricultural and Food Chemistry, 2008, 56 (1): 235-240.

[5] Campoa E, Ferreira V, Escudero A, et al. Quantitative gas chromatography - olfactometry and chemical quantitative study of the aroma of four Madeira wines. Analytica Chimica Acta, 2006, 563: 180-187.

[6] Carunchiawhetstine M E, Karagul-Yuceer Y, Avsar Y K, et al. Identification and quantification of character aroma compounds in fresh Chevre-style goat cheese. Journal of Food Science, 2003, 68 (8): 2441-2447.

[7] Bendall J G. Aroma compounds of fresh milk from New Zealand cows fed different diets. Journal of Agricultural and Food Chemistry, 2001, 49 (10): 4825-4832.

[8] Akiyama M, Murakami K, Ikeda M, et al. Analysis of the headspace volatiles of freshly brewed Arabica coffee using solid-phase microextraction. Journal of Food Science, 2007, 72 (7): C388-C396.

[9] Ito Y, Sugimoto A, Kakuda T, et al. Identification of potent odorants in Chinese jasmine green tea scented with flowers of *Jasmium sambac*. *Journal* of Agricultural and Food Chemistry, 2002, 50 (17): 4878-4884.

[10] Buttery R G. Quantitative and Sensory Aspects of Flavor of Tomato and Other Vegetables and Fruits. In Flavor Science: Sensible Principles and Techniques; Acree T E, Teranishi R, eds. American Chemical

Society：Washington，DC，1993，259-286.

[11] Guth H，Grosch W. Evaluation of Important Odorants in Foods by Dilution Techniques. In Flavor Chemistry：Thirty Years of Progress；Teranishi R，Wick E L，Hornstein I，eds. New York：Kluwer Academic/Plenum Publishers，1999，377-386.

[12] Wu L，Liu W，Cao J，et al. Analysis of the aroma components in tobacco using combined GC-MS and AMDIS. Analytical Methods，2013，5（5）：1259-1263.

[13] Matsukura M，Takahashi K，Kawamoto M，et al. Comparison of roasted tobacco volatiles with tobacco essential oil and cigarette smoke condensate. Agricultural and Biological Chemistry，1985，49（3）：711-718.

[14] Liang J，Xie J，Hou L，et al. Aroma constituents in Shanxi aged vinegar before and after aging. Journal of Agricultural and Food Chemistry，2016，64：7597-7605.

[15] Lioe H N，Takara K，Yasuda M. Evaluation of peptide contribution to the intense umami taste of Japanese soy sauces. Journal of Food Science，2006，71（3）：S277-S283.

[16] 陈嘉辉. 酱油中呈味肽的分离鉴定及呈味特性的对比分析. 中国优秀硕士论文库，2018.05.

[17] Fischer R B，Peters D G. Quantitative chemical analysis. 3rd Ed. Philadelphia PA：WB Saunders，1968，375-396.

[18] 王春叶，童华荣. 滋味稀释分析及其在食品滋味活性成分分析中的应用. 食品与发酵工业，2007，33（12）：117-121.

[19] Xie J，Sun B，Zheng F，et al. Volatile flavor constituents in roasted pork of Mini-pig. Food Chemistry，2008，109：506-514.

[20] Song H，Xia L. Aroma extract dilution analysis of a beef flavouring prepared from flavour precursors and enzymatically hydrolysed beef. Flavor and Fragrance Journal，2008，23：185-193.

[21] Fan M，Xiao Q，Xie J，et al. Aroma compounds in chicken broths of Beijing youji and commercial broilers. Journal of Agricultural and Food Chemistry，2018，66（39）：10242-10251.

[22] Mottram D S，Nobrega I C C，Dodson A T. Extraction of Thiol and Disulfide Aroma Compounds from Food Systems. In Flavor Analysis：Developments in Isolation and Characterization；Mussinan，Morello C J，M J eds. ACS Symposium Series，Washington DC：American Chemical Society，1998，705：78-84.

[23] Bezman Y，Rouseff R L，Naim M. 2-Methyl-3-furanthiol and methional are possible off-flavors in stored orange juice：Aroma-similarity，NIF/SNIF GC-O，and GC analyses. Journal of Agricultural and Food Chemistry，2001，49：5425-5432.